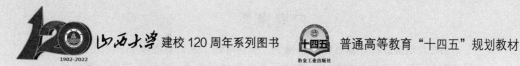

山西大学 建校 120 周年系列图书　 普通高等教育"十四五"规划教材

环境与资源类专业系列教材　程芳琴　主编

煤矸石资源化利用技术

Resource Utilization Technology of Coal Gangue

程芳琴　主编

张圆圆　高建明　彭　犇　副主编

北　京

冶金工业出版社

2022

内 容 提 要

本书在总结煤矸石资源属性的基础上，全面阐述了煤矸石能质耦合利用技术、煤矸石有价元素资源化利用技术、煤矸石制功能材料技术、煤矸石建材化利用技术、煤矸石生态利用技术，介绍了典型煤矸石综合利用生态工业园区案例。在"双碳"目标和资源循环利用的时代背景下，本书内容对煤矸石低碳清洁高效燃烧及资源化利用具有重要的现实意义。

本书可作为资源循环科学与工程、环境科学与工程、煤炭工程专业本科生和研究生教材，也可供资源循环利用、环境工程、煤炭工程等领域的科研工作者及管理人员阅读参考。

图书在版编目(CIP)数据

煤矸石资源化利用技术/程芳琴主编 . —北京：冶金工业出版社，2022.9
普通高等教育"十四五"规划教材
ISBN 978-7-5024-9276-2

Ⅰ . ①煤⋯ Ⅱ . ①程⋯ Ⅲ . ①煤矸石利用—综合利用 Ⅳ . ①TD849

中国版本图书馆 CIP 数据核字(2022)第 167937 号

煤矸石资源化利用技术

出版发行 冶金工业出版社		**电 话**	(010)64027926
地 址 北京市东城区嵩祝院北巷 39 号		**邮 编**	100009
网 址 www. mip1953. com		**电子信箱**	service@ mip1953. com

责任编辑 刘小峰 刘思岐 美术编辑 彭子赫 版式设计 孙跃红
责任校对 李 娜 责任印制 李玉山
三河市双峰印刷装订有限公司印刷
2022 年 9 月第 1 版，2022 年 9 月第 1 次印刷
787mm×1092mm 1/16；21 印张；510 千字；324 页
定价 **69.00 元**

投稿电话 (010)64027932 投稿信箱 tougao@cnmip. com. cn
营销中心电话 (010)64044283
冶金工业出版社天猫旗舰店 yjgycbs. tmall. com
(本书如有印装质量问题，本社营销中心负责退换)

深化科教、产教融合，共筑资源环境美好明天

环境与资源是"双碳"背景下的重要学科，承担着资源型地区可持续发展和环境污染控制、清洁生产的历史使命。黄河流域是我国重要的资源型经济地带，是我国重要的能源和化工原材料基地，在我国经济社会发展和生态安全方面具有十分重要的地位。尤其是在煤炭和盐湖资源方面，更是在全国处于无可替代的地位。

能源是经济社会发展的基础，煤炭长期以来是我国的基础能源和主体能源。截至 2020 年底，全国煤炭储量已探明 1622.88 亿吨，其中沿黄九省区煤炭储量 1149.83 亿吨，占全国储量 70.85%；山西省煤炭储量 507.25 亿吨，占全国储量 31.26%，占沿黄九省区储量 44.15%。2021 年，全国原煤产量 40.71 亿吨，同比增长 5.70%，其中沿黄九省区年产量 31.81 亿吨，占全国 78.14%。山西省原煤产量 11.93 亿吨，占全国 28.60%，占沿黄九省区 37.50%。煤基产业在经济社会发展中发挥了重要的支撑保障作用，但煤焦冶电化产业发展过程产生的大量煤矸石、煤泥和矿井水，燃煤发电产生的大量粉煤灰、脱硫石膏，煤化工、冶金过程产生的电石渣、钢渣，却带来了严重的生态破坏和环境污染问题。

盐湖是盐化工之母，盐湖中沉积的盐类矿物资源多达 200 余种，其中还赋存着具有工业价值的铷、铯、钨、锶、铀、锂、镓等众多稀有资源，是化工、农业、轻工、冶金、建筑、医疗、国防工业的重要原料。2019 年中国钠盐储量为 14701 亿吨，钾盐储量为 10 亿吨。2021 年中国原盐产量为 5154 万吨，其中钾盐产量为 695 万吨。我国四大盐湖（青海的察尔汗盐湖、茶卡盐湖，山西的运城盐湖，新疆的巴里坤盐湖），前三个均在黄河流域。由于盐湖资源单一不平衡开采，造成严重的资源浪费。

基于沿黄九省区特别是山西的煤炭及青海的盐湖资源在全国占有重要份额，搞好煤矸石、粉煤灰、煤泥等煤基固废的资源化、清洁化、无害化循环利用与盐湖资源的充分利用，对于立足我国国情，有效应对外部环境新挑战，促进中部崛起，加速西部开发，实现"双碳"目标，建设"美丽中国"，走好

"一带一路"，全面建设社会主义现代化强国，将会起到重要的科技引领作用、能源保供作用、民生保障作用、稳中求进高质量发展的支撑作用。

山西大学环境与资源研究团队，以山西煤炭资源和青海盐湖资源为依托，先后承担了国家重点研发计划、国家"863"计划、山西-国家基金委联合基金重点项目、青海-国家基金委联合基金重点计划、国家国际合作计划等，获批了煤基废弃资源清洁低碳利用省部共建协同创新中心，建成了国家环境保护煤炭废弃物资源化高效利用技术重点实验室，攻克资源利用和污染控制难题，获得国家、教育部、山西省、青海省多项奖励。

团队在认真总结多年教学、科研与工程实践成果的基础上，结合国内外先进研究成果，编写了这套"环境与资源类专业系列教材"。值此山西大学建校120周年之际，谨以系列教材为校庆献礼，诚挚感谢所有参与教材编写、出版的人员付出的艰辛劳动，衷心祝愿我们心爱的山西大学登崇俊良，求真至善，宏图再展，再谱华章！

2022 年 4 月于山西大学

前　言

我国能源结构以煤为主，煤炭开采加工过程产生大量煤矸石，其堆存造成严重的环境污染和生态破坏。全面推进煤矸石等大宗固废综合利用对提高固废资源利用率、改善生态环境质量、促进经济社会全面绿色转型具有重要意义。随着国家发改委《关于"十四五"大宗固体废弃物综合利用的指导意见》的提出，煤矸石资源化利用技术面临新的机遇和挑战。

本书系统介绍了煤矸石的资源环境属性及其能质耦合利用技术、有价元素回收利用技术、功能材料制备技术、建材化利用技术、生态工程利用技术以及生态工业园区实践等，可作为高等院校环境科学、环境工程、资源循环科学与工程等相近专业学生的教材，也可供从事固废资源化利用相关领域的科技工作者参考。本书的出版，对煤矸石的资源化利用科学研究、技术开发和园区管理具有现实意义。

本书分为三部分，共7章。第一部分为煤矸石的资源环境属性，包括绪论和第1章，主要阐述了煤矸石的来源、危害、资源化利用背景及其重要性等。第二部分为技术开发应用，包括第2~6章，第2章为煤矸石能质耦合利用技术，介绍了煤矸石的燃烧利用技术、污染控制技术和灰渣利用技术等；第3章为煤矸石有价元素资源化利用技术，介绍了煤矸石提取氧化铝、制备结晶铝盐、硅系产品等相关原理和工艺流程；第4章为煤矸石制功能材料技术，介绍了煤矸石合成氮氧化物耐火材料、堇青石-莫来石窑具材料/轻质隔热材料、铝硅基吸附材料及煅烧高岭土等相关原理、技术和产品功能；第5章为煤矸石建材化利用技术，介绍了煤矸石制备烧结砖、水泥熟料、路基石材料和新型复合板材等建筑材料方面的工艺、设备、产品以及发展现状等；第6章为煤矸石生态利用技术，介绍了煤矸石在井下充填、提取腐殖酸、制备肥料、土壤改良剂、生态土壤基质方面的利用途径。第三部分为园区规划管理，包括第7章，主要介绍了煤矸石资源化利用生态工业园区的理论基础、实践与经典案例，并结合生态工业园区与循环经济理念提出实现煤矸石最大化利用的推进举措。

本书由山西大学主编，北京科技大学、中冶节能环保有限责任公司等单位参与编写。各章编写人员为：第1章由程芳琴、燕可洲编写，第2章由程芳琴、张圆圆编写，第3章由高建明、崔静磊编写，第4章由彭犇、张梅编写，第5章由高宏宇、张梅编写，第6章由燕可洲、范远编写，第7章由焦文婷、赵瑞彤编写。全书由程芳琴组织、审定，全体编写人员合力编写、修改，由张圆圆、高建明和彭犇汇总、审查和统稿。

本书在编写过程中得到了澳大利亚西澳大学张东柯教授、华北电力大学张锴教授的审阅和指导，得到了山西大学固废综合利用长治（襄垣）研发基地的王高林、张东、张红波、张炜等的大力支持和帮助。此外，山西大学的杨凤玲、郭彦霞、张培华、郝艳红、王宝凤、王菁等老师为本书的编写提供了大量基础资料和工程实例，赵文鑫、郑靖凡、孟江涛、任磊、杨晓阳、程香迎、赵沛祯、武梦婷、李宏伟、靳堃等研究生对文字、图形进行了修改校对，在此一并深表感谢！

本书在编写过程中参考和引用了国内外众多书籍和期刊文献，对相关作者和出版机构表示衷心感谢！

由于编者水平所限，加之写作时间仓促，书中疏漏之处在所难免，恳请读者批评指正。

编　者
2022年4月

目　　录

绪　　论

煤矸石是在成煤生产过程中与煤伴生的一种含碳量低、相对比较坚硬的黑色岩石，在开采和洗选过程中被分离出来，成为废弃物。一般就近堆放于矿区周围，形成巨大的煤矸石山或排土场。煤矸石实际上是含炭岩石（碳质页岩、碳质砂岩等，还有20%左右的煤）和其他岩石（页岩、砂岩、砾岩等）的混合物。随着煤层地质年代、地区、成矿情况、开采方法的不同，煤矸石的组成及其含量也各不相同。

我国煤矸石主要来自于石炭系、二叠系晚期侏罗至早白垩纪等含煤地层，是由碳质页岩、碳质泥岩、砂岩、页岩、黏土等岩石组成的混合物。煤矸石中常含有炭粒和黄铁矿结核，发热量一般为4.18~12.56MJ/kg。煤矸石的矿物成分主要是高岭土、石英、蒙脱石、长石、伊利石、石灰石、硫化铁、氧化铝等。不同地区的煤矸石由不同种类矿物组成，其含量相差也很悬殊。煤矸石的化学成分比较复杂，所包含的元素可多达数十种，一般以碳、硅、铝为主，还含有数量不等的铁、钙、镁、钾、钠、硫、磷等，以及微量的稀有金属元素，如钛、钒、钴、镓、锗等。

我国是一个煤炭生产大国，是一个以煤炭为主要能源的发展中国家。据中国煤炭工业协会的报告显示，我国的煤炭产量逐年递增，2021年全国原煤总产量为41.3亿吨。其中，山西是我国的煤炭大省，煤的储藏量占到全国的1/3，产量占到全国的1/4以上，全国70%以上的外运煤都来自于山西。在煤炭生产过程中，煤矸石年排放量约占煤炭量的10%~20%，随着煤炭产量的增大，煤矸石年排放量已接近7.5亿吨。此外，全国现有矸石山2000余座，累计存量已逾70亿吨，占地面积15000多公顷，而且在逐年增加。我国煤矸石排放量比较多的地方主要集中在北方，煤矸石的大量堆积给当地的生产和生活带来了巨大的影响，综合利用煤矸石，改善生存环境，是推进生态文明建设的迫切要求。

从全国煤矸石产量的分布及其质量情况（表0-1）可以看出，我国华北地区、东北地区、华东地区的煤矸石排放量较多，山西、河北、河南等省和大多数西部矿区存在酸性、自燃煤矸石山问题。

表 0-1　全国煤矸石产量分布及其质量情况

地区	省（自治区）	数量/万吨	灰分/%	发热量/GJ·kg^{-1}	煤灰中 SiO$_2$ 质量分数/%	煤灰中 Al$_2$O$_3$ 质量分数/%
华北地区	河北	8000	61.5~94.3	2~6	54.5~63.6	0~25
	山西	3000	64.3~89.6	0~20	49.5~77.2	15.5~23.7
	内蒙古	1200	81.1~96.2	0~6	40.2~60.4	20.2~47.1

地区	省（自治区）	数量/万吨	灰分/%	发热量/GJ·kg^{-1}	煤灰中 SiO$_2$ 质量分数/%	煤灰中 Al$_2$O$_3$ 质量分数/%
东北地区	黑龙江	3600	60~70	5~13	30~50	10~25
	吉林	1500	60~90	5~10	40~60	40~60
	辽宁	18000	70~90	0~8	60~70	12~24
华东地区	山东	40000	85 左右	0~5	63（平均）	28（平均）
	安徽	50000	54~88	3~11	51（平均）	13（平均）
	江苏	3300	75~93	0~13	40（平均）	20（平均）
中南地区	河南	24000	53~82	0~6	44~56	5~18
	湖南	1500	60~70	0~10	64~73	9~21
西北地区	陕甘宁三省（区）	5000	0~50	10~18	40~60	4~8
	其他省份	3000	80~100	0~6	60~86	10~21
西南地区	四川	8000	60~85		30~47	0~25
	云南	600	60~90	4~13	53~64	4~13
	贵州	300	0~50	30~88	36~46	2~12
	西藏	10	30~88			

　　我国煤矸石的综合利用水平尚不到排矸量的 15%，余下矸石多采用圆锥式或沟谷倾倒式自然松散地堆放在矿井四周，侵占大量土地，对周围环境造成极大污染，严重影响和危害人们的生活与健康。煤矸石的环境治理问题已成当务之急。

　　目前，国内外主要从两方面解决煤矸石的环境污染问题：

　　（1）采取一定的措施控制煤矸石山的物化作用，此方法需投入大量的资金。

　　（2）对煤矸石进行综合利用，通过减少煤矸石的地面堆积量达到治理的目的，此方法将产生巨大的经济效益。

　　因此，进一步发展煤矸石综合利用具有十分重要的意义。

　　（1）保护耕地，减少占地。保护耕地是关系到我国粮食安全和保证 13 亿人吃饭的一件大事。我国的土地资源非常紧缺，人均耕地占有量只有 1060m^2，仅为世界人均水平的 43%。随着国民经济的发展，每年因基础设施建设城市用地增加及自然灾害损毁等原因造成耕地的大量损失。因采煤造成的地表塌陷和煤矸石堆存也是耕地损失的原因之一。据有关部门估计，我国每年新增煤矸石 1.0 亿~1.2 亿吨，占地超过 4km^2。综合利用煤矸石，不仅可以减少对土地的占用（包括煤矸石建材替代黏土砖减少的耕地破坏），用煤矸石做塌陷区的充填或回填材料，还可以使因采煤塌陷的土地得到复垦。所以煤矸石综合利用对于保护我国十分珍贵的土地资源，意义十分重大。

　　（2）减轻矿区大气污染和地下水污染。我国有 237 座煤矸石山曾发生过自燃，目前仍有 134 座矸石山在不同程度地燃烧。煤矸石自燃不仅白白浪费了宝贵的资源，燃烧过程中排放的二氧化碳、二氧化硫、氮氧化物及烟尘等，还严重污染大环境，危害矿区人民的身体健康。煤矸石经雨水淋溶形成的酸性水渗透到地下，会污染地下水。因此，综合利用煤矸石，可以减轻矿区的大气污染和地下水的污染。

　　（3）改变煤矿旧形象，开辟矿区新产业。煤矸石综合利用不仅可以变废为宝，而且还有助于改变煤炭和煤矿的"肮脏"形象，使煤炭产业成为不产生或少产生"公害"的产业。有些煤矿提出"石头变砖头，砖头砌高楼""制砖不用土、烧砖不用煤"的口号，围绕煤矸石的综合利用，或形成了新的产业，或延长了现有的产业链。例如，山东省新汶矿业集团大力发展煤矸石发电、制水泥制砖及制砖机械等产业；山西阳泉煤业集团以煤矸石发电为龙头，形成了煤矸石发电—电解铝—铝型材的产业链；四川沫江煤矿大力发展煤矸石综合利用，形成以煤矸石综合利用为经济支柱的产业格局，走出了一条可持续发展的道路。

　　（4）促进产业转移和劳动力再就业。据不完全统计，截至 2000 年末，我国因资源枯竭关闭报废的矿井有 488 处，注销生产能力 13990 万吨。由于煤炭资源的枯竭，使矿井产量递减以至最终报废关闭，导致大量工人失业。寻求产业转移和劳动力再就业成为衰老报废矿区的头等大事。煤矸石综合利用则是有发展前景的接替产业之一，并已经成为许多矿区非煤产业的发展重点。据有关部门统计，2007 年国有重点煤矿综合利用多种经营总额达到 582 亿元；安置人员最多时达 208 万人。在煤炭企业的多种经营收入超亿元的项目中，前 10 位全部是煤矸石发电，这足以说明其在非煤产业中的地位。我国每年产生的煤矸石、煤泥等低热值燃料按热量可折算为 1500 万～1800 万吨标准煤。综合利用好这些资源，相当于新增一个开滦或兖州矿区的煤炭产量。此外，除获得建筑材料外，各种现有经济技术条件下煤矸石可利用的有用组分都可基本回收利用，如煤系高岭土、硫铁矿、镓、锗、钒等稀散金属。综上所述，煤矸石的综合利用不仅可促进产业转移、劳动力再就业，甚至还会因其含有特殊成分而成为煤炭城市待开发的"金矿"。

　　然而，针对我国煤矸石资源化利用尚存在一些问题。第一，我国已堆存的煤矸石总量巨大，其所产生的环境威胁最为明显，不得不优先考虑其开发利用；第二，我国现有的煤矸石资源开发利用企业少，规模小，处理能力有限；第三，受经济技术条件制约，煤矸石资源利用层次普遍较低，产品附加值低，企业经济效益低，加上废弃物资源化优惠政策和激励措施不到位，难以刺激煤矸石资源利用企业有效增加；第四，环境保护政策执行阻力大，执法队伍素质良莠不齐，执法不严，使得部分煤炭开采加工企业没有环境保护紧迫感；第五，煤炭开采加工企业与煤矸石资源利用企业间缺乏有力技术连接，前者能真正根据所产煤矸石的资源性状和利用性能进行分拣分存的尚为少见，也为煤矸石实际利用增加了难度。

1 煤矸石的资源环境属性

本章提要：

（1）掌握煤矸石的产生、性质及危害。

（2）掌握煤矸石综合利用的意义和途径。

煤矸石是在成煤生产过程中与煤伴生的一种含碳量低、相对比较坚硬的黑色岩石，在开采和洗选过程中被分离出来，成为废弃物。截至 2021 年，我国每年约产生 7.5 亿吨煤矸石。煤矸石作为煤炭生产的附属固体废弃物，通常排放到地面形成矸石山，不仅占用大量土地，而且对环境造成很大的危害，影响煤矿及矸石山周边居民的身体健康。

本章系统介绍了煤矸石的资源环境属性（包括产生、性质及危害）和综合利用，重点展示了煤矸石的理化性质、危害和综合利用途径，为煤矸石的大宗利用和高值利用提供思路，对我国煤矸石的综合利用提出了展望。

1.1 煤矸石的产生

1.1.1 煤矸石的产生（含地质成因）

煤矸石主要来源于开采煤层内部结核、夹石层以及煤层的顶底板地层，因此煤矸石的性质与煤矸石形成的地质环境有很大的关系，而煤矸石形成的地质环境主要取决于煤系地层，特别是煤层及其紧邻的顶、底板岩层的形成地质环境。煤层内部结核、夹石层及其顶底板岩层的形成主要受沉积环境动荡、成煤变质作用和后期构造活动影响，这些活动使它们的性质复杂多变。通常情况下，煤层厚度越大，其中夹石层越多，煤层的结构越复杂，煤层和夹石层之间的关系反映了成煤过程中环境的变化。煤层中的夹石层可能受到沉积间断；或沉积环境发生突变；或由于煤层受到挤压发生流变，周围岩石挤入煤层；也有可能由于岩浆岩的侵入等原因影响其在煤层中形成。

煤层的底板是古代直接生长植物的土壤，常有植物根，称根土岩，因此在煤层底板常有化石。煤层底板可能由没有根化石的碎屑岩组成；可能是由于异地或微异地形成的煤层；或可能是后期腐烂分解的结果。通常煤层和底板之间有一个明显的界面，煤层是层状的。而底板根土岩是块状的，其间看不到直立根和煤层的依存关系。因为底板是古植物生长的土壤，所以底板通常是不具层理、团块状的泥岩，古生代煤层的底板常为灰黑色，中、新生代煤层底板颜色较浅些，多数情况下可发现根化石。有时由于煤层异地沉积，煤层底板的岩性将会是砂岩或粉砂岩。

煤层顶板和煤层的关系，反映了沉积环境的变化和聚煤作用的终止。煤层顶板和煤层的接触关系，可以是明显的，也可以是逐渐过渡的。在大多数情况下都是呈明显的接触关系，这反映了沉积环境的突然变化，例如石灰岩顶板、砂岩顶板等。煤层顶板的岩性通常是泥岩、粉砂岩、砂岩，也可以是石灰岩（泥灰岩）、油页岩、硅藻土等。煤层顶板分为伪顶和老顶。伪顶是指煤层上有一薄层碳质泥岩或泥岩，再往上才是坚硬的石灰岩、砂岩、粉砂岩等老顶。伪顶的存在表明在煤层和其顶板间存在一过渡层。露天煤矿开采过程中发现煤层和泥灰岩、泥岩、粉砂岩等顶板岩石之间的界面是不平整的，可能是由冲刷、挤压变形、岩相变化所引起的。

煤层中常见到各种成分的结核和矿物质包裹体。它们可以是自生的，也可以是通过成岩作用后生的。自生的结核和矿物包裹体直接受煤形成时的环境的影响，最常见的有黄铁矿。黄铁矿结核或包裹体，可以分布在各种煤级的煤中，一般和煤形成时还原程度的强弱有关，可以成为结核状、细分散状，成为树木根或动、植物各部分的假象。黄铁矿是在海相沉积环境中植物分解时产生的 H_2S 和水溶液中铁的化合物相互作用的产物。后生作用形成的黄铁矿可充填在裂隙内或层间接触处，当在近地表情况下，黄铁矿发生氧化转化为氢氧化铁和硫酸，如与钙结合便形成石膏等。黄铁矿结核可在煤层各个部位中找到，但最常见的是在煤层接近底板及夹石层附近，并经常和丝炭、黄铜矿、方铅矿、白铁矿等共生。此外，煤层中还存在方解石、菱铁矿、黏土质结核、硅质结核、砂质岩石、砾石、火山质岩石等包裹体。至于后生的矿物包裹体，可能是煤在变质过程中产生的。当聚煤盆地发生沉降运动变化时，沼泽环境发生变化，泥炭的作用也随之发生变化，之后在地质作用下形成煤层，由于沉积环境的变化，可能在煤层中存在岩石，称为夹矸。

1.1.2　煤矸石的分类

煤矸石一般是指在煤炭开采和洗选过程中夹杂的泥岩和砂岩。但是在煤矿实际生产时，煤矸石指的是煤矿的建井过程、生产过程中夹杂的混合岩体，包括建井掘进时夹杂的矸石、开采过程中排出的矸石及在洗选时产生的矸石。

煤矸石有多种分类方法，可以按照煤矸石的来源、岩性、风化程度、堆放时间、酸碱性等进行分类：

（1）按照煤矸石来源，可以分为白矸和黑矸。白矸主要是掘进巷道排放的不含煤的岩石。黑矸是煤层的夹矸、顶底板、掘进煤巷等排出的含有碳的岩石。

（2）按照煤矸石岩性，可以分为砂岩、页岩等。

（3）按照煤矸石风化程度，可以分为易风化矸石和不易风化矸石。

（4）按照煤矸石堆放时间，可以区分为 4 类，见表 1-1。

表 1-1　按堆存时间区分的煤矸石种类

类型	停止排矸的时间/年	煤矸石堆放高度相对地表面的距离/m	煤矸石山的分化位置	表层分化碎屑厚度/cm
I	≤7	30~40	上坡和坡顶部	没有明显的风化碎屑
II	7~15	20~30	中上坡	0~5

类型	停止排矸的时间/年	煤矸石堆放高度相对地表面的距离/m	煤矸石山的分化位置	表层分化碎屑厚度/cm
Ⅲ	15~25	10~20	中坡	5~15
Ⅳ	≥25	0~10	坡脚	≥15

（5）按照煤矸石山酸碱性，可以分为酸性煤矸石山和非酸性煤矸石山。划分酸碱性对治理煤矸石山具有重要作用。酸性煤矸石山不仅污染严重，而且易氧化产酸，极易引发自燃，治理难度最大，需要采用覆盖、中和、压实等特殊措施进行治理。非酸性煤矸石山（碱性煤矸石山）不容易自燃和产酸污染，治理的方法相对容易，甚至可以采用无覆盖土壤的植被恢复方法。

1.2   煤矸石的性质

1.2.1   煤矸石的岩石组成

岩石是地壳中由地质作用所形成的固态物质，它们主要是造岩元素所构成的玻璃或矿物的天然集合体，并且有着一定的结构构造和变化规律。岩石以其成因不同，可分为岩浆岩、沉积岩和变质岩三大类。地壳内岩浆冷凝固化后形成的岩石就是岩浆岩。岩浆岩的成分主要由硅酸盐物质组成，大部分为块状的结晶质岩石，部分为玻璃质岩石。由地球内力的作用引起岩石改造和变化的作用称为变质作用。变质作用主要是指固态岩石中矿物的变质重结晶、物质成分的迁移，或形成新的矿物组合以及部分岩石的选择性重熔等。由变质作用所形成的新的岩石称为变质岩。沉积岩是由地表条件下和地表下不太深的地方形成的地质体。它是在温度不高（70~200℃）、压力不大（几个兆帕）的条件下，由风化作用、生物作用和某种火山作用的产物，经搬运、沉积和成岩等作用而形成的岩石。

总体来说，煤矸石中常见的岩石主要是组成煤系地层的各种沉积岩，有碳质泥岩、泥岩、砂质泥岩、粉砂岩、砂岩、石灰岩和煤。在极少数遭受岩浆侵入的矿区，煤矸石中还含有各种岩浆岩和天然焦，如平顶山大庄矿的煤矸石中可见到安山岩和煌斑岩。受到岩石变质作用影响的矿区，煤矸石中还可见到变质岩类，主要有板岩。一般来说，各种煤系沉积岩类要占煤矸石的 10%~95%。

1.2.2   煤矸石的化学组成

煤矸石的化学成分是评价矸石特性、决定利用途径、指导生产的重要指标。通常所指的化学成分是矸石煅烧以后分析灰渣的成分。煤矸石的化学成分随岩石成分的不同而变化。由于岩石受开采煤层和地层形成时地质条件、形成后经历的地质作用、开采方式和加工方法等影响，因此，来源于不同矿区或同一矿区的不同煤层的煤矸石的化学成分一般差别较大，来源于同一矿区的同一煤层的煤矸石的化学成分一般相对较稳定。表 1-2 列出了我国部分矿区未自燃煤矸石的化学成分。由表可知，各地煤矸石的化学成分虽有较大差别，但本质上却表现出相似性，即 SiO_2、Al_2O_3 和 Fe_2O_3 的含量都比较高，特别是前两者的含量很高，SiO_2 和 Al_2O_3 含量之和一般高达 55%~80%，SiO_2 与 Al_2O_3 的比值在 2~4 之间。以铝质岩为主要成分的矸石，Al_2O_3 的含量高达 40%，而砂岩矸石中 SiO_2 的含量可达

80%，烧失量较高，一般为 10%~35%。

表 1-2 未自燃煤矸石的化学成分

煤矸石来源	SiO_2	Al_2O_3	Fe_2O_3	TiO_2	CaO	MgO	K_2O	Na_2O	SO_3	烧失量
大同混矸	48.80	13.52	3.27	0.68	0.41	0.65			1.22	29.44
太原混矸	46.90	20.46	5.29	0.72	1.14	0.44				23.15
平顶山一矿混矸	49.75	19.92	3.57	0.91	1.25	0.49	1.36	0.74	0.34	21.67
平顶山大庄矿混矸	48.55	15.10	5.75	0.71	4.98	0.72	1.53	0.73	0.85	19.97
鹤壁六矿混矸	44.46	18.15	4.15	1.00	3.46	0.92	2.22	0.46	1.28	23.90
永荣混矸	57.63	15.84	5.02		2.14	1.75	2.91	0.23		12.67
洗矸	58.50	19.34	8.45		6.48	1.86			4.0	6.0

洗选煤时排出的矸石，称为选矸（或洗矸）。它们的化学成分与上述煤开采过程中排出的混合矸石的化学成分具有相似的特征，SiO_2、Al_2O_3 和 Fe_2O_3 的含量较高，SiO_2 与 Al_2O_3 的含量最高。由于进入原煤中的砂岩和石灰岩有所减少，而泥质岩石，特别是碳质泥岩相对增多。因此，选矸中 SiO_2 与 CaO 的含量相对减少，Al_2O_3 的含量都有所增加，烧失量增加得尤为显著。对于形成于还原地质环境中的煤层，黄铁矿（FeS）的含量一般较高，对采自这类煤层的原煤进行选煤时，铁矿物被富集于选矸中，使得洗选矸中 Fe_2O_3 和 SO_3 的含量增加显著，如松藻洗选厂的洗矸中 Fe_2O_3 的含量高达 14.01%。煤矸石经过自燃，可燃物不同程度地被燃烧掉，致使烧失量大大降低，烧失量一般小于 5%；而 SiO_2 与 Al_2O_3 的含量相对增加，二者含量之和高达 65%~95%，自燃越彻底，该值越高，其中相当部分已转化为活性 SiO_2 及活性 Al_2O_3；并且与火山灰物质（凝灰岩、粉煤灰）相比，化学成分较相似，具有火山灰活性，自燃越完全，烧失量越低，火山灰活性就越好。由表 1-3 可知，湖北七约山茅村矿的矸石自燃极不完全，烧失量高达 12.06%，SiO_2 和 Al_2O_3 的总含量却相对较低，只有 65.73%，火山灰活性不好；其他地区的矸石自燃比较彻底，火山灰活性较好。

表 1-3 自燃煤矸石的化学成分

煤矸石来源	SiO_2	Al_2O_3	Fe_2O_3	TiO_2	CaO	MgO	K_2O	Na_2O	SO_3	烧失量
大同混矸	68.91	22.94	2.59	0.68	0.41	0.77			0.16	0.58
平顶山一矿混矸	62.06	24.80	3.16	1.45	0.40	0.53	0.47	0.18	0.40	4.28
阜新自燃矸	59.72	16.01	0.61		5.08	2.92			0.83	0.46
湖北七约山茅村矿自燃矸	55.88	9.85	4.12		14.92	0.67			4.36	12.06

1.2.3 煤矸石的矿物组成

地质作用中各种化学组分所形成的自然单质和化合物称为矿物。矿物具有相对固定的化学成分。存在于煤矸石中的矿物主要是来自煤系母岩的造岩矿物。按成因类型可将其分为两类：一类是原生矿物，它们是各种岩石（主要是岩浆岩）受到程度不同的物理风化而未经化学风化的碎屑物，其原有的化学组成和结晶构造都没有改变。在该类矿物中主要包括硅酸盐类、氧化物类、硫化物类和磷酸盐类矿物。另一类是次生矿物，它们大多数是由原生矿物经风化后重新形成的新矿物，其化学组成和构造都有所改变，因此有别于原生矿物。次生矿物是矸石中最重要、最有活力、最有影响的部分。许多重要的物理性质（如可塑性、膨胀收缩性）、化学性质（吸收性）和力学性质（湿强度、干强度）等都取决于次生矿物。

总体来说，煤矸石中的矿物主要为硅酸盐矿物，一般石英含量占 20%~40%，高岭石占 15%~45%，伊利石占 0~45%，这 3 种主要矿物的含量之和通常占 45%~90%，其次还含有少量云母、方解石及铁矿物等。建井或采煤过程中形成的混合矸矿物组成变化较大，或因煤层形成时地质条件的不同而不同，或因矸石出自不同的采掘工程而变化。这给混合矸的利用带来较大困难。经过洗选的煤矸石中黏土矿物及铁矿物相对富集，高岭石、伊利石和铁矿物含量较高；并且，如果入选原煤来源不变，其洗煤矸石的矿物组成就会比较稳定，这种特点使得洗煤矸石的利用面较宽，利用价值也高。此外，对于自燃矸石而言，除了保留少量原矿物外，还出现了大量非晶相的玻璃质和无定形物，带来了较高的火山灰活性，并产生了少量新的高温矿物相——莫来石。

1.2.4　煤矸石的显微结构

煤矸石的原矿粒度较大，其中矿物主要以结核体、块状、粒状等宏观形态为主，矿物之间呈浸染状，如洗矸中的黄铁矿以块状、脉状、结核状及星散状四种形态存在，而硅质煤矸石的宏观形态呈黑色隐晶质结构，矿物构造为纹层状和块状。

1.2.5　煤矸石的理化性质

1.2.5.1　煤矸石的热值

煤矸石的发热量是指单位质量的煤矸石在一定条件下完全燃烧所能释放出的能量，通常其发热量随碳质量分数和挥发分的增加而增加，随灰分的增加而减小。我国煤矸石的发热量多在 6300kJ/kg 以下，热值高于 6300kJ/kg 的煤矸石仅占 10%左右。

煤矸石的热值主要是由煤矸石中所含有机质燃烧产生的。在煤矸石中，有机质主要赋存于碳质泥岩和泥岩中。散布的煤块或煤末含有的有机质最高，其次是碳质泥岩，再次是泥岩，粉砂岩与砂质泥岩中有时含有极少量的有机质，其他岩石（如砂岩和石灰岩）中则基本不含有机质。煤矸石中的有机质是由各种复杂的高分子有机化合物所组成的混合物，主要由碳、氢、氧、氮和硫元素组成，碳是有机质的主要成分，也是煤矸石燃烧过程中产生热量的重要元素，每千克纯碳完全燃烧时能放出 34080kJ 的热量。对我国特大型的平顶山矿区的煤矸石进行了全面、系统的取样、测试与统计分析，结果表明，未自燃的混合矸的热值小于洗选矸的热值，泥岩的热值小于碳质泥岩的热值。

我国煤矸石的含碳量差别很大，在 15%及其以下，其热值变化范围在 0~7500kJ/kg 之间，主要存在于碳质泥岩及散布煤中。从煤矸石的类型角度看，利用煤矸石的热值主要是利用洗选矸石的热值，从岩石类型看则主要是利用碳质泥岩及散布煤的热值。

1.2.5.2　煤矸石的熔融性

煤矸石的熔融性，是指矸石在某种气氛下加热，随着温度的升高而产生软化、熔化现象。加热熔融的过程，是矸石中矿物晶体变化、相互作用和形成新相的过程。矸石在熔化过程中有 3 个特征温度：开始变形温度 T_1、软化温度 T_2 及流动温度 T_3（也称熔化温度）。我国煤矸石灰分中 SiO_2、Al_2O_3 含量普遍较高，因此煤矸石的灰熔点（在规定条件下测得的引起煤矸石变形、软化和流动的温度）相当高，最低为 1050℃，最高可达 1800℃ 左右。

一般以矸石的软化温度 T_2 作为衡量其熔融性的主要指标。测定煤矸石熔融性的方法有熔点法（角锥法、高温热显微镜法）和熔融曲线法。通常采用角锥法作为标准方法。此法操作方便，不需要复杂的设备，效率高，具有一定的准确性。方法要点：将矸石粉与糊精混合，塑成一定大小的三角锥体，放在特殊的灰熔点测定炉中以一定的升温速度加热，观察并记录灰锥变形情况，确定其熔点。当灰锥体受热至尖端稍为熔化开始弯曲或棱角变圆时，该温度即为开始变形温度 T_1，继续加热，锥体弯曲至锥尖触及托板，锥体变成球或高度不大于底长的半球形时，此时已达到了软化温度 T_2，最后，当灰锥熔化或展开成高度不大于 1.5mm 的薄层时，即达到流动温度 T_3。矸石熔融的难易程度，主要取决于矸石中矿物组成的种类和含量多少。我国煤矸石的熔融温度大都较高，T_3 多大于 1250℃，最高可超过 1500℃。黄铁矿和氧化钙含量较高的矸石，T_2 温度通常低于 1250℃，但最低也在 1000℃ 以上。

矸石中 Al_2O_3 和 Fe_2O_3 的含量会直接影响其熔融温度，前者与其熔融温度成正比，而后者成反比。根据经验判断，矸石中 Al_2O_3 含量高于 40% 时，其熔融温度 T_3 一般都超过 1500℃，Al_2O_3 大于 30% 时，熔融温度 T_2 也多在 1300℃ 以上。Fe_2O_3 和 CaO、MgO、K_2O、Na_2O 等碱性氧化物都起着降低矸石熔融温度的作用。SiO_2 含量为 45%~60% 时，矸石的熔融温度随 SiO_2 含量的增加而降低；SiO_2 含量大于 60% 时，熔融温度无变化规律。

1.2.5.3　煤矸石的可塑性

煤矸石的可塑性是指把磨细的矸石粉与适当比例的水混合均匀制成泥团，当该泥团受到了高于某一数值剪切应力的作用后，泥团可以塑成各种各样形状，除去应力后，泥团能永远保持其形状，这种性质称为可塑性。

矸石可塑泥团和矸石泥浆的区别在于固/液之间比例不同。由此而引起矸石泥团颗粒之间、颗粒与介质之间作用力的变化。据分析，泥团颗粒之间存在两种力：

（1）吸力。吸力主要有范德华力、局部边面静电引力和毛细管力。吸力作用范围约离表面 $2×10^{-3}\mu m$。毛细管力是塑性泥团中颗粒之间主要吸力，在塑性泥团含水时，颗粒表面形成一层水膜，在水的表面张力作用下紧紧吸引。

（2）斥力。斥力是由带电颗粒表面的离子间引起的静电斥力。在水介质中这种力的作用范围约距颗粒表面 $2×10^{-2}\mu m$。

由于矸石泥团颗粒间存在这两种力，当水含量高时，形成的水膜较厚，颗粒相距较远，表现出颗粒间的斥力为主，即呈流动状态的泥浆；若水含量过少，不能保持颗粒间水膜的连续性，水膜中断了，则毛细管力下降，颗粒间靠范氏力而聚集在一起，很小的外力就可以使泥团断裂，则无塑性。

矸石颗粒越细，比表面积越大，颗粒间形成的毛细管半径越小，毛细管力越大，塑性也越大。矸石矿物组成不同，颗粒间相互作用力也不相同。高岭石的层与层之间是靠氢键结合的，比层间为范德华力的蒙脱石结合得更牢固，故高岭石遇水不膨胀。但是，蒙脱石的比表面积约为 $100m^2/g$，而高岭石为 $10~20m^2/g$，由于比表面积相差悬殊，故毛细管力相差甚大。一般说来，可塑性的大小顺序是：蒙脱石>高岭石>水云母。

可塑性的高低，用塑性指数表示。矸石泥团呈可塑状态时，含水率的变化范围代表着矸石泥团的可塑程度，其值等于液性限度（简称液限）与塑性限度（简称塑限）之差。这时所讲的液限，就是矸石泥团呈可塑状态的上限含水率（相对于干基），当矸石泥团中含水率超过液限，则泥团呈流动状态。所谓塑限，就是矸石泥团呈可塑状态时的下限含水率（相对于干基），当矸石泥团中含水率低于塑限时，矸石泥团即成为半固体状态。

1.2.5.4　煤矸石的硬度

煤矸石的硬度直接影响破碎、粉磨工艺和设备的选择，是影响成型设备的设计和制备工艺的重要指标。

硬度的表示法有多种，常用的有莫氏硬度等级和普氏硬度系数（f）两种，岩石的硬度一般采用普氏硬度系数表示，因为岩石绝大多数都是由多种矿物组成的，往往显示一定的方向性；矿物硬度通常用莫氏硬度等级表示。由于莫氏法简单易行，便于野外测试，因此大多数人愿意采用莫氏等级来表示原料的硬度。

普氏硬度系数由苏联学者普罗托基诺夫提出，用 f 来表示岩石的坚固性系数，坚固性越大的岩石，普氏硬度系数也越大。常见的岩石普氏硬度系数介于 $1\sim20$。测定岩石普氏硬度系数的方法很多，最简单的方法是用 $5m\times5m\times5m$ 岩体试样，使其受单向压缩，设其极限抗压强度为 R（单位为 kg/cm），将 R 值除以 100，得抽象数，此数即为 f 值。根据 f 值的大小，将各种岩石的坚固程度分成 10 级。

莫氏硬度等级，是德国矿物学家莫斯提出的矿物硬度标准。测定莫氏硬度等级常用莫氏硬度计，该硬度计是选择 10 种不同的矿物，分别定为 1 度到 10 度，按低到高的次序排列而成。如某矿物能被方解石刻画，但它能刻画石膏，而不被石膏刻画，则该矿物的莫氏硬度等级介于石膏和方解石之间，取 2.5；如某矿物能为方解石所刻画，但它既不能刻画石膏，也不能被石膏刻画，则该矿物的莫氏硬度等级和石膏样为 2。

矿物和岩石的主要区别：矿物是天然存在的具有一定物理和化学性质的无机物质，具有均质的化学组成；而岩石是由多种（也有一种）矿物的集合体，一般是由各种矿物和各种化学成分组成的，因而是不均质的。页岩属岩石，一般采用普氏硬度系数来表示其坚固程度。但由于在野外用代用品测定莫氏硬度等级更加方便，因此也可采用莫氏硬度等级表示。普氏硬度系数大于 4，或莫氏硬度等级大于 3 的页岩不易凿岩爆破，难以破碎粉碎，塑性较差。

1.2.5.5　煤矸石的自燃

煤矸石山自燃是煤矿一个普遍存在的问题。矸石山自燃后，对周围环境和矿区的污染，已是一个不容忽视的环境问题。但自燃过的煤矸石一般具有活性，有利于煤矸石的综合利用。

A　自燃原因分析

关于煤矸石山自燃的原因，国内外都进行了不少的研究，归纳起来，主要有黄铁矿氧化学说和煤氧复合自燃学说：

（1）黄铁矿氧化学说。这是长期以来解释煤矸石山自燃起因的主要理论，认为煤与矸石中的黄铁矿在低温下发生氧化，产生热量并不断积聚，使矸石内部温度升高，在某一局部达到一定温度后，引起矸石中的煤和可燃物质燃烧。放热反应产生的热量积聚在煤矸石内部，不易扩散，随时间的推移热量不断积累，促使煤矸石内部温度不断升高，最终使可燃物如煤、碳质页岩、废坑木等燃烧起火，这就是黄铁矿氧化生热学说。

（2）煤氧复合自燃学说。煤矸石中通常夹带着 10%～25% 的碳质可燃物，在低温的情况下，矸石中的煤（尤其是镜煤和炭）会发生缓慢的氧化反应，同时放出热量。当热量积聚到一定稳定时，即引起矸石山自燃，这就是煤氧复合自燃学说。

事实上，煤矸石山的自燃是一个极其复杂的物理化学的变化过程，它从常温状态转变到燃烧状态，其氧化过程不仅受到煤矸石的物理化学性质的制约，同时也与煤矸石的岩相组成、水分含量，煤矸石的比表面积、孔隙率以及矸石山所处的自然环境有关。从以上分析可知，煤矸石山发生自燃必须具备以下条件：1）含有能够在低温氧化的物质或可燃物；2）有氧气和水存在；3）有能使热量积聚的环境。

矸石山能够低温氧化的物质或可燃物，主要指黄铁矿和煤，还包括遗弃在矸石中的碳质页岩、腐烂木头、破布、油脂等。至于氧气和水，以及热量积聚的环境，则与矸石山的堆积结构有关。矸石山在自然堆放过程中，无论是平地起堆，还是顺坡堆放，均会发生粒度偏析，使矸石山内部形成空气通道，导致"烟囱效应"的产生。空气通道的形成，保证了矸石山中煤或黄铁矿低温氧化所需要的氧气。低温氧化反应产生的热量，一部分由于"烟囱效应"随空气带出，而另一部分则积聚在矸石山中。由于矸石山下部的矸石粒度较中部及上部的大，因而空气通道也较大，通过的空气较中、上部也多，空气带出的热量也多，矸石山下部不易积聚热量。矸石山上部由于粒度小、空气通道也小，通过的空气较中、下部少，因此也不易积聚热量。而矸石山的中腰部，粒度适中，最易积聚热量，所以中腰部温度最高。当某局部温度达到煤等可燃物的燃点时便引起自燃，由于中腰部通风较好，且不易散失热量，因此火会越烧越旺，向四周蔓延。

B　煤矸石山自燃的特征

煤矸石山的自燃具有两个特征：一是从矸石山内部先燃烧；二是属于不完全燃烧。

（1）从矸石山内部先燃烧。煤矸石山的自燃取决于供氧条件，供氧是沿着矸石之间的空隙和孔道向内部补给的。矸石山内部有利于氧化反应生成热的积聚，所以燃烧首先从这里开始。自燃后，燃烧地带具有燃烧中心的特性。已经自燃的矸石山，燃烧位置距矸石山表面的深度约 2.5m，平面堆积的矸石山，燃烧只发生在有裂隙的地带。观察到的冒烟处，往往并不能说明燃烧区就在其下部，而可能在斜坡下部，离矸石山表面 1～2m 深的地区。这是因为空气是从斜坡的下部进入，并沿着斜坡的表层向上流动的，热对流使进入的空气量增加，持续供应燃烧，从而形成裂线或空洞。

（2）不完全燃烧。煤矸石在堆积时，颗粒的形状和大小是不规则的，从而在煤矸石之间形成空隙和孔道。在自燃之前，这些空隙和孔道为黄铁矿和碳质可燃物的氧化提供空气；在自燃之后，它们又为可燃物的燃烧补给空气。由于煤矸石的燃烧从煤矸石山的中部开始，因此通过空隙和孔道输送空气的速度比较缓慢；另外，若空隙和孔道所占容积较小，煤矸石内可燃物质就不能与氧充分化合，也就不能充分燃烧。所以，从整体上说，煤矸石燃烧是在供氧量不足的情况下进行的，其燃烧性质属于不完全燃烧。

不完全燃烧的结果，除产生和释放 SO_2 和 CO_2 外，还会产生和释放大量的 CO、H_2S 和碳氢化合物，从而造成大气的严重污染。根据现场实测，其 CO 的排放量远远超过国家规定的排放标准。不完全燃烧使得煤矸石山燃烧速度缓慢，燃烧时间很长。一座大型煤矸石山，往往要燃烧十多年，甚至几十年，因此，即使不再继续堆放煤矸石，煤矸石依然可以继续燃烧许多年。当煤矸石中可燃物质和黄铁矿基本燃烧完后，仅残余少量的碳和黄铁矿硫。

1.2.5.6 煤矸石的活性

煤矸石中多数矿物的晶格质点常以离子键或共价键结合。当矸石磨细或煅烧后，平整的晶面受到破坏，在颗粒尖角、棱边处，键力不饱和程度的点数增加，从而提高了矸石的活性。矸石经过自燃或在一定温度煅烧后，原来的结晶相大部分分解为无定形物质，结晶相居次要地位，因此，煅烧后的矸石具有较高的活性。通常所说的煤矸石的活性，实际上是指煤矸石的强度活性，即煤矸石作为某种胶凝材料的一个组分时该胶凝材料所具有的强度。

A 煤矸石强度活性的评定

我国制定的国家标准《用于水泥中的火山灰质混合材料》（GB/T 2847—2005）采用了国际标准化组织推荐的 ISO 法，用火山灰活性试验及水泥胶砂 28d 抗压强度试验的结果来评定火山灰材料的活性。由于目前我国还没有评定煤矸石活性的国家及部门标准，在评定煤矸石的活性时通常参照 GB/T 2847—2005 标准，按照该标准测定掺煤矸石试样的抗压强度，与纯水泥试样的抗压强度对比。

B 煤矸石活性的产生

未自燃的煤矸石一般不具有活性或活性很低。煤矸石受热后，矿物相发生变化形成火山灰类的物质，从而具有活性，因此，煤矸石经受煅烧或自燃是其获得活性的根本途径。下面简述煤矸石的主要组成矿物受热后，矿物相发生变化而具有活性的基本情况：

（1）高岭石的变化。高岭石随温度的变化会产生不同的相变，高岭石在 700℃时脱除结晶水，晶格被破坏，形成了无定形的偏高岭石，具有火山灰活性。在 925℃时，偏高岭石开始重结晶，产生硅尖晶石。此后，随着温度的上升，相继出现类似莫来石的晶体，并在发生重结晶作用的同时游离出方石英。重结晶的产物都是非活性物质。当温度上升到 1200℃以上，莫来石的生成量显著增加，莫来石的大量生成，降低了煤矸石的活性。当温度达到 1400℃时，高岭石基本全部转化为莫来石。

（2）伊利石（水云母）的变化。自然界存在着受热液蚀变或风化作用影响的"白云母→绢云母→水白云母→伊利石→蒙脱石（酸性环境为高岭石）"转变系列，其中的伊利石又称水云母，是成分多变的复杂过渡矿物。伊利石在 0~200℃脱失层间吸附水；在 600~800℃失去结晶水，晶体逐渐被分解、破坏，出现具有活性的无定形物质；在 900~1000℃时，晶体分解完毕，此时活性最高；当温度达到 1000~1200℃时，又开始重结晶，因伊利石的成分差异而产生不同数量的莫来石及少量的方英石等。由于发生了向晶质转变，活性逐渐降低。与高岭石相比，伊利石脱失结晶水的温度要高得多。

（3）石英的变化。在升温和降温过程中，石英结晶态呈可逆反应。即 β-石英和 α-石英在 573℃可以发生可逆反应，α-石英和 α-鳞石英在 870℃发生可逆反应，α-鳞石英和 α-方石英在 1470℃发生可逆反应。实际上，煤矸石的成分比较复杂，在升温过程中石英的变化可能出现的情况是：1）生成无定形的 SiO_2 提高煤矸石的活性；2）生成非活性的石英变体；3）与煤矸石中的铝组分结合生成莫来石，降低煤矸石的活性。试验表明，在煅烧或自燃过程中，石英的含量随温度的升高而逐渐减少。

（4）莫来石的生成。煤矸石在被煅烧或自燃过程中，一般于1000℃（个别为900℃）开始生成莫来石，达到1200℃以上后生成量显著增加，在1300~1400℃生成量最大。莫来石的大量生成，降低了煤矸石的活性。莫来石的生成温度、生成量随煤矸石的成分、煅烧温度和冷却速度的差异而有所变化。经高温煅烧，高岭石、伊利石、石英与其他铝组分结合，都会产生莫来石，因此，莫来石是煤矸石煅烧或自燃后生成的最主要的新矿物。

如上所述，作为煤矸石主要矿物组分的黏土类矿物（高岭石和伊利石）受热分解，产生无定形物与玻璃质是煤矸石强度活性的主要来源，温度是控制煤矸石活性产生的最主要因素。当煤矸石因被煅烧或自燃而受热到某温度时，晶体就会破坏，变成非晶质而具有活性，同时，重结晶成新矿物的过程就此开始，随着新的结晶相应增多，非晶质相应减少，活性又开始逐渐下降。因此，存在一个使煤矸石中的黏土类矿物尽可能多地分解成无定形物与玻璃质，而新的结晶物又产生最少，煤矸石得到最大活性的最佳煅烧温度。大量试验表明，使煤矸石获得最大活性存在的两个最佳煅烧温度区间为：1）600~950℃，称为中温活性区；2）1200~1700℃，称为高温活性区，通常主要利用中温活性区。此外，煤矸石的活性还受矿物组分与矸石粒径等因素的影响，实际煅烧温度往往比理论值略高一些。对于以高岭石为主的煤矸石，最佳煅烧温度为600~950℃，以伊利石为主的煤矸石最佳煅烧温度为800~1050℃。在煅烧煤矸石时，可以控制煅烧温度在最佳煅烧温度区，但煤矸石发生自燃时的温度往往并不处在最佳燃烧温度区，致使自燃煤矸石的活性常达不到其最高强度活性。

1.3　煤矸石的危害

煤矸石中复杂的化学组分经不同的处理工艺和释放机制，导致煤矸石中的有害杂质对周边土壤、水环境或生态环境产生不利影响。张明亮等通过分析煤矸石样品中重金属的释放、迁移活性，并利用潜在风险评估法分析矸石山周边潜在的生态风险，研究发现煤矸石样品中重金属的主要形态为残渣态，且不易发生迁移转化，但是少量的酸溶态、结合态重金属在受到降雨喷淋或长期处于潮湿状态后，由于迁移转化加快，从而容易造成重金属污染。徐州市环境监测中心站以煤矿区及煤矸石的污染特征为依据，选取16种EPA优先控制多环芳烃（PAHs）污染物，采用高效液相色谱法对不同堆积年限的矿区煤矸石山周围塌陷区的水体样品进行测试，分别分析此类水体中单个PAHs和总PAHs的分布情况及水体中PAHs不同环数的组成情况，试验结果显示，由于PAHs的疏水性导致周边水体中ΣPAHs含量不高，而在部分水样中测出苯并（a）芘。因此，可以判断监测矿区附近水体受到PAHs一定程度的污染。

煤矸石是工业固体废弃物中排放和堆存量最大的一种，目前国内外采煤和洗选过程中排出的煤矸石大多弃置于山沟、平川一带，长期堆放，利用率极低，大量的煤矸石堆积不仅占据了大量的耕地，而且污染了环境，造成极大的危害。

煤矿作为重要的能源输出地为我国国民经济和社会发展作出了巨大贡献，同时，煤炭大量开采引起地表塌陷，造成土地破坏和挤占土地，使矿区大量耕地、地表建筑物和地下水资源遭到破坏，水土流失和土地沙漠化。煤矸石的大量排放和自燃以及煤矸石山酸性淋溶水的超标排放等不仅使矿区生态环境日趋恶化，而且严重污染了煤矿和周边环境的江河水体，直接影响农业、林业等生产。因此，对矿区煤矸石进行研究、治理和综合利用，不仅具有重大的环境意义，而且能取得较好的社会和经济效益，对煤炭工业可持续发展乃至整个国民经济的健康发展具有十分重要的现实意义。

国内外环境调查、环境监测和煤矸石环境性状研究表明，煤矸石堆存的环境危害非常明显，并且随着其积累堆存量的增加，环境危害日趋突出。就目前研究所知，煤矸石堆存的环境危害途径颇为广泛。露天堆存的煤矸石暴露在自然环境中，往往会发生一些物理、化学反应，从而对矿区环境造成危害。因此，可以把煤矸石的危害分为物理危害和化学危害两大类。

1.3.1　物理危害

1.3.1.1　占压土地

土壤是很难再生的资源，地球上形成 1cm 厚的土壤，需要 300~500 年的漫长岁月。中国是一个耕地资源非常紧缺的国家，耕地资源十分宝贵，而许多地区的煤矸石堆放场所紧邻交通线和居民区，不仅侵占大量耕地、林地、居民和工矿用地，同时也造成矿区周围众多的环境问题和社会问题。据统计，矿业生产过程中煤矸石的产生比例一般为 10%~20%，估计我国每年排放 6.5 亿~7.5 亿吨，历年矸石的堆积量达 70 亿吨以上，形成矸石山 2000 多座，占地约 15000 多公顷。随着城镇建设的发展，市区范围不断扩展，煤矸石排放量持续增加，煤矸石堆存占地造成的经济和环境损失还将继续增加，其前景令人担忧。

1.3.1.2　污染大气

煤矸石露天堆放产生的扬尘有以下规律：（1）扬尘量与风速成正比。在相同的风速下，扬尘量的大小与物质的粒度、质量和破碎状态有关。煤的粒度、质量和块度较小，煤粉多，易被吹扬；反之，吹扬量较少。（2）矸石山的扬尘量与装卸活动也有关。卸矸时扬尘量大，平时扬尘量小。有关资料研究表明，矸石山对环境有扬尘污染，且影响范围一般不超过 1km，矸石在运输、堆放过程中，遇风形成的粉尘颗粒，其风化粉尘中含有对人体有害的金属元素。飘浮在空气中的粉尘颗粒，小的会被人体吸入肺部，导致气管肺部等方面的疾病，严重时还能导致癌症；大粉尘颗粒进入眼、鼻，易引起感染，同样也危害人体健康。另外，颗粒悬浮于大气中引起了大气的温室效应，容易造成气候异常。

1.3.1.3　引发地质灾害

煤矸石岩性主要为粉砂岩、含粉砂泥（页）岩、泥（页）岩、含碳泥（页）岩和砂岩及不纯碳酸盐岩等，往往含有硫铁矿和煤屑。多数煤矿采取绞车提升、翻矸机倾倒，煤矸石自然成堆，露天堆放。矸石堆呈尖顶锥形，矸石块径为数厘米至数十厘米，堆存体的煤矸石块径为自然分选。运矸轨道坡度多为 18°~20°，单体高度 20~50m，矸石堆自然安息角 38°~40°。可见，矸石山坡度较大，内部结构疏松，受矸石中碳分自燃、有机质灰化及硫分解挥发等作用的影响，使得矸石山非常易发生崩塌、滑坡。堆于沟谷的松散煤矸石还易成为泥石流的物质源，一旦山谷中形成较强的径流条件，即可能形成泥石流灾害。特别是经过较长时间的风化、氧化或雨水渗透浸泡后，煤矸石所含的残煤和黏土膨胀松软、颗粒细化，荷载能力显著降低，更容易加剧此类事件发生。

例如，枣庄煤矿北煤井一矸石堆，1994 年发生坍塌，导致 17 人死亡，7 人受伤；英国 Aberfan 附近的矸石山滑坡曾导致 144 人丧生，并造成重大的财产损失；2004 年 5 月，重庆市万盛区的矸石山发生泥石流，造成 14 间房屋被埋，5 人遇难，16 人失踪。事实上，这种环境危害事件在许多地区的煤矸石堆存地均时有发生，特别是将煤矸石简单倾倒于矿井附近的山坡、冲沟溪沟等地势相对低洼地段的小煤窑所在地，雨水多而季节性强的南方地区表现尤为严重、频繁而又非常直观，只是因为规模小，地域偏僻，而没有引起充分注意和重视而另外，煤矸石山一般灰分为 70%~80%，发热量为 330~6280J，硫含量较高，煤矸石堆积后由于内部发热，温度升高（可达 800~1200℃），形成一个内部高温高压的环境，当矸石内的瓦斯气体聚集至一定浓度，在高压的情况下，极易产生爆炸，并引起崩塌滑坡，形成连锁灾害，严重危及附近居民的安全。2005 年 5 月，河南省平顶山平煤集团矸石山自燃崩塌，造成 100m 外的 18 间居民房不同程度受损，房中人员被埋压。在抢险过程中，矸石山又先后 3 次喷发，造成现场几十名抢险人员被烧伤，有 8 人遇难，另有 122 人不同程度被灼伤，其中 6 人伤势较重。

1.3.1.4 造成水土流失

煤矸石山一般坡度较大，在堆放初期入渗能力较强，随着矸石山表面风化程度的增加，表层土壤发育，渗透能力降低，使得矸石山表面径流加大，特别是近几年矸石山的堆放都经过机械碾压，形成致密的"不渗层"，如果遇到暴雨侵袭，就会造成严重的水土流失。

1.3.1.5 破坏矿区景观

景观的退化包括景观结构退化和功能退化。结构退化是指景观中各生态系统之间的各种功能联系断裂或连接度减少的现象。而功能退化是指由于景观异质性的改变而导致稳定性和服务功能的衰退现象。采煤活动包括露天开采和地下开采，都会造成地表景观的改变。露天开采剥离表土、挖损土地、破坏地被，以及堆放煤矸石和粉煤灰；地下开采造成采空区，引起地面塌陷，造成地面建筑、管道道路、桥梁等设施变形及破坏。土地面貌变得千疮百孔、支离破碎，直接影响景观的环境服务功能。

对景观的强烈干扰会超出当地景观生态系统本身的自我恢复能力，甚至会导致生态系统的退化，其最明显的标志是生态系统生产力降低、生态多样性减少或丧失、土壤养分维持能力和物质循环效率降低，以及外来物种入侵和非乡土固有种优势度的增加等。随着干扰加剧，生态系统自身的生态平衡稳定性会受到破坏。

由于煤矿及周边环境是一个完整的生态系统，采矿活动势必会影响到区域生态格局与各种生态过程的连续，同时造成污染扩散。

煤矸石由于长期堆积形成较大的矸石山，影响自然景观。这种现象在煤矿分布普遍，以平原为主的东北地区尤为明显。如抚顺西露天矿治理前有 3 个大型矸石场，总占地面积 22.40m²，火区面积 302.98hm²，3 个矸石场横贯市区南部，长达 15km。

煤矸石对矿区景观的破坏主要表现在自然景色上。煤矸石多为灰黑色，且山体高大，在大部分矿区，巨大的黑色且光秃秃的矸石山成了煤矿区的标志物；煤矸石自燃以后变为黑褐色，光秃秃的黑褐色的矸石山，有时还冒着白色的烟雾，严重影响矿区的自然风光。

另外，由于矸石山风蚀扬尘，尘埃覆盖在建筑物上，使其失去原来色调。漫天飘扬的矸石扬尘降低了空气的清洁度和光照度，使矿区环境浑浊不清，对景观环境质量影响很大。

除此之外，矸石山溢流水和经雨水淋溶形成的浊流，常常使河流出现颜色杂乱的污染带。矸石堆放时产生的粉尘、自燃时产生的有毒物质对植物的生存也有较大影响，表现在植物生长缓慢、生长量降低，草地植被种类减少、病虫害增多等，对矿区的生态景观造成严重破坏。

1.3.2　化学危害

1.3.2.1　自燃危害

煤矸石山的自燃对矿区生态环境的污染最为严重。煤矸中含有残煤、碳质泥岩和废木材等可燃物，其中碳和硫构成煤矸石山自燃的物质基础，矸石中通常固定碳含量为10%～30%，野外露天堆放的煤石日积月累，堆积在矸石里的黄铁矿（FeS_2）在矸石山上氧化发热，其内部的热量逐渐积蓄，当温度达到可燃物的燃点时，逐级引起混在矸石里的炭自燃，再引起矸石自燃。自燃后，矸石山中部温度可达800～1000℃，并放出大量 CO、CO_2、SO_2、H_2S 和氯氧化物等有害气体。

一氧化碳气体能使人出现头晕、窒息、中毒等症状，甚至会使人视力减退，严重时会使人的血液循环输氧系统闭塞而致死。二氧化硫对人体造成的危害主要是双眼红肿、胸憋、咳嗽、气喘、口腔干燥发黏等；对绿色植物的影响是对叶片细胞产生危害作用，破坏叶片的交换机能，使叶片内的海绵细胞和栅栏细胞发生质壁分离，导致叶绿素枯死收缩，在叶片上出现枯萎斑痕。当二氧化硫浓度严重超标时，还会导致一些敏感植物死亡。

矸石山自燃产生的有毒有害气体，不仅会对植物产生很大的危害，对人也会造成严重的危害。一座矸石山自燃可长达十余年至几十年，造成的严重污染会使自燃矸石山周围地区人民呼吸道疾病发病率明显高于其他地区，并成为癌症高发区。目前，我国至少有1700余座矸石山在燃烧，这些矸石山多处于黄河中上游一带。如宁夏的大部分煤矿矸石山，内蒙古的乌达矿矸石山，陕西的铜川矿区矸石山，山西太原西山煤田的东、西矿区矸石山，河南的焦作、平顶山等矿区矸石山等，不仅污染大气，而且影响健康。例如，铜川矿务局6个自燃矸石山周围均为癌症高发区，在矸石山附近工作过5年的职工，都患有肺气肿，这种例子不胜枚举。我国乌达跃进选煤厂矸石山燃烧区附近检测结果：SO_2 平均浓度为10.69mg/m³，超过国家标准70多倍，而 H_2S 平均浓度为 1.57mg/m³，超过国家标准150多倍。

矸石山爆炸是复杂的物理化学过程。爆炸源位于矸石山的内部，在高压的作用下将上万吨的矸石抛射出来，部分爆炸能量将矸石破碎，形成粉尘。这些粉尘不仅影响周边的空气质量，而且还将覆盖周围的道路、居房、农作物，并在雨水的作用下形成酸性物质，破坏矸石山周边的水质，进而影响到人们的身体健康。自燃煤矸石山爆炸释放出大量的热能，瞬时温度可达2300～2500℃。爆炸抛出的高温矸石可引起周围建筑火灾，烧伤人员，烧毁周边的树木、工厂设备，也是引发连续爆炸的主要热源。自燃矸石山爆炸不仅产生高温，而且爆炸压力也很高，高压可以促使爆源附近的气体以极大的速度向外冲击，其传播速度可达2340m/s，对矿井地面建筑和器材设施造成破坏，同时，冲击波可扬起大量矸石粉尘并使之参与爆炸，形成局部粉尘的连续小爆炸，形成更大的破坏力，冲击波可以在它的作用区域内产生震荡作用，使物体因震荡而松散，甚至破坏。

1.3.2.2 有毒重金属污染

土壤作为一个十分复杂的多相体系和动态开放体系，固相中大量的黏土矿物、有机质、金属氧化物等能吸收进入其内部的各种污染物，特别是重金属。大量研究表明，重金属一旦进入土壤后很难在物质循环和能量交换过程中分解，往往在土壤中不断进行累积。生长在重金属污染土壤上的植物，必然会吸收和累积一定数量的重金属。进入植物体内的重金属不但会影响植物的产量和品质，而且会通过与大气和土壤的物质交换和能量流动影响大气环境、水环境和土壤环境质量，并可通过食物链最终危害人类的生命和健康。更为严重的是，重金属土壤和植物中以及从土壤到植物的污染过程具有隐蔽性、长期性和难降解性的特点，因此，土壤重金属污染是一种较为严重的土壤污染。

煤矸石在露天堆放情况下经受风吹、日晒和雨淋，煤矸石中的有毒重金属元素如铅、镉、汞、铬以及砷等会通过雨水淋溶渗入土壤或进入下游水域，导致严重的重金属污染。许多煤矸石的淋溶液所携带的部分重金属元素浓度远超过国家污染物最高允许排放标准。这些煤矸石自身的重金属含量也均高于土壤的相应成分含量，部分重金属含量甚至接近土壤的 2 倍。根据扩散及渗透原理，这些重金属元素的排放与转移，必然会对周围水体和土地造成严重污染。主要污染途径有：进入地下水体、土壤吸附、农作物吸收、污染植物。同时，通过雨水和地下水淋滤与离子交换以及矿物氧化分解，煤矸石还可产生其他有害物质污染土壤。其中。毒性最大的是 Cd、Pd、Hg、As，它们能在食物链中逐渐富集（许多物质在水生生物体内的浓度，比在水中浓度高几十倍、几百倍，甚至上千倍）最后进入人体，对人体健康产生长远的不良影响，如引起急、慢性中毒，造成肝、肾肺、骨等组织的损坏，侵害人体呼吸血液循环、神经和心血管系统，甚至能够致癌致畸、致死。矸石山重金属污染的程度取决于这些元素的含量和淋溶量的大小。

1.3.2.3 酸性水污染

煤矸石中普遍含有较高的硫分及其他有害元素，硫主要以黄铁矿的形式存在。四川南桐煤矿矸石含硫量高达 18.93%，贵州大枝煤矿也达 8%~16.08%。煤矸石中的黄铁矿结核经过风化及大气降水的长期淋溶作用，形成硫酸或酸性水渗入地下，导致土壤、地表水体及浅层地下水的污染。由于黄铁矿氧化所产生的铁质在酸性环境下会以可溶性铁和硫酸盐形式迁移至淋溶液，因而使得受其淋溶液影响的地下水和地表水的可溶盐类总量增大，硬度显著提高，不但不能作为饮用水源，以其作为农业灌溉水源还可导致土壤盐渍化。另外，自燃后的矸石山会产生 SO_2 等，遇水或淋溶后会形成 H_2SO_3，造成土壤酸化，严重影响植物的正常生长。煤矸石淋浴液不仅污染堆积区，还会通过各种水力联系（导水砂层、农灌、河流等）发生污染转移，从而大范围地影响工农业生产，特别是水产养殖业受到的危害更重。

1.3.2.4 放射性污染

矸石在采出运输堆放等过程中由于逐渐破碎，裸露面积逐渐增大，从而扩大了与空气的接触面积，其中的放射性元素向空气中大量析出，使空气中的放射性元素浓度增大，超过其本底值，造成辐射污染。

矸石中的天然放射性核心元素主要为轴-238、钍-232、镭-226、钾-40。钾-40 在土壤中含量为 29.6~88Bq/kg，在岩石中含量为 81.4~814Bq/kg；镭-226 在土壤中含量为 3.7~70Bq/kg，在岩石中含量为 14.8~48.1Bq/kg；钍-232 在土壤中含量为 0.74~5.5Bq/kg，在岩石中含量 37~48.1Bq/kg；铀-238 在土壤中含量为 1.11~22.2Bq/kg，在岩石中含量为 14.8~48.1Bq/kg。据山西省西山矿区监测，矸石中的天然放射性核心元素均高于原煤和土壤中的相应数值。但是依据我国《放射防护规定》《建筑材料放射性核素限量》中的有关规定，结合全国部分地区土壤放射性核元素含量，可以认为煤矸石不属于放射性废物，而属于一般工业固体废物。煤矸石即使 100%用于建材制品，也满足有关放射性限制标准和卫生防护限制规定。

煤矸石所含天然放射性污染影响，主要有两种途径：一种途径是经风把小于 100μm 的微小颗粒扬起造成二次再悬浮污染大气，此种污染主要造成人体吸入后引起的内照射；另一种途径是引起 γ 外照射。

1.3.3 防治措施

1.3.3.1 减少井下矸石产生量

矸石不出井，不但可减少矸石占地，降低运输成本，而且可减小其对环境的污染，具有较好的经济效益和社会效益。在巷道设计、施工工艺设计、矸石转运和井下充填等多个环节，要充分考虑矸石的井下处理，从源头上减少矸石的出井量，从而减少在地面堆积的数量，降低地面处理的工作量。

1.3.3.2 合理选址堆放

矸石的堆放地如选择不当，对河流、田地、公路都存在危害隐患。下大雨时煤矸石随雨水流动，形成矸石流，与泥石流同样有很大的破坏力。另外，有的矸石堆放超过了安全堆放高度，矸石山不稳定，给矸石下部的庄稼地和建筑物带来潜在的威胁，加剧厂方和农户之间的矛盾，影响当地的安定团结。为防止矸石淋滤液的污染，应合理选址，使其远离水源地和地下水补给区。矸石堆单体过大、过高，更容易产生自燃。因此，在充分利用、拣选硫铁和煤粉的基础上，应控制单体体积，推广平顶堆放方式。

1.3.3.3 重金属危害防治

土壤作为人类生存环境的一个重要组成部分，其质量的优劣将直接或间接影响人类的生命和健康。重金属在土壤中不易随水淋溶，不能被微生物降解，具有明显的生物富集作用。土壤污染不像大气污染和水污染那样直观，其具有较长的潜伏期。土壤一旦受到污染，其治理不仅见效慢、费用高，而且会受到多种因素的制约。因此，针对重金属污染的特点，一些学者提出了重金属污染治理的工程措施、农业措施和生物措施等。

A 工程措施

工程措施是指应用物理机械、物理化学原理治理土壤重金属污染的一类方法：

（1）清洗法。清洗法是用清水或用加入了含有能提高重金属水溶性的某种化学物质的水把污染物冲至耕层外，再用含有一定配位体的化合物或阴离子，与重金属形成较稳定的络合物或生成沉淀，以防止污染地下水。清洗法对重金属的重度污染治理效果较好，适合轻质土壤，但投资大，易造成地下水污染及土壤养分流失，使土壤变性。

（2）土壤处理法。包括客土、换土、去表土和翻土等。此类方法效果好，不受土壤条件限制，但需投入大量人力、物力，投资大，并存在二次污染。同时，土壤肥力会有所降低，应多施肥料以补充肥力。

B 农业措施

农业措施是指应用农业技术来治理土壤重金属污染的一类方法，包括以下几种做法：

（1）增施有机肥，提高土壤环境容量。施用堆肥和植物秸秆等有机肥料，增加土壤有机质含量，可以增加土壤胶体对重金属的吸附能力。有机质又是还原剂，可促进土壤中形成的硫化氟沉淀，促进高价铬变成毒性较低的低价铬。

（2）选种抗污染的农作物品种。即种植吸收污染物少或食用部位污染物累积少的作物。研究表明，菠菜、小麦和大豆等作物吸量多，不宜种植，玉米和水稻等作物吸量较少，宜在污湖区种植。在中度和轻度重金属污染的土壤上，不宜种植叶菜、块根类蔬菜，而宜种瓜类蔬菜或果树等。这样能有效地降低农产品的重金属浓度。在轻度污染的土壤上选用早熟品种，以减少污染物在作物体内的累积量。

（3）改变耕作制度或改变土地利用方式。将中度和重度污染区作为良种繁育基地，如对灌区上游污染严重的地块，将其改作水稻和玉米等的良种基地，收获的稻米不作直接食用的商品粮，而作种子。对污染较严重的农田，可改变耕作制度，改种非食用植物，如花卉、苗木、棉花、桑麻等。

C 生物措施

生物措施就是利用某些特定的动、植物和微生物较快地吸收或降解土壤中的重金属污染物而净化土壤的方法。

矸石山的生物复垦和微生物复垦技术正在广泛应用。生物复垦是利用生物措施，恢复土壤肥力与生物生产能力的活动，它是实现废弃土地农业复垦的关键环节，主要内容为土壤改良和植被品种筛选。微生物复垦是利用微生物活化药剂或微生物与有机物的混合剂对复垦后的贫瘠土地进行熟化和改良，恢复土壤的肥力和活性。采用微生物复垦是在矸石垫层上不覆盖生长土，仅加适量微生物活化剂，只在短期（6个月）内就可以建立起稳固的植物覆盖层，使所在地恢复种植能力，第2年可种植农作物，3~5年即能完全达到高产农田的肥力，且对种植品种没有限制。这种技术具有费用低、效率高效益好等优点。

D 施用改良剂

施用改良剂的作用是降低重金属的活性。这一措施能有效地降低重金属的水溶性、扩散性和生物有效性，从而降低它们进入植物体、微生物体和水体的能力，减轻它们对生态环境的危害。

1.3.3.4 煤矸石自燃防治

对已自燃的矸石山，要采取措施熄灭火源。熄灭矸石山自燃发火的技术措施有挖掘火源法、表面覆盖法、泡沫灭火法和注浆法。挖掘火源法是直接挖除自燃的矸石；表面覆盖法是将黄土等惰性物质覆盖在燃烧区上，隔绝空气，以达到灭火目的；泡沫灭火法是用水和发泡剂组成灭火介质送入矸石山内部火区，形成的灭火泡沫可以保持较长时间并扩展到较大范围，起到隔绝空气和降低温度的作用；注浆法是将灭火材料制成浆液后，借助机械力将其压入矸石山内部，使浆液渗透充填到矸石山的空隙中，阻止矸石进一步氧化。注浆法是目前国内防治自燃矸石山时的常用方法。

对于自燃较严重的矸石山，采用上述方法时在施工过程中往往存在很大的安全隐患。如利用挖掘火源法时，被揭开的矸石山将有大量空气进入，容易造成内部可燃气体达到爆炸极限而引起矸石山爆炸，此法在美国使用曾发生多起伤亡事故。故对于自燃严重的矸石山，可采用炸弹或炮弹轰炸，破坏矸石山自燃程度和内部结构，以防止爆炸事故的发生。

对于未自燃或有自燃倾向的矸石山，可以采取覆土植被绿化治理来防治矸石山自燃爆炸。采用种植树林、植物等方式来绿化矸石山是目前不少矿区最常用的做法，而且治理矸石山的效果也比较理想，可有效根治扬尘和矸石山坍塌、自燃爆炸。如为彻底治理矸石山，对矸石山进行充分利用很有必要，如作水泥添加料、制造矸石砖等新兴建材，也可以利用矸石填充采空区，禁止在地面堆放矸石等方法都是目前治理矸石山自燃爆炸的有效方法。

1.3.3.5　煤矸石山绿化技术

由于矸石山暴露在自然环境中，经多年风化后表面会形成一层约10cm厚的风化层，另外，矸石山内部还有一定的水分，可以满足植物生长的需要。因此，为了降低矸石山的危害，许多矿区都对矸石山进行了绿化。大量的实践证明，绿化矸石山、恢复矸石山的植被生态系统，可以减少矸石山的风蚀扬尘、水土流失，降低矸石山的温度，从而杜绝矸石山的自燃，减少自燃对矿区大气环境的危害等。因此，绿化煤矸石山，重建植被生态系统，是煤矿区生态环境改善的有效手段。

（1）覆土绿化技术。覆土绿化是在矸石山表面覆盖一定厚度的土壤、粉煤灰、污泥等，这种方法已在部分矿区进行了成功实验。其优点是植物生长环境，尤其是土壤环境的改善较大，除适宜较多的树种生长且造林成活率较高外，还可以种植一些农作物和牧草。在覆土绿化技术中，覆土的厚度是关键因素。覆土厚度较小（10～20cm），覆盖效应低，对立地改良作用小，而且植物根系绝大多数分布于覆盖层中，没有真正"扎根"于矸石山，由于得不到土壤层以下的水分供应，在无灌溉条件下，植物反而容易受旱；覆土厚度较大（20cm以上），覆盖的土方量增加，加上运输距离一般较远，从而提高了复垦投资，制约矸石山复垦种植的推广。

薄层覆土（对黄土而言为3～5cm）是一种经济实用的覆土植被恢复技术，大大降低了复垦的造价，同时对于出苗、保苗比较有利，还可以使幼苗免受高温灼伤，不会降低植物根系的抗逆性，薄层覆土栽植植被的根系能够深入矸石深层，吸收矸石山深层的水分和养分，有利于植物的成活和发育。

（2）无覆土绿化技术。由于经济和缺土的原因，我国的煤矸石山绿化中一般采用无覆土造林技术。无覆土绿化就是将植物直接栽种于煤矸石山表面的矸石风化物上，对矸石山只采用适宜的整地方法（带状整地或块状整地），然后在植树穴或植树带内加适量"客土"，而不采用表面全部覆土、覆污泥等基质改良技术。无覆土绿化矸石山时，一般不宜平整地面，以尽量保留矸石山表面的风化物；或先挖坑（块状整地），使煤矸石风化一段时间再种植；也可挖沟（带状整地）后将煤矸石风化物集中于沟内进行栽植。

煤矸石山整地的深度因植被不同而异，要满足各种植被生长所需深度的低限值，即草本植物为15cm，低矮灌木为30cm，高大灌木为45cm，低矮的乔木为60cm，高大的乔木为90cm。煤矸石山的坡度一般较大，整地宽度不宜过大，以免加剧水土流失。因此，矸石山的整地宽度一般在1.5～2.0m，采用反坡梯田整地方式。整地要提前，整地季节按照至少提前一个雨季的原则进行，即如果是春季造林，整地最好在造林前一年的雨季以前进行，如果是秋季造林，整地最好在当年的雨季以前进行，这样有利于植树带的蓄水保墒和增加有机质等养分含量。

无覆土绿化技术省工、经济，复垦投资较少，但对于矸石山的立地改良程度较低，需要选择抗旱性较强的树种，并采用适宜的植苗造林方法。另外，由于无覆土绿化煤矸石山表面没有覆土，矸石山黑色的表面具有较强的吸热性能，导致煤矸石山表层温度高达 39～42℃，幼苗在植物的苗期易灼伤而迅速死亡，因此要特别注意浇水。

1.3.3.6　煤矸石卫生填埋

卫生填埋是世界上最常用的固体废料处理技术。它是在科学选址的基础上，采用必要的场地防护手段和合理的填埋结构，以最大限度地减缓和消除固体废料对环境的污染。对煤矸石进行卫生填埋，能有效地控制淋溶水的扩散，减小对地下水的污染，而且在其顶部渗层还可以植树种草进行土地复垦，恢复生态环境。

国内外在探索和应用生态工程技术处理固体废物方面已卓有成效。生态工程处理固体废物的基本原理是首先采用适当的防渗材料和阻断材料，使处理物与周围的环境有一个物理性质的隔离。然后在被围隔起来的固体废物堆上，盖上一层土，并在土层上重新进行以植被为主体的人工生态系统的建设，同时辅以一定的景观建筑，把废物场地改造成为宜人的公园、游乐场或农田。这种生态工程的技术具有投资少、见效快、处理量大、不造成二次污染等优点。由于恢复后的土地具有更大的利用价值，因此还可获得长远的经济效益，是一种更具有改造环境积极意义的固体废物处理技术。土地的复垦程序，包括了对粉尘的控制、防止表土流失、加强坝基安全、减少重金属污染物的径流量、绿化废物场地加速自然转变过程等，都是对采用生态工程技术的一些具体目标的要求。澳大利亚西部地区的一些矿区，采用深挖法技术进行复垦，要求采空区必须恢复到能够保证建立起一个适于该地区野生动物繁衍生息和防止水源盐碱化的生态系统的目标。加拿大的许多矿业公司，对于在含有硫化铁和其他硫化物的尾矿进行植被工程时，采用了像已在农业上采用的石灰石、污泥、肥料等各种调整剂的方法，对具有硫化物的尾矿直接进行调整，使植被工程可以在没有铺设表土层的尾矿堆上直接进行播种，并且建立起了持久性的植被生态工程，既简便，效果又好。

1.4　煤矸石的综合利用

1.4.1　煤矸石综合利用途径

纵观世界各国的发展现状与趋势，目前在煤矸石综合利用方面，技术上简单易行、经济上效益较好的途径主要有煤矸石的能源利用、建材利用和化工利用等。

1.4.1.1　煤矸石的能源利用

以含碳量的高低，可将煤矸石能源利用的途径划分为 4 类：当含碳量不超过 10% 时，不具有能源利用条件；当含碳量在 10%～20% 时，可作为水泥、制砖部门的混合能源；当含碳量不小于 20%（热值在 6270～1250kJ/kg）时，可作为能源利用，回收其中的煤炭制备煤气，或作为发电、供热等代替能源。

（1）回收煤炭。回收混在煤矸石中的煤炭资源，是煤矸石能源利用和其他资源化再生利用必需的预处理工作。在煤矸石资源化再生利用之前，回收其中的部分煤炭既节约能源，又增加经济效益，同时对保证煤矸石建材、化工利用的产品质量，稳定生产工艺和操作方法也十分重要。目前，回收煤炭的洗选工艺主要有水力旋流器分选和重力介质分选。水力旋流器分选，是将含碳量高的煤矸石经水箱旋流分离后再脱水提取。其特点是机动灵活，可根据需要把全套设备搬运到适当地点。重力介质分选是依据浮力原理，将含煤矸石颗粒放进悬浮液中，按密度不同来分选，此方法可有效分选密度小（$\geq 0.3 \mathrm{g/cm^2}$）的矿物，其特点是费用小、分选粒度范围大、效率高、处理能力强。

（2）煤矸石发电和造气。含碳量高（$\geq 20\%$，热值在 $6270 \sim 12550 \mathrm{kJ/kg}$）的煤矸石，可以直接用作流化床锅炉的燃料发电。20 世纪 90 年代以来，随着循环流化床（CFB）锅炉逐步取代鼓泡型流化床锅炉，以及消烟除尘技术的发展，煤矸石发电的技术日臻成熟，成为煤矸石能源利用的一种重要方式。利用煤矸石发电工艺较为简单。可将煤矸石和劣质煤的混合物破碎，筛分成粒径 $0 \sim 8 \mathrm{mm}$ 的粉末状在循环流化床上进行燃烧。目前煤矸石发电厂除尘多选用静电除尘器或袋式除尘器，除尘效率高达 99% 以上；如果在矸石燃料中掺入石灰，可在循环流化床锅炉内直接脱硫，脱硫率可达 85% 左右。经除尘和脱硫处理后，其烟尘和有害气体（SO_2、NO_x）的浓度可达到国家排放标准。煤矸石燃烧后的炉渣，约占燃烧前矸石质量的 70%，可采用空气急冷、气流磨破碎等工艺处理，得到磨细炉渣，用于水泥砂浆及混凝土中，可提高制品密实度和抗渗性。

煤矸石煤气炉造气原理与一般煤气发生炉基本相同。原料可采用灰分达 70% ~ 80%、发热量为 $4186.80 \sim 5024.16 \mathrm{J/kg}$ 的煤矸石，所得煤气的热值可达 $2930.76 \sim 4685.48 \mathrm{J/m^3}$。煤矸石造气的特点是燃料不需破碎，能减少烟尘、改善环境，且构造简单，投资不大，制作容易，一次投煤，一次清渣。但存在的问题是结渣严重，气化效率低，不能连续、稳定地进行造气。

1.4.1.2　煤矸石作建筑材料的利用

（1）煤矸石制砖。利用煤矸石制砖，主要包括生产烧结砖和用作烧砖混合燃料，所用的煤矸石含碳量较高，热值一般控制在 $2090 \sim 4180 \mathrm{kJ/kg}$。如果矸石含煤量过高，可在原料中掺少量黏土，避免烧砖过火。除对热值有一定要求外，利用煤矸石制砖对其化学成分也有规定，一般要求 SiO_2 含量为 55% ~ 70%，Al_2O_3 为 15% ~ 25%，Fe_2O_3 为 2% ~ 8%，塑性指数为 7 ~ 15。矸石烧结砖的生产工艺与黏土制砖相似。只需增加矸石的破碎工序，通常多选用颚式破碎机、锤式破碎机或球磨机，采用两段或三段破碎工艺制作粉料，然后将矸石粉料与黏土等加水混合搅拌，制作成码坯送入隧道窑烧结。矸石破碎过程会产生大量扬尘，可采用高效率除尘器加以控制。

（2）煤矸石制备水泥。煤矸石的化学成分与黏土相近，且含有一定的碳及热量，可替代黏土作为生产水泥的原材料，或作为混合材料直接掺入熟料中增加水泥的产量。用矸石生产水泥其生产工艺和黏土相似，是将矸石、石灰石、铁粉（或铝粉）磨细配制成生料，在回转窑中煅烧生成水泥熟料，再掺入石膏等磨制。需要注意的是，要根据矸石中 Al_2O_3 的含量进行配料，其化学成分应满足生产高质量水泥的需要，如果 Al_2O_3 含量小于 25%，则可用煤矸石直接代替黏土；若 Al_2O_3 含量大于 25%，配料时需加入适量的石膏等高硅质配料，以防止水泥过快凝结。配料中还可加入一定量的铁粉、萤石等，用来改善水泥的烧结性。利用煤矸石作混合料，是将煤矸石、熟料和石膏按一定比例混合，破碎后进入水泥磨磨成产品。此种利用方法工艺简单，不需另外增加设备。选料时要选用过火或煅烧过的煤矸石，按照10%~50%的比例掺入混合料中，生产不同种类和强度等级的水泥产品，这是水泥厂进行水泥降标、增加产量的一种重要方法，现已被广泛采用。

煤矸石还可用于配制速凝早强水泥。用煤矸石、石灰石、萤石、石膏和铁矿粉为原料，采用高铝煤矸石和加复合矿化剂的配料方案，控制 $C_{11}A_7$、CaF_2 和 C_4A_3S 等速凝早强物质，生产出的速凝早强水泥已达到国家建材标准（JC/T 314—1996），符合"快凝快硬硅酸盐水泥"（双快-150）的技术指标。

（3）煤矸石配制混凝土。分析煤矸石的岩相和化学组成，研究煤矸石水泥的配制和用煤矸石水泥及煤矸石轻集料配制煤矸石混凝土的情况，试验结果表明，煤矸石混凝土的力学性能能够达到使用要求。研究发现，利用井下排出的煤矸石经堆积自燃氧化后形成的陶粒，加工井下喷射混凝土轻集料，替代原来的石灰岩碎石集料，可取得可观的经济效益。

（4）煤矸石制轻集料。含碳量不高（<13%）的碳质页岩和选煤矸适宜烧制轻集料。轻集料是一种轻质和具有良好保温性能的新型建筑材料，发展前景非常广阔。用煤矸石烧制轻集料有成球法和非成球法。成球法是指将煤矸石破碎粉磨后制成球状颗粒，入窑焙烧；非成球法是指将煤矸石破碎到一定粒度直接焙烧。

用煤矸石生产轻集料的工艺大致可分为两类：一类是用烧结剂生产烧结型的煤矸石多孔烧结料；另一类是用回转窑生产膨胀型的煤矸石陶粒。目前国内生产煤矸石轻集料还处于试验阶段，多采用回转窑法。煤矸石陶粒的生产工艺包括破碎、磨细、加水搅拌、选粒成球、干燥、焙烧冷却等。煤矸石陶粒所用原料为煤矸石和绿页岩。绿页岩是露天矿剥离出来的废石，磨细后塑性较大，煤矸石陶粒主要用它作为球胶结料。其原料配比是绿页岩：煤矸石=2∶1。生料球在回转窑内焙烧，焙烧温度为1200~1300℃。用煤矸石生产的轻集料性能良好，所配制的轻质混凝土具有密度小、强度高、吸水率低的特点，适于制作各种建筑的预制件。煤矸石陶粒是大有发展前途的轻集料，不仅为处理煤炭工业废料、减少环境污染找到了新途径，还为发展优质轻质建筑材料提供了新资源，是煤矸石综合利用的一条重要途径。

（5）煤矸石制空心砌块。以自燃或煅烧煤矸石为集料，配以细磨生石灰、石膏作胶结料，经振动成型、蒸气养护可制得空心砌块。煤矸石空心砌块，特别是加气空心砌块，是一种生产工艺简单、技术成熟、产品性能和使用效果良好的新型墙体材料。

利用煤矸石生产烧结砖、制备水泥、配制混凝土等，技术要求低，工艺操作简单，经济效益高，是煤矸石建材利用的重要途径。此方法既能减轻其对生态环境的污染，又可节约大量黏土、石灰石资源和煤炭资源。

1.4.1.3 煤矸石的化工利用

我国地质构造复杂，矿床多为复合性伴生矿。煤矸石中常含有大量的有益矿物，因此，可通过对煤矸石中矿物的回收制备化工原料。利用煤矸石制取铝盐等化工原料，是近几十年来煤矸石化工利用的新途径。

（1）煤矸石制备铝盐及氢氧化铝。铝盐一般由铝土矿制备。利用煤矸石制备铝盐，对其矿物质成分有着较为严格的技术要求，高岭石含量应在80%以上，SiO_2 含量在30%~50%，Al_2O_3 含量在25%以上，铝硅比大于0.68，Al_2O_3 浸出率应大于75%，Fe_2O_3 含量小于 1.5%，CaO 和 MgO 含量小于 0.5%。利用矸石制备的铝盐，产品有聚合氯化铝、硫酸铝、氢氧化铝及氧化铝等。聚合氯化铝可用于饮用水净化、工业废水处理等领域；硫酸铝主要用于水处理、造纸、印染、鞣革、石油除臭、油脂澄清等。利用矸石制备铝盐的工艺，首先是将矸石粉碎、焙烧和酸浸反应，生成三氯化铝或硫酸铝；然后，经过滤分离得到结晶氯化铝或硫酸铝产品；最后，对结晶氯化铝热解得到固体聚合氯化铝。将硫酸铝水溶液放在中和搅拌槽中，进行盐析反应可得到氢氧化铝晶体，经过滤烘干后得到氢氧化铝。再将氢氧化铝焙烧，除去其中多余的水分后，可得到含铝量更高的氧化铝。在利用煤矸石制备铝盐的工艺中，过滤出来的大量残渣，其主要成分是二氧化硅，可用来生产某些含硅的化工产品，如水玻璃、白炭黑等。白炭黑是一种工业填料，可以作为塑料填充剂，具有广泛的市场用途。

（2）煤矸石生产肥料。查明土壤的化学成分和性质，并在其中掺入一些有机肥料，利用煤矸石的酸碱性及其中含有的多种微量元素和营养成分，可将其用于改良土壤，调节土壤的酸碱度和疏松度，并可增加土壤的肥效。

利用煤矸石生产复合肥料已取得突破性进展。如重庆煤炭研究所利用煤矸石制取氨肥，产品除氢氧化铵外，还含有亚硫酸铵、碳酸铵和磷钾等，属于复合肥料。北京市地质勘察院与中国地质大学合作，利用煤矸石生产高浓度有机复合肥，具有速效和长效的特点，可用于各科农作物的土壤。

以煤矸石和廉价的磷矿粉为原料基质，外加添加剂等，可制成煤矸石微生物肥料，这种肥料可作为主施肥应用于种植业。煤矸石中的有机质含量越高越好，有机质含量在 20% 以上。pH 值在 6 左右（微酸性）的碳质泥岩或粉砂岩，经粉碎并磨细后，按一定比例与磷酸钙混合，同时加入适量添加剂，搅拌均匀并加入适量水，经充分活化反应并堆沤后，即成为一种新型实用肥料。

（3）其他化工利用。煤矸石的化学组成和矿物结构为其化工利用提供了多种可能。

近年来，国外许多大型煤矿，利用煤矸石生产岩棉、V_2O 和含铁化工产品等；国内某些大型联合体煤矿，利用煤矸石生产烧结料、密封材料等。研究发现，利用煤矸石、玻璃粉为主要原料，添加适量发泡剂和稳定剂研制的吸声泡沫玻璃具有质轻、不燃、不腐、不易老化、吸水后不变形及加工方便等特点；用硅质煤矸石作原料，在以工业 Acheson 法电热合成 SiC 时，用煤矸石代替石英砂和大部分价格较高或资源较匮乏、含硫挥发分较高的石油焦炭和无烟煤，可实现废弃物资源化和污染控制，并且有利于节能降耗和降低原料成本。以两种洗矸为主要原料制备超细煤矸石粉后，将其用作天然橡胶 NR 的补强填充剂，可以部分代替通用的软质炭黑作为橡胶补强填充剂。

1.4.1.4　煤矸石的其他利用

除了上述用途外，煤矸石还用于生产新型材料，例如：

（1）烧制陶瓷。煤矸石经粉碎、预烧、集料分级后，以 5% 的聚乙烯醇溶液为黏合剂，将熟料塑化成型，经高温烧制出显气孔率在 5.5% ~ 51.0%、平均孔径在 2.0 ~ 41.5μm、抗弯强度为 3.0~23.2MPa 的孔径分布狭窄的多孔陶瓷材料。

（2）制分子筛。利用富含高岭石的煤矸石生产分子筛，原料丰富，价格低廉，工艺流程简单，具有极强的市场竞争力。中国矿业大学刘大猛等及郑州大学廉先进等分别利用煤矸石合成了 4A 分子筛。

（3）制造型砂和造型粉。富含高岭石的煤矸石是高硅铝原料，极适合制造造型砂和造型粉。这种造型砂和造型粉性能优于传统石英砂、石英粉。这种造型砂和造型粉还可用作耐火材料、陶瓷制品原料。

（4）生产墙体材料。利用煤矸石生产墙体材料是煤矸石综合利用的主要途径之一。西南大学环境化学研究所与四川北碚陶瓷厂共同研制了煤矸石彩釉马赛克。牟国栋等研究了硅质煤矸石的物质成分和微观结构，揭示了其纳米结构的特点，用硅质煤矸石配料烧成了硅酸锌结晶釉。

1.4.2 煤矸石工程利用现状

国外对煤矸石的工程利用可以追溯到第二次世界大战以前，但是直至 20 世纪 60 年代后期，这项工作才真正引起各国重视。煤矸石的工程利用技术发展比较成熟，利用率较高。除用于充填、填筑材料外，煤矸石的利用率一般在 40% 以上，高者可达 60% ~ 80%。

英国有已燃煤矸石约 16 亿吨，目前每年销售量在 600 万 ~ 700 万吨之间，其中大部分已燃的煤矸石用作公路、堤坝和其他土建工程的普通充填物。多年来已燃矸石得到广泛的利用，被认为是一种优良和经济的材料。用 4∶1 的比例把已燃矸石与铝土矿物混合起来，可以制成满意的防滑路面。某些已燃矸石宜用作混凝土集料，特别是用于低强度等级混凝土，只需破碎和筛分。但不利的因素是矸石中含有硫酸盐，若含硫量合乎标准要求（如碳质页岩，尤其是已燃过的页岩），矸石可以代替砾石制造混凝土。法国对红色页岩（堆积场黑色页岩的自燃渣）进行破碎和分级获得准确的粒级，可用于空地和公共广场表面装饰铺路，或用于停车场铺筑，每年用量达 40 万 ~ 50 万吨。

美国利用"红矸石"（燃烧过的煤矸石渣）作为筑路材料，是目前煤矸石用量最大的一种途径。在宾夕法尼亚州，燃过的矸石被用作未整修的道路面层。宾州采矿公司调查了烧过的无烟煤碎石作防滑材料的情况，随之又进行了几项试验，结果表明，用沥青混合物可制成特别坚固的混合料，这种混合料可用作修补路面及路面处理的材料，或机动车道的铺路材料。

前苏联顿巴斯矿区每年排出约 6000 万吨煤矸石，积存的矸石约 8 亿吨。煤和硫在空气中因氧化而自燃，使矸石经受自燃煅烧变成烧岩，这种烧岩经常当作碎石用，铺在沥青混凝土路面下作双层垫层的底层，每平方米造价比利用高炉矿渣低一半。利用烧岩在该区内建成 500km 的大、小街道和人行道。该区每年要用 4050 万立方米烧岩作为回填材料和在工业建筑区内用作平整场地。烧岩还可用作沥青混凝土石粉，这种石粉比惰性石粉便宜 35% ~ 40%，并且沥青混凝土质量不变，而路面的稳定性和耐久性提高。烧岩磨细后，可用来生产蒸压加气混凝土或泡沫混凝土制品，少量用作波特兰水泥的活性矿物掺料。用烧岩集料制成的混凝土，实践证明可以用于基础和其他地下结构，这种混凝土可大量用于低层建筑和工业建筑。烧岩砌块用作墙体自承结构的材料特别有效。

法国的煤矸石年产量约 850 万吨，煤矸石的堆积总量已超过 10 亿吨，煤矸石山 500 多座。消耗途径主要是对煤矸石进行洗选用于发电。煤矸石利用最普遍的方法还是做建筑材料，在这方面，法国做得比较出色。近几年法国将自燃煤矸石进行破碎划分等级，用于空地和公共场所表面装饰、铺路或停车场，年用量已达 40 万~50 万吨。从 20 世纪 70 年代起，20 年中他们共利用煤矸石 1 亿多吨，主要用来制砖、生产水泥和铺路。法国道路公路技术研究部和道路桥梁实验中心在研究中发现，煤矸石是很好的建筑充填材料，很容易分层铺成 30~40cm 厚的路基，易于压实，干密度可达 $1.81g/cm^3$，使路基具有良好的不透水性。近些年来，以煤矸石作建筑材料，从城市道路发展至乡村道路，从轻荷载汽车道路发展到重载荷公路、铁路路基，进而发展到人行道，甚至到公园小路和运动场地等。

我国煤矸石的综合利用途径主要有资源回收利用与工程利用两种。作为资源的回收利用，矸石需分类排放，若混合排放将增加复选工序、提高资源回收利用的成本，而我国大量的煤矸石都是混合排放，考虑到复选的成本，进行资源回收利用已不可能，现存绝大多数煤矸石只适于作土工填料。煤矸石作为一种充填材料，除可用于回填塌陷区，还将其广泛用于铁（公）路（构筑路堤挡土墙）、水利（构筑堤坝）工民建（地基垫层）等众多的土木工程领域。目前，煤矸石作为土工充填材料的应用已成为消耗煤矸石的主要途径：

（1）水库坝体。将煤矸石用于水库坝体的填筑，不但解决了砾石料源紧张问题，同时也有效利用了煤矿弃物，降低了施工成本。

在白龟山水库加固工程中，拦河坝下游煤矸石填筑，经施工监理和质监等单位检测，完全符合设计和规范要求。拦河坝 1999 年 6 月主体工程竣工，经过 4 年多的运行，证明加固效果非常好。2003 年水利厅指定质量监督站随机钻芯取样检测，煤矸石的密实度符合设计要求，煤矸石中有机碳含量为 13%~21%，易溶盐总含量为 0.4%，为此没有发生浸水溶蚀破坏现象。其中，有毒物质含量经测试符合生活饮用水标准，不会对水库和下游水质造成污染。通过煤矸石在拦河坝下游填筑的成功使用，其应用范围扩展到顺河坝下游和坝顶路基的施工填筑中。

（2）公路工程。将煤矸石作为道路基层材料用于筑路工程，有着明显优势。一是对煤矸石的种类和品质没有特殊的要求，对有害成分含量的限制不严，适用于多种类型煤矸石；二是煤矸石在道路工程中的应用具有耗渣量大、无需进行特殊处理及特殊技术手段的优点，用作路基材料是一种利用煤炭工业废料和减少环境污染的有效途径。

随着我国高速公路的大规模兴建，煤矸石在土木工程中的利用具有广阔的前景，对于我国煤矿地区，既能解决高速公路征地取土困难，又能大量消耗积存的煤矸石。刘春荣等通过煤矸石基本物理力学性质的研究，对其在路基填筑中应用的主要问题进行了探讨，提出了煤矸石作为筑路材料时压实度的检测方法。实践表明，道路建设中利用煤矸石在技术上是可行的，并且在道路工程中的应用将产生巨大的经济效益、环境效益和社会效益。如徐丰公路庞庄矿区段塌陷区 12km 长路段的路基，全部采用煤矸石填筑，使用性能良好。

1.4.3　煤矸石综合利用中存在的问题及发展方向

煤矸石的综合利用是节约土地、合理利用资源的重要途径，是煤炭企业结构调整增强竞争力的必然选择，也是治理污染、改善环境，实现可持续发展的重要举措。尽管近几年我国煤矸石综合利用发展较为迅速，但利用量仍然不大，利用水平也不高，与建设资源节约型和环境友好型社会的要求相比还有很大的差距。

1.4.3.1　当前我国煤矸石综合利用面临的主要问题

（1）总体利用率和利用技术水平不高，地区发展不平衡。

（2）优惠政策落实难，严重挫伤了企业开展煤矸石综合利用的积极性。

（3）企业缺乏资金渠道，一些煤矸石发电、煤矸石建材项目难以落实。

（4）企业经营管理体制落后，煤矸石电厂或建材企业缺乏开展综合利用的积极性。

1.4.3.2　我国煤矸石综合利用发展方向

今后，我国煤矸石综合利用的发展方向应将综合利用视为一个系统工程，加强煤矸组分与特性的基础研究，在提高综合利用率的同时，应考虑经济可行性，更要防止二次污染。

积极完善附加值高、用量大的煤矸石消耗技术，如制备超白高岭土、无机复合肥、菌肥、化工产品、岩棉及其制品、特种硅铝铁合金、新型陶瓷、微晶玻璃等技术。同时，深入开展大型燃煤矸石循环流化床锅炉及成套发电技术、生态复垦及地面矸石山的综合处置利用等技术在实际工程中的应用。通过产学研联合攻关和开发，逐步建立技术引进消化吸收、自主开发的技术创新机制，跟踪国际综合利用技术和装备的发展趋势，加大技术引进和国产化步伐，尽快缩短我国煤矸石综合利用技术装备水平与世界的差距。

—— 本 章 小 结 ——

本章就煤矸石的产生、性质、危害和利用，对其资源环境属性进行了系统的介绍，重点阐述了煤矸石的理化性质、危害和综合利用途径，并对大宗利用煤矸石提出了思路和未来发展方向。

思 考 题

1-1　简述煤矸石的定义及其可能产生的危害。

1-2　说明煤矸石的主要矿物组成及其结构特点。

1-3　系统说明煤矸石的理化性质，并详细介绍其化学特性。

1-4　根据所学知识分析煤矸石可能产生的危害，并说明原因。

1-5　综合分析国内外煤矸石综合利用途径，并根据自己的了解分析煤矸石综合利用途径的发展前景。

参 考 文 献

[1] 申文胜，王朝辉. 高速公路煤矸石填筑路基路用性能控制 [M]. 北京：人民交通出版社，2011.

[2] 中国矿业大学. 徐州矿区煤矸石物理力学性能试验报告 [R]. 徐州：中国矿业大学，2006.

[3] 李侠. 煤矸石对环境的影响及再利用研究 [D]. 西安：长安大学，2005.

[4] 陈永峰. 阳泉矿区煤矸石自燃防治研究 [D]. 西安：西安建筑科技大学，2005.

[5] 李鹏波，胡振琪，吴军，等. 煤矸石山的危害及绿化技术的研究与探讨 [J]. 矿业研究与开发，2006（4）：93-96.

[6] 李琦，孙根年. 略述我国煤矸石资源的再生利用途径 [J]. 粉煤灰综合利用，2007（3）：51-53.

［7］ 曹永新，尹育华. 煤矸石综合利用技术［J］. 露天采矿技术，2007（4）：65-66.

［8］ 许泽胜，杨巧文，王新国，等. 煤矸石的分类及其综合利用［J］. 中国环保产业，2001（S1）：22-24.

［9］ 潘荣锟，余明高. 自燃煤矸石山爆炸的危害及治理技术［J］. 河南理工大学学报（自然科学版），2007（5）：484-488.

［10］ 张明亮，岳兴玲，杨淑英. 煤矸石重金属释放活性及其污染土壤的生态风险评价［J］. 水土保持学报，2011，25（4）：249-252.

［11］ 孙春宝，张金山，董红娟，等. 煤矸石及其国内外综合利用［J］. 煤炭技术，2016，35（3）：286-288.

2 煤矸石的能质耦合利用技术

▶▶▶◀

本章提要：

（1）掌握煤矸石的能质耦合利用技术的概述。

（2）掌握煤矸石的能质耦合利用技术的理论基础和技术特点。

▶▶▶◀

煤矸石具有废渣与资源双重属性，从能源利用的角度而言，煤矸石是一种低热值燃料，据估计，1t 煤矸石的热值相当于 0.285t 的煤。基于煤矸石作为低热值燃料的经济价值和作为废弃物进行综合利用的环保价值，国家鼓励利用煤矸石等低热值煤进行燃烧发电。2013 年国务院正式印发的《能源发展"十二五"规划》中明确指出："优先发展煤矸石、煤泥、洗中煤等低热值煤炭资源综合利用发电"。国家发改委、环保部和能源局颁布的《煤电节能减排升级与改造行动计划（2014—2020 年）》也指出："根据煤矸石、煤泥和洗中煤等低热值煤资源的利用价值，选择最佳途径实现综合利用。"我国从 20 世纪 70 年代末 80 年代初开始利用煤矸石进行燃烧发电，随着以燃用低热值燃料为主的循环流化床技术的发展，单机容量增加到 300MW，大量煤矸石被用于循环流化床燃烧发电中。所以，利用煤矸石燃烧发电不仅可以节约能源，改善一次能源的消费结构，而且可以减少堆存造成的环境污染和土地浪费，具有很高的经济、社会和环境效益。

2.1 煤矸石的燃烧利用技术

2.1.1 煤矸石的燃烧基础

煤矸石主要由 C、H、O、N、S 等元素和无机矿物共同组成，煤矸石的燃烧过程，实质上是这些元素发生剧烈氧化反应的过程。

2.1.1.1 煤矸石的燃烧理论

煤矸石的燃烧过程主要包括热解脱挥发分和焦炭燃烧两个阶段。

在热解过程中，随着温度的上升，在 378K 以前，主要析出吸附的气体和水分，但水分要到 573K 时才能完全析出。在 473~573K 时析出的水分称为热解水，此时开始析出气态产物，如 CO 和 CO_2 等，同时有微量的轻质低沸点焦油析出。在 573~823K 时，开始大量析出焦油和气体，气体中主要为 CH_4 及其同系物，以及不饱和烃及 CO、CO_2 等，这些称为一次挥发分。在一次挥发分扩散出通过煤粒孔隙或周围的固体颗粒时，有可能进一步裂解或热分解形成二次挥发分。在 773~1023K 时，半焦开始热解，此时开始大量析出氢含量较多的气态碳氢化合物。在 1023~1273K 时，半焦继续热解，析出少量以含氢为主的气体，半焦变成焦炭。上述热解过程见图 2-1。

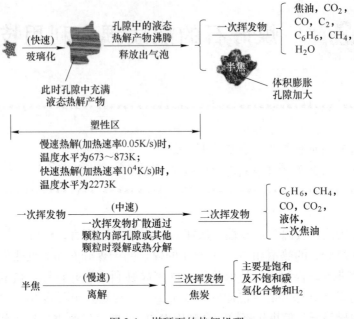

图 2-1　煤矸石的热解机理

焦炭燃烧的本质是碳的燃烧。碳的燃烧是一个气固间的异相反应过程，此时在碳和氧之间的反应是在碳的吸附表面上进行的，主要包括 5 个步骤：氧扩散到碳表面；扩散到碳表面的氧被表面吸附；吸附在碳表面上的氧在表面进行反应形成反应产物；反应产物从表面解吸；解吸的产物从碳表面扩散出去。研究表明，碳燃烧释放热量的主要化学反应是碳和氧的直接反应，称为一次反应。CO_2 和 CO 都是一次反应的产物，一次反应生成的 CO_2，通过周围的气体介质扩散出去，并且能够重新被碳表面从气体介质中吸附，在一定的温度条件下，和碳发生还原反应生成 CO。同时，一次反应产物 CO，在靠近碳表面的气体边界层中如果与氧相遇，还会发生 CO 的燃烧，生成 CO_2。氧和碳一次反应的产物在碳表面或表面附近的空间的再反应，称为二次反应，二次反应的产物也是 CO_2 和 CO。

关于一次反应，目前存在下列 3 种理论：

（1）CO_2 是一次反应产物，而燃烧产物中的 CO，只是 CO_2 和碳二次反应的产物。

（2）CO 是一次反应产物，在碳表面附近 CO 和 O_2 接触而被氧化生成 CO_2。

（3）碳和氧反应首先生成不稳定的碳氧络合物：

$$x\mathrm{C} + \frac{y}{2}\mathrm{O}_2 =\!=\!= \mathrm{C}_x\mathrm{O}_y \tag{2-1}$$

然后络合物或由于分子的碰撞而分解，或由于受热分解同时生成 CO 和 CO_2，两者的比例随反应温度而不同：

$$\mathrm{C}_x\mathrm{O}_y =\!=\!= m\mathrm{CO}_2 + n\mathrm{CO} \tag{2-2}$$

$$x = m + n \tag{2-3}$$

$$y = 2m + n \tag{2-4}$$

CO 和 CO_2 产物的比值 n/m 随温度的上升而增大。目前普遍接受了第 3 种观点，即碳和氧的反应首先生成中间碳氧络合物，络合物再分解，同时生成 CO 和 CO_2。

煤矸石中含有相对较高的灰分，按照灰分的来源及其在可燃质中分布的状况，可以将煤矸石中的灰分分为内在灰分和外在灰分。内在灰分是在成煤过程中成煤物质本身就已存在的矿物杂质，以微粒或夹层状较均匀地混杂在可燃质中，数量不是很多。外在灰分是开采时的外来杂质，是煤矸石中灰分的主体。存在于煤矸石中的灰分，在燃烧温度低于灰的软化温度时，在焦炭颗粒从外表面到中心一层一层地燃烧过程中，焦炭粒的外表面将形成一层灰壳。若没有外界作用力，颗粒本身的结合力又比较强，不发生碎裂，则灰壳随燃烧过程的发展而增厚，此时外层的灰壳就裹在内层的焦炭上，增加了氧气扩散到内层焦炭上的阻力，从而妨碍焦炭的燃尽。灰壳扩散阻力的大小取决于灰壳的厚度、密度等因素。

2.1.1.2　煤矸石的燃烧及污染物生成特性

煤矸石的燃烧过程包含了干燥脱水、热解脱挥发分和焦炭燃烧等步骤。

煤矸石的种类、升温速率、粒径、压力、气氛等因素均会对煤矸石的热解产生影响。高升温速率会导致颗粒内外温差大，产生热滞后现象，使挥发分析出延迟，热解曲线向高温区移动；颗粒粒径主要影响颗粒内部的传质和传热，从而进一步影响颗粒中心处的温度时间历程，间接影响到热解过程；压力对热解的影响主要体现在压力对聚合、缩聚反应和扩散传质的影响上，但压力只在高于特定温度时才发挥作用；CO_2 和 CH_4 气氛均对煤矸石的热解具有促进作用，对 CO_2 而言，其可能参与煤矸石的热解反应，与某些挥发产物发生反应，降低了挥发产物逸出的难度，CH_4 同样参与了煤矸石的热解反应，但其促进机理有所不同，是煤矸石热解时产生的活性自由基先促进了 CH_4 的裂解，CH_4 裂解产生的自由基又促进了煤矸石的热解。相关研究认为，煤矸石的热解动力学机理需要分阶段描述，热解初始阶段服从三维球扩散模型，随着温度升高，受液化反应控制，服从级数为 2 的化学反应模型，当温度进一步升高，进入热解第 3 阶段会受煤种影响，含碳量高的煤矸石服从级数为 2 的化学反应模型，而含碳量低的煤矸石则服从级数为 1 的化学反应模型。

煤矸石的燃烧包括挥发分燃烧和固定碳燃烧，一般煤矸石的燃烧过程是从挥发分的着火燃烧开始的，相对较高的挥发分含量会使挥发分的析出和燃烧过程更加剧烈，从而表现为挥发分着火、燃烧过程和固定碳燃烧过程相重合。煤矸石的组成、粒度、升温速率也会影响煤矸石的燃烧过程。煤矸石中挥发分含量越高，越容易着火，可燃性能越好，固定碳含量越高，越不易燃尽，燃尽性能越差，燃烧后期煤矸石中的高灰分会在一定程度上阻碍氧分子向可燃质的扩散，故挥发分燃烧在煤矸石的燃烧过程中占重要地位；粒度增大对燃烧的影响主要体现在初始阶段的阻碍作用，但在较高温度后影响变小；升温速率增加对燃烧的影响主要体现在热重曲线向高温区的移动，这与颗粒内外温差增大导致挥发分析出延迟有关，同时，最大燃烧速率也会呈增大趋势，这可能是由短时间挥发分的析出量增加造成的。

对于灰分含量较大和碳含量较低的煤矸石，热解产生的半焦颗粒发生燃烧时，颗粒表面会形成非常致密的灰层，流化磨损速率远低于灰层形成速率，因此，煤矸石在流化床中的燃烧过程，要充分考虑半焦颗粒表面灰层的阻力对燃烧反应速率的影响，通常是扩散控制，而且扩散速率非常低，燃尽非常困难，但在一定条件下，煤中矿物质对于热解和燃烧反应存在催化作用。一些研究发现，K、Ca 和 Fe 元素对燃烧过程有催化作用，可降低其特征温度。

基于不同种类煤矸石燃烧特性及动力学的研究（见图2-2），将煤矸石的受热行为划分为3个阶段：第1个阶段的重量增加是氧气的化学吸附行为造成的；第2个阶段为主要失重阶段，在这一阶段主要发生了挥发分和固定碳的着火及燃烧；第3个阶段的失重非常小，可能与矿物质的分解有关，具体的燃烧特征参数见表2-1。

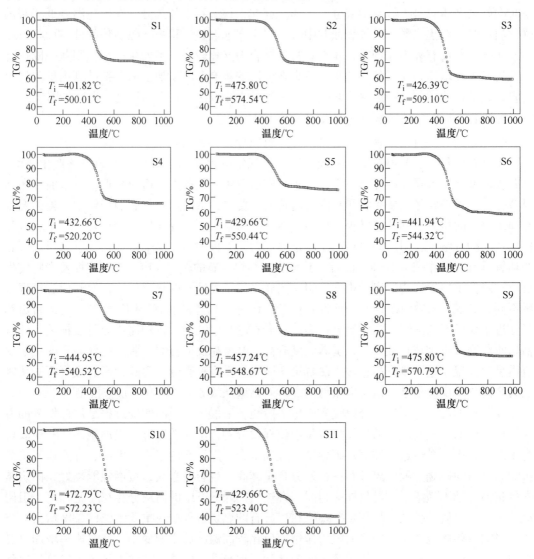

图 2-2 不同原料性质煤矸石的 TG 曲线

表 2-1 不同煤矸石的燃烧特征参数

煤矸石	T_p/℃	T_i/℃	$D_i/\times10^{-4}$	T_f/℃	$D_f/\times10^{-5}$	$S/\times10^{-7}$	H_f
S1	450.03	401.82	20.23	500.01	23.27	2.46	1.41
S2	530.32	475.80	13.88	574.54	14.76	1.47	1.73
S3	480.53	426.39	30.12	509.10	39.76	4.49	1.21
S4	483.65	432.66	22.37	520.20	28.40	3.06	1.36

煤矸石	$T_p/℃$	$T_i/℃$	$D_i/×10^{-4}$	$T_f/℃$	$D_f/×10^{-5}$	$S/×10^{-7}$	H_f
S5	512.97	429.66	10.27	550.44	7.65	1.03	2.07
S6	491.16	441.94	21.67	544.32	23.59	2.39	1.43
S7	507.79	444.95	10.70	540.52	9.80	1.26	1.92
S8	508.66	457.24	17.46	548.67	19.76	2.28	1.56
S9	514.87	475.80	25.79	570.79	29.84	3.23	1.32
S10	519.58	472.79	25.46	572.23	30.87	3.24	1.33
S11	480.49	429.66	35.83	523.40	50.05	3.85	1.09

用单颗粒燃烧实验装置（图 2-3）研究了不同粒径单颗粒煤矸石的燃烧特性，发现在空气气氛下燃烧过程中，当煤矸石颗粒进入炉膛中心并受热时，挥发分被释放并点燃；挥发分着火后，远离颗粒表面形成了明亮的包络火焰；挥发分的燃烧持续了很短的时间，然后剩余的半焦进行燃烧；在燃烧即将结束时，半焦表面的亮度降低。该现象对应于均相着火模式，随着炉温的升高，挥发分燃烧的火焰尺寸缩小。

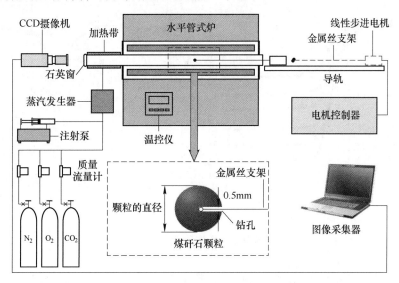

图 2-3 单颗粒煤矸石着火和燃烧实验装置

煤矸石中硫的主要存在形式是黄铁矿、有机硫和硫酸盐，黄铁矿硫占总硫的 85.9%，有机硫占 12.9%。煤矸石中的无机硫（主要是 FeS_2）在温度 650℃以上大量分解，而无机硫酸盐的分解温度达 1100℃以上。在氧化性气氛下，有机硫和无机硫的析出产物多数被氧化成 SO_2，SO_2 的生成量与气氛在炉内的停留时间有关。煤矸石燃烧形成的 NO_x 主要是在挥发分和固定碳燃烧过程中由于气-气和气-固反应形成的，主要形式是燃料型 NO_x，热力型和瞬时型 NO_x 几乎不会生成。通过管式炉实验研究了煤矸石的污染物生成特性，发现煤矸石在空气气氛下燃烧时，SO_2 会出现一个比较明显的释放峰和一个相对平缓的肩峰，主峰由煤矸石中易分解的有机硫和部分黄铁矿预分解形成，肩峰主要与黄铁矿和难分解的有机硫分解有关。煤矸石在燃烧过程中，NO 会出现两个释放峰，且在 250s 左右基本释放完全。

2.1.1.3　煤矸石的混合燃烧及污染物生成特性

在煤矸石中加入煤泥可以降低煤矸石的着火温度，提高燃尽率，改善燃烧性能。相关研究发现，随着煤矸石中煤泥所占比例的增加，着火温度、最大燃烧速率及其所对应的温度均有所降低，随着煤泥比例的增加，混合燃料燃烧时更容易着火和燃尽；当煤泥比例一定时，氧气浓度越高，混合燃料的着火温度和燃尽温度越低。循环流化床燃烧技术为煤矸石和煤泥混烧的工业利用提供了可能。20 世纪 80 年代，英国、澳大利亚、美国等国家先后对循环流化床燃烧煤泥开展研究，我国从 20 世纪 90 年代开始，到 2009 年，淮北临涣电厂已经可以在 1025t/h 的循环流化床中掺烧煤泥和煤矸石。相关研究分析了煤矸石与煤泥在循环流化床中混烧的可行性，并在混烧试验中发现掺烧煤泥锅炉运行稳定，可减小炉膛内及尾部受热面烟尘中灰粒的直径和硬度，给煤泥系统响应负荷变化速度明显快于给煤系统，低位煤泥给入方式不会引起分离器超温和尾部烟道后燃的现象。

在研究煤矸石和煤泥的混合燃烧特性时，发现增加煤泥混合比例可以提高煤矸石的燃烧速率，煤矸石和煤泥混合燃烧的最大失重速率会从煤泥混合比例为 20% 时的 3.05%/min，增加到煤泥比例为 80% 时的 5.17%/min，具体见图 2-4。

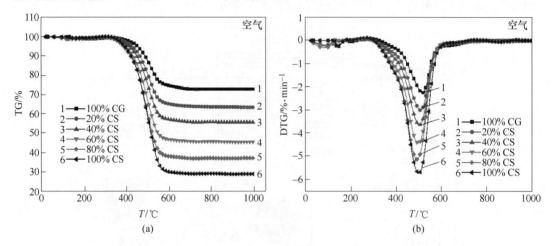

图 2-4　煤矸石和煤泥混合燃烧的 TG（a）和 DTG（b）曲线

煤矸石、煤泥等低热值煤的燃烧温度一般在 850~900℃ 之间，通过研究煤矸石和煤泥混合燃烧中污染物的生成特性，发现煤矸石和煤泥燃烧过程中的 S 主要以 SO_2 的形式释放，硫酸盐则是挥发、分解或者驻留在灰分中。SO_2 的排放量取决于燃料中硫的输入量以及燃料中矿物质的分解，如方解石分解与生成的 SO_2 反应生成硬石膏，可起到自固硫的作用，进而降低燃烧过程中 SO_2 的排放量。煤矸石和煤泥混合燃烧过程中产生的 NO_x 主要以燃料型 NO_x 为主，燃料型氮主要以挥发分 N 和焦炭 N 两种形式释放。

2.1.1.4　煤矸石的富氧燃烧及污染物生成特性

煤矸石的富氧燃烧包括热解过程和富氧燃烧过程，其中，煤矸石在 800℃ 以上的 CO_2 环境中热解可分为水分释放、脱挥发份和半焦在高温区发生 CO_2 气化三个阶段。煤矸石的富氧燃烧过程中，O_2 浓度升高，着火温度、最大失重峰温、燃尽温度均呈现降低趋势，最大失重速率和综合燃烧指数均呈现增加趋势，高 O_2 浓度可增加煤矸石的燃烧反应速率。

由于 N_2 和 CO_2 的热化学性质差异，为了达到和空气气氛下相似的燃烧特征，煤矸石富氧燃烧时需要 21% ~ 30% 的 O_2 浓度。相关研究发现 O_2 浓度从 21% 增加到 100%，煤矸石颗粒富氧燃烧的着火模式发生转变，且在不同温度下着火模式发生转变所需的 O_2 浓度也有所不同，颗粒的着火延迟时间和挥发分燃烧时间均随温度和 O_2 浓度的增加而缩短。一些研究表明富氧燃烧气氛中水蒸气浓度（15%~30%）显著高于传统空气燃烧烟气中水蒸气浓度（5%~15%），不同富氧循环系统甚至高达 40%。CO_2 和 H_2O 的物性参数相差较大，CO_2 的导热系数和热扩散系数明显小于 H_2O，同时 CO_2 的密度、动力黏度和定体积热容高于 H_2O，仅从物理属性比较，H_2O 比 CO_2 更有利于热量的传递。高浓度的水蒸气必然会对煤矸石的燃烧产生重要影响。在富氧燃烧气氛下，煤矸石燃料周围含较高浓度的水蒸气时，在 $O_2/CO_2/H_2O$ 气氛下，煤焦不仅与 O_2 发生氧化反应，同时还会与 H_2O 和 CO_2 发生气化反应，煤焦颗粒与 H_2O 反应既可产生可燃气体，促进燃烧反应，同时该反应又是吸热反应，煤焦颗粒温度会降低，会抑制燃烧反应的发生，存在竞争关系。

基于单颗粒煤矸石富氧燃烧特性的研究结果见图 2-5，发现在富氧燃烧条件下，单颗粒煤矸石在高炉温（850℃ 和 950℃）下的着火和燃烧现象与空气气氛燃烧相似。但在 750℃ 的 O_2/CO_2 气氛下的整个过程中仅观察到了半焦的着火和燃烧，没有观察到挥发分的火焰，说明煤矸石表现出异相着火模式。为了考察湿循环富氧燃烧条件下 H_2O 浓度对着火和燃烧特征的影响，在 O_2 浓度为 10% 的富氧燃烧气氛中，通过用 H_2O 代替部分 CO_2 来模拟湿循环富氧燃烧气氛。此外，还包括了在 O_2/H_2O（10% O_2 Vol.）气氛下的着火和燃烧现象用以进行比较。可以看出，当将 H_2O 添加到燃烧气氛中时，在高炉温（850℃ 和 950℃）条件下，着火和燃烧现象相似于无 H_2O 燃烧条件下的着火和燃烧现象。但是，当在 750℃ 的燃烧气氛中加入 H_2O 时，可以观察到明显的挥发分火焰现象，这表明在低温下，着火模式从异相着火转变为均相着火。另外，随着在 750℃ 富氧燃烧气氛中 H_2O 浓度的增加，挥发分燃烧的火焰尺寸变得更大、更亮并且更接近颗粒表面。

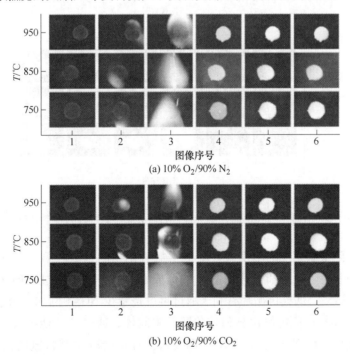

(a) 10% O_2/90% N_2

(b) 10% O_2/90% CO_2

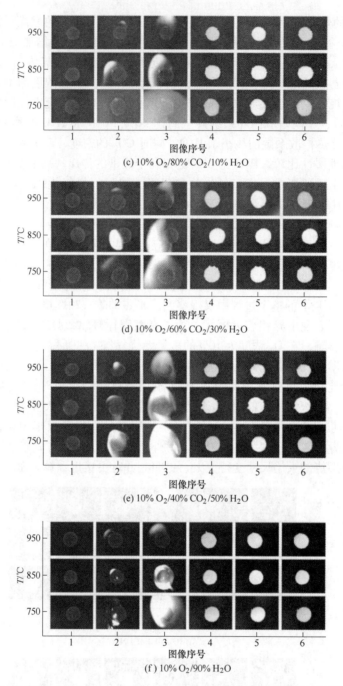

图 2-5　不同气氛下 6mm 单颗粒煤矸石着火和燃烧过程的典型时间序列

从空气燃烧到富氧燃烧的转换大大降低了氮氧化物的排放。第一，富氧燃烧中的 N_2 浓度低，不仅抑制了热力型和快速型 NO_x 的形成，而且有助于通过反向 Zeldovich 机制将 NO 还原为 N_2。第二，烟气再循环有利于通过再燃烧减少 NO_x，例如，通过与碳氢化合物自由基的反应将 NO_x 还原为氰化物和相关胺的中间体，通过与其他挥发性 N 的反应或通过在煤焦上异相反应将 NO_x 还原为 N_2。烟气再循环也会减少燃料氮向氮氧化物的转换，这可能是因为水蒸气抑制了中间产物的氧化，从而减少氮氧化物的产生。第三，富氧燃烧中高浓度的 CO_2 和 CO 会抑制燃料 NO 的生成。由于 O/H 自由基的减少，CO_2 在低化学计量和贫燃料条件下都抑制 NO 的生成，而在富燃料条件下，由于 OH 浓度的增加，CO_2 促进挥发性氮的生成。在煤焦燃烧过程中，高 CO_2 浓度抑制了来自煤焦的 NO 及其前体的形成，高 CO 促进了煤焦表面的 NO_x 还原。

富氧燃烧过程中排放的硫的总质量（mg/MJ）是空气燃烧烟道气中总硫的 2/3。富氧燃烧过程中，随着反应的进行，形成大量还原性气体 CO，这种还原性气氛会对 SO_x 的生成有一定的抑制作用。一些研究认为在 O_2/CO_2 气氛燃烧时，CO_2 可以提高煤灰固定 SO_2 的能力。且 O_2/CO_2 气氛下较高浓度的 SO_3 会使煤中矿物质的自固硫性能提高，进而使烟气中 SO_2 的排放量减小。O_2 浓度对富氧燃烧中 SO_2 的生成有一定影响，当 O_2 浓度小于 40% 时，SO_2 释放浓度增大而 CO 浓度下降，使得 CO 对 SO_2 还原作用减弱；相反，O_2 浓度大于 40% 时，SO_2 排放量随着 O_2 浓度升高而减小，其原因可能是 O_2 将 SO_2 氧化为 SO_3，或高温下 SO_2 与飞灰中碱土金属形成稳定化合物而被固化。

基于管式炉实验研究了煤矸石与煤泥混合富氧燃烧的污染物释放特性，发现 SO_2 会在 50s 时出现剧烈的释放峰，在 400s 以后会出现一个相对平缓的释放峰，随着煤泥比例的增加，SO_2 峰值浓度由 8240mg/m^3 降低到 5111mg/m^3 左右（图 2-6）。NO 在 50~100s 内会出现一个比较明显的峰值，之后随着停留时间的延长，NO 浓度先趋于稳定后逐渐降低。当煤泥比例从 20% 增加到 80% 时，NO 峰值浓度由 398mg/m^3 降低至 283mg/m^3（图 2-7），这可能是由于煤泥中相对较高的挥发分氮导致的。

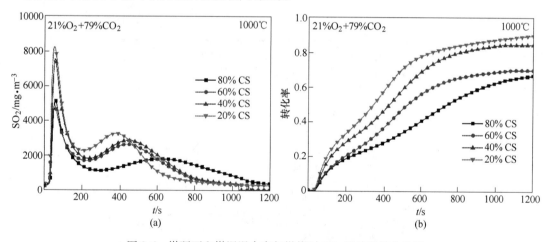

图 2-6 煤矸石和煤泥混合富氧燃烧时 SO_2 释放和转化曲线

2.1.2 煤矸石的空气燃烧技术

循环流化床（CFB）燃烧技术是煤矸石空气燃烧利用的主要技术。其技术特点是：采用将从燃烧室逸出的固体颗粒收集并再循环的措施，通过特定的气-固流动形态，有效延长了燃料颗粒在燃烧室中的停留时间，增强了床内的气固混合，提高了燃烧效率，图 2-8 是传统循环流化床锅炉炉膛的横截面视图，炉内的强烈混合有助于新鲜的煤矸石颗粒立即与热的固体床料混合，这样床料很容易将煤矸石颗粒升高到其点火温度以上，有利于煤矸

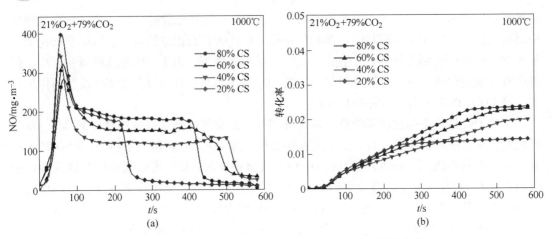

图 2-7　煤矸石和煤泥混合富氧燃烧时 NO 释放和转化曲线

石的燃烧。循环流化床具有较高的燃烧强度，并且由于稀相区的固体颗粒悬浮浓度比，鼓泡床得到了提高，大大增强了稀相区受热面的传热系数，提高了燃烧室的使用效率，因此更易于大型化。具体的优点包括：（1）燃料适应性广；（2）炉内有大量的高温惰性物料（灰、石灰石或沙子等）储备；（3）能够在燃烧过程中有效地控制 NO_x 和 SO_2 的产生和排放，是一种清洁的燃烧方式；（4）燃烧强度大，床内传热能力强，可以节省受热面的金属消耗；（5）负荷调节性能好。

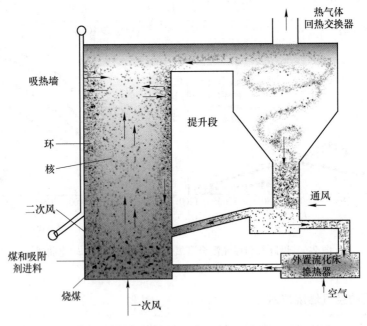

图 2-8　循环流化床锅炉炉膛示意图

2.1.2.1　煤矸石循环流化床燃烧的过程分析

煤矸石颗粒落入循环流化床中，一般会经历以下几个过程：膨胀和初级破碎、加热和干燥、脱挥发分和挥发分燃烧、焦炭燃烧。煤矸石的大部分化学能是通过脱挥发分释放出来的，脱挥发分的程度及其速率随着温度的升高而增加。当大量的煤矸石颗粒从进料器进入床层时，来自相邻颗粒的挥发物结合在一起，形成一股烟流。如果烟流在床层中扩散得不够快，将在炉膛中产生富氧和缺氧区域，导致不完全燃烧。焦炭在高温下（750℃以上）氧化成气态产物（CO、CO_2、SO_2、NO、NO_2 和 N_2O）。

A 燃烧机制

煤矸石颗粒通过炉膛的时间取决于流化床的高度，也与固体存量、进料速度和颗粒大小等有关。若煤矸石颗粒在流化床中的总停留时间小于其燃尽时间，则焦炭的剩余部分不会燃烧。关于煤矸石中的碳氧化为 CO_2 的实际化学反应较为复杂，可能存在 3 种机制，如图 2-9 所示。

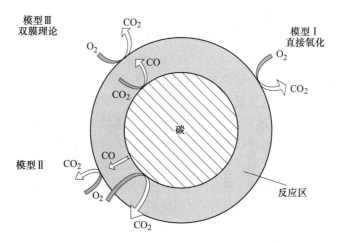

图 2-9 无孔碳燃烧机制的不同模型

模型 I：氧气扩散到碳表面，并将其氧化成 CO，CO 进一步被表面氧氧化成 CO_2，生成的 CO_2 可以被认为是初级燃烧产物。模型 I 主要适用于大的煤矸石颗粒（$d_p > 1mm$）或高温条件（900～1300℃）。

模型 II：氧气扩散到碳表面，并在碳表面产生 CO 和 CO_2。CO 和 CO_2 扩散远离碳表面。CO 进一步与氧气进行气相反应并形成 CO_2。模型 II 中 CO 和 CO_2 是初级碳燃烧产物，如果温度低或粒径小，CO 可以逃离到未燃尽的自由流中。

模型 III：氧气不能到达碳表面，它在远离碳表面的气相反应中与 CO 反应。CO_2 的一部分形成回到碳表面形成 CO（双膜理论）。

B 燃烧率

对于给定的体积放热率，流化床中的碳浓度由单个煤矸石颗粒的燃烧速率决定。氧气的传质和燃烧的化学反应速率均会控制这个速率。为了到达未燃烧碳核上的相应位置，来自自由流的氧气必须克服下列阻力：（1）通过带电粒子周围惰性粒子的融合阻力；（2）通过带电粒子周围气体层的扩散阻力；（3）穿过灰分层的扩散阻力。在 CFB 中，高气固相对速度通常在煤矸石上持续破坏灰分层，故煤矸石在流化床中的燃烧率更适用于收缩未反应核模型。对煤矸石化学反应动力学速率的精确分析，需要在流体动力学相似类型的反应器中对反应速率进行实验测定，在热重分析仪上测得的动力学数据，仅能用作参考，并不能准确代表循环流化床内的实际情况。

C　磨损对煤矸石燃烧的影响

在流化床中，鉴于流态化的要求，煤矸石燃烧形成的灰分不能出现软化，焦炭颗粒表层灰分是固态。对于分布于煤矸石中的灰分，在燃烧过程中首先暴露于表面，由于床料与煤焦颗粒相互频繁碰撞，燃烧形成的灰壳会被磨损掉，不断暴露出新鲜炭表面，因此流化床中煤矸石的燃烧不需要考虑灰层中扩散阻力。但是，该条件下气泡相的氧气与处于乳化相中的焦炭颗粒的扩散阻力，取决于形成气泡的颗粒粒度，尤其是在床料颗粒粒度比较小时，阻力非常大，通常大于化学反应阻力，因此焦炭颗粒的燃烧处于扩散燃烧状态。对于灰分较大的煤矸石，由于碳含量非常低，热解产生的含碳颗粒，发生燃烧形成的灰分结构非常致密，流化磨损速率远低于灰层形成速率，因此煤矸石等高灰燃料在流化床中的燃烧过程，要充分考虑含碳颗粒表面灰层的阻力对燃烧反应速度的影响，通常是扩散控制，若扩散速率非常低，燃尽将非常困难。

2.1.2.2　循环流化床流态化状态理论

清华大学岳光溪院士课题组根据流态化理论给出了循环流化床锅炉流态设计图谱，如图 2-10 所示，该图谱标识了循环流化床锅炉流态可选择的区域，鉴别了鼓泡床与循环流化床的状态分界线，标出了世界所有循环床燃烧技术在图谱中的位置，并给出了适合中国煤种的状态选择优化区。为了同时实现较低的炉膛压降和稀释区足够的颗粒密度，应改善床层质量，增加有效物料的比例。在工程设计中，可采用状态规范理论对有效物料的床层库存进行优化，采用质量平衡模型和停留时间模型对无效物料的床层库存进行优化。同时，为了重建流态化状态，需要对循环系统性能进行优化，如：（1）提高旋风分离器效率；（2）修改环封；（3）控制给煤粒度；（4）重新设计受热面。

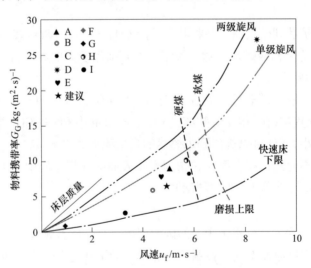

图 2-10　循环流化床锅炉流化状态的确定
（除五角星号外为国际循环流化床使用的状态）

2.1.2.3　典型煤矸石循环流化床燃烧技术

循环流化床技术被认为是低值燃料资源化利用的最佳选择。截至 2016 年，循环流化床锅炉商业化运行 3000 余台，总装机容量 9 万兆瓦以上，其中 300MW 机组 100 余台。图2-11 为世界循环流化床锅炉容量的发展情况。

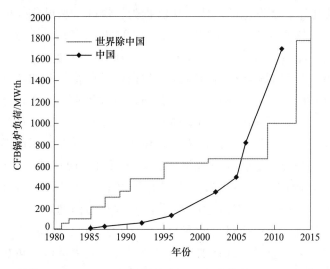

图 2-11　截至 2015 年循环流化床锅炉容量的发展（根据 MWe 数据重新计算）

中国循环流化床锅炉从 1996 年的 100MW 起步，2013 年进入超临界时代。92 个地级以上城市拥有 100MW 以上等级循环流化床机组，内蒙古、山西、山东、广东占据国内循环流化床锅炉装机容量和装机台数的前四位。大型循环流化床锅炉的主力是 135MW 等级机组和 300MW 等级机组。目前中国的循环流化床技术已经从技术的旁观者成长为重要的参与者和引领者。

山西省每年产生低热值煤（煤矸石、煤泥、洗中煤）约 1.7 亿吨，占全国的 34%，此外还有历年累积 10 亿吨以上的煤矸石，因此，循环流化床燃烧技术在山西省被广泛使用。山西平朔煤矸石发电有限责任公司是山西省采用循环流化床技术进行煤矸石燃烧利用的典型代表，装机规模为 700MW，其中 2×50MW（1 号、2 号）为直接空冷凝汽式燃煤矸石发电机组，选用循环流化床燃烧技术，燃烧煤矸石和洗中煤，年消化煤矸石及洗中煤 60 多万吨。2×300MW（3 号、4 号）发电机组，采用直接空冷和循环流化床锅炉，主要燃烧煤矸石和风化煤，其中 1065t/h 锅炉消化吸收了国际 300MW 等级大型循环流化床锅炉先进制造技术，是目前世界上单机容量最大的亚临界循环流化床锅炉。该煤矸石循环流化床锅炉为裤衩状，裤衩状的循环流化床最初的设计思路是通过减少布风板的面积，减小床压，使流化过程更加稳定可控，裤衩腿下部为风室，风室内布有一次风进风口，布风板采用的是风帽型的布风板，床料为粒径较大的灰渣，裤衩腿外侧和内侧均布有二次风进风口，炉膛内壁布有水冷壁，水冷壁上布有扩展水冷屏，这些换热装置与炉膛上面的汽包相连，汽包与炉集中下降管相连，进入炉膛，与水冷壁构成循环。旋风分离器下部为回料器，在旋风分离器接近下部的地方，布有一圈进风，为压缩空气和流化风，作用是促进下料畅通，回料器下部为外置床，侧面与炉膛相连，构成物料的外循环，回料器通过锥阀控制进入外置床的灰量，回料器通往外置床的地方也布有流化风，功能与旋风分离器类似。外置床有两种类型，每种类型分 3 个室，一种为空室、中过 1、中过 2，一种为空室、高再、低过，每个室都是一个小型的循环流化床，有布风装置布风，外置床也与炉膛相连，炉膛的排渣口在侧面。

煤矸石循环流化床燃烧发电的具体工作流程为：煤矸石和风化煤由旁边安太堡露天煤矿直接配好之后，热值为 2500~3000kcal/kg（10460~12552kJ/kg），通过皮带输送到煤矸石电厂的煤仓，原料经过提前加石灰石之后，通过一级给煤机、二级给煤机向炉膛供燃料，共分 4 组，8 个给煤点在回料器的部位向炉膛供应（图 2-12），同时石灰石管道通过气力输送也向该部位供石灰石。一次风通过一次风机，经空预器预热后，进入风道点火器，然后进入炉膛下部风室，对炉膛物料进行流化，二次风通过二次风机，经空预器预热后，从两侧进入炉膛，为炉内燃烧提供氧分，燃料在炉膛内燃烧后，部分进入旋风分离器分离后，烟气向上进入尾部烟道，灰向下落入回料器，部分回到炉膛循环，部分通过锥阀进入外置床，在外置床流化风的作用下，物料依次通过空室、高再、低过，或空室、中过 1、中过 2，然后通过外置床-炉膛烟道回到炉膛。锅炉给水从炉集中下降管进入炉膛，通过水冷壁换热后转变为蒸汽，在汽包内形成汽水混合物，汽包经汽水分离后提供蒸汽，蒸汽经过一系列加热、再热过程得到主蒸汽、再热蒸汽提供汽机系统发电，烟气在尾部烟道、空预器经过一系列换热之后，经过增湿活化脱硫，进入布袋除尘器除尘，然后通过引风机排入烟囱。布袋除尘的飞灰通过灰泵，排入灰库，炉膛内部的炉渣侧排后通过输渣机进入滚筒冷渣和风水冷渣器，冷却后经水平输渣机、斗提机排入渣库。

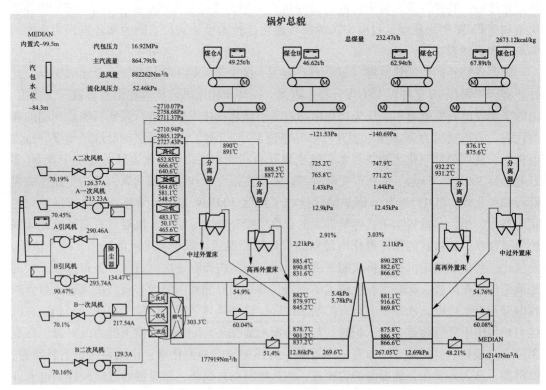

图 2-12　电厂煤矸石循环流化床燃烧 DCS 系统图

2.1.3 煤矸石的富氧燃烧技术

在煤矸石燃烧发电过程中，产生的大量 CO_2 被排放到大气中。随着世界各国对全球气候变化和 CO_2 减排的重视，开发适用煤矸石燃烧发电厂的 CO_2 减排技术意义重大。

当前 CO_2 捕获技术主要包括燃烧前 CO_2 捕集技术，富氧燃烧技术和燃烧后 CO_2 捕集技术，整体电厂配置如图 2-13 所示。此外，近几年还开发了一些新兴技术，如膜分离、离子液体捕集和矿化等，旨在降低电厂碳捕集能源损失。从当前的技术水平和工艺难度来看，富氧燃烧技术被视为 CO_2 排放控制最有前景的技术之一。

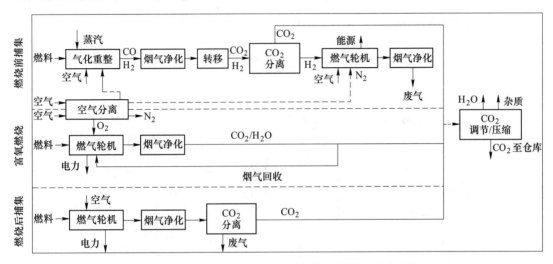

图 2-13　基于燃烧前捕集、富氧燃烧和燃烧后捕集主要
CO_2 捕获技术的整体电厂配置

2.1.3.1 煤矸石富氧燃烧技术概述

富氧燃烧的概念是由亚伯拉罕（Abraham）于 1982 年首次提出的。富氧燃烧技术被认为是一种可以有效控制电厂 CO_2 排放的新型燃烧技术之一。在富氧燃烧过程中，通常将纯度大于 95% 的 O_2 与再循环烟气进行混合作为燃料燃烧的氧化剂，经过烟气不断循环，使最终烟气中只含有 CO_2 和少量 H_2O，烟气中的 CO_2 浓度可以富集达到 90% 以上，经过净化和压缩后即可用于 CO_2 的捕集和封存，图 2-14 为用于 CO_2 捕获和封存的富氧燃烧发电流程图。

基于富氧燃烧技术的特点，山西大学程芳琴课题组与西澳大学共同提出以煤矸石等低热值煤循环流化床富氧燃烧为核心的蒸汽与热空气联合循环发电系统，如图 2-15 所示，该系统可以实现煤矸石、煤泥和洗中煤等低热值煤的高效发电、超低排放和 CO_2 捕获，同时可将 1%~3% 甲烷含量的瓦斯气能源化利用，整体效率相对传统循环流化床发电（捕获 CO_2）提高 3%~5%。

2.1.3.2 富氧燃烧区别于空气燃烧的特点

富氧燃烧中分为干烟气再循环和湿烟气再循环两种烟气再循环模式。空气气氛燃烧时

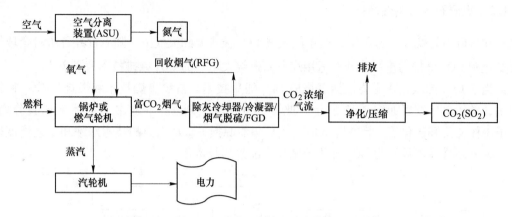

图 2-14　用于 CO_2 捕获和封存的富氧燃烧发电流程

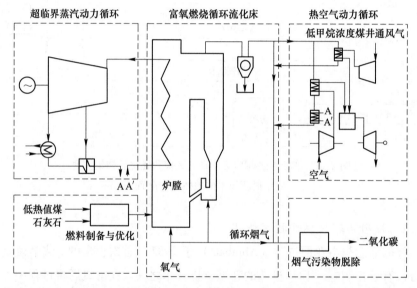

图 2-15　以低热值煤 CFB 富氧燃烧为核心的蒸汽与热空气联合循环发电系统示意图

烟道气中 H_2O 浓度一般为 10%～15%，干循环富氧燃烧烟道气中 H_2O 浓度达到 15%～30%，而在湿循环富氧燃烧烟道气中 H_2O 浓度可达 40% 以上。富氧燃烧条件下 CO_2 和 H_2O 的存在会影响反应气体的比热容、传热和传质特性、气化反应性、辐射以及其他气体传输特性，进而影响富氧燃烧过程中的燃烧特性。

富氧燃烧和空气燃烧之间的差异源于 CO_2、H_2O 和 N_2 的比热容、扩散速率等气体特性的不同（表 2-2）。相比于空气气氛燃烧，富氧燃烧气氛下 CO_2 的比热容较高，高于 H_2O 和 N_2 的比热容，三者中 N_2 的比热容最低；O_2 在 CO_2 中的扩散速率较低，约为 N_2 的 0.8 倍，O_2 在 H_2O 中的扩散速率最高；此外，CO_2 和 H_2O 在红外辐射区的发射率均高于 N_2，使得富氧燃烧气氛下的辐射换热增强。气体特性的差异导致富氧燃烧气氛下的火焰温度更均匀。

表 2-2　CO₂、H₂O 和 N₂ 的气体性质（标准大气压下，850℃）

性　质	O₂	N₂	CO₂	H₂O
密度 $\rho/kg \cdot m^{-3}$	0.278	0.244	0.383	0.157
热导率 $\kappa/W \cdot (m \cdot K)^{-1}$	0.087	0.082	0.097	0.136
摩尔比热容 $c_p/kJ \cdot (kmol \cdot K)^{-1}$	36.08	34.18	57.83	45.67
质量比热容 $c_p/kJ \cdot (kg \cdot K)^{-1}$	1.00	1.22	1.31	2.53
动力黏度 $\mu/kg \cdot (m \cdot s)^{-1}$	5.81×10^{-5}	4.88×10^{-5}	5.02×10^{-5}	5.02×10^{-5}
运动黏度 $\nu/m^2 \cdot s^{-1}$	2.09×10^{-4}	2.00×10^{-4}	1.31×10^{-4}	3.20×10^{-4}
O₂ 的质量扩散率 $D_{O_2}/m^2 \cdot s^{-1}$		1.70×10^{-4}	1.30×10^{-4}	

以上气体性质的差异导致了富氧燃烧技术与空气燃烧技术的区别：

（1）为了获得相似的绝热火焰温度（AFT），通过燃烧器的气体中 O₂ 的比例比空气的比例高（通常为 30%），这就需要回收约 60% 的烟气。

（2）炉膛气中高比例的 CO₂ 和 H₂O 导致较高的气体发射率。因此，对于相同的 AFT，当通过燃烧器的气体中的 O₂ 比例小于相同条件下所需的 30% 时，对于改装为氧气燃料的锅炉，将获得类似的辐射传热。

（3）减少了通过炉膛的烟气量，其程度取决于烟气再循环率，电厂排放的烟气量减少了 80% 左右。

（4）通常，煤燃烧时使用 20% 的过量空气。富氧燃烧需要过量的 O₂ 百分比（定义为供应的 O₂ 超过煤的化学计量燃烧所需的 O₂ 百分比），以在烟气中获得与空气燃烧相似的 O₂ 分数，范围为 3%~5%。

（5）由于烟气再循环到炉中，如果在再循环之前不清除这些物质，则物质（包括腐蚀性硫磺气体）的浓度比空气燃烧时高。

（6）由于富氧燃烧与隔离相结合必须为一些重要的单元操作（例如烟道气压缩）提供动力，而在没有隔离的常规工厂中是不需要的，因此，富氧燃烧/螯合产生的单位能量效率较低。

2.1.3.3　富氧燃烧技术的发展

目前，富氧燃烧技术已由基础研究、中试放大发展到示范规模。国际上起步较早，2008 年瑞典 Vattenfall 公司在德国 Schwartz Pumpe 地区建设了第一个采用全过程富氧燃烧工艺的中试工厂，烟气中 CO₂ 浓度达到了 99.7%，这是富氧燃烧技术的一个重要里程碑。此后，其他大型试点项目相继跟进，2009 年法国 Lacq 地区的 30MWth 天然气富氧燃烧示范系统投入使用，2011 年澳大利亚 CS Energy 公司在 Calide 建成了目前世界上第一套，也是容量最大的 30MW 煤粉炉富氧燃烧示范电厂，2012 年，西班牙 CIUDEN 技术研发中心建成了一套 20MWth 的富氧燃烧煤粉锅炉和世界上第一套 30MWth 富氧燃烧循环流化床锅炉电厂，运行稳定良好。

国内虽然起步较晚，但是发展较快，2010 年东南大学建造了国内首台可实现烟气循环、国际上首台可实现温烟气循环的循环流化床富氧燃烧燃烧试验装置（50kWth），2011 年华中科技大学建成了 3MWth 全流程富氧燃烧碳捕获试验平台，同年启动了 35MWth 富氧燃烧碳捕获关键装备研发及工程示范项目，在此基础上，由华中科技大学牵头成立了富氧燃烧产业联盟，致力于富氧燃烧技术在 $200\sim600MW$ 规模电厂上的应用。这些示范项目的实施为富氧燃烧技术在未来电厂的进一步商业化规模应用提供了理论支撑。

图 2-16 所示为基于蒸汽轮机的富氧燃烧发电系统，其中，氧气由额外的空气分离单元（ASU）产生，并与再循环的烟气一起用于燃料燃烧，以产生用于发电的高压和高温蒸汽。对于这样一个系统，主要的挑战包括由于需要额外的设备而增加的成本、辅助设备的集成、克服输出损失的额外发电能力以及空气分离。系统性能在很大程度上取决于各种设备或子系统作为一个整体是如何设计和集成的。

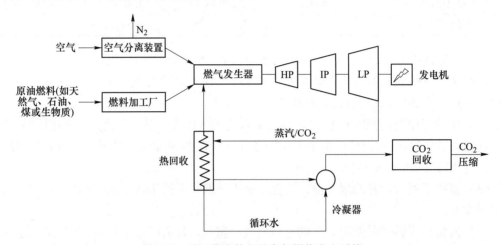

图 2-16　基于蒸汽轮机的富氧燃烧发电系统

富氧燃烧发电系统中一个重要的问题是空分设备的能耗较高，在 $3\%\sim4\%$ 的范围内。空分设备最常用的技术是低温蒸馏，将压缩空气引入蒸馏塔，将空气分离成富氧流和富氮流。改进的空分技术包括吸附和膜，与低温空分相比，吸附和膜的能耗水平相同，但制造、安装、操作和维护成本较高。为了降低与氧气生产相关的能量消耗和资本成本，化学链的空气分离（CLAS）工艺被提议作为替代技术，其类似于化学链燃烧，使用金属氧化物来产生氧气。

富氧燃烧发电系统中另一个重要的问题是烟气净化和再循环。富氧燃烧系统中的烟气循环由几个单元组成，例如静电除尘器、烟气脱硫、选择性催化还原和烟气冷凝（FGC），如图 2-17 所示。根据操作要求和燃料中的杂质（如硫、氮，甚至氯），可以使用不同的布局来去除污染物（如颗粒、硫氧化物和氮氧化物），这导致烟气再循环的不同性能。到目前为止，由于缺乏富氧燃烧的操作经验，对杂质和烟气净化没有通用的解决方案。处理富氧燃烧产生烟气的经验非常有限。

富氧燃烧发电厂流程如图 2-18 所示，主要包括空气分离单元、锅炉、磨煤机、烟气净化系统、CO_2 净化系统以及 CO_2 压缩储存单元等。富氧燃烧发电厂中的烟气循环可以是干循环，也可以是湿循环，主要体现在循环路径和氧气预热器的位置上配置不同。改变相关单元的位置将对预热器、静电除尘器和烟气冷却单元的尺寸产生影响。湿循环和干循环的选择将影响气体再循环风机，以及将飞灰再循环到锅炉的可能性。对于气体再循环风机，干循环是最有利的，因为它能减少风机的磨损。另一方面，与湿式循环相比，干式循环需要大约 4 倍于湿式循环的预热器、冷却装置和干燥装置的容量。

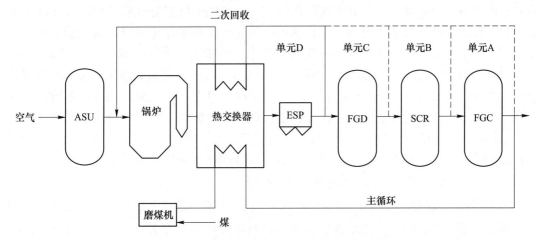

图 2-17 富氧燃烧中的烟气净化和再循环

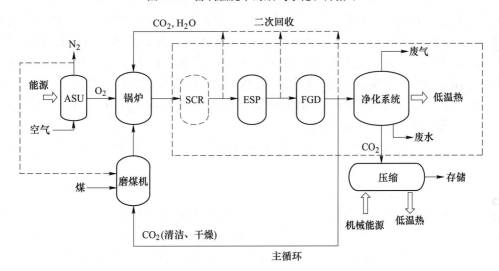

图 2-18 富氧燃烧发电厂的工艺流程

ASU—空气分离装置；SCR—选择性催化还原反应器（来自 NO_x）；

ESP—静电除尘器；FGD—烟气脱硫

富氧燃烧过程中除了增加空气分离装置、烟气循环和 CO_2 干燥及压缩操作装置外，无需对现有锅炉进行重大改造，大大降低了工艺成本。相比于直接空气燃烧，虽然富氧燃烧将产生 8% ~ 12% 的额外能效损失，但仍低于燃烧后 CO_2 捕集技术（9.9% ~ 15.2%）的能效损失。

2.2 煤矸石燃烧的污染控制技术

2.2.1 煤矸石燃烧的典型污染控制技术

2015 年 12 月 2 日，环境保护部、国家发改委和国家能源局联合下发了《关于印发（全面实施燃煤电厂超低排放和节能改造工作方案）的通知》，要求到2020年，全国所有具备改造条件的燃煤电厂力争实现超低排放，加快现役燃煤发电机组超低排放改造步伐，将东部地区原计划2020年前完成的超低排放改造任务提前至2017年前完成；将对东部地区的要求逐步扩展至全国有条件地区，其中，中部地区力争在2018年前基本完成，西部地区在2020年前完成。国内各大电力集团认真执行三部委相关通知要求，积极完成燃煤火电机组超低排放。据中电联统计，截至2017年9月，国内完成超低排放改造的机组达5.8亿千瓦。煤矸石燃烧过程中产生的典型污染物主要包括SO_2、NO_x、颗粒物和重金属，同样面临超低排放的问题，尤其是在当前"双碳"背景下，低热值煤发电厂多承担着深度调峰的任务，宽负荷运行下煤矸石燃烧的超低排放面临严峻挑战。

2.2.1.1　煤矸石燃烧的硫氧化物控制技术

目前国内外普遍采用的SO_2控制技术分为3类：燃烧前脱硫、燃烧中脱硫及燃烧后脱硫（即烟气脱硫（FGD））。燃烧前脱硫是指通过物理或化学方法对原煤进行洗选，除去或减少原煤中的硫分、灰分等杂质。采用的方法包括选煤、气化、水煤浆和型煤加工等。但该方法只能脱除煤中部分硫（主要是无机硫），不能根本上解决SO_2对大气的污染问题；燃烧中脱硫是指向炉膛内喷入石灰$CaO/CaCO_3$吸收剂，以此固化SO_2/SO_3来脱硫，采用的方法有炉内喷钙、流化床掺烧石灰石脱硫；燃烧后脱硫（即烟气脱硫技术（FGD））是指在锅炉尾部烟道加装脱硫设备，利用脱硫剂对烟气进行脱硫，包括湿法、干法（半干法）脱硫工艺。目前我国火电厂应用的烟气脱硫技术主要有石灰石-石膏湿法、烟气循环流化床法、海水法、氨法及其他方法。

煤矸石循环流化床燃烧电厂实际运行中主要采用石灰石炉内脱硫结合烟气石灰石-石膏湿法脱硫。

A　石灰石炉内脱硫技术

石灰石炉内脱硫的过程为：破碎后的石灰石和煤矸石一起进入循环流化床后，在流化风的作用下充分混合，呈悬浮运动状，煤矸石燃烧产生的SO_2被附近石灰石分解产生的CaO吸收，发生硫酸盐化反应，且循环流化床的燃烧温度（800~950℃）恰好是石灰石固硫的最佳温度，固硫产物以底渣、飞灰的形式排出炉外。

石灰石炉内脱硫的原理可用反应式（2-5）和式（2-6）反应式描述，很多研究认为整个石灰石固硫的过程可分为分解和固硫两个部分，碳酸钙的分解速率比氧化钙硫酸盐化反应的速率要快得多，而且由于石灰石分解时，CO_2的析出使得SO_2难以与CaO接触反应，硫酸盐化反应在分解反应结束后发生，所以石灰石硫酸盐化反应，实际上是由固体CaO与SO_2在有氧条件下的非催化气固反应，如图2-19所示。分解反应中生成物CO_2的释放，使石灰石内部产生了一定孔隙，表面也出现裂纹，这有利于SO_2的扩散和硫酸盐化反应的进行。

$$CaCO_3 \longrightarrow CaO + CO_2 \tag{2-5}$$

$$CaO + SO_2 + 1/2O_2 \longrightarrow CaSO_4 \tag{2-6}$$

但在实际炉内固硫过程中（图2-20），由于较高的炉温和炉内大量的含硫烟气的存在，上述的固硫两步反应在大多数情况下不会分步进行，而是同步发生的，即石灰石进入炉内，随着温度升高，煅烧反应（2-5）开始进行，与此同时，固硫反应（2-6）同步发生。

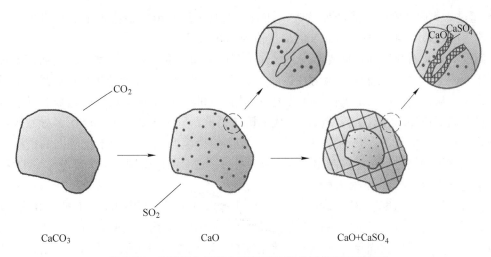

图 2-19　持续氧化气氛中石灰石颗粒的煅烧和固硫过程

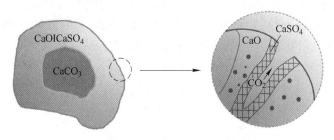

图 2-20　同步煅烧固硫反应过程示意图

石灰石的物化特性是影响其固硫性能的关键因素，例如孔隙率、孔隙尺寸、反应比表面等。一般认为，石灰石的孔径和比表面积越大，其反应活性越好，因此，大部分对石灰石的活化预处理都是从改善其表面结构和提高反应活性入手。而影响其孔径和比表面积常用通过探究其粒径来说明。粒径对石灰石固硫性能的影响可以从反应机理和炉内流动状态两个方面考虑。有研究发现，固硫剂转化率与粒径密切相关。小粒径石灰石的比表面积更大，其分解反应生成的孔隙结构更丰富，固硫反应过程中孔径不易被堵塞，产物层的传质阻力较小，因此细颗粒最终的转化率较高。大粒径石灰石固硫生成的 $CaSO_4$ 在表面形成致密的产物层，使得硫酸盐化反应减缓甚至终止，从而造成石灰石利用率低，然而，从实际炉内流化情况来看，过细的石灰石难以被分离器捕捉，入炉后很快以飞灰的形式从尾部逃逸，导致停留时间不足，既增加了静电除尘器的负荷，又降低了固硫性能和固硫剂的利用率，因此存在一个临界分离粒径，入炉石灰石的粒径应尽量大于临界分离粒径。有学者则认为使用高反应活性的超细石灰石，在极短时间内完成硫酸盐化反应，可以解决停留时间不足的问题。此外，粒径对石灰石分解和硫酸盐化特性的影响还依赖于石灰石的活性，具有高固硫反应活性的石灰石，分解和硫酸盐化反应对粒径变化的敏感程度存在差异，即粒径对石灰石固硫能力的影响是对分解和硫酸盐化两个反应影响的综合体现。

Ca/S 是指燃烧固硫时加入炉内的石灰石中的总 Ca 摩尔量与燃料中的总 S 摩尔量的比值，根据反应方程式，Ca/S 需要大于 1。固硫性能随着 Ca/S 的增加而快速增加，但当

Ca/S 超过 2.5 后，固硫性能增加变缓，同时，大量添加固硫剂还会带来热损失增加、磨损加剧等问题，有研究表明，Ca/S 的最佳值为 1.5~2.5。

温度对石灰石固硫具有重要影响，已知反应速率随温度的升高而增大，然而床温过高不利于 CaO 进一步硫酸盐化，因为在扩散控制阶段，氧化钙表面快速生成的硫酸钙会迅速堵塞孔隙，从而使内部大量氧化钙无法充分利用，同时，由于快速反应会造成颗粒表面因耗氧过多而形成还原性气氛，使已经生成的硫酸钙重新分解生成 CaO 和 SO_2，导致固硫性能和石灰石利用率低下。热力学计算表明，温度的持续升高并不利于反应向右进行，因此，实际燃煤固硫过程中应控制温度在 850℃ 左右，这个结论得到了绝大部分学者的认同，在这个温度下反应有着最大的速率。

在研究粒径、温度、CO_2 浓度对石灰石同步分解硫酸盐化的影响时（图 2-21），发现石灰石同步分解硫酸盐化反应过程中存在两个反应的相互作用。石灰石分解过程中伴随着硫酸盐化反应的发生，固硫产物 $CaSO_4$ 堵塞或封闭颗粒内部的孔隙，从而对分解反应造成延缓作用，但 $CaCO_3$ 均可完全分解，随着粒径减小，减缓作用减弱，当粒径减小到 0.105~0.200mm 时，不存在减缓作用。石灰石同步分解硫酸盐化反应后期，由于产物层阻塞，硫酸盐化反应难以进行，部分 CaO 难以利用。在实际运行的 CFBB 中，硫酸盐化反应与碳酸盐化反应的竞争过程将直接影响石灰石的炉内固硫性能。

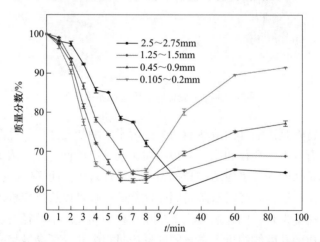

图 2-21　不同粒径石灰石同步分解硫酸盐化反应中质量随时间的变化

在探究贫氧气氛下石灰石的固硫反应时（图 2-22），发现氧浓度的变化仅对固硫速率和最终的固硫率有较大的影响。随着氧浓度的升高，固硫反应速度加快，前期煅烧得到的 CaO 会迅速与 SO_2 发生反应生成 $CaSO_4$，而 $CaSO_4$ 产物层的产生会造成煅烧过程中 CO_2 和固硫时 SO_2 两种气体的扩散阻力增加，导致石灰石分解率及最终的固硫率降低。

煤矸石循环流化床燃烧炉内脱硫存在以下问题：（1）固硫剂石灰石经粉碎后，粒径小于 0.2mm 的石灰石细粉在锅炉中逃逸率高，降低了固硫剂的利用率；（2）钙硫比（Ca/S）较大，灰渣中游离 CaO 的含量较高，导致循环流化床锅炉产生的灰渣存在吸水率大、自硬性和后期膨胀性等问题，难以利用。针对这些问题，开发了煤泥与固硫剂黏结成型技术，研发了粉煤灰改性高温固硫技术，开发出多点进料抗干扰控制的精准脱硫工艺，最终实现

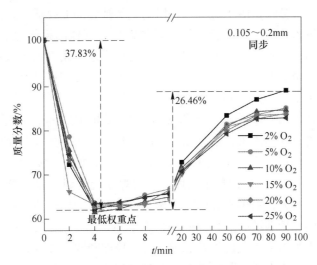

图 2-22 石灰石在贫氧气氛下的同步煅烧-固硫行为

精准固硫，提高了循环流化床锅炉的炉内固硫效率，降低了尾部烟气处理的难度，为超低排放的实现提供了重要的技术支撑，同时有效降低了灰渣中游离 CaO 的含量，有利于灰渣再利用。

  B　烟气石灰石-石膏湿法脱硫

  石灰石-石膏湿法烟气脱硫技术由于具有技术成熟、吸收剂来源广泛、煤种适应性强、价格低廉、副产物可回收利用等特点，应用最为广泛。早期多数电厂多采用单塔脱硫系统，脱硫效率常在 95% ~ 98% 之间，近年来随着技术发展，脱硫效率已达到 98% 以上，对含硫量 $w(S_{ar}) \leqslant 1.25\%$ 的燃料，采用单塔脱硫系统基本满足需要；但当燃料 $w(S_{ar}) > 1.25\%$ 或燃料变化较大时，要达到超低排放要求，则需要更高的脱硫效率，尤其是部分电厂存在燃料硫份偏离设计值的情况，造成脱硫设施入口烟气量和 SO_2 浓度超出设计范围。在现有技术上进行升级改造，形成诸多不同的超低排放技术，如旋汇耦合技术、单塔双循环技术等，才能满足超低排放标准。

  单塔双循环技术是让烟气首先经过一级循环进行预吸收，去除粉尘、HCl 和 HF，部分去除 SO_2，此级循环浆液 pH 值控制在 4.6 ~ 5.0，脱硫效率一般在 30% ~ 70%。经过一级循环的烟气直接进入二级循环，此级循环石灰石相对过量，以应对负荷的变化，循环浆液 pH 值控制在 5.8 ~ 6.4，与传统空塔喷淋技术相比，可以降低循环浆液量。单塔双循环总脱硫效率可达 98% 以上。

  双塔双循环技术是将 2 个吸收塔的浆池通过管道连接，可以在原有脱硫塔基础上新增一座逆流喷淋吸收塔实现。双塔采用不同 pH 值控制，前塔 pH 值控制在 4.5 ~ 5，后塔 pH 值控制在 5.8 ~ 6.2。双塔双循环技术可适用于场地充裕、高硫煤的增容改造项目，该方案能有效利用原有脱硫装置，显著提高脱硫效率，避免重复建设，脱硫效率也可达 98% 以上。

  双托盘脱硫技术，即在传统的脱硫技术基础上，增加 2 层托盘，喷淋层喷嘴喷出的浆液由塔上部喷入并落到托盘上，烟气进入吸收塔后，首先通过塔内下层托盘，托盘产生的阻力造成气体流量均匀地分布在塔截面，使浆液与烟气充分接触。部分粉尘被托盘筛孔流下来的液滴所捕获，部分较粗的尘粒沉降到塔的底部被底部液膜捕集，大部分微细粉尘与烟气一起通过小孔进入托盘上部的持液层，增加粉尘与液体的接触机会，提高脱除效率。托盘塔相对于空塔的缺点是吸收塔阻力相对较高，相应地引风机电耗较高，加装托盘导致脱硫系统的阻力上升至 1kPa 左右，增加了脱硫运行能耗。同时，为保证较高的脱硫效率，吸收塔浆液的 pH 值较高，使石膏结晶困难，含水率增加。

双吸收塔串联技术是通过增加一个辅塔，与原脱硫塔形成一个顺流塔与一个逆流塔的串联。锅炉烟气首先进入顺流液柱塔，在此与液柱顺流接触，先去除 70% SO_2，然后通过连接通道进入逆流喷淋塔，在逆流喷淋塔里面烟气与浆液逆流接触，进一步脱除残余的 SO_2，整体脱除率达 98% 以上。此技术适用于高硫煤系统，但系统复杂，占地面积大，脱硫系统增加的阻力也很大，引风机或脱硫增压风机的运行能耗较高。同时 2 级吸收塔都必须配置除雾器，否则连接烟道内会大量积浆。

单塔多喷淋技术是指采用增加喷淋层数和增大喷淋密度两种方式来增加吸收塔的液气比。提高液气比相当于增大了吸收塔内的浆液喷淋密度，从而增大了气液传质表面积，强化了气液两相间的传质，提高了系统的脱硫效率。但是液气比增大会促使循环泵流量和吸收塔阻力增大，增加电耗，这点在改造过程中也必须予以考虑。

不同入口浓度满足超低排放要求时，需要不同的脱硫效率，为实现稳定超低排放，脱硫塔出口 SO_2 浓度按 30mg/m³ 控制。采用石灰石‑石膏湿法脱硫，入口浓度不大于 1000mg/m³ 时，脱硫效率要求在 97% 以上，可以选择传统空塔喷淋提效技术；入口浓度不大于 2000mg/m³ 时，脱硫效率要求在 98.5% 以上，可以选择复合塔脱硫技术中的双托盘、沸腾泡沫等；入口浓度不大于 3000mg/m³ 时，脱硫效率要求在 99% 以上，可以选择旋汇耦合、双托盘塔等技术；入口浓度不大于 6000mg/m³ 时，脱硫效率要求在 99.5% 以上，可选择单塔双 pH 值、旋汇耦合、湍流管栅技术；入口浓度不大于 10000mg/m³ 时，脱硫效率要求在 99.7% 以上，可以选择空塔双 pH 值、旋汇耦合技术。当然技术选择时应同时考虑其经济性、可靠性。

2.2.1.2　煤矸石燃烧的氮氧化物控制技术

NO_x 生成原理是对燃煤电站的 NO_x 排放量进行调控的理论依据（图 2-23），在此基础上发展出了诸多 NO_x 控制技术。这些技术按照 NO_x 控制过程与燃烧过程的相对时段可分为燃烧前控制、燃烧中控制、燃烧后控制三大类方法。燃烧前控制是将燃料转化为低氮燃料，由于其技术难度大、投资成本高，加上我国现实的以煤为主的资源状况和能源结构，现阶段大面积推广有较大的难度。燃烧中控制是通过控制燃烧过程中的环境气氛和温度，从而控制 NO_x 生成量的一种方法，该方法主要可通过低氧燃烧、燃料分级燃烧、空气分级燃烧、烟气再循环、装设低氮燃烧器等手段实现。若对火电厂进行此种改造，成本较高，故其主要在锅炉设计阶段进行衡量参考。燃烧后控制的方法主要有酸吸收法、碱吸收法、选择性催化还原法（SCR）、选择性非催化还原法（SNCR）、吸附法、催化分解法、等离子活化法、电子束法等。

目前煤矸石循环流化床燃烧电厂实际运行中主要采用低氮氧化物燃烧技术和选择性非催化还原法（SNCR）相结合的方式，个别煤矸石循环流化床燃烧电厂采用选择性非催化还原法（SNCR）与选择性催化还原法（SCR）结合的方式。

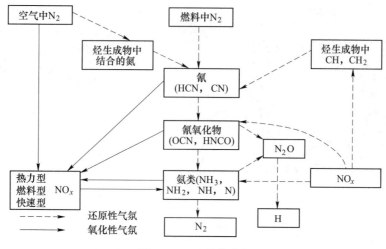

图 2-23　NO$_x$转化途径

A　低氮氧化物燃烧技术

由图 2-23 可知，减少 NO$_x$ 生成的主要途径有：（1）降低燃烧温度；（2）保持适当的氧浓度；（3）缩短在高温区的停留时间；（4）采用低含氮量的燃料；（5）扩散燃烧时推迟燃料与空气的混合；（6）向炉膛内添加还原性物质等。这种通过改变燃烧条件，或合理组织燃烧方式等方法来降低 NO$_x$ 产生量的技术统称为低氮氧化物燃烧技术。低氮氧化物燃烧技术是降低燃煤锅炉 NO$_x$ 排放比较经济的技术。虽然低氮氧化物燃烧技术的减排效率（30%~60%）远低于氮氧化物烟气控制技术（90%），但其成本要远低于氮氧化物烟气控制技术。

a　空气分级燃烧技术

近年来研究人员逐步在 CFB 锅炉上开展了空气分级燃烧技术的研究和应用，为进一步降低 CFB 锅炉 NO$_x$ 的排放提供了可能。通过减少由布风板送入的一次风量，其余燃烧空气由二次风在密相区上面的悬浮段送入。当控制一、二次风的比例在（60%∶40%）~（40%∶60%），床温不超过 1173K、$\alpha \leqslant 1.25$ 条件下，NO$_x$ 浓度可以控制在 70~150mg/m³。

各种因素，如煤种、床温、空气分级和石灰石，都会影响 CFB 的氮氧化物排放。由于燃烧温度低，在 CFB 锅炉中几乎找不到热氮氧化物。在 CFB 锅炉中，燃料氮氧化物起着主导作用，应该得到很好的控制。如上所述，炉膛内的流态由底部的稠密鼓泡床或湍流床和干舷的快速床组成。密相床由几乎非固体的气泡相和大约处于最小流化状态的乳液相组成，如图 2-24 所示。终端速度大于表观气体速度的粗燃料颗粒倾向于沉入密相床，完成脱挥发分和燃烧。相反，细颗粒将被流化气体带入稀释区，并与循环材料聚集在一起。

如图 2-24 所示，在致密区的乳化相中，燃料颗粒被惰性材料包围。乳化相中的气体速度接近最小流化速度，多余的气体作为气泡通过床层。颗粒尺寸的减小导致最小流化速度的减小，因此直接通过颗粒表面的气体流量减小。此外，气泡相和燃料颗粒表面之间的传质阻力增加，这导致燃料燃烧的贫氧条件。强化的还原气氛将抑制粗燃料颗粒的碳氮和挥发性氮转化为氮氧化物。

如图 2-24 所示，在上部炉中，它是快速床，在快速床中，与下部炉中的鼓泡床相反，

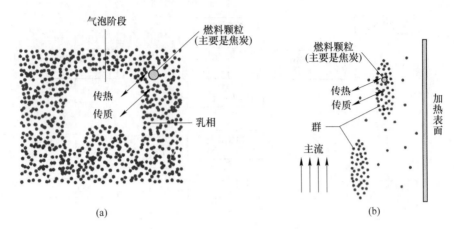

图 2-24 锅炉流化状态示意图

发生气相和乳液相转化。团簇是离散相，气体是连续相。燃料颗粒在团簇中的传热传质行为仍可与密相床的乳化相相似。由于颗粒的团簇倾向高于粗颗粒，并且增加的固体循环速率会导致更大尺寸的团簇，当床材料尺寸更小时，气体和团簇之间的传质降低。上部炉膛中的还原气氛减少了 NO_x 的生成。

强化的还原气氛将不可避免地产生大量的一氧化碳。一氧化碳和焦炭将继续还原氮氧化物，特别是在 CFB 炉中。循环回路中的大量灰分将显著催化一氧化碳和一氧化氮的反应。由于 CFB 锅炉床层温度和反应速率较低，需要大量的焦炭反应面来强化燃烧过程，这些表面对减少氮氧化物也很有效，其表面积与焦炭反应性有关。由于低挥发分高等级煤的燃烧反应性低，因此燃烧需要更多的表面。结果发现，低挥发性高等级煤的氮氧化物还原过程得到加强。炉内高浓度的一氧化碳流入旋风分离器进行燃烧。旋风分离器内的旋流改善了一氧化碳和氧气的混合，提高了一氧化碳的氧化率，保证了 CFB 锅炉的燃烧效率。因此，可以通过以下几种方法实现氮氧化物的超低排放：为了协调氮氧化物排放和燃烧效率，床层温度应保持在 850℃ 左右；应提高细料的整体收集效率，以减小床层材料尺寸并提高固体循环速率；二次空气喷嘴的高度被提高以延迟二次空气进入时间。这些方法的结合可以扩大还原区，以控制氮氧化物排放。

为了解决 NO_x 排放问题，使用低过剩空气（LEA）。这种方法可以解释为将过量空气流量限制在 2% 以下，已被证明可以大大降低废气中的 NO_x 含量。过量空气的最终水平受到烟囱中烟雾和 CO 排放的限制。

b 低氮氧化物燃烧器

低氮氧化物燃烧器（LNBs）的设计是为了控制空气和燃料的混合，实现分段燃烧。它们的特殊结构导致焚烧过程中的空气分级，能够减少燃料氮氧化物的生成或降低温度，从而减少热氮氧化物的生成。这些燃烧器提供稳定的火焰，有许多区域，如主要燃烧区、燃料再燃烧区（FR）和最终燃烧区（国家能源技术实验室，2008 年）。LNBs 的主要优点是可将 NO_x 的生成降低 30%~50%，并且易于在现有和新炉中应用。然而，这一过程会导致灰烬中碳含量的增加和 CO 的形成。尽管如此，低 NO_x 燃烧器仍是最流行的 NO_x 控制技术之一。

另一种流行的空气分级方法是将燃烧空气（10%~25%）喷入炉内高于正常燃烧区域

的空气分级方法，即燃尽风（OFA）。因此形成了富燃料的主燃烧区和贫燃料的低温二次燃烧区。该方法经常与 LNBs（国家能源技术实验室，2008）结合使用。先进的空中火力技术，首次在霍蒙电站使用，是 OFA 的改进。二者主要的区别是，这种方法包括更大的空气注入百分比和新的燃烧器设计。

    c　烟气再循环技术

    烟气再循环（FGR）包括在进入锅炉之前将一小部分烟气喷射回二次气流。它通过降低火焰温度（低于 1033K 的热氮氧化物生成可以忽略不计）和降低氧气浓度来降低氮氧化物的生成。据报道，对于作为燃料的硬煤，20%烟气再循环可实现 30%的减排，而对于气体和石油，约 25%烟气再循环可实现 65%~80%的减排。但是，再循环的烟气量不能太高，否则会破坏燃烧器火焰的稳定。

    d　燃料再燃技术

    燃料再燃（FR）技术的原理是将焚烧炉燃料的一部分（通常为 10%~25%）注入主燃烧器上方的单独再燃区。在这个二次燃烧区，主燃烧区形成的 NO_x 由于碳氢化合物还原 NO_x 而被分解。由于添加的燃料仅部分用于减少 NO_x，OFA 被注入再燃区以实现完全燃烧。20 世纪 80 年代，三菱公司首次将再燃技术应用于日本的一个全规模燃煤锅炉上，可减少 50%的 NO_x。

    燃烧器停用（BOOS）是一种燃料分段技术，在选定的燃烧器上终止燃料流动，而空气流动保持不变，因此 BOOS 仅流动空气。但是，为了保持燃料总流量不变，向其他燃烧器输送的燃料量有所增加。因此，降低了火焰温度和 O_2 含量，从而也降低了 NO_x 的生成。在 1976 年南加州爱迪生公司进行的研究中，BOOS 的有效性达到 30%。

    表 2-3 显示了各种技术的优缺点比较。

表 2-3　各种技术优缺点

技术	描述	优势	缺点	一般氮氧化物减少
低过量空气	降低氧气利用率	易于修改	低 NO_x 还原	10%~44%
		对现有电厂的改造有用	不完全烧毁（可能导致高水平的一氧化碳）	
燃烧器停止使用	分级燃烧	没有资本成本	一般限于燃气或燃油燃烧过程	10%~70%
		对现有电厂的改造有用	一氧化碳的空气流量更高	
燃尽风（OFA）		所有燃料	会导致高水平的一氧化碳；高容量成本	
低氮氧化物燃烧器空气分级	内部分级燃烧	运营成本低	较高的产能成本	25%~35%
低氮氧化物燃烧器烟气再循环		所有燃料		高达 20%
低氮氧化物燃烧器燃料分级		对现有电厂的改造有用		50%~60%

续表 2-3

技术	描述	优势	缺点	一般氮氧化物减少
烟气再循环（FGR）	30%烟气与空气一起再循环，降低温度	低氮燃料的高氮氧化物还原潜力	较高的资本成本和运营成本；影响热传递和系统压力；高能耗；火焰不稳定性	20%~50%
水蒸气注入	降低火焰温度	适度的资本成本 氮氧化物减少类似于FGR	效率惩罚 风扇功率更高	70%~80%
燃料再燃	喷射燃料与氮氧化物反应	中等成本 适度去除氮氧化物	延长停留时间；不完全燃烧 不太适合现有发电厂的改造	50%~60%

B　烟气脱硝技术

a　SNCR 脱硝技术

SNCR 脱硝技术与 SCR 脱硝技术最大的区别是无催化剂的参与，在 850~1100℃ 的温度范围将还原剂（如氨水、尿素溶液、液氨等）喷入炉内，还原烟气中的 NO_x，生成 N_2 和水的脱硝技术。SNCR/SCR 脱硝工艺是把 SNCR 与 SCR 脱硝工艺结合起来，在炉膛内喷入氨或尿素，先完成 SNCR 脱硝反应的过程，然后在催化剂的作用下，逃逸的氨随烟气进入 SCR 反应器继续完成脱硝反应。

b　SCR 脱硝技术

SCR（选择性催化还原技术）是指 NH_3 在催化剂和 O_2 存在时与 NO_x 发生反应，进而脱除 NO_x 的反应，温度范围为 300~400℃，脱硝效率一般为 80%~96%。目前主要布置在省煤器之后、空预器之前，近年来得到广泛应用，但是该脱硝技术的关键问题是催化剂的使用范围及合适的温度区间。燃煤电站 SCR 烟气脱硝系统主要由脱硝反应系统、氨制备及氨储运系统和其他辅助设备组成。

火电厂的 SCR 反应器，按照其与其他设备的相对布置方式，主要可分为高温高尘段布置、高温低尘段布置、低温低尘段布置。高温高尘段布置是将 SCR 反应器布置于省煤器和空气预热器之间，布置区间烟气温度较高（340~420℃），烟气含尘量较高（烟气脱硝时未经除尘）。该布置方式可以保证进入催化剂层的温度在金属氧化物催化剂的工作温度区间内，在采用该布置方式脱硝时，由于进入反应器的烟气未经处理，往往会有烟尘造成催化剂与设备的磨损、硫氧化物造成后续催化剂孔道堵塞、空气预热器腐蚀等问题出现。高温低尘段布置的厂区中的除尘器布置于空气预热器上游，且 SCR 反应器布置于除尘器和空气预热器之间，该方案中的除尘器一般为静电除尘器，除尘器需要较高的性能要求以适应高温工作环境。低温低尘布置是将 SCR 反应器布置于除尘、脱硫等设备之后，该工艺由于脱硝过程中没有烟尘的影响，催化剂寿命较长，且可选用小节距催化剂以节省设备体积。但该方法由于拖后布置而存在烟气温度低的问题，故需额外热源加热以使 SCR 系统正常工作。目前，国内多数机组采用高温高尘段布置。三种 SCR 反应器内各设备的相对布置方式见表 2-4。

表 2-4 SCR 反应器的布置方式

烟气流向	高温高尘布置	高温低尘布置	低温低尘布置
↓	省煤器	省煤器	省煤器
	SCR 反应器	电除尘器	空气预热器
	空气预热器	SCR 反应器	电除尘
	电除尘	空气预热器	脱硫塔
	脱硫塔	脱硫塔	SCR 反应器（带有再热器）

SCR 系统常用的还原剂原料有液氨、氨水和尿素三大类。液氨的成本低但安全性较差，氨水和尿素都有较好的安全性，但氨水占据空间较大，尿素制氨设备多，故与液氨相比有较高的运行成本。

SCR 脱硝反应发生于催化剂表面，故催化剂结构型式和化学组成对反应过程有较大影响。现今市场中成熟的商用催化剂，从结构上来划分，有蜂窝式、波纹板式、平板式三种类型。蜂窝式催化剂有模块化、质量轻、比表面积大、可适用于不同工况、节距和长度易于控制、回收率高等优点；平板式催化剂对携尘烟气的适应性较好；波纹板式催化剂的比表面积大、压降较小。设计施工过程中应根据不同的现场情况确定需要的催化剂类型。催化剂中各成分的含量对催化剂的性能也有重要影响，一般催化剂使用 TiO_2 作为载体、V_2O_5 作为主要活性组分，增加 WO_3 可提高催化剂的活性和热稳定性，添加 MoO_3 可防止催化剂砷中毒，还可在催化剂中加入其他组分优化其他性质，例如加入硅基颗粒可提高其机械强度。

工程和商业中为表征催化剂的各种性能，常用的重要指标不仅包括催化剂本身的宏观结构参数，如催化剂的活性温度、几何特性、比表面积、孔隙率、孔径分布等参数，还包括催化剂的性能参数，如脱硝效率、SO_2/SO_3 转化率、NH_3 逸出率、催化剂层压降等。

c 喷氨脱硝技术

要进一步降低 CFB 锅炉 NO_x 的排放，还可以采用炉内喷氨脱硝等技术，即在炉膛尾部或旋风分离器中通入氨气或尿素，利用分解产生的 NH_2 基团，与 NO 和 N_2O 反应降低 NO_x 的排放浓度。在循环灰的作用下，NH_3 能较好地还原氮氧化物，使其排放浓度明显下降，并且 NH_3 还可以有效地降低 N_2O。由于 CFB 锅炉的循环灰在燃烧过程中大量存在，并且含有丰富的金属氧化物，如 Fe_2O_3、Al_2O_3、CaO，是没有成本的催化剂，因此，在分离器出口喷氨，不仅在该温度下可发生选择性非催化还原反应，还可以形成高温条件下的无催化剂消耗的 NH_3 选择性催化还原 NO_x 的工艺。这是 CFB 锅炉超低排放燃烧技术的基础之一。在采用石灰石进行燃烧中脱硫的过程中，CaO 对还原 NO 有一定的催化作用，但其同时对氨的氧化反应也有催化作用。研究发现，当 Ca/S ＝2 时，CFB 锅炉的 NO_x 排放值比不加石灰石时增加了一倍。因此，应该合理控制石灰石添加量，以实现同时脱硫脱硝；另外，氧气浓度很高时，循环物料也会促进 NH_3 氧化，造成 NO_x 脱除率下降，因此还需要控制过量空气系数，以实现高效脱氮。

在实际电厂运行过程中，低氮燃烧技术通过在炉膛中部布置附加燃尽风喷嘴，实现分级燃烧，降低炉内温度，抑制 NO_x 的生成。其优点在于成本低廉，适用范围广，可操作性强，对于合适煤种可实现锅炉出口 NO_x 排放浓度控制在 $250mg/m^3$ 以下。SCR 技术已在电厂中广泛应用。但由于其价格高昂，需要定期更换催化剂，并且 SCR 技术最主要的问题在于低负荷下省煤器出口烟温较低，不能满足催化条件。为解决这一问题，可根据锅炉实际情况采取相应措施。如：（1）引一路高温烟气通入 SCR 进口烟道混合，提高 SCR 进口烟气温度；（2）提高给水温度，减少省煤器的冷端换热温差，以减少省煤器对流换热量，使省煤器出口烟气温度提高；（3）降低通过省煤器换热面管内的水流量，从而降低省煤器的换热量，使省煤器出口烟气温度提高；（4）将部分省煤器受热面移至脱硝装置后的烟道中，脱硝装置前布置与原设计相比相对较少的省煤器面积，提高进入脱硝装置的烟气温度。以上措施可以使全负荷下脱硝温度都在 310~400℃ 的催化温度范围内。随着 NO_x 排放标准的提高，仅仅依靠 SCR 技术来满足超低排放要求的技术经济性并非最优。因此，更成熟的控制 NO_x 技术路线是 LNB 技术和 SCR 技术的联合使用，通过采用炉内低氮燃烧技术，可以使 SCR 进口 NO_x 浓度降低至 250mg/m^3 左右，假定 SCR 脱硝效率为 85%，则 SCR 出口 NO_x 浓度约为 37.5mg/m^3，低于 50mg/m^3，符合超低排放要求。

在研究煤矸石循环流化床燃烧时硫氧化物和氮氧化物控制的过程中，提出的适应多流域配风方案调控了气固停留时间和燃烧气氛，实现了密相区为弱还原性气氛抑制燃料型 NO_x。通过调控稀相区颗粒团聚物结构，提高了残碳燃尽率和石灰石固硫效率，形成了"密相抑氮-稀相强燃"的氮氧化物控制技术。开发了大截面炉膛温度场实时测量的点阵式测温系统，发明的匹配 NO_x 还原温区的 SNCR 喷射工艺及配套装备解决了变负荷时喷射位置偏离的难题，开发的 SNCR+SCR 智能协同控制系统提高了还原剂整体利用率，实现了总脱硝效率的提高，降低了氨逃逸。

到目前为止，大多数燃烧后氮氧化物技术都是单独进行的。这种方法比同时去除技术的应用产生更多的成本，因此，多种污染物去除方法变得越来越流行。如与 NTP 或 O_3 混合的 SCR 系统，证明比单一 SCR 更有效。然而，NO_x 控制技术还有一些重要方面需要考虑，主要是投资和运营成本、废物产生等。

2.2.1.3　其他污染物控制技术

A　烟尘和细微颗粒物的控制

颗粒物是影响我国当前空气质量的主要污染物。目前，控制烟尘主要是通过各种原理的除尘设备进行的。根据除尘原理的不同，除尘技术分为重力除尘、旋风除尘、湿式除尘、静电除尘、布袋除尘等。目前，在我国已经形成了以电除尘为主，布袋除尘和电袋复合除尘为辅的格局。电除尘的优点为除尘效率高，阻力小，可处理高温（400℃ 以下）气体，适用于大型工程；缺点为设备庞大、占地大、钢耗量大以及对粉尘比电阻有一定要求、易产生二次扬尘。布袋除尘的优点为结构简单、造价低、对亚微米级颗粒吸尘有高除尘效率、不受粉尘特性的影响；缺点为不适于高温运行及高水分粉尘、阻力损失大、不能在结露状态下工作。

为了适应逐渐严格的环保标准要求，目前对于燃煤电厂除尘系统超低排放升级的技术主要包括脱硫前的增效干式除尘技术和脱硫后的湿式静电除尘技术。

a　增效干式除尘技术

干式除尘技术主要包括静电除尘、袋式除尘和电袋复合除尘技术。其中，静电除尘技术具有处理烟气量大、除尘效率高、设备阻力低、适应烟温范围宽、使用简单可靠等优点，已经应用在我国 80% 以上的燃煤机组。针对电除尘的增效技术包括低低温电除尘、旋转电极式电除尘、微颗粒捕集增效、新型高压电源技术等。通过增效的干式除尘技术，辅以湿法脱硫的协同除尘，在适宜煤质条件下，能实现烟囱出口烟尘排放浓度低于 $10mg/m^3$。

袋式除尘器利用纤维滤料制作的袋状过滤元件来捕集烟气中的粉尘，影响其除尘效率的关键是滤料性能和清灰方式。袋式除尘器除尘效率高，对粉尘特性不敏感，不受比电阻的影响，特别是对于亚微米级的粉尘有很好的收集效果，但本体阻力比电除尘器高，滤袋的使用寿命影响运行成本。袋式除尘器出口烟气含尘浓度一般可以长期稳定在 $20mg/Nm^3$ 以下。

电袋复合除尘器是静电除尘和过滤除尘机理有机结合的一种复合除尘器，综合了电除尘器和袋式除尘器的优点。目前，国内一般采用"前电后袋"串联式一体化结构，通过前级电场使粉尘预荷电并收集下大部分粉尘，而剩下的比电阻比较高、颗粒比较细而难以捕集的粉尘进入后级滤袋区，可以发挥布袋除尘器对细微粉尘的高效捕集特点，而前级电场的预除尘作用和荷电作用提高了后级滤袋区的过滤性能，使得过滤阻力大大降低，清灰周期也大大延长。目前的国家标准要求电袋复合除尘器出口烟气含尘浓度低于 $30mg/m^3$，一般可以长期稳定在 $20mg/Nm^3$ 以下。

其中，低低温静电除尘技术通过低温省煤器或气气换热器使电除尘器入口烟气温度降到 $90\sim100℃$ 低低温状态，除尘器工作温度在酸露点之下，具有以下优点：（1）烟气温度降低，烟尘比电阻降低，能够提高除尘效率；（2）烟气温度降低，烟气量下降，风速降低，有利于细微颗粒物的捕集；（3）烟气余热利用，降低煤耗；（4）烟气中 SO_3 冷凝并黏附到粉尘表面，被协同脱除；（5）对于后续湿法脱硫系统，由于烟温降低，脱硫效率提高，工艺降温耗水量降低。

相关的工程应用实践表明，低低温电除尘技术集成了烟气降温、高效收尘与减排节能控制等多种技术于一体。综合考虑当前我国严峻的"雾霾"大气污染和以煤电为主的能源资源状况，低低温电除尘技术具有粉尘减排、节煤、节电、节水以及 SO_3 减排多重效果，是我国除尘行业最急需支持应用推广的技术之一。

b 湿式静电除尘技术

湿式静电除尘技术通常用于燃煤电厂湿法脱硫后饱和湿烟气中颗粒物的脱除。要实现烟尘浓度低于 $5mg/m^3$ 的超低排放，一般情况下需要配套湿式静电除尘技术。湿式静电除尘工作原理为：烟气被金属放电线的直流高电压作用电离，荷电后的粉尘被电场力驱动到集尘极，被集尘极的冲洗水除去。与电除尘器的振打清灰相比，湿式静电除尘器是通过集尘极上形成连续的水膜高效清灰，不受粉尘比电阻影响，无反电晕及二次扬尘问题；且放电极在高湿环境中使得电场中存在大量带电雾滴，大大增加亚微米粒子碰撞带电的概率，具有较高的除尘效率。湿式静电除尘技术突破了传统干式除尘器技术局限，对酸雾、细微颗粒物、超细雾滴、汞等重金属均具有良好的脱除效果。

随着湿式静电技术的进一步发展，其应用领域和功能也不断拓展，加上传统脱硝、脱硫、除尘技术均已达到一定水平，湿式静电在细颗粒物、超细雾滴、SO_2、NO_x、Hg 等雾霾前体污染物进一步协同控制和深度净化上被寄予更多预期。

B 重金属 Hg 的控制

燃煤电厂所排出烟气中的汞主要有 3 种形态：元素汞（Hg^0）、离子汞（Hg^{2+}）和颗粒态汞（Hg^P）。燃煤汞污染的控制方式主要分为燃烧前脱汞、燃烧中脱汞、燃烧后尾部烟气脱汞。燃烧前脱汞：（1）洗煤。传统的洗煤方法可洗去不燃性矿物原料中的一部分汞。在洗煤过程中，平均51%的汞可被脱除。（2）混煤及其添加剂。采用混煤方式对燃煤汞的去除有一定的作用。（3）燃烧中脱汞。通过加入卤素化合物，如溴或氯盐、氯化氢等，改变Hg的形态（Hg^0转化为Hg^{2+}），以利于后面的脱硫设备去除更多的Hg^{2+}，提高下游烟气控制设施的脱汞效率（过多的卤素会对下游设备产生腐蚀）。目前，国内外对燃烧中脱汞的研究较少，主要是利用改进燃烧方式，在降低NO_x排放的同时，抑制一部分汞的排放。CFB锅炉的燃烧方式也能降低烟气中汞及其他重金属的排放。燃烧中脱汞的代表性方式有飞灰再注入、注入钙基吸附剂等。燃烧后脱汞：（1）利用现有设备脱汞。即利用电厂现有的除尘装置（电除尘器和布袋除尘器）、脱硫装置（湿法和干法装置）、脱硝装置（主要为SCR法）。电除尘器、布袋除尘器、干法脱硫装置、湿法脱硫装置等对烟尘、二氧化硫进行有效控制的同时，对重金属汞也具有一定的协同控制作用。（2）活性炭法。传统法：活性炭对汞有一定的吸附能力，现在应用较多的是向烟气中喷入粉末状活性炭（PAC），粉末活性炭吸附汞后，由其下游的除尘器（如静电除尘器、布袋除尘器）除去，但是活性炭与飞灰混合在一起，不能再生，使直接采用活性炭吸附法成本过高。活性炭改性：即通过改性，提高一定的吸附性能。目前，常见的改性活性炭包括载氯、载溴和载碘活性炭。（3）Toxecon脱汞技术。同样为活性炭法，只是喷活性炭的位置在除尘后，随后再布置一个布袋除尘器，以除去活性炭并保证飞灰质量不受影响。（4）其他方法。如电晕放电、电子束照射、低温氧化（注入臭氧）等。

电厂现有的烟气净化装置对烟气中的汞有一定的脱除作用，如电除尘器、布袋除尘器可以有效地脱除颗粒态的汞，离子态汞则可以在湿法脱硫过程中被脱除，而元素汞因挥发性高且难溶于水，很难被现有常规烟气净化装置脱除，需要使用其他技术对其进行控制。

2.2.2　煤矸石燃烧的典型污染物协同控制工艺

我国燃煤电厂当下所采用的污染物脱除设备，由于历史原因，大多是在不同时期逐渐改造或加装实施的，因此造成了每项污染物脱除设备功能单一，各单元设备之间简单串联使用，缺乏整体协同的观念，单个设备对不同种污染物的影响规律并不明晰，甚至导致不同设备上下游之间的不利影响，造成了不必要的损失和浪费。另外，在污染物脱除过程中产生的新污染物，如SCR中产生的三氧化硫和氨逃逸，脱硫过程中造成的"石膏雨"现象都对污染物协同治理实现超低排放提出了更严格的要求。为此，实现烟尘、SO_2和NO_x的同时超低排放，规划合理的技术路线，既要提高脱硫、脱硝、除尘各个环节相应的脱除效率，也要在优化参数的同时保证污染物控制设备的长期稳定运行，更要考虑烟气净化系统之间的协同作用，在实现超低排放目标的同时降低能耗、物耗，真正达到污染物共同去除的目标。

基于煤矸石与煤较为相似的燃烧过程，一些典型污染物的协同控制工艺可以在煤矸石循环流化床燃烧发电厂中借鉴。目前有代表性的超低排放技术路线有3种，分别是以低低温电除尘器为核心的技术路线、以湿式电除尘器为核心的技术路线和以电袋除尘器为核心的技术路线，其中，以湿式电除尘器为核心的技术路线和以电袋除尘器为核心的技术路线对高灰低热值煤具有一定适应性。

2.2.2.1　以湿式电除尘器为核心的技术路线

以湿式电除尘器为核心，采用干湿配合的方式，技术路线如图2-25所示，具体为：

低氮燃烧器→烟气脱硝装置（SCR）→干式电除尘器→石灰石-石膏湿法烟气脱硫装置（WFGD）→相变换热器→湿式电除尘器→烟囱。

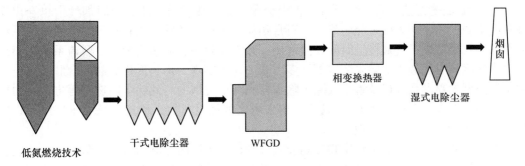

图 2-25　以湿式电除尘为核心的技术路线

湿式静电除尘器通过集尘极上形成连续的水膜高效清灰，不受粉尘比电阻影响，烟气在饱和或高湿度条件下，粉尘表面吸附大量的水分子，不会产生反电晕及二次扬尘问题。由于上述特性，捕集微细颗粒物可以达到很高的捕集效率，有效地脱除烟气中的微细粉尘并解决脱硫后的"石膏雨"现象。同时，SO_3 在低温条件下（50℃）与水蒸气结合形成粒径 $1\sim20\mu m$ 的硫酸雾滴，而硫酸雾滴在烟气中均不形成气溶胶状态，很难在脱硫吸收塔内被喷淋液滴（$1500\mu m$）所捕集，脱硫塔的 SO_3 脱除效率仅有 30% 左右，硫酸雾滴在湿式静电除尘器内荷电后，可运动至沉淀极被捕集。

2.2.2.2　以电袋除尘器为核心的技术路线

以电袋除尘器为核心，技术路线如图 2-26 所示，具体为：低氮燃烧器→烟气脱硝装置（SCR）→电袋除尘器→石灰石-石膏湿法烟气脱硫装置（WFGD）→湿式电除尘器（可选装）→烟囱。

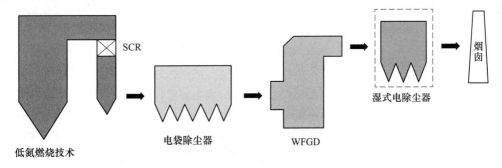

图 2-26　以电袋除尘器为核心的技术路线

电袋除尘器由于同时具备静电除尘单元和布袋除尘单元，提高了对亚微米粉尘的捕集效率，对 PM2.5 的脱除效果在正常情况下可达 98%～99%。同时，电袋除尘器受煤质、飞灰成分变化影响小，能够在保证出口浓度低的条件下长期稳定运行。电袋除尘器兼顾了静电除尘器和布袋除尘器的优点。相比布袋除尘器，电袋除尘器中的布袋使用寿命更长，捕获荷电颗粒的能力增强，同时也降低了运行阻力。相比静电除尘器，电袋除尘器受飞灰比电阻影响小，同时电场级数少于静电除尘器，减少了占地面积，运行成本也有所降低。在实现超低排放的过程中，电袋除尘器可选择在湿法脱硫后加装湿式电除尘配合，实现超低排放要求。

2.2.2.3　以湿法脱硫协同除尘为二次除尘的超低排放技术路线

石灰石-石膏湿法脱硫系统运行过程中会脱除烟气中部分烟尘，同时烟气中也会出现部分次生颗粒物，如脱硫过程中形成的石膏颗粒、未反应的碳酸钙颗粒等。湿法脱硫系统的净除尘效果取决于气液接触时间、液气比、除雾器效果、流场均匀性、脱硫系统入口烟气含尘浓度、有无额外的除尘装置等许多因素。对于实现 SO_2 超低排放的复合脱硫塔，采用了增强型的喷淋系统以及管束式除尘除雾器和其他类型的高效除尘除雾器等方法，协同除尘效率一般大于 70%。2015 年以后，越来越多的超低排放工程选择该技术路线，以减少投资及运行费用，减少占地。

超低排放路线中的各个污染物控制装置分别针对不同的污染物进行脱除，但各个装置间并不是简单的串联关系，具体表现为综合考虑脱硝系统、除尘系统和脱硫系统之间的协同关系，在每个装置脱除其主要目标污染物的同时，协同脱除其他污染物，或为下游装置脱除污染物创造有利条件。对应于上述不同的技术路线所采用的装置，各个污染物与不同污染物控制装置的协同关系见表 2-5。

表 2-5　不同污染物控制装置的协同关系（不要低温省煤器和低低温电除尘器行）

装置	粉尘	NO_x	SO_2	SO_3	Hg
SCR	粉尘在催化剂表面沉积结垢	实现 NO_x 直接脱除，效率约为 90%	抑制 SO_2 向 SO_3 的转化	SO_2 向 SO_3 的转化率一般不大于 1%	提高元素态 Hg 向 Hg^{2+} 的氧化效率
低温省煤器	烟尘比电阻降低，利于在除尘器中脱除	几乎无耦合作用	烟温降低到酸露点以下，部分 SO_2 转化为 SO_3	大部分 SO_3 被粉尘吸附	烟温降低，Hg 更易向颗粒沉积
低低温电除尘器	粉尘比电阻降低，击穿电压提高，烟气量减少，除尘效率提高	低温等离子脉冲电源除 NO_x	转化为 SO_3 的 SO_2 吸附于粉尘表面被脱除	沉积在粉尘上的 SO_3 随粉尘被脱除	沉积在粉尘表面的 Hg 随粉尘被脱除
电袋除尘器	适合高浓度、高比电阻、含硫低的粉尘脱除	几乎无耦合作用	几乎无耦合作用	可脱除一定量的 SO_3	颗粒 Hg 随之脱除
湿式电除尘器	起晕电压低，放电效果好，对 $PM_{2.5}$ 捕集效率高	低温等离子脉冲电源除 NO_x	SO_2 与水蒸气形成亚硫酸，氧化形成硫酸液滴，荷电后被捕集	SO_3 与水蒸气形成硫酸液滴，荷电后被捕集	Hg^{2+} 沉积在液滴或颗粒表面，荷电后被捕集
WFGD	脱硫浆液洗涤部分颗粒物，但也会产生新的亚微米颗粒	几乎无耦合作用	高效脱除 SO_2，保证出口浓度低于 $35mg/m^3$	可进一步脱除 30%~50% 的 SO_3	Hg^{2+} 被 SO_2 还原为 Hg，不利于 Hg 的脱除

2.2.3　其他联合污染控制技术

2.2.3.1　同时脱硫脱硝技术

A　等离子法

等离子同时脱硫脱硝技术包括电子束法和脉冲电晕法。原理均是利用烟气经高能电子照射生成高活性的强氧化物质，将烟气中的 NO 和 SO_2 氧化，再氨处理生成盐。但两者高能电子的来源不同，电子束法是采用电子加速器加速高压直流电发射的电子，以获得高能电子。而脉冲电晕法是基于电子束法研发，采用高压脉冲电源放电获得高能电子。电子照射技术在国外已有较为成熟的应用实例，SO_2 的脱除效率高于 95%，NO 的脱除效率高于 80%。我国电子束照射技术尚不成熟，NO 脱除率仅 20% 左右，并且能耗高，许多问题尚未解决。因此，提高电子束联合脱硫脱硝技术有待深入研究。

B　湿法同时脱硫脱硝技术

湿法烟气脱硫技术可达到较高的 SO_2 脱除率，若在溶液中添加大量的强氧化剂或络合剂，可有效地将不溶于水的 NO 脱除，从而达到同时脱硫脱硝的目的。Fe^{2+} 在碱性条件下形成的络合物，可吸收烟气中的 NO_x 形成亚硝酰亚铁络合物，进一步与吸收 SO_2 形成的酸根离子反应生成其他化合物。实验室规模下，可达到 99% 和 60% 的脱硫脱硝效率。湿法有机催化氧化联合脱除技术是基于催化脱硫技术发展而来，将氧气通入加催化剂的溶液后，NO 和 SO_2 分别被氧化为 NO_2 和硫酸，再碱处理生成盐。采用的催化剂多为过渡金属离子和有机物，可以达到 99% 和 80% 的脱硫脱硝效率。

C　干法协同脱硫脱硝技术

干法协同脱硫脱硝技术常用催化剂主要包括金属氧化物和碳基材料。常用的金属氧化物催化剂是 CuO/Al_2O_3，即 Al_2O_3 作为载体，CuO 作为活性组分，吸附烟气中的 SO_2 和 NO，SO_2 被催化氧化生成的 $CuSO_4$ 具有较好的催化活性，可促进 NO_x 催化还原，达到协同脱除的目的。此工艺可以获得 90% 和超过 75% 的 SO_2 和 NO_x 脱除效率，但多次使用会导致催化剂硫酸盐化，催化能力下降，因此未被用于大规模使用。

碳基材料因其优良的吸附性能常被用作催化剂，主要包括活性炭和活性焦。碳基联合脱硫脱硝技术是利用碳基材料表面优良的细孔结构吸附烟气中 SO_2 和 NO。活性炭吸附工艺是烟气先后流经装有活性炭的脱硫塔和脱硝塔，SO_2 被催化氧化生成硫酸，NO_x 被氨气还原生成氮气和水。活性焦联合脱除工艺中烟气自下而上流经同一吸收塔的上下两层，SO_2 和 NO_x 先后在活性焦吸附催化作用下脱除，活性焦脱硫脱硝技术在国外已应用多年，技术成熟。

2.2.3.2　同时脱硝脱汞技术

单质汞具有挥发性，且不溶于水，不易通过粉尘处理装置和湿法烟气脱硫装置脱除。目前我国同时脱硝脱汞技术的研究聚焦于低温 SCR 催化剂的研制开发，现采用的催化剂多为不同金属元素，如钙、锰、铜、钴和钌等，或对催化剂进行改性。如用 CeO_2 改进 V_2O_5-WO_3/TiO_2 催化剂研究联合脱除 NO 和汞，在 250℃ 的实验条件下，汞和 NO 转化效率可以达到 89% 和 88%，该催化剂也具有良好的抗 SO_2 和水毒化的性能。部分研究低温条件下 NO 的还原和单质汞的氧化发现，该催化剂在 NH_3 存在条件下也展现了良好的 NO 还原和汞氧化的协同性，转化效率分别超过 90% 和 80%，单质汞和 HgO 均不抑制 NO 的还原，通入氧气后，NH_3 对汞氧化的抑制作用消失。烟气联合脱除技术对催化剂的催化活性、抗毒性和稳定性有较高的要求，投入实际工业应用中还有待深入研究。

2.2.3.3　脱硫脱硝脱汞协同控制技术

A　湿法同时脱除技术

湿法同时脱除技术的难点在于 NO 和单质汞均不易溶于水和碱性溶液，若在湿法脱硫洗涤塔中添加强氧化剂，可实现 NO 和汞的氧化，在碱性条件下生成可溶性的硝酸盐和二价汞，并同吸入的 SO_2 生成的硫酸盐一并脱除。有研究采用尿素+$KMnO_4$ 溶液同时脱除 NO、SO_2 和 Hg^0，研究不同反应参数，如反应温度、反应物的浓度和溶液酸碱值等对污染物脱除效率的影响，结果表明，反应条件对脱硫效率的影响较小，最大脱硫效率超过 98%，对 NO 和 Hg^0 的脱除效率影响很大，脱除效率取决于 $KMnO_4$ 的浓度。还有研究在鼓泡反应器中，使用高铁酸盐同时脱硫脱硝脱汞，在最佳反应条件下，脱除效率分别达到 100%、64.8%和81.4%。并研究了反应机理，发现高铁酸盐中 FeO_4^{2-} 和 $HFeO_4^-$ 是氧化污染物气体的主导氧化离子。有研究采用两种类 Fenton 试剂，研究不同条件下的脱除效率，最大脱硫脱硝脱汞效率可分别达到 100%、80%和100%。实验结果表明，H_2O_2、Fe^{3+} 和 Cu^{2+} 浓度的增加促进了汞的氧化，但溶液酸碱值、NO 和 SO_2 浓度的增加抑制了汞的脱除，$\cdot HO$ 是氧化汞的主要物质，属于高级氧化技术。

B　干法同时脱除技术

干法同时脱除技术主要包括等离子体技术、光催化氧化技术、碳基催化脱除技术。等离子体联合脱硫脱硝脱汞技术主要是采用脉冲电晕法在高能脉冲电源下释放高能电子，产生自由基氧化 NO、SO_2 和汞等。一些研究发现脉冲电压、脉冲频率、初始浓度和停留时间等反应参数对脱硫脱硝脱汞效率的影响，最佳脱除效率分别为 40%、98%和55%。并且发现在高压脉冲电下产生的自由基和活性物质的浓度将直接影响脱除效率。光催化氧化联合脱除技术是指利用 UV 光照射后烟气中水和氧气分子产生的自由基氧化烟气中的 SO_2、NO 和 HgO 等污染物气体，再利用碱液将生成的产物吸收，是一种高级氧化技术。有研究者采用溶胶凝胶法制备 TiO_2-Al_2SiO_5 纤维纳米复合物作为光催化剂脱除多种污染物，SO_2、NO 和 HgO 脱除效率分别为 30%左右和80%。由于 SO_2 和 NO 竞争活性位，氧化效果相互抑制，而 SO_2 氧化生成的 $HgSO_4$ 对汞的氧化有促进作用，在 30~120℃ 的温度范围内，光催化氧化效率随温度的上升而下降。

碳基催化法常用的碳基材料包括活性炭和活性焦，对比于活性炭，活性焦比表面积较小，但其表面孔隙发达，结构独特，是一种综合性能高的吸附剂材料。

活性焦用于工业烟气处理，可净化 NO 和 SO_2，并吸附汞等重金属、二噁英，以及粉尘等污染物。活性焦脱硫脱硝技术不存在废水和废渣，无二次污染等问题，但吸附剂耗量大，活性炭成本高，再生问题尚未解决。我国某自备热电厂配用该项目，脱硝效率高于 60%，二噁英以及重金属的脱除效率超过 90%。

2.2.3.4　脱硫脱硝除尘协同控制技术

循环还原法，其特征是将高温烟气引入脱硫塔中的还原液（Na_2S）中，还原液产生的 H_2S 与烟气中的 SO_2 反应，将硫还原为单质硫，NO_2 被还原为 N_2 排放，同时湿法除尘。还原液可重复使用，无二次污染。

以 Na_2S 为还原剂的循环还原法拟实现同时脱硫、脱硝、除尘，此外还将烟气中的 CO_2 通过炽热炭还原为 CO，作为还原剂脱硫脱硝。SO_2 转化为单质硫回收，NO_x 还原为 N_2 排放，过剩的 CO 合成水煤气供锅炉燃烧。试验表明，循环还原法脱硫、脱硝、除尘效率分别可达 95.3%、90.3%及99.4%。

2.2.3.5　其他污染物协同处理技术

华北电力大学王春波课题组提出了基于高温除尘的多种污染物协同控制技术，用于协同脱除燃煤烟气中的 SO_2、NO_x 和 PM2.5。具体方案为：沿烟气流程分别布置有低氮燃烧器、高温除尘器、SCR 脱硝催化反应器、O_3 发生器、喷淋散射脱硫塔等治污设备。其污染治理过程为：（1）炉内采用低氮燃烧方式组织煤粉燃烧，从源头上减少 NO_x 的产生量；（2）在省煤器之后布置高温除尘器，除去烟气中的大部分粉尘；（3）高温除尘后的烟气进入 SCR 进行初步脱硝；（4）在烟气进入脱硫塔之前，向烟道内喷入 O_3，将烟气中的 NO、HgO 等氧化成能够溶于水的高价 NO_x、Hg^{2+}，为深度脱硝、脱汞做准备；（5）烟气进入脱硫塔，采用碱液（石灰石浆液或氨水等）进行脱硫，在高效脱硫的同时，洗除烟气中的微尘，并同时深度脱除烟气中的 NO_x、重金属等。

该方案采用高温除尘工艺，使进入 SCR 的烟气含尘量大大下降，减轻了烟尘对 SCR 催化剂的磨损、堵塞、中毒失活等问题，能够显著提高 SCR 催化剂的寿命和脱硝效率；同时，由于烟气进行了除尘，SCR 催化剂可采用微孔催化剂，无论从经济性还是技术性，能效都得到大幅度提高。采用臭氧氧化结合碱液吸收工艺，在脱硫的同时深度去除烟气中残余的 NO_x 和重金属 Hg 等；方案的脱硫塔采用将传统喷淋塔和鼓泡塔相结合的新型喷淋散射吸收塔，在高效脱硫的同时有效脱除烟气中的微尘。同时，该方案采用烟气的低温余热回收利用技术，回收烟气余热，并降低进入脱硫塔的烟气温度。方案中所涉及的关键技术是高温除尘、臭氧氧化 NO_x 结合碱液吸收技术、喷淋散射高效脱硫协同 PM 脱除技术。

A 高温除尘技术

高温除尘器布置于省煤器和 SCR 之间，其长期工作温度高达 450℃ 左右，能够耐受烟气中 SO_2 等酸性气体的腐蚀，并且需要较高的除尘效率。目前高温除尘技术分为很多种类，按除尘原理可分为电除尘、离心分离和过滤分离等，主要技术有高温旋风除尘技术、颗粒层过滤技术、多孔材料过滤技术等。

旋风除尘技术是指利用旋风分离器依靠气流旋转产生的离心力，将固体从气流中分离出来的除尘方法，该技术只能脱除较大粒径的颗粒。研究表明，400℃ 下旋风分离器对粒径在 10μm 以下的粉尘脱除效率不足 80%，因此，这种技术对于某些含尘量要求较低的中间工业除尘过程是适用的，对于除尘效率要求极高的燃煤电站烟气除尘并不适用。

颗粒层过滤技术采用耐高温固体颗粒组成过滤层，通过惯性碰撞、扩散沉积、静电吸引等过滤机理对含尘气体进行过滤，目前该技术还处于研究试验阶段，虽然在 400℃ 下其总体除尘效率能达到 99% 以上，但对直径小于 10μm 的细微尘粒的过滤效率不足 98.5%。该技术被认为是未来最有发展前途的用于 IGCC 和 PFBC 高温除尘的技术，但在大型化时还面临着介质均匀移动和气流均匀分布等问题。

过滤式除尘是目前常用的高效率高温除尘方式，一般地，将多孔过滤材料制成一端封闭的管状过滤元件（即滤管），含尘烟气通过滤管的外表面向内流动，烟尘被过滤下来，附着在滤管的外表面上，过滤后的净烟气通过滤管的开口继续流动。随着滤管外表面附着的烟尘不断加厚，烟气流过滤管的压降不断增加，当压降增加到某个值的时候，用一股高压空气从滤管的内部向外反吹，将其外表的灰层吹落，如此周期循环。

高温过滤技术常用的过滤材料有多孔陶瓷材料、多孔金属材料等。多孔陶瓷材料具有耐高温、耐腐蚀、物理和化学性能稳定等优点，但陶瓷材料有一些固有的缺点，如延展性、韧性较差，机械加工性能差，易碎、抗热震性差，因此，陶瓷材料难以承受大的热负荷波动。陶瓷过滤器的除尘效率能达到 99.9% 以上，除尘精度达到 1μm 甚至更细。目前世界范围在运行的大型高温除尘装置，90%采用多孔陶瓷滤材。

为了克服陶瓷材料易碎的缺点，各国开发了耐高温多孔金属过滤材料。金属过滤材料的优势在于良好的耐高温性能（高达1000℃）和优良的力学性能，韧性较大，容易焊接加工。高温金属过滤材料包含合金、金属间化合物等，其中，如Fe-Al金属间化合物和310S不锈钢材料由于优良的耐高温、耐腐蚀特性在高温除尘中得到应用。目前世界已经运行的大型高温除尘装置中，约10%采用了多孔金属过滤管。

综上，在几种高温除尘技术中，旋风分离器除尘精度较低，达不到燃煤烟气除尘的要求，颗粒层过滤技术还不成熟，而陶瓷过滤高温除尘技术由于陶瓷材料的抗热震性差、易碎，可能不适合频繁升降负荷的燃煤发电锅炉。高温合金或金属间化合物过滤材料过滤精度较高、机械性能较好，并且已经在冶金、煤气化等领域得到规模化应用，技术比较成熟，是较有前景的燃煤电站锅炉烟气高温除尘技术。

B　臭氧氧化结合碱液吸收脱硝技术

在众多的脱硝技术中，一个可行且成本比SCR脱硝技术成本低的技术是将NO氧化成高价的NO_x等，并在脱硫塔中将其与SO_2一同脱除，实现NO_x的深度脱除。这一技术主要包括NO氧化和吸收两个步骤。

低价态的NO并不能直接被水吸收，若要在湿法脱硫塔中除去NO，需要将其氧化成可溶性的NO_2或更高价态的NO_x，这一步骤可以通过添加强氧化剂的方式完成，根据氧化方式不同可分为液相氧化和气相氧化法，液相氧化是指用含有强氧化性溶质的溶液将NO氧化成高价态NO_x，主要的氧化物有H_2O_2、次氯酸钠、$KMnO_4$溶液等，气相氧化是指烟气在进入吸收塔之前，将烟气中NO氧化成可溶性NO_x的工艺，该工艺采用的氧化方法有黄磷激发氧化法、光催化氧化法、电子束法、臭氧氧化法等。

与其他氧化剂相比，臭氧是一种没有二次污染的清洁强氧化剂，能够将烟气中含有的NO、HgO等氧化成易溶性的NO_2、N_2O_5、Hg^{2+}等。

高价态NO_x和Hg^{2+}能够在烟气的湿法碱液（NH_3、$CaCO_3$、NaOH等）脱硫中被一并脱除，并且臭氧对烟气中的氯化物、氟化物、VOCs及二噁英等都有一定的去除作用。该技术称为低温臭氧氧化剂，其原理如图2-27所示。臭氧由臭氧发生器制取，喷入氧化反应器与经过除尘后的锅炉烟气混合，臭氧将其中的NO、Hg等氧化，然后在吸收塔内SO_2、NO_x、Hg^{2+}同时被吸收除去。

目前限制该技术推广的原因之一是制备臭氧的成本较高。由于O_3具有自分解特性，不能存储，只能边生产边使用。一台600MW燃煤锅炉，按烟气量$180×10^4 Nm^3/h$、NO浓度降低$300mg/Nm^3$、投放O_3：NO＝1∶1（摩尔比）计算，则需要864kg/h的臭氧。目前工业上常用的臭氧大规模产生方法是电晕放电法，即以氧气或空气通过电晕放电区产生臭氧，该制备方法的电耗较高。因此，研制大型低能耗臭氧发生器是低温臭氧氧化技术用于大型燃煤发电锅炉烟气脱硝的关键。

目前商用大型臭氧源一般采用放电式臭氧发生器，其产生臭氧的效率与原料气体、电源、放电类型、电极形式、电介质材料等有密切关系。产生臭氧的理论能耗大约0.83kW·h/kg，因此，目前的臭氧发生器能量利用率只有10%左右，其余能量全部转化成了热量。研究表明，采用混合气体作为气源，开发介电常数高、耐高压的介电体材料，以及高频高

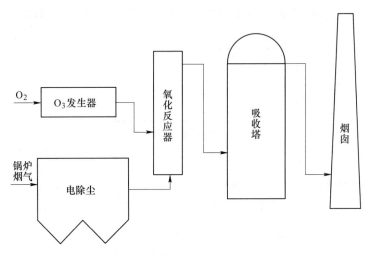

图 2-27　低温臭氧氧化污染物脱除原理

压电源，采用混合放电或脉冲放电等措施，能够降低臭氧产生的电耗，提高臭氧产率。采用更低能耗的脉冲放电臭氧发生技术，能够将燃煤电站臭氧氧化 NO_x 工艺中的臭氧制备能耗降低至电厂总发电量的 0.42%。如果以 NH_3 作为吸收剂，结合低温臭氧氧化，烟气中的 NO_x 和 SO_2 最终会生成硝酸铵和硫酸铵混合副产品，可以作为氮肥出售，实现废物的资源化利用，能进一步降低电厂的脱硫脱硝成本。

C　喷淋散射吸收技术

脱硫塔是一个高效的污染物一体化脱除设备，除了脱除 SO_2 外，还兼具脱硝、除微尘、脱汞的效果。

传统的脱硫塔分为喷淋塔、填料塔、液柱塔、鼓泡塔等几种形式。喷淋塔是目前燃煤电站锅炉脱硫工艺的主流塔型，其塔内气液接触面积大，能够在较小的液气比下达到较高的脱硫效率，烟气流动阻力小，实际运行中其脱硫效率能够达到95%以上，但考虑除微尘能力，喷淋塔对于 $1\mu m$ 左右的微尘的脱除效率不高；填料塔通过在塔内布置具有较大表面积的填料以增加气液接触面积，该方法在实际运行中存在的填料结垢、堵塞等问题没有得到很好的解决，因此长期运行稳定性较低；液柱塔采用自塔底向上喷射液柱然后自由下落的形式，延长了浆液在烟气中的停留时间。

鼓泡塔技术将烟气通过插入浆液的喷射管直接通入浆液，形成鼓泡区（泡沫区），在鼓泡区内发生 SO_2 的吸收、氧化等过程，脱硫效率能够达到99%以上，该技术省去了再循环泵、喷嘴等，将氧化区和脱硫反应区整合在一起，因此节省了初期投资。由于鼓泡塔的脱硫效率与喷射管插入液面深度正相关，达到较高的脱硫效率需要喷射管插入液面更深处，因此存在烟气阻力较大、电耗高等问题。鼓泡塔相比于喷淋塔的一个优势是具有较好的除微尘效果，对于 $1\mu m$ 左右的粉尘，喷淋塔的捕集效率在40%左右，而鼓泡塔的捕集效率达到80%。鼓泡塔能够除尘的原因在于塔内存在一个较厚的泡沫层，泡沫层中存在强烈的气液接触过程，具有类似水膜除尘的效果，这对于细微粉尘有很高的脱除效率。

在目前超净排放的要求下，烟尘排放要求十分严格，喷淋技术在控制 PM 方面的效果有限，鼓泡塔的除尘优势得到重视。为克服鼓泡塔阻力大、易结垢堵塞的缺点，又能保留其优异的除尘效果，将喷淋和鼓泡技术结合在一起，形成新型的喷淋散射塔技术，如图2-28 所示。

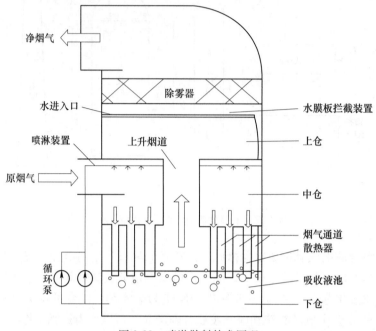

图 2-28　喷淋散射技术原理

喷淋散射塔内设置上下两个隔板，将塔体分为上、中、下三个腔室，上腔室布置有除雾器，中腔室顶部布置浆液喷淋装置，下腔式布置散射器，散射器底部出气口伸入浆液中，下腔式底部容纳吸收浆液，中腔室中间的烟气上升通道连接上下腔室。烟气从中腔室侧壁开口进入，先经过中腔室的浆液喷淋，然后向下经过散射管的鼓泡，由于鼓泡的原因浆液池表面会形成较厚的泡沫层，鼓泡后的烟气通过泡沫层，再穿过烟气上升通道至上腔室，经过除雾后向上排出塔外。

喷淋散射塔中的烟气先后经过喷淋、水浴、泡沫层三次气液掺混过程，具有比同等条件下喷淋塔和鼓泡塔更充分的气液接触，脱硫、除尘效率得以提高。由于喷淋装置对喷射管的连续冲洗，解决了一般鼓泡塔中存在的喷射管入口结垢堵塞问题，同时，由于喷射器插入浆液深度比同等脱硫效率下的鼓泡塔浅，也减小了气体的流动阻力。可见，喷淋散射塔技术结合了喷淋塔和鼓泡塔在脱硫方面的优势，同时保留了鼓泡塔高效除微尘的特点，解决了鼓泡塔易堵塞的难题，具有更高的节能和环保优势。

以上方案所采用的高温除尘、NO_x 臭氧氧化结合碱液吸收技术、喷淋散射高效脱硫技术，虽然并未在大规模燃煤发电锅炉上应用，但已经在小型燃煤锅炉、石化、冶金烟气治理等领域得到了较多的应用，技术成熟可靠。采用高温除尘技术，一方面改善了 SCR 反应器的工作环境，延长催化剂的使用寿命，另一方面与喷淋散射技术结合，实现烟尘的两级控制和深度脱除；采用低 NO_x 燃烧、SCR 脱硝、臭氧氧化 NO_x 结合碱液吸收三级 NO_x 控制，达到 NO_x 的深度脱除；采用喷淋与鼓泡相结合的喷淋散射高效脱硫塔技术，实现 SO_2 的两级控制、高效脱除。同时，该方案由于采用臭氧氧化工艺，能够同时实现对 Hg、VOCs 等其他污染物的协同脱除。

2.3 煤矸石燃烧灰渣利用技术

由于循环流化床锅炉中温度、压力、流动工况、燃烧工况以及传热特性均与一般锅炉不同，其产生的灰渣的物理化学性能也有明显的差别。同时，循环流化床内常常要添加各种脱硫剂。因此，其灰渣中会有大量氧化钙和硫酸钙类等物质。由于燃烧过程温度一般在950℃以下，故灰渣的物理外形基本为颗粒状具有微细孔的分散颗粒。根据灰渣的产出位置的不同，大致可以分为床内或床底出渣和旋风除尘及净化除尘回收的细小粉灰两种。当采用不同的燃煤和脱硫脱 NO_x 介质时，产生的灰渣的物理化学特性会改变。在进行灰渣处理和综合利用时，应该根据灰渣的物性特点进行处理和利用。在确保安全、健康和科学合理的前提条件下，进行综合利用。

2.3.1 煤矸石燃烧灰渣特性

2.3.1.1 煤矸石燃烧灰渣的物理化学特性

如上所述，循环流化床的灰渣可以分为床内或床底出渣和旋风除尘和净化除尘回收的细小粉灰两种，通常其产量常与燃料的投入量、脱除剂的数量、燃料颗粒分布、燃料的燃烧效率等有关。其物理化学特性包括灰渣颗粒的分布形态、密度、酸碱度、渗滤指标、毛细特性、抗压特性、稳定性以及化学组成等。

A 灰渣分类

循环流化床锅炉的灰渣可以按照 CaO 含量的高低分为高钙 C 类和低钙 F 类，其中成分与判别的关系如下：

褐煤和亚褐煤 C 类　　　　$SiO_2+Al_2O_3+Fe_2O_3 \geqslant 50\%$

无烟煤和烟煤 F 类　　　　$SiO_2+Al_2O_3+Fe_2O_3 \geqslant 70\%$

也可以根据灰渣中氧化物成分的不同，分为如下三种灰渣：

硅铝质氧化物灰渣　　　　$SiO_2+Al_2O_3+TiO_2$

钙质氧化物灰渣　　　　　$CaO+MgO+Na_2O+K_2O$

铁质氧化物灰渣　　　　　$Fe_2O_3+SO_3$

另外，由于灰渣的酸碱值的变化较大，故也可以用 pH 值的大小来分类，目前较为实用的综合酸碱指标 K 的分类法，其计算公式如式（2-7）所示：

$$K = \frac{SiO_2 + Al_2O_3 + Fe_2O_3}{CaO + MgO - 0.75SiO_2} \tag{2-7}$$

K 值的大小与酸碱性分类如下：

$K<1$	强碱	$K=3\sim10$	弱碱性
$K=1\sim2$	碱性	$K=10\sim20$	酸性
$K=2\sim3$	中性	$K>20$	强酸性

将灰渣作为水泥混凝回收利用时，一般以其中所含活性氧化钙特性进行分类，详见表2-6。

表 2-6　灰渣中活性氧化钙特性分类

参　　数	硅质灰渣	钙质灰渣
烧失量/%	5	5
活性钙/%	<5	>5
活性硅/%	25	25①
28 天强度/MPa	—	≥10②
雷氏膨胀度/mm	—	≤10

① 当煤灰的活性氧化钙为 5%~15% 时；
② 当煤灰的活性氧化钙>15% 时。

B　外观、粒度和密度

循环流化床的灰渣和飞灰一般为细小颗粒，颜色呈白色或灰色。炉渣一般为不规则颗粒，外部颜色呈深灰色到棕褐色。炉渣的色泽也可以反映燃烧过程碳的残留程度。灰渣中飞灰的颗粒直径约为 0.5~100μm，而炉渣或底渣的直径可以达到 500~1000μm。灰渣的密度是一个十分重要的参数。飞灰的堆积密度为 500~600kg/m³，真密度为 1500~1800kg/m³。底渣的堆积密度为 1000~2000kg/m³，真密度为 2000~2600kg/m³。当灰渣含有不同水分时，其性质会有很大的变化。

C　渗透度和毛细特性

灰渣的渗透度是指灰渣中水分渗透的某种特性，通常测定其特性的方法如下：将灰渣掺水后，在 105℃下干燥，然后再碾成粉末，放入直径为 50mm、长为 260mm 的管内，以 0.03mL/min 的速率加入蒸馏水，由此得出水在其中渗透的速率（m/s）。毛细特性在某种程度上与水的渗透度有一定的联系。但是，这里是指通过毛细作用吸附到灰渣中的特性。

经过实验测试，得知灰渣的渗透特性系数随着堆放时间的推延缓慢下降。但是，一般在三个月后，渗透系数趋于达到最小值。其中，飞灰的渗透系数一般要明显大于流化床底部渣渗透系数。

D　抗压强度和稳定性

抗压强度和稳定性也是评价灰渣的重要参数。灰渣作为水泥混凝土原材料进行回收利用时，其抗压强度和稳定性是主要的评价指标。其中前者是指水化的灰渣在标准条件下 24h，100% 湿度下保养 75d 后测量压强，并用自由膨胀度法测量自由扩展度。稳定性是指灰渣样品在一段时间后，膨胀度、收速率、毛细作用和渗透特性等变化大小。

已有的研究结果表明，飞灰和各种混合灰的抗压强度都有类似的规律，即在最初的 100d 时间内，这种抗压强度呈上升趋势，随后几乎保持稳定。其中，灰渣中的湿度对抗压强度有较大的影响。

E　灰渣的化学组成

循环流化床按其中的燃烧过程和燃料特性的不同、脱硫剂或脱除剂的不同，灰渣的化学成分可能会相差很大。其对实际的综合利用和处理技术有很大影响。

Bearborn 和 Bland 等对流化床鼓泡床和粉煤锅炉灰渣进行了测试和结果比较（表 2-7）。表中可见，CaO、CaSO$_4$ 和 CaCO$_3$ 等物质会因不同的脱硫或 NO$_x$ 脱除过程及反应气氛而改变。有些研究表明，灰渣中的元素组成以及其他含有的成分是利用过程中应该认真考虑的，详细的数据见表2-8。

表2-7 不同燃烧工况灰渣测试结果比较 （%）

组成	循环床锅炉		鼓泡床锅炉		煤灰炉飞灰
	底渣	飞灰	底渣	飞灰	
水分	0.13	0.52	0.01	0.24	0.09
灰分	12.20	6.35	97.59	81.13	97.80
炭（总）	0.16	2.78	0.44	0.44	1.39
炭（矿物质中）	0.13	0.52	0.30	0.30	
硫	12.20	6.35	14.45	8.24	0.36
氧化物					
SiO_2	10.36	18.40	4.25	15.48	39.40
Al_2O_3	3.13	5.64	1.40	6.67	13.50
CaO	48.15	40.51	52.90	45.77	3.46
MgO	2.48	0.65	1.24	1.35	0.61
Na_2O	0.20	0.53	0.07	0.54	0.31
K_2O	0.45	0.84	0.18	0.84	1.82
Fe_2O_3	3.78	14.88	2.68	8.13	38.10
TiO_2	0.16	0.28	0.11	0.30	0.71
P_2O_3	0.28	0.51	0.09	0.09	1.39
SO_3	30.50	15.88	36.10	20.60	0.46
CO_2	0.48	1.91	1.10	32.20	
钙化物					
CaO	51.85	26.67	26.10	22.50	
$CaSO_3$	26.20	27.00	26.10	26.10	
$CaCO_3$	1.08	4.33	2.54	2.54	
灰渣量	20	80	50	50	100

表2-8 粉煤灰及灰渣中微量元素的含量

元素	Sloss 等（1996）			Watson（1996）	Nathan 等（1997）			
	粉煤灰（均值）	煤灰		粉煤灰	粉煤灰1	粉煤灰2	粉煤灰3	粉煤灰4
		平均	范围					
Ag		2.1	0.5~4.6		<1	<1	<1	<1
As	180	18	3.4~88	346				
B	220	338	98~465	2113				
Ba		1367	300~3500	1100	3000	1500	600	800
Bc	8	9	0.7~2.1	99	12	6.7	13.4	5.3
Br		25.4	19.5~31.9					

元素	Sloss 等（1996）			Watson（1996）	Nathan 等（1997）			
	粉煤灰（均值）	煤灰		粉煤灰	粉煤灰 1	粉煤灰 2	粉煤灰 3	粉煤灰 4
		平均	范围					
Cd	230	0.8	0.2~2.4	2	<1	<1	<1	<1
Ce		84	82~86	175	3000	98	150	150
Cl		2451	900~8081					
Co		23	3.2~51	45	45	21	75	200
Cr	250	241	57~533	164	180	140	810	147
Cu	250	117	15~201	201	76	47	113	135
Cs		48	0.9~199					
F		313	103~636					
Ga		69	7~97					
Ge		25.0						
Hf		1.3	0.7~2					
Hg		0.264	0.014~1.11					
La		11	8.3~14		150	75	74	71
Li		65	65~65	273				
Mo		14.6	4.2~53.5	29	<20	<20	<20	<20
Ni	250	55	15~108	114	100	90	50	58
Pb	530	32	9.9~87	121				
Rb		177	102~310					
Sb		5.6	0.7~12.1					
Sc		9	4.5~22	31				
Se	20	14.3	3.0~39.4	13				
Sn		38	10~79					
Sr		264	127~533	105	2900	1200	931	1867
Th	25	13.0	2.3~42.4	19				
Ti	23	3.8	0.8~6.9					
U	24	3.8	1.0~11.1	18	200	155	322	161
V	350	224	80~570	295	125	110	110	63
Zn	600	110	50~152	226				

F 物理性质

灰渣的综合热导率是指将灰渣进行均匀混合和压实后进行均匀干状测量得到其热导率。一般热导率的范围是 0.06~0.35W/(m·K)。在制成混凝土后，与类似物性的硅酸盐水泥［热导率约为 0.26W/W/(m·K)］相比，其热导率要略高一些。

灰渣的综合比热容是指将灰渣进行均匀混合和压实以后，在干燥状态下，每升高 1℃温差所吸收的热量的比值。

经过实验证明在 50~1200℃ 范围内，灰渣的比热容基本上可以用线性表达式表示。300K 时，比热容的取值为 0.8kJ/（kg·K）；900K 时，比热容的取值为 1.3kJ/（kg·K）。该值与常温下水泥的比热容数值基本相当，常温下水泥比热容为 1.2kJ/（kg·K）。

G　灰渣的总量

循环流化床中产生的灰渣的总量主要由投入的燃料的含灰量和燃烧效率确定。除此以外，由于经常加入脱硫剂或 NO_x 脱除剂，故产生的灰渣的总量会因为投入这类化学物质而使总灰量发生大的变化。根据巴苏的建议，产生灰渣的理论计算总量 G_a，其计算方法如式（2-8）所示：

$$G_a \approx BA_{ar} + 3.12RS_{ar}B \tag{2-8}$$

式中　G_a——灰渣总量，kg/h；

B——送入燃料的数量，kg/h；

A_{ar}——燃料中灰的含量，%；

S_{ar}——燃料中硫的含量，%；

R——进行脱硫过程中送入脱硫剂的钙硫比，Ca/S。

在实际运行过程中，理论灰渣中的一部分细小颗粒会随烟气排出，另外有一些灰渣物质会因为化学反应生成气态流出。而排出的灰渣中也经常会含有未燃尽的物质，因此总灰产量会有一些变化。

2.3.1.2　煤矸石燃烧灰渣的环保特性

与其他锅炉或占炉窑的燃烧过程一样，循环流化床锅炉炉内燃烧结束后，燃煤及其他物料转化为灰渣。一般其质量会减少 50%~90%，部分物质燃烧后挥发，碳氢硫磷及其可燃成分经过燃烧可以成为气体排放，加入的脱硫剂或 NO_x 脱除剂与硫氮类物质反应可以形成固体物质进入灰渣中，与燃料中的不可燃物质一起成为排放的灰渣。由于燃料本身的历史原因和周围矿物的影响，一般燃料中会含有大量金属物质，如 Pb、Zn、Cd、As、Hg、Cr、Ni、Sb、Ti、Se、Mg、Fe、Cu、Mn 以及 U、Ra、K、Th 和 Rn 等具有放射性的物质。这些物质一般不会燃烧掉，而会在燃烧时保留在灰渣中。这些物质的含量微小，但是对环境和人类健康的影响却很大。

目前，世界各国尚未将燃烧灰渣纳入有害危险废物，但是对其中的有害物质或成分对环境和水以及大气的影响均已经有所警惕。可以预计，将来必定会有相关的检测和管理措施对其进行监管。在进行综合利用以前对灰渣的环保特性进行分析、检测以及评估，对各方面都有积极的意义。

A　灰渣渗滤对环境的影响

在许多地方，循环流化床的灰渣被露天堆放，在有些地方燃烧后的灰渣被直接排放到河沟、低洼地或作为筑路的填料等。随着雨水的浸入，灰渣会逐渐湿透，将其中的有害物质浸出并流入水流，直接影响水源。另外，露天堆放的灰渣中的飞灰或细粒会随风飘扬而污染天空和生活环境。

将灰渣磨成粉末当作农田肥料或用于改良土壤时，因灰渣一般具有一定的酸碱性，故可以用以调节土壤的酸碱性。但是，灰渣中常常含有一些有害物质，会间接地影响人类健康和引起环境污染。其中，灰渣通过水源引起污染的扩散和传播过程如图 2-29 所示。

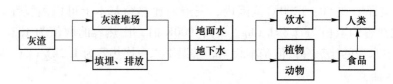

图 2-29　灰渣中的有害物质通过水源的扩散和传播过程

据此，有些国家已经开始对灰渣的渗滤液提出成分控制或限制的建议，见表 2-9，表中给出了煤灰渗滤液中无机成分限制值。

表 2-9　一些国家灰渣渗滤液中无机成分限制值

成分	美国有关的限值/mg·L⁻¹				中国有关的限值/mg·L⁻¹	意大利有关的限值/mg·L⁻¹		
	RCRA	指导性限值	初级饮用水	二级饮用水	生活饮用水	最大许可值	饮用水指导限值	饮用水最高限值
Ag	5	0.15	0.05		0.05			
Al		0.05				1	0.05	0.2
As	5		0.05		0.05	0.5		0.05
B						2	1	
Ba	100		1			20		
Ca							100	
Cd	1		0.01		0.01	0.02		0.005
Cr	5		0.05		0.05	0.2		0.05
Cu				1	1.0	0.1	0.1	1
Fe					0.3	2	0.05	0.2
Hg	0.2				0.001			
Mg				0.05	0.1	2	0.02	0.05
Na		20					20	175
Ni						2		0.05
Pb	5		0.05		0.05	0.2		0.05
Se	1		0.01		0.02	0.03		0.01
Zn				4	1.0	0.5	0.1	3
氧化物				250	250	1200	25	200
氯化物			1.4~2.4		1.0	6		
硝酸盐			10		20		5	50
亚硝酸盐			1					
碳酸根		400		250	250	1000	25	250
pH 值				6.5~8.5	6.5~8.5	5.5~9.5	6.5~8.5	6~9.5

我国一些学者对几家大型电厂的煤灰渣进行了渗滤液特性实验研究，测试了其中的成分，得到的数据见表 2-10。从表中数据可以看出，重金属种类齐全、组成复杂、不同燃料

及其燃烧过程产生灰渣的差异较大。

表 2-10 国内四家电厂煤灰渣渗滤液实验测试

煤灰渣成分	邢台电厂	石家庄电厂	邯郸电厂	马头电厂
Al	1.24	0.31	0.51	4.66
As	11.0	3.8	7.5	3.4
B	0.54	0.04	0.23	1.01
Be	0.002	0.002	0.002	0.002
Ca	28	8	20	39
Cr	3.2	0.8	1.3	16.0
Cu	1.5	0.6	3.0	1.4
Fe	<0.1	<0.1	<0.1	<0.1
K	0.6	0.2	0.4	0.4
Mg	0.3	0.9	0.7	0.8
Mn	<0.2	<0.2	<0.2	<0.2
Mo	0.02	0.01	0.01	0.05
Na	4	4	2	4
Ni	<0.01	<0.01	<0.01	<0.01
P	<0.1	<0.1	<0.1	<0.1
Pb	2.2	0.4	0.4	0.5
V	0.046	0.014	0.023	0.084
Zn	<0.01	<0.01	<0.01	<0.01
氯化物	<5	<5	<5	<5
硫酸根	40.0	8.0	36.0	60.0
pH 值	10.2	8.5	8.2	8.1

另外，灰渣中的金属含量随渗滤时间的延长，在渗滤液中含量会有明显的变化。经过大量实验研究，对渗滤液中某些成分和参数进行测试后得到对比实验结果。灰渣中 pH 值的变化和渗滤液中有害物质的对比见表 2-11，有害物质包括 As、Cu、Mo、Mn，Sc 和 V 等各种物质。

表 2-11 灰渣中渗滤液中有害物质和 pH 值的变化

项目	高硫煤粉煤灰		低硫煤粉煤灰			
			粗灰		细灰	
样品数	7		6		3	
最终 pH 值	11		7.8		3.8	
物质	溶液浓度 /mg·L^{-1}	析出比例 /%	溶液浓度 /mg·L^{-1}	析出比例 /%	溶液浓度 /mg·L^{-1}	析出比例 /%
Al	12	0.21	4.3	0.05	52	0.54
Ca	290	25	58	13	83	18

续表 2-11

物质	溶液浓度 /mg·L⁻¹	析出比例 /%	溶液浓度 /mg·L⁻¹	析出比例 /%	溶液浓度 /mg·L⁻¹	析出比例 /%
Fe	0.5	0.007	0.5	0.04	0.7	0.04
K	13	1.6	23	2.1	123	11
Mg	0.93	0.38	2.0	0.78	12	3.8
Na	13	6.3	8.6	5.5	15	9.2
As	0.033	0.45	0.089	3.3	0.008	0.15
B	13	45	1.5	37	2.7	47
Ba	0.34	1.2	0.22	0.47	0.13	0.24
Cd	0.0006	0.26	0.0007	3.1	0.014	22
Cu	0.0007	0.01	0.25	2.9	5.5	38
Mn	0.0008	0.006	0.014	0.31	0.5	4.4
Mo	1.34	54	0.34	41	0.061	3.2
Ni	0.0015	0.02	0.016	0.18	0.38	3.2
Pb	0.0001	0.002	0.0001	0.002	0.013	0.18
Sb	0.0052	1.3	0.018	4.2	0.008	0.97
Se	0.079	16	0.0006	14	0.0005	5.6
Sr	1.1	3.0	0.56	1.5	1.9	4.6
V	0.085	0.54	0.16	1.1	0.009	0.04
Zn	0.015	0.1	0.017	0.36	0.37	2.8
SO₄	460		160		930	

为了正确认识灰渣中微量金属元素随渗滤液流动而带来的影响，有国外学者将美国西部用量最大的 4 种灰渣和 2 种波特兰水泥（Ⅰ型及Ⅱ型）进行了渗滤液对比实验，渗滤的介质分别采用去离子水、模拟地下水、渗滤剂 2（pH 值为 4.93 缓冲水溶液）、渗滤液 3（pH 值为 2.88 的稀释醋酸溶液），渗滤液中有害物质的对比结果见表 2-12。

表 2-12 煤灰渣与水泥渗滤液中有害物质的对比结果

成分		水泥/mg·L⁻¹				粉煤灰/mg·L⁻¹			
		渗滤液 1	渗滤液 2	渗滤液 3	最大渗滤液	渗滤液 1	渗滤液 2	渗滤液 3	最大渗滤液
RCRA 元素	As	<0.01	<0.01	<0.01	0.9	0.019	0.23	0.18	5.0
	Ba	0.81	0.87	0.79	18	7.56	1.94	0.49	800
	Cd	<0.005	<0.005	<0.005		<0.005	<0.005	<0.005	
	Cr	0.19	0.41	0.52	2.75	0.19	0.21	0.28	3.70
	Pb	<0.01	<0.01	<0.01	0.41	<0.01	<0.01	<0.01	1.15
	Hg	<0.0002	<0.0002	<0.0002	0.026	<0.0002	<0.0002	<0.0002	0.0305
	Se	5	5	5		5	5	5	1.00
	Ag	<0.002	<0.002	<0.002		0.16	0.27	5.26	
		<0.001	<0.001	<0.001		<0.001	<0.001	<0.001	

续表 2-12

成分	水泥/mg·L^{-1}				粉煤灰/mg·L^{-1}			
	渗滤液 1	渗滤液 2	渗滤液 3	最大渗滤液	渗滤液 1	渗滤液 2	渗滤液 3	最大渗滤液
Al	<0.5	<0.5	<0.5		71.58	31.00	1.06	
B	<0.2	<0.2	<0.2	2.75	3.15	8.73	14.60	60.0
Ca	1150	2200	3525		229.50	942.50	1585.0	
Co	<0.05	<0.05	<0.05		<0.05	<0.05	<0.05	2.55
Cu	<0.01	<0.01	<0.01	1.9	<0.01	<0.01	<0.01	14.0
Fe	<0.2	<0.2	<0.2		<0.2	<0.2	<0.2	
Mg	<0.5	<0.5	<0.5		<0.5	22.5	255	
Mn	<0.05	<0.05	<0.05	20	<0.05	<0.05	0.54	39
Mo	<0.05	<0.05	<0.05		1.08	0.84	0.82	3.35
Ni	<0.1	<0.1	<0.1		<0.1	<0.1	0.9	48
P	<0.3	<0.3	<0.3		<0.3	<0.3	<0.3	
Si	<0.5	<0.5	<0.5		5.47	27.5	83.7	
Sr	5.18	4.60	4.40		19.13	18.75	24.25	
Ti	<0.5	<0.5	<0.5		<0.5	<0.5	<0.5	
V	<0.5	<0.5	<0.5		0.76	0.63	5.44	90.0
Y	<0.025	<0.025	<0.025		<0.025	<0.025	<0.025	2.35
Zn	<0.05	<0.05	<0.05		<0.05	<0.05	<0.05	14.5
Zr	<0.1	<0.1	<0.1		<0.1	<0.1	<0.1	11.5
溴化物	<1	n	n		<1	n	n	
氯化物	1.3	n	n		2.93	n	n	
氟化物	<1	n	n		6.35	n	n	
硝酸盐	<1	n	n	2.15	<1	n	n	
亚硝酸盐	<1	n	n	1.05	<1	n	n	
硫酸盐	178	555	860	3.65	1004.73	1805.0	1547.5	
总碱量	3000	n	n	3.55	925	n	n	
pH 值	12.70	12.70	12.60		12.08	10.87	8.43	

根据实验结果对比可知，煤灰渣的滤液中许多微量元素以及有害成分大部分超过水泥的渗滤液的参数。虽然其与美国等西方国家的危险有害物质的限制指标有些差距，但是，其中多项渗滤指标已经超过进入水源的排放限制值。

B 放射性的影响

自然界中的大多数矿物燃料和岩石都有放射性。这些放射性其实是某些微量元素的原子核发生自裂变时发出高能电磁辐射或微粒子辐射的过程，通常，微粒子辐射由 α 射线和 β 射线组成，一般是从原子核中分成出来的 He 的原子和电子。电磁辐射由 γ 射线组成，其发射的速度等于 α 粒子和 β 粒子射线的速度，是可变的。

放射性的国际单位为 Bq，含义为单位质量和单位时间内某不稳定元素自发裂变的次数，即 1Bq＝1 次裂变/秒。

在循环流化床中，煤燃料燃烧结束后，其中的放射性元素会富集于灰渣中，存在的元素有 4 种，即铀^{238}U、镭^{226}Ra、钍^{232}Th 和钾^{40}K。但是目前大量的实验研究表明，燃煤灰渣中存在的、有明显放射性的元素主要有镭^{226}Ra、钍^{232}Th 和钾^{40}K 三种。其含量可以按照射线的光谱来确定，也可以用镭等效分子活度 Ra_e 来表示，如式（2-9）所示。

$$Ra_e = A_{Ra} + 1.34A_{Th} + 0.077A_K \tag{2-9}$$

式中，A_{Ra}、A_{Th} 和 A_K 分别为镭^{226}Ra、钍^{232}Th 和钾^{40}K 三种元素的比活度，Bq/kg。采用等效活度的限值可以取为 300~400Bq/kg。

中国目前使用的相关放射性标准有《建筑材料用工业废渣放射性物质限制标准》（GB 6763—86）和《建筑材料放射性卫生防护标准》（GB 6566—86）。其中，规定的参数是外照指数 m_r，按标准 GB 6763—86 和 GB 6566—86 的计算方法分别如式（2-10）和式（2-11）所示：

$$m_r = \frac{A_{Ra}}{330} + \frac{A_{Th}}{260} + \frac{A_K}{3800} \leqslant 1.0 \tag{2-10}$$

$$m_r = \frac{A_{Ra}}{330} + \frac{A_{Th}}{260} + \frac{A_K}{4000} \leqslant 1.0 \tag{2-11}$$

根据物质辐射衰变原理可知，^{238}U 和^{236}Ra 经过衰变后将变成^{206}Pb，中间状态分别为：^{310}Pa→^{214}Pb→^{214}Bi→^{210}Pb→^{210}Bi，最后变成^{206}Pb。而在^{232}Tb 在衰变成为^{220}Rn 的过程中，半衰期为 55.6s，最终生成稳定产物的物质是^{208}Pb。

氡气对室内环境是有害的。目前世界各国都有不同的限值，其中瑞典提出的限制值是 75Bq/m^3，荷兰为 29Bq/m^3，中国采用室内内照指数 m_{Ra} 表示，如式（2-12）和式（2-13）所示：

$$Ra_e = A_{Ra} + 1.34A_{Th} + 0.077A_K \tag{2-12}$$

$$m_{Ra} = \frac{A_{Ra}}{200} \leqslant 1.0 \tag{2-13}$$

式中，m_{Ra} 为通过与 Ra 的放射性比较所得到的活度，按照规定 A_{Ra} 不能超过 200Bq/kg。

由于灰渣中的放射特性直接与燃烧前加入的燃料煤中放射性元素的组成及含量有关，因此监测和控制灰渣的放射性时，首先应该在燃烧前进行，对于高放射性元素含量的燃烧必须控制使用，甚至禁止使用。

国内已有研究者对中国部分地区的煤进行放射性实验测试，结果见表 2-13。由表中数据可见，广西某煤种中^{226}Ra 的放射性的含量特别高，而江西煤中^{40}K 的含量是所有煤种中最高的。

表 2-13　中国部分煤种放射性元素的含量测试

地区	统配矿年产量/万吨	放射性物质含量/Bq·kg^{-1}		
		^{226}Ra	^{232}Th	^{40}K
新疆	394	7	9	0.64
青海	34	17	25	0.81
山西	6385	24	25	0.68

地区	统配矿年产量/万吨	放射性物质含量/Bq·kg^{-1}		
		^{226}Ra	^{232}Th	^{40}K
黑龙江	3887	23	25	1.4
江苏	1561	54	25	0.75
江西	646	60	47	2.60
宁夏	898	62	26	0.97
广西	387	313	59	1.80

在进行灰渣利用和排放时，应该对其对环境的影响进行分析和检测。其中较为主要的参数为外照指数和氡气的危害影响指标，它们是在灰渣用以制造建筑材料后对室内环境危害和排放时对水源影响的最重要参数。

已有国内学者对山西典型煤炭燃烧后灰渣中的放射性进行了测试，结果见表 2-14。国外学者对名家电厂煤灰渣制成的建材产品进行了测试，结果见表 2-15。根据上述表中的数据可见，一般灰渣以及建材产品中的放射性含量基本上是安全的，只有个别项目有接近限制值的现象。在实际使用过程中，由于还要掺加大量其他材料，因此一般极少出现放射性超标的现象。同时，在建筑材料使用过程中还会在表面覆盖其他材料，如涂层、贴面或者其他装饰物，因此上述参数反映的放射性问题基本上对人的生活环境没有太大的影响，一般可以忽略不计。

表 2-14 山西典型煤燃烧后灰渣中放射性测试

灰渣试样	总 α	总 β	^{226}Ra	^{232}Th	^{40}K	式（2-10）计算结果	式（2-11）计算结果
灰渣 1 号	1.8	10	90.1	92	174	0.647	0.451
灰渣 2 号	2.0	96	89.9	86	152	0.621	0.449

表 2-15 煤灰渣制成的建材产品放射性含量

材料类型		放射性物质含量/Bq·kg^{-1}			式（2-10）计算结果
		^{226}Ra	^{232}Th	^{40}K	
灰渣	最小值	64.4	51.9	385	0.620
	最大值	218.5	125.9	945	1.213
	平均值	154.6	88.8	567	0.933
水泥	最小值	27.8	17.8	152	
	平均值	66.3	97.4	504	
罗马尼亚建筑材料	混凝土	11~78	4~78	14~450	
	黏土砖	16~100	20~53	318~833	
	灰沙砖	5~8	4~12	27~610	
	加气混凝土	4~32	4~37	4~504	
	石膏	4~43	5~27	4~277	

材料类型		放射性物质含量/Bq·kg⁻¹			式（2-10）计算结果
		^{226}Ra	^{232}Th	^{40}K	
荷兰建筑材料	混凝土	10~60	10~60	150~300	
	黏土砖	40~50	40~50	500~1000	
	灰沙砖	8~10	8~10	250~300	
	加气混凝土	20~30	5~10	150~175	
	石膏	3~10	3~10	5~50	

在将灰渣直接排放或者填埋的时候，随着水的渗透作用，灰渣中的有害放射性物质渗透进入水流或水源，由此会产生一定的影响。目前，国内尚无这方面的规定，但是美国已有规定。美国环境署已经作出 3 项规定，要求受到渗透影响的水源的放射性必须同时达到如式（2-14）~式（2-16）中的指标。

$$\alpha_{\text{总}} \leqslant 15\text{pCi/L} \tag{2-14}$$

$$\beta_{\text{总}} \leqslant 15\text{pCi/L} \tag{2-15}$$

$$\text{Ra}_{\text{总}}(^{222}\text{Ra 和}^{238}\text{Ra}) \leqslant 5\text{pCi/L} \tag{2-16}$$

式中，pCi/L 为水中放射性剂量的单位。

总之，关于灰渣放射性元素的存在对环境的影响，应当给予正确的认识，在利用或排放的过程中，应该有所估计和准备。由于目前在放射性环保研究应用方面缺少资料和数据，因此很难十分全面和正确地作出权威的结论。

2.3.2　煤矸石燃烧灰渣的利用

循环流化床燃烧产生的灰渣的物理化学特性与普通锅炉煤粉燃烧产生的灰渣有一定的区别。如前所述，许多参数和性能表明，循环流化床燃烧产生的灰渣比较适用于填充、建材、材料回收以及造田等方面。日本研究者对于各种应用进行了汇总，提出了适宜于循环流化床灰渣综合回收利用的项目（表2-16）。

表 2-16　灰渣综合回收利用项目汇总

利用技术范围	内　　容	特　　点
水泥混凝土	水泥原料，混合剂，混凝土材料	处理量大，经济效益高
土木建筑	沥青掺混剂介质，路基防冻层	处理量大，但要求高
填土	陆地填埋，水坝	处理量大，无技术要求
合成建材	发泡混凝土，纸浆水泥板，硅酸铝板	技术要求高，经济效益好，处理量不大
地基和桥墩	PC 预制块，灰浆安置	
农林水产	肥料，土壤改善	处理量大，经济效益高，技术要求高
物质回收	有用物质回收	
吸附介质	脱硫剂和脱硝剂介质，分子筛	技术要求高，经济效益好，处理量不大

2.3.2.1　水泥行业的应用

循环流化床灰渣可以大规模地用于水泥行业制取水泥及其混合材料，或者可以大量地掺混到水泥建材的产品生产过程中。据研究报道，掺混量可以达到5%~30%，可见，其处理数量十分巨大。水泥制造过程及灰渣掺混工艺的原理如图2-30所示。

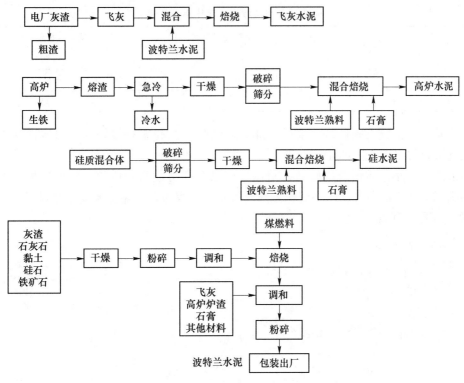

图2-30 水泥制造过程及灰渣掺混工艺的原理示意图

在用以制造水泥或者作为掺混剂时，对灰渣有影响的主要参数是火山灰活性、细度、烧失量、需水性、凝结强度等。

根据全国现有的技术条件，国家制定的灰渣技术标准是JCJ 28—86，灰渣按照品质进行分类，可以分为3种等级，见表2-17。

表2-17 灰渣的品质分类

指 标	等 级		
	I	II	III
细度（0.08mm方孔的筛余）	≤5	≤8	≤25
烧失量/%	≤5	≤8	≤15
需水比/%	≤95	≤105	≤115
氧化硫/%	≤3	≤3	≤3
含水率/%	≤1	≤1	不规定

在采用灰渣粉末作为掺混剂替代水泥时，所取代的百分比按照表2-18选取。

2.3.2.2 用作填充料

将灰渣用作填料时，可以先将灰渣中粗渣颗粒及飞灰中的粗粒子进行一定比例的混合，然后直接当作粗沙颗粒料填入混凝土使用。灰渣取代水泥比率参考见表2-18。飞灰中较细的部分可以用于掺混沥青、墙体砌料的灰泥以及内层粉刷等用途。

表 2-18　灰渣取代水泥比率参考表

混凝土等级	普通硅酸盐水泥/%	矿渣硅酸盐水泥/%
C15	15~20	10~20
C20	10~15	10
C20~C30	15~20	10~15

当将其用于混凝土制件时，由于大部分灰渣颗粒及粉末有较好的水阻特性和抑碱作用，因此可以提高混凝土的使用寿命。

飞灰的密度小，质地疏松轻巧，稍作处理以后即可成为轻质建材的良好填充料。另外，根据国外学者的研究，循环流化床的灰渣还可以成为人造黏土的良好原材料，其中的工艺过程如图2-31所示。

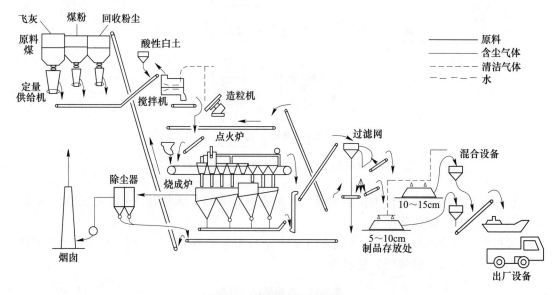

图 2-31　灰渣制造人造黏土

人造黏土的优点为：可以大规模地处理灰渣；成本低；经济效率高；能源利用率高；应用推广面广。

另外，灰渣也可以制成沥青固化剂，其主要过程为：

混合→造粒→养护→破碎→干燥→筛分→产品

2.3.2.3　建材行业的应用

循环流化床灰渣还可以进一步用于建筑行业，例如代替制砖瓦用的黏土，制作混凝土块。制作发泡混凝土时可以作为添加剂或黏结剂使用。由于飞灰颗粒细小并具有一定的黏性，因此可以使该发泡材料的绝热性能和机械强度得到提高或改善。

在用作墙壁的内外层隔层材料时，可以先将灰渣处理成为轻质优等纸浆水泥板，然后加入即可。制板的材料配比如下：

| 飞灰 | 47% | 水泥 | 35% | 珍珠岩 | 10% |
| 纸浆 | 3.8% | 维尼纶 | 0.2% | 石棉 | 4% |

这类灰渣建材板具有阻燃、轻质、隔热以及加工性能良好等突出的优点。

在用以制取硅酸钙板时，可以按照如下配方进行生产：

| 水泥 | 30% | 硅酸基原料 | 32% | 煤灰原料 | 8% |
| 珍珠岩 | 10% | 纸浆 | 5% | 其他无机活性混合飞灰材料 | 15% |

适当调配上述材料和配比，加入适当的水，然后进行搅拌和成型，经过硬结和干燥过程后，即可以完成硅酸钙板的生产制作。该板具有耐火、阻燃、隔热以及轻质等优点，其制作工艺过程如图 2-32 所示。

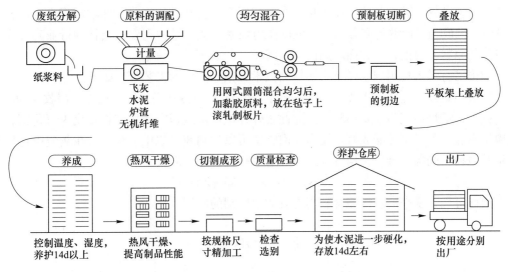

图 2-32　硅酸钙板的制作工艺过程示意图

2.3.2.4　在农业方面的应用

循环流化床的灰渣与大多数土壤成分相互接近，其中大部分组成成分相同，例如 SiO_2、Al_2O_3 和 Fe_2O_3 等成分。此外，多孔的循环流化床颗粒具有良好的吸收水分特性和透水性，对农田的养护有良好的作用。由于流化床燃烧颗粒多孔和松散，不易结块，同时具有一定的酸碱度，因此也可以用作土壤的酸碱调节控制的有效材料。

在灰渣中具有大量硅和钾等无机成分，也可以用以制取无机肥料。根据国外资料报道，循环流化床产生的灰渣可以制作硅酸钾肥料，或者其他绿色肥料。在制作时，先掺入苛性钾和碳酸钾，然后进行混合造粒，接着进行煅烧，最后制成优质硅钾酸无机肥料。其制作工艺过程如图 2-33 所示。

类似地，如果加入磷酸溶液，搅拌均匀后进行反应。然后再加入氮和钾的化学成分，经过干燥后造粒，随后可以制成绿色无污染无机肥料。其对土壤和农作物均有非常良好的养护作用。

2.3.2.5　回收多种金属元素

循环流化床灰渣中常常含有多种重金属元素，其中还有大量氧化物。在经过回收以后，灰渣可以更好地用于其他方面的应用。灰渣中 Fe_2O_3 的回收，通常是灰渣中其他物质

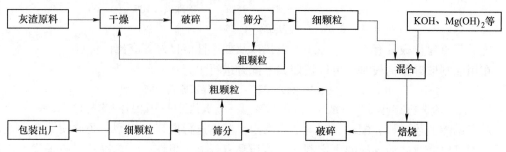

图 2-33　硅酸钾无机肥制作工艺过程示意图

回收的准备条件，其中某些金属氧化物需要按照金属活性进行回收。回收过程中分离并吸收 Al_2O_3 也成为目前的研究方向，其可以作为精密陶瓷、结构陶瓷以及特种行业陶瓷生产的较好的原料。目前，该方面应用前景广阔。

中国已有学者提出回收稀土金属钒的技术方案，其中的工艺过程如下：

灰渣→破碎→造粒→焙烧→反应→产生（V_2O_5）→冷却→水溶→提纯→回收 V_2O_5

其中，焙烧温度为 816~834℃。除此之外，该焙烧过程中硫化钢将转化为氧化铜，在反应结束后，可以用硫酸或氨水浸出，回收率可以达到 80% 以上。实际上在灰渣中还包括大量其他种类的稀土金属，均可以根据如下过程进行逐一回收：

Be→Nb→Se→V→La→Zn→Pb

由此可见，未来的灰渣综合利用将有非常广阔的应用。

——— 本 章 小 结 ———

本章重点介绍了煤矸石的燃烧利用技术、燃烧中的污染控制技术以及后续的灰渣利用技术，为煤矸石的能质耦合利用奠定理论基础。

思 考 题

2-1　煤矸石的燃烧过程与煤燃烧有何区别与联系？

2-2　富氧燃烧与传统燃烧的区别是什么？

2-3　循环流化床燃烧技术用于煤矸石能源化处理的优势是什么？

2-4　简述煤矸石循环流化床燃烧中的炉内脱硫过程。

2-5　简述烟气石灰石-石膏湿法脱硫中的技术及特点。

2-6　煤矸石循环流化床燃烧的氮氧化物控制技术有哪些？

2-7　低氮氧化物燃烧技术的种类及特点有哪些？

2-8　简述典型污染物协同控制技术路线及其特点。

2-9　试举例说明污染物联合脱除技术及其特点。

2-10　煤矸石燃烧灰渣的利用途径有哪些？

参 考 文 献

[1] 徐旭常，吕俊复，张海. 燃烧理论与燃烧设备 [M]. 2 版，北京：科学出版社，2012.

［2］ Basu P. Combustion of coal in circulating fluidized-bed boilers：A review ［J］. Chemical Engineering Science, 1999, 54：5547-5557.

［3］ Cai R, Ke X, Lyu J, et al. Progress of circulating fluidized bed combustion technology in China：A review ［J］. Clean Energy, 2018（1）：36-49.

［4］ Bo L, Szentannai P, Winter F. Scale-up of fluidized-bed combustion-A review ［J］. Fuel, 2011, 90 （10）：2951-2964.

［5］ Yin C, Yan J. Oxy-fuel combustion of pulverized fuels：Combustion fundamentals and modeling ［J］. Applied Energy, 2016, 162（JAN. 15）：742-762.

［6］ Wall T, Liu Y, Spero C, et. al. An overview on oxyfuel coal combustion-State of the art research and technology development ［J］. Chemical Engineering Research and Design, 2009, 87（8）：1003-1016.

［7］ Maja B. Toftegaard, Jacob Brix, Peter A. Jensen, et al. Oxy-fuel combustion of solid fuels ［J］. Progress in Energy and Combustion Science, 2010, 36（5）：581-625.

［8］ 赵金龙, 胡达清, 单新宇, 等. 燃煤电厂超低排放技术综述 ［J］. 电力与能源, 2015, 36（5）：701-708.

［9］ 朱法华. 燃煤电厂烟气污染物超低排放技术路线的选择 ［J］. 中国电力, 2017, 50（3）：11-16.

［10］ 张萍, 潘卫国, 郭瑞堂, 等. 燃煤烟气污染物协同控制技术的研究进展 ［J］. 应用化工, 2017, 46（12）：2447-2450.

［11］ 严金英, 郑重, 于国峰, 等. 燃煤烟气多污染物一体化控制技术研究进展 ［J］. 热力发电, 2020（11）：9-13.

［12］ 史文峥, 杨萌萌, 张绪辉, 等. 燃煤电厂超低排放技术路线与协同脱除 ［J］. 中国电机工程学报, 2016, 36：4308-4318.

［13］ 王春波, 陈亮, 任育杰, 等. 基于高温除尘的燃煤电站多污染物协同控制技术 ［J］. 华北电力大学学报, 2017, 44（6）：82-92.

［14］ 张浩, 程世庆, 胡云鹏. 流化床反应器石灰石固硫特性研究 ［J］. 环境工程学报, 2011, 5（2）：5-8.

［15］ 李楠, 张世鑫, 赵鹏勃. 循环流化床锅炉低氮燃烧技术试验研究 ［J］. 洁净煤技术, 2018, 24（5）：88-93.

3 煤矸石有价元素资源化利用技术

▶▶◀◀◀◀◀◀

本章提要:
(1) 掌握煤矸石提取氧化铝和制备铝盐的原理,了解煤矸石提取铝元素的工艺。
(2) 掌握煤矸石制备白炭黑和介孔氧化硅的原理和工艺。

▶▶◀◀◀◀◀◀

3.1 引 言

煤矸石是我国产量最大的工业固体废弃物之一,大量的煤矸石露天存放,对生态环境造成了严重的破坏。在我国煤矸石积累量大,价格低廉,对煤矸石的综合利用成为了研究的热点和重点,也是走向资源节约型、环境友好型社会道路的必然选择,符合新时代习近平生态文明思想的理念,是形势所需。煤矸石中含有的元素可达数十种,蕴含丰富的 Al_2O_3(10%~30%)和 SiO_2(30%~65%)、MgO、CaO、Fe_2O_3 及硫、磷的氧化物和其他稀有金属元素。煤矸石属于铝硅酸盐类矿物,提取 Al_2O_3 产品可作为其高值化利用的有效途径。煤矸石中的硅多以石英等晶体形式存在,但只有少量的二氧化硅是具有活性的,故直接利用煤矸石中的二氧化硅的产率较低、效果较差,而活化后的煤矸石经酸浸提铝剩下的酸浸渣中的二氧化硅含量较高,有利于煤矸石的利用。本章主要从介绍煤矸石制备铝系产品和硅系产品两大方面来展示有价元素资源化利用技术。

3.2 煤矸石提取氧化铝基本原理

煤矸石的化学元素组成、矿物组成及含量决定了其用途和工业价值。煤矸石作为典型的铝硅酸类固体废弃物,普遍存在高岭石、石英等晶相矿物,其中,高岭石具有层状结构,是最主要的含铝矿物。通常情况下,煤矸石中的铝硅酸盐类矿物化学性质稳定,氧化铝难以直接提取,需要采用一定工艺处理后才能得到所需产品。该工艺既要通过活化、浸取、分离等工序完成一系列的物理、化学变化,尽可能多地提取得到氧化铝,同时又要避免杂质离子的溶出,使残渣具有合适的化学和矿物组成,以实现其直接利用。

3.2.1 煤矸石物相结构

煤矸石中主要含铝矿物高岭石($Al_2O_3 \cdot 2SiO_2 \cdot 2H_2O$),为三斜晶系,属二八面体1:1型层状结构硅酸盐矿物,其晶体结构如图 3-1 所示。高岭石的晶体结构特点为每个(Si-O)四面体 $[SiO_4]$ 中有 3 个 O 与其他相邻的(Si-O)四面体共有,剩余的 O 朝向同一个方向,形成一平面层。结构中 O 与 Al 相连,而每个 Al 同时与 2 个 O 和 4 个 OH 相连，即 Al 填充在 2 个 O 和 4 个 OH 形成的八面体空隙之中，但 Al 只填充所有空隙数的 2/3，Al 的配位数为 6。同一个 Al 与 2 个 O 和 4 个 OH 相连构成一个氢氧铝八面体平面层。一个氢氧铝层与一个 Si-O 四面体层相结合，形成一个单分子层。无数单一分子层之间主要以氢键相联，叠合形成高岭石长程有序的晶体结构，结构稳定，化学反应性差。

从煤矸石中提取氧化铝并实现硅的有效利用，需要将高岭石等铝硅酸矿物通过化学或物理激活，将其转变成化学反应活性高的物相。活性激发的方法主要包括热活化、化学活化、机械力活化以及各种活化方式相结合的复合活化等。热活化是指通过高温加热的方式使煤矸石中的各微粒产生剧烈的热运动，从而形成热力学不稳定结构；化学活化是指通过添加化学试剂使其与矿物组分发生化学反应，从而形成具有反应活性的矿物；机械力活化是指通过机

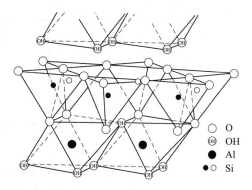

○ O
◎ OH
● Al
● ○ Si

图 3-1 高岭石晶体结构示意图

械粉磨的方式改变矿物粉体颗粒的粒度及微观结构。在这些活化方式中，热活化由于工艺简单、效果显著而得到最广泛的应用。煤矸石中的主要含铝矿物为高岭石，通常采用热活化即可达到显著的活化效果。此外，矿物加工过程中普遍需要经过破碎、粉磨过程，机械力活化相对其他活化方式更易于工业实施，常作为一种重要的活化方式与其他活化方式加以复合。

3.2.2 煤矸石活性激发

热活化是激发煤矸石活性的有效手段。主要是利用高温使煤矸石在燃烧脱碳的同时，脱去硅铝酸盐矿物中的结合水，破坏其内部分子结构，从而形成热力学不稳定结构，即烧成后的煤矸石中含有大量的活性氧化铝和氧化硅。

高岭石在 450~980℃发生脱羟基反应，转变为高活性的偏高岭石，其转化过程为：高岭石晶体结构中的羟基在热作用下逐渐脱去，转变成偏高岭石。在这一阶段，羟基的脱除使高岭石结构中 Al 原子的配位方式由六配位 Al^{VI} 变为五配位 Al^{V} 和四配位 Al^{IV}，而且化学键的断裂导致高岭石中原来的铝氧八面体结构层发生严重畸变和破坏，偏高岭石晶格中存在大量缺陷，长程有序结构被打破，转变为高活性偏高岭石，呈现非晶态结构。脱水反应见式（3-1）：

$$Al_2O_3 \cdot 2SiO_2 \cdot 2H_2O \xrightarrow{450~980℃} Al_2O_3 \cdot 2SiO_2 + 2H_2O \qquad (3-1)$$

煤矸石热活化的原理实质上就是其中的高岭石在高温下发生脱羟基反应生成偏高岭石，它是煤矸石活性产生的主要来源。图 3-2 是山西潞安某矿区煤矸石在热活化前后的 XRD 图谱。原煤矸石主要含高岭石（K）和石英（Q），800℃热处理后煤矸石中的高岭石（K）衍射峰大部分消失。

煤矸石热处理前后的红外图谱（IR）图 3-3 表明，与原煤矸石样品（a）相比，800℃热处理后煤矸石的 IR 吸收发生了显著的变化：高岭石中 1108~1007cm⁻¹ 处 Si-O 对称伸缩振动和 797~694cm⁻¹ 处 Si-O 弯曲振动峰变弱，3696cm⁻¹ 和 3623cm⁻¹ 处高岭石晶体中 Al-OH

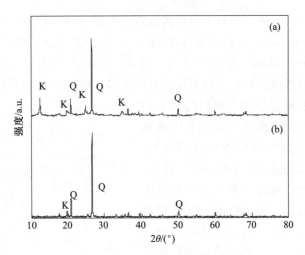

图 3-2　煤矸石热活化前后 XRD 图谱

（a）原煤矸石；（b）800℃热处理后煤矸石

K—高岭石；Q—石英

结构的外表面羟基伸缩振动以及 917cm^{-1} 处内羟基弯曲振动消失，说明热处理使 Si—O 键以及 Al-OH 键均遭到破坏，高岭石结构发生畸变；1108~1007cm^{-1} 处的吸收变宽，表明无定形偏高岭石的形成；538cm^{-1} 处相应于 Si-O-Al^{IV} 伸缩振动峰消失，主要源于高岭石中 SiO$_4$ 四面体和 AlO$_4$ 八面体片层的变形；558cm^{-1} 处出现新的吸收，相应于偏高岭石结构中 AlO$_4$ 的形成。因而，热处理后煤矸石结构中的 Al-OH 和 Si-O-Al^{IV} 遭到破坏。

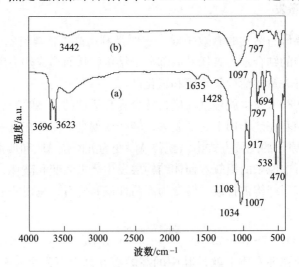

图 3-3　煤矸石热活化前后 IR 图谱

（a）原煤矸石；（b）800℃热处理后煤矸石

　　煤矸石经热处理后，晶体中的高岭石结构被破坏，转变为非晶态偏高岭石，使煤矸石中的 Al$_2$O$_3$ 在酸中的溶出率由 10% 以下提高到 70% 左右。

　　但煤矸石除了含有高岭石外，还含有伊利石、勃姆石、长石等其他矿物，此外，由于不同地区煤矸石在地层中分布不同，矿物成分相差很大，从而造成煤矸石的热活化条件发生较大的差异。

3.2.2.1 化学活化

主要是利用化学助剂在高温下破坏煤矸石中稳定的高岭石结构。通常用的助剂主要有 Na_2CO_3、$NaOH$ 等钠助剂以及 $CaCO_3$、$Ca(OH)_2$ 等钙助剂等。由于煤矸石采用热活化即可达到较好的效果，目前化学活化用于煤矸石活化较少。

（1）钙助剂活化。图 3-4 是 CaO-Al_2O_3-SiO_2 三元体系相图，CaO 可以使 Al_2O_3 和 SiO_2 组成的化合物，如高岭石，转化为含钙铝硅酸盐物相，含钙铝硅酸盐远高于高岭石的化学反应活性。在这些物质中，钙长石 $CaO \cdot Al_2O_3 \cdot 2SiO_2$（$CAS_2$）可溶于酸，$12CaO \cdot 7Al_2O_3$（$C_{12}A_7$）在 Na_2CO_3 溶液中有很高的溶出率。因而可以通过向煤矸石中添加 CaO，形成以钙长石或 $12CaO \cdot 7Al_2O_3$ 为主的含钙铝硅酸盐，通过酸、碱浸取将煤矸石中的 Al_2O_3 提取出来。

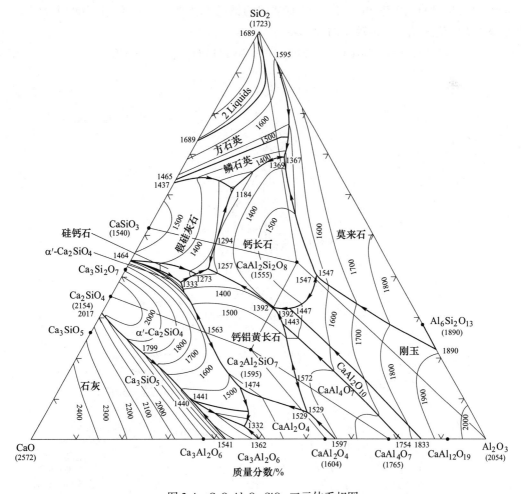

图 3-4 CaO-Al_2O_3-SiO_2 三元体系相图

通过活化过程，煤矸石中高岭石等铝硅酸盐矿物在 CaO 作用下转变为钙长石等含钙铝硅酸盐，涉及的反应见式（3-2）和式（3-3）。

$$Al_2O_3 \cdot 2SiO_2 + CaO \longrightarrow CaO \cdot Al_2O_3 \cdot 2SiO_2(约1100℃) \tag{3-2}$$

$$7(Al_2O_3 \cdot 2SiO_2) + 40CaO \longrightarrow 12CaO \cdot 7Al_2O_3 + 14(2CaO \cdot SiO_2)(约1250℃) \tag{3-3}$$

形成的钙长石、铝酸钙等可经酸浸或碱浸，将固相铝提取转化为液相铝盐，实现铝的浸取，具体反应式见式（3-4）~式（3-6）。

$$CaO \cdot Al_2O_3 \cdot 2SiO_2 + 5HCl \longrightarrow CaCl_2 + 2AlCl_3 + 2H_2SiO_3 + H_2O \tag{3-4}$$

$$CaO \cdot Al_2O_3 \cdot 2SiO_2 + 4H_2SO_4 \longrightarrow CaSO_4 + Al_2(SO_4)_3 + 2H_2SiO_3 + 2H_2O \tag{3-5}$$

$$12CaO \cdot 7Al_2O_3 + 12Na_2CO_3 + 5H_2O \longrightarrow 14NaAlO_2 + CaCO_3 + 10NaOH \tag{3-6}$$

（2）钠助剂活化。根据 Na_2O-Al_2O_3-SiO_2 三元体系相图（图3-5），在 Al_2O_3 和 SiO_2 体系中加入 Na_2O，由 Al_2O_3-SiO_2 组成的铝硅酸盐矿物可以转化为霞石（$NaAlSiO_4$），霞石是一种酸溶活性很高的非晶态物相，与酸反应可以将其中的 Al_2O_3 溶解出来，从而促进铝硅酸盐矿物中的 Al_2O_3 在酸中的溶出。目前常用的钠助剂主要以 Na_2CO_3 和 NaOH 为主。活化过程主要反应式见式（3-7）和式（3-8）：

$$Na_2CO_3 + Al_2O_3 + 2SiO_2 \longrightarrow 2NaAlSiO_4(霞石) + CO_2 \tag{3-7}$$

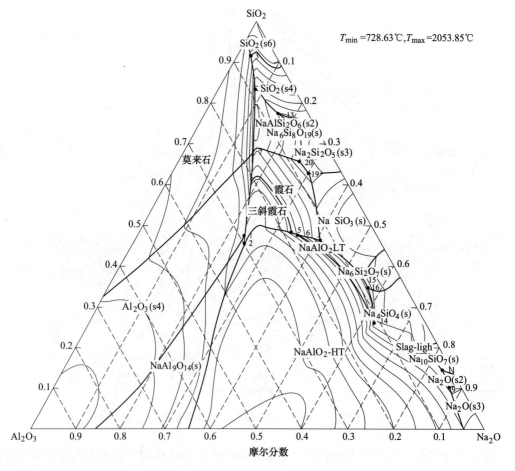

图 3-5　Na_2O-Al_2O_3-SiO_2 三元体系相图

$$NaOH + Al_2O_3 + 2SiO_2 \longrightarrow 2NaAlSiO_4（霞石）+ H_2O \qquad (3-8)$$

钠助剂对煤矸石具有同样的活化作用，碳酸钠可以使煤矸石中高岭石（$Al_2O_3 \cdot 2SiO_2 \cdot 2H_2O$）和石英（$SiO_2$）转变为霞石相（$NaAlSiO_4$），促进煤矸石中的氧化铝在酸中的溶出。

霞石（$NaAlSiO_4$）可溶于盐酸或硫酸形成氯化铝或硫酸铝溶液，进一步转化为结晶氯化铝、絮凝剂或氧化铝等铝产品，同时霞石中的硅则转化为不溶于酸的活性二氧化硅，通过控制酸浸过程，可以直接制成白炭黑或活性硅胶等，从而实现煤矸石中氧化铝的提取以及硅的分离。酸浸过程反应见式（3-9）和式（3-10）。

$$NaAlSiO_4（霞石）+ 4HCl \longrightarrow NaCl + AlCl_3 + H_2SiO_3 + H_2O \qquad (3-9)$$
$$2NaAlSiO_4（霞石）+ 2H_2SO_4 \longrightarrow Na_2SO_4 + Al_2(SO_4)_3 + 2H_2SiO_3 \qquad (3-10)$$

钠、钙助剂活化煤矸石这一现象可通过"电荷补偿效应"加以解释，当晶体中取代杂质离子与晶体中相应的被取代离子的氧化态不同时，产生的取代缺陷将带有一定的有效电荷，为保持体系的电中性，晶体中将产生带有相反有效电荷的缺陷，使取代缺陷的电荷得到补偿。在煤矸石和 Na_2O、CaO 反应体系中，铝离子由 AlO_6 转变为 AlO_4，形成的 AlO_4 中存在电荷缺陷，而 Na^+、Ca^{2+} 作为补偿电荷可以填补这一空隙，从而降低"网络结构"的不稳定性。

3.2.2.2 机械活化

机械力活化是指通过机械力的方式将煤矸石样品磨细，不仅可以大大强化铝、铁、硅等离子的浸出，降低过程温度和试剂消耗，提高产品的回收率，而且由于其易于应用于工业实施的特点，为煤系固废的资源化利用开辟了一个新的领域。根据机械力活化产生的作用，可将机械力的作用归结为物理效应、结晶状态以及化学变化，但详细的作用机理仍在探讨中，具体如下所示：

机械力作用
- 物理效应
  - 颗粒细化，产生裂纹
  - 晶粒细化和产生裂纹
  - 比表面积增大
- 结晶状态
  - 产生晶格缺陷
  - 晶格发生畸变
  - 结晶程度降低，甚至无定型化
- 化学变化
  - 含结晶水或 OH 羟基物的脱水
  - 降低反应活化能，形成新化合物的晶核或细晶
  - 形成合金或固溶体
  - 化学键的断裂

郭彦霞等采用机械力研磨对煤矸石进行活化，发现机械力对煤矸石的粒度和表观密度呈现先减小后增加的规律，见图 3-6，同时发现随机械研磨时间的延长，煤矸石颗粒发生团聚的现象，见图 3-7。煤矸石机械研磨过程中的"团聚"现象被认为是煤矸石中六配位铝氧多面体结构上的"可逆变异"，并非煤矸石细小粒子简单地黏合在一起。通过探讨机械活化对煤矸石中氧化铝提取活性的影响，发现机械力活化使煤矸石中氧化铝的提取率由热活化煤矸石的 70% 提高至 92%。

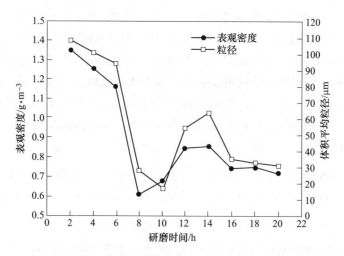

图 3-6　不同球磨时间煤矸石的表观密度和体积平均粒径

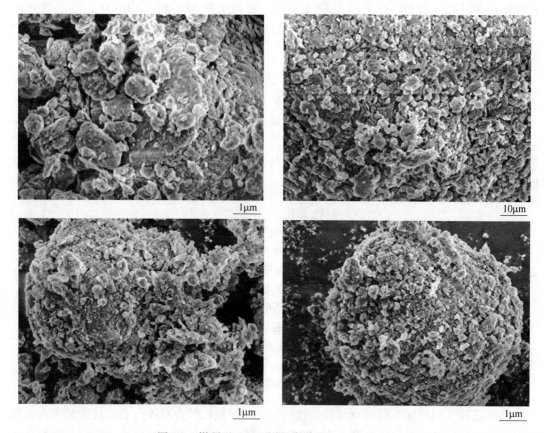

图 3-7　煤矸石经过不同研磨时间的 SEM 形貌

3.2.3　氧化铝浸出

活化后的煤矸石通过酸法或碱法提取氧化铝。

3.2.3.1 酸法浸出氧化铝

酸法是用硫酸、盐酸等无机酸将煤矸石中的 Al_2O_3 浸取得到铝盐溶液，并将铝盐溶液进一步加工成各种铝产品，如结晶铝盐、氧化铝和絮凝剂等。发生的主要反应见式 (3-11)：

$$Al_2O_3 + 6H^+ \longrightarrow 2Al^{3+} + 3H_2O \tag{3-11}$$

酸法多使用强酸（如盐酸、硫酸和硝酸等）为浸取剂。其优点是易于实现铝硅分离，对于原料铝硅比要求不高，所以适用于高岭土、煤矸石等铝硅比低的矿物或废弃物。其主要缺点为铝溶出率不高，酸法需要昂贵的耐酸设备，酸液回收较困难，铝盐溶液的除铁也较困难。

3.2.3.2 碱法提取氧化铝

碱法提取氧化铝主要源于由铝土矿生产氧化铝的方法，利用 NaOH 或 Na_2CO_3 将煤矸石的氧化铝转变成铝酸钠溶液，铁在碱性溶液中是不溶的，其他氧化物和氢氧化物同样对碱保持惰性，从而易于实现铝与铁、钙、镁等其他杂质的分离。主要反应见式 (3-12)：

$$Al_2O_3 + Na_2O + 4H_2O \longrightarrow 2NaAl(OH)_4 \tag{3-12}$$

然而，原料中的含硅矿物与 NaOH 或 Na_2CO_3 溶液作用会生成溶解性良好的偏硅酸钠，而偏硅酸钠会与铝酸钠反应转变成溶解性较差的水合铝硅酸钠。因此，碱法提取氧化铝主要需克服原料中含硅矿物的影响。如果原料含硅过多，转变为不溶性的沉淀就越多，提取的氧化铝就越少。在传统铝土矿生产氧化铝工艺中，开发了烧结法、拜耳法和拜耳-烧结联合法技术，目的主要是为了减少含硅矿物对氧化铝提取的影响。

（1）烧结法。烧结法是指将石灰、碳酸钠与含氧化铝的原料在高温（1200~1300℃）条件下烧结得到铝酸钠熟料，然后用水或稀碱溶液对铝酸钠熟料进行溶出，得到铝酸钠溶液，通过向铝酸钠溶液中通入 CO_2 气体进行碳酸化分解，得到氢氧化铝晶体，焙烧脱水得到氧化铝产品。原料中的二氧化硅在烧结过程中与石灰生成不溶于水的原硅酸钙（2CaO·SiO_2），在铝酸钠熟料溶出过程残留在渣中，实现铝硅分离。反应方程式见式 (3-13) ~ 式 (3-15)：

$$2CaO + SiO_2 \longrightarrow 2CaO \cdot SiO_2 \tag{3-13}$$

$$Al_2O_3 + Na_2CO_3 \longrightarrow Na_2O \cdot Al_2O_3 + CO_2 \tag{3-14}$$

$$2NaAlO_2 + CO_2 + 3H_2O \longrightarrow 2Al(OH)_3 + Na_2CO_3 \tag{3-15}$$

烧结法生产氧化铝可以处理低铝硅比含铝原料，但生产流程复杂，烧结过程能耗高，产品质量不高。而且烧结法生产氧化铝用于处理低铝硅比矿物，会导致生产流程中的物料流量大，设备产能低。从经济的角度，该工艺不适宜处理铝硅比低于 3~3.5 的原料。

（2）拜耳法。拜耳法是 K. J. Bayer 于 1889~1892 年提出的，主要用于处理低硅铝土矿。目前，全世界 90% 以上氧化铝均采用拜耳法生产。拜耳法的原理如下：

1）溶出：利用 NaOH 溶液溶出矿物中的氧化铝，生成铝酸钠溶液，铁、硅等杂质进入固体渣中，向分离固体渣后的铝酸钠溶液中添加氢氧化铝晶种，在不断搅拌和逐渐降温的条件下，溶液中的 Al_2O_3 便以氢氧化铝形式慢慢析出。

2）结晶：析出氢氧化铝的母液含大量的氢氧化钠，经过蒸发浓缩后，得到碱浓度很高的浸取液，返回系统中用于处理新的一批铝土矿。

拜耳法生产氧化铝原理的实质是上述两过程的循环，称为拜耳法循环，其反应见式（3-16）。

$$Al_2O_3 \cdot xH_2O + 2NaOH + aq \underset{\text{结晶}}{\rightleftharpoons} 2NaAl(OH)_4 + aq(x = 1 \sim 3) \qquad (3\text{-}16)$$

由拜耳法生产氧化铝原理可知，NaOH 在整个生产过程中理论上是不消耗的，是循环使用的物质，物耗小，流程简单。但其缺点是仅适用于铝硅摩尔比大于 7 的矿物。由于煤矸石中的铝硅比很小，一般小于 1，因此很难单纯采用拜耳法来生产氧化铝。

（3）拜耳-烧结联合法。拜耳-烧结联合法是拜耳法和碱石灰烧结法联合生产氧化铝的方法，联合法可以兼具拜耳法和烧结法两种方法的优点，取得比单一的方法更好的经济效果，同时可以更充分利用铝矿资源。根据流程，可以分为并联、串联和混联三种基本流程，主要适用于铝硅比在 7~9 的中低品位矿物原料。

煤矸石中氧化铝含量低，铝硅比一般低于 1，而拜耳法、烧结法、拜耳-烧结联合法等碱法生产技术至少要求铝硅比大于 3，因此，碱法生产技术并不适用于煤矸石提取氧化铝。酸法技术对原料中铝硅比的要求不高，但酸对设备、管件等腐蚀严重，应用酸法技术，需加强对低成本防腐材料的开发。

3.3 煤矸石制备结晶铝盐的基本原理

通过酸法或碱法将煤矸石中的氧化铝转化为含铝盐的液相，如氯化铝、硫酸铝、铝酸钠溶液等，这些铝盐需要从溶液中分离出来。尤其是由酸法得到的氯化铝或硫酸铝溶液中常含有铁、钙、钠等杂质，铝盐的分离尤为困难。针对不同的生产工艺，分离的方法有所差异，综合而言，主要有蒸发结晶、盐析结晶和反应结晶等分离方法。

结晶法是指将铝盐直接从溶液中结晶析出的方法，常用的结晶方法主要有蒸发结晶、变温结晶、同离子结晶、反应结晶等。

蒸发结晶是指将溶液直接浓缩，通过水的蒸发使目标物相在溶液中达到过饱和而析出的方法；变温结晶是指通过改变溶液体系的温度，使目标物相达到过饱和而使其析出的方法；同离子结晶是指利用同离子效应促进目标物相达到过饱和而结晶析出；反应结晶，也叫反应沉淀，是借助于化学反应产生难溶或不溶的固相物质的过程。

结晶形成的必要条件是形成过饱和相，即溶液中的目标物相超过饱和量，这种溶液称为过饱和溶液，当过饱和度达到一定程度时，溶液就会析出晶核。标识溶液过饱和而欲自发地产生晶核的极限浓度曲线称为超溶解度曲线。图 3-8 是溶液的过饱和与超溶解度曲线，图中 AB 线是溶解平衡曲线，AB 线之下是溶液稳定区，不会析出晶体，AB 线之上是过饱和区，AB 线到超溶解度曲线（CD）之间的区域为结晶的介稳区，CD 线之上是不稳定区域，即结晶区域。一个特定物系只存在一根明确的溶解度曲线，但超溶解度曲线的位置会受多种因素的影响，如搅拌、晶种添加、冷却速率等，这些因素的变化都会导致超溶解度曲线发生变化，但其趋势与 CD 线大体一致，如 C'D' 线。

不同类型的物质，适用的结晶形式不同。蒸发结晶适用于物相在溶液中随温度变化不大或具有逆溶解度的物系；变温结晶适用于溶解度随温度变化较大的物系；物相在溶液中的溶解度较小，可采用加入同离子物质，产生同离子效应而使其结晶；溶液浓度较稀或目标物自身的物相溶解度较大，采用蒸发或变温等结晶方式仍难以产生过饱和相，可采用反

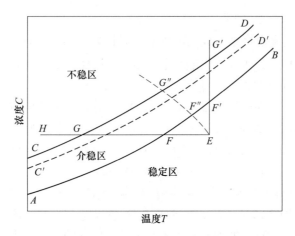

图 3-8 溶液的过饱和与超溶解度曲线

应结晶法，即通过加入第三相，使其与目标物相反应形成含目标物相，且溶解度较小的新的物相。如图 3-8 所示，点 *E* 代表一个欲结晶物系，可分别使用冷却、真空绝热冷却或蒸发结晶法使目标物相结晶，所对应的途径分别相应于 *EFH*、*EF"G"* 及 *EF'G'*。

3.4 煤矸石提取氧化铝工艺

提取氧化铝的方法主要有碱法和酸法。碱法提取氧化铝主要有拜耳法、烧结法和（拜耳-烧结）联合法。拜耳法和联合法仅适用于铝硅比（氧化铝和二氧化硅的质量比，下同）大于 5 的原料，烧结法常用于从较低铝硅比（3~5）的矿物原料中提取氧化铝。煤矸石中的铝硅比较低（一般小于 1），目前主要采用碱烧结法提取氧化铝。酸法包括直接酸浸法、钙助剂活化酸浸以及钠助剂活化酸浸，相对于碱法技术，酸法对原料中铝硅比的要求不高，对于铝硅比小于 3 的原料也有很好的适应性。相对于酸法技术，虽然碱烧结法对原料中铝硅比的要求较高，但由于有成熟的铝土矿生产氧化铝技术的借鉴，目前在该方面的研究较多，研究的系统性及技术的成熟性均较高。而酸法由于对设备的腐蚀较为严重，目前在工业上尚无成功的应用案例，在该方面研究的系统性及技术的成熟性均较低。此外，研究者们也在不断探讨新的工艺，如亚熔盐法、硫酸铵焙烧法和氯化焙烧法等。根据目前技术的发展情况，本节重点从技术原理、工艺流程及影响因素等各方面介绍碱烧结法提取氧化铝技术，对酸法技术则简单概括其技术原理及过程。

3.4.1 碱烧结法提取氧化铝

碱烧结法主要包括石灰石烧结法、碱石灰烧结法和预脱硅-碱石灰烧结法。

3.4.1.1 石灰石烧结法

石灰石烧结法是石灰石与含铝矿物共同烧结生产氧化铝的方法，适用于处理铝硅比较低的矿物，如页岩、高岭石、高硅铝土矿、煤矸石、粉煤灰等。在 20 世纪 50 年代，波兰克拉科夫矿业学院 J. Grzymek 教授开发了利用粉煤灰和煤矸石为原料，以石灰石烧结法生产氧化铝的技术，并相继于 50 年代和 70 年代建成了年产 1 万吨和 10 万吨氧化铝的示范线。

A   石灰石烧结法工艺原理

CaO 与 Al_2O_3 可在高温烧结生成铝酸钙盐，如铝酸一钙（$CaO \cdot Al_2O_3$，CA）、七铝十二钙（$12CaO \cdot 7Al_2O_3$，$C_{12}A_7$）、铝酸三钙（$3CaO \cdot Al_2O_3$，C_3A）、五铝三钙（$3CaO \cdot 5Al_2O_3$，C_3A_5）等，在这些铝酸钙盐中，$12CaO \cdot 7Al_2O_3(C_{12}A_7)$ 和 $CaO \cdot Al_2O_3(CA)$ 易溶于碳酸钠溶液，$3CaO \cdot Al_2O_3$ 和 $3CaO \cdot 5Al_2O_3$ 在碳酸钠溶液中有一定溶解性。在 CaO 与 SiO_2 的烧结产物中，$\gamma\text{-}2CaO \cdot SiO_2(C_2S)$ 在碳酸钠溶液中最为稳定。1915 年栾金（G. A. Rankin）等研究结果表明，$CaO \cdot Al_2O_3$（CA）和 $12CaO \cdot 7Al_2O_3(C_{12}A_7)$ 在高温下可与 $2CaO \cdot SiO_2(C_2S)$ 平衡存在。根据 $CaO\text{-}Al_2O_3\text{-}SiO_2$ 三元体系相图（图 3-9），在 CA、$C_{12}A_7$ 和 C_2S 组成的三角形区域内配料，并经高温烧结后，有望得到以这三种物相为主的烧结熟料。熟料在缓慢冷却时，$2CaO \cdot SiO_2$ 从 β 型转变为 γ 型，体积膨胀约 10%，具有自动粉化的特性，可由 50mm 的块料自动粉化成 0.02mm 的粉料，而无须细磨。自粉化的烧结熟料与碳酸钠溶液反应，铝酸钙转化形成铝酸钠（$NaAlO_2$）而进入溶液，$2CaO \cdot SiO_2$ 则因不溶于碳酸钠溶液而进入固体渣，实现铝硅分离。铝酸钠溶液用于制取氧化铝，含 $2CaO \cdot SiO_2$ 的固体渣用于生产水泥。

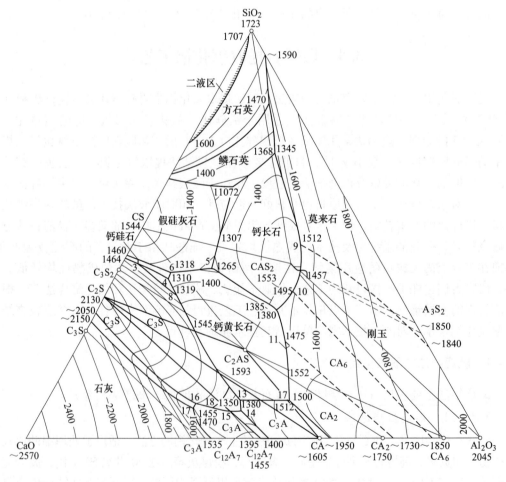

图 3-9 $CaO\text{-}Al_2O_3\text{-}SiO_2$ 三元体系相图

石灰石烧结工艺涉及的化学反应如下：

（1）原料烧结：

$$12CaO + 7Al_2O_3 \longrightarrow 12CaO \cdot 7Al_2O_3 \qquad (3-17)$$

$$CaO + Al_2O_3 \longrightarrow CaO \cdot Al_2O_3 \qquad (3-18)$$

$$2CaO + SiO_2 \longrightarrow 2CaO \cdot SiO_2 \qquad (3-19)$$

（2）烧结熟料的自粉化：

在烧结工序，SiO_2 与 CaO 生成硅酸二钙（$2CaO \cdot SiO_2$），$2CaO \cdot SiO_2$ 有 α、β 和 γ 三种晶型，其中 α-$2CaO \cdot SiO_2$ 活性最好，β-$2CaO \cdot SiO_2$ 次之，γ-$2CaO \cdot SiO_2$ 最稳定。在碳酸钠溶出工序，需要铝溶出而硅不溶出，因而最希望得到 γ-$2CaO \cdot SiO_2$。熟料中生成的 $2CaO \cdot SiO_2$ 在此烧结工艺中具有十分重要的作用，在熟料冷却过程中 $2CaO \cdot SiO_2$ 可在各种晶型中转化：

$$\gamma\text{-}2CaO \cdot SiO_2 \underset{675℃}{\longleftrightarrow} \beta\text{-}2CaO \cdot SiO_2 \underset{1420℃}{\longleftrightarrow} \alpha\text{-}2CaO \cdot SiO_2 \underset{2130℃}{\longleftrightarrow} 熔体$$

当熟料冷却到 675℃ 以下时，β-$2CaO \cdot SiO_2$ 迅速转变为 γ-$2CaO \cdot SiO_2$，其体积密度由 $3.28g/cm^3$ 降低至 $2.97g/cm^3$，体积增加 10%。体积的突然膨胀产生内应力，导致熟料自粉化。自粉化过程 $2CaO \cdot SiO_2$ 的晶型转化见式（3-20）。

$$\beta\text{-}2CaO \cdot SiO_2 \xrightarrow{冷却} \gamma\text{-}2CaO \cdot SiO_2 \qquad (3-20)$$

（3）碳酸钠溶液溶出：

$$12CaO \cdot 7Al_2O_3 + 12Na_2CO_3 + 5H_2O \longrightarrow 14NaAlO_2 + CaCO_3 + 10NaOH \quad (3-21)$$

$$CaO \cdot 7Al_2O_3 + Na_2CO_3 \longrightarrow 2NaAlO_2 + CaCO_3 \qquad (3-22)$$

（4）铝酸钠溶液的碳酸化分解：

$$2NaAlO_2 + CO_2 + 3H_2O \longrightarrow 2Al(OH)_3 + Na_2CO_3 \qquad (3-23)$$

（5）氢氧化铝焙烧：

$$2Al(OH)_3 \xrightarrow{焙烧} Al_2O_3 + 3H_2O \qquad (3-24)$$

B 石灰石烧结典型技术工艺

石灰石烧结法的典型工艺如图 3-10 所示。

该工艺主要包括配料、烧结、熟料自粉化、熟料溶出、溶出液脱硅、脱硅精液碳酸化分解及煅烧。具体如下：

（1）配料、烧结及自粉化。煤矸石与石灰石按一定比例配料，粉磨后在一定温度下烧结，烧结后冷却、出料，出料时物料发生自粉化，形成烧结熟料。煤矸石与石灰石的比例由煤矸石的化学组成（主要是铝硅比，A/S）来确定，主要通过调配物料的钙铝比（C/A），一般 C/A 为 1.4~2；烧结温度一般控制在 1200~1400℃；烧结物料的出炉温度一般控制在 900℃ 左右，在冷却过程中（低于 675℃ 时），块状物料发生自粉化，变为粉状熟料，省却研磨工序。

（2）浸出。自粉化熟料粉末在一定浓度的碳酸钠溶液中溶出。碳酸钠的质量浓度一般为 7%~20%，液固比（碳酸钠溶液的体积（m^3）与固体熟料的质量（kg）的比值）一般为 2~6，溶出温度一般为 70~90℃。在该过程中，烧结物料中的含钙铝酸盐（$C_{12}A_7$、CA 等）转变为铝酸钠粗液，而硅酸二钙（C_2S）则留在固体渣中，铝硅分离。

（3）脱硅。溶出过程会有部分硅被溶出，因而铝酸钠粗液中还有少量的硅残留，加入

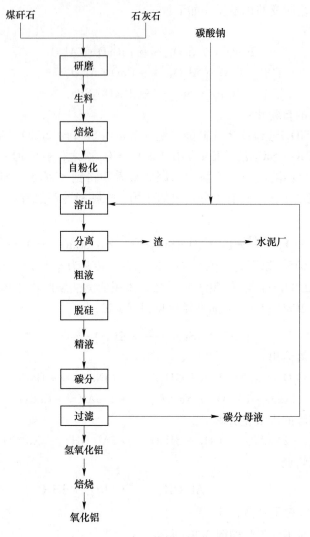

图 3-10　石灰石烧结法工艺流程

石灰乳溶液，使少量的硅酸钠生成溶解度更低的硅酸钙沉淀，过滤后得到铝酸钠精液。

（4）碳酸化分解。向铝酸钠精液中通入二氧化碳，降低溶液碱性，直到 pH 值为 7 左右，使铝酸钠水解生成氢氧化铝沉淀，同时，生成的碳酸钠可以循环使用。

（5）煅烧。所得氢氧化铝放入窑内，在 1100~1300℃下焙烧，得到氧化铝产品。

C　石灰石烧结工艺影响因素分析

在以上工序中，影响石灰石烧结工艺的主要环节是烧结过程和碳酸钠溶出过程，主要工艺参数有石灰石用量、烧结温度、碳酸钠浸取液浓度、液固比、浸取温度和时间等。

a　烧结工序的影响

石灰石用量和烧结温度主要影响烧结熟料的物相组成，进而影响熟料中氧化铝的溶出率。

（1）石灰石用量的影响。石灰石用量较小时，不能使原料中的氧化铝充分转化为

$C_{12}A_7$ 和 CA 等活性高的铝酸钙，造成氧化铝溶出率低；石灰石用量大，氧化钙过量，会以游离氧化钙形式存在于熟料中，在溶出时会引起固体渣的变性，影响氧化铝溶出。适宜的石灰石用量可使原料中的氧化铝充分转化为 $C_{12}A_7$ 和 CA 等活性高的铝酸钙。

石灰石用量主要根据 CaO-Al_2O_3-SiO_2 三元体系相图来确定，见图 3-11，配料点应落在 $C_{12}A_7$-CA-C_2S 所构成的三角形内。配料规则如下：

根据煤矸石原料中的 A/S 比，按杠杆规则，在 Al_2O_3 和 SiO_2 的连线上确定点 E，然后连接过 CaO 点和 E 点的直线，此直线与 C_2S 和 $C_{12}A_7$ 的连线交于 a 点，与 C_2S 和 CA 连线交于 b 点，配料点必须落在 ab 线段和 aF 线段。

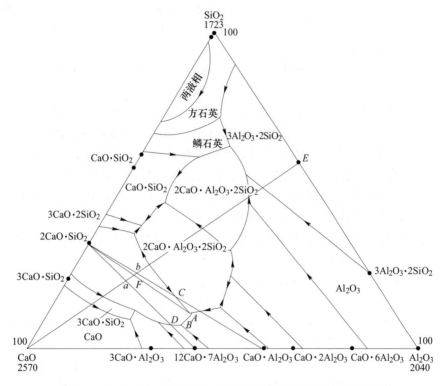

图 3-11　依据 CaO-Al_2O_3-SiO_2 三元体系相图确定石灰石用量图示

根据杠杆规则，石灰石和煤矸石的含量的计算依据如下。

1 分子 SiO_2 形成 C_2S 需要 2 分子 CaO，则需要 CaO 的质量为：

$$m_1(CaO) = \frac{2 \times CaO\ 分子量}{SiO_2\ 分子量} = \frac{2 \times 56}{60} = 1.87$$

1 分子 Al_2O_3 生成 CA 需要 1 分子 CaO 含量，则需要 CaO 的质量为：

$$m_2(CaO) = \frac{CaO\ 分子量}{Al_2O_3\ 分子量} = \frac{56}{102} = 0.55$$

1 分子 Al_2O_3 生成 $C_{12}A_7$ 需要 12/7 分子 CaO 含量，则需要 CaO 的质量为：

$$m_3(CaO) = \frac{12 \times CaO\ 分子量}{7 \times Al_2O_3\ 分子量} = \frac{12 \times 56}{7 \times 102} = 0.94$$

由于煅烧过程中 Al_2O_3 需要生成 $C_{12}A_7$ 和 CA，因此 1 分子 Al_2O_3 生成可溶性铝酸盐所需配入 CaO 的量为 1~12/7（可取 12/7）。

1 分子氧化物所需石灰等于相应氧化物的含量乘以相应的系数，便可得到所需 CaO 的量：

$$m(\text{CaO}) = 1.87m(\text{SiO}_2) + KH \cdot 0.94m(\text{Al}_2\text{O}_3)$$

KH 称为石灰饱和系数，为生料中全部氧化铝生成铝盐所需的氧化钙含量与全部氧化铝生产 $C_{12}A_7$ 所需 CaO 含量的比值，也可表示生料中氧化铝形成 $C_{12}A_7$ 的程度。但是煤矸石中含有含量较高的 Fe_2O_3，在反应时也需要一部分 CaO，需要对上式进行修正。1 分子 Fe_2O_3 生成 $2\text{CaO} \cdot \text{Fe}_2\text{O}_3$，需要 CaO 的量为：

$$m_3(\text{CaO}) = \frac{2 \times \text{CaO 分子量}}{\text{Fe}_2\text{O}_3 \text{ 分子量}} = \frac{2 \times 56}{160} = 0.7$$

因此，需要 CaO 的量为：

$$m(\text{CaO}) = 1.87m(\text{SiO}_2) + 0.7m(\text{Fe}_2\text{O}_3) + KH \cdot 0.94m(\text{Al}_2\text{O}_3)$$

则：

$$KH = [m(\text{CaO}) - 1.87m(\text{SiO}_2) - 0.7m(\text{Fe}_2\text{O}_3)]/(0.94m(\text{Al}_2\text{O}_3))$$

式中，$m(\text{CaO})$、$m(\text{SiO}_2)$、$m(\text{Fe}_2\text{O}_3)$ 和 $m(\text{Al}_2\text{O}_3)$ 分别表示生料中各物质的质量分数。

理论上，当 $KH = 1$ 时，此时生成的主要矿物组成为 C_2S 和 $C_{12}A_7$，无 CA；当 $KH = 0.585$（生料中全部氧化铝转化为 CA 与全部氧化铝生产 $C_{12}A_7$ 所需 CaO 含量的比值，即 0.55/0.94）时，生成的主要矿物为 C_2S 和 CA，无 $C_{12}A_7$；当 $KH > 1$ 时，由于超出 CaO 需要量，一部分 CaO 与硅酸二钙（C_2S）转化为硅酸三钙（C_3S），一部分以游离 CaO 存在于熟料中，在溶出时会改变不溶固体渣的性质，常会引起其膨胀；当 $KH < 0.585$ 时，CaO 需要量不足，不能使氧化铝全部转化为 $C_{12}A_7$ 和 CA，导致钙铝黄长石（$2\text{CaO} \cdot \text{Al}_2\text{O}_3 \cdot \text{SiO}_2$，$C_2AS$）等一类化合物的生成，造成溶出率降低。

在实际生产过程中，由于煤矸石中矿物组成复杂，成分多样，一些杂质组分可能会影响烧结过程，从而实际与理论配料有一定的偏差，需要由实验确定。根据文献给出的 KH 的取值，一般在 0.6~0.9 范围内。

（2）煅烧温度的影响。不仅石灰石用量会影响烧结熟料的矿物组成，煅烧温度对烧结熟料的物相组成也有很大影响。煅烧温度过低，烧结反应不完全，使其中的氧化铝没有完全转化为 $C_{12}A_7$ 和 CA，氧化铝溶出率偏低；随着烧结温度的提高，烧结反应比较充分，但在促进主反应的同时，也促进了其他反应的发生，使 $C_{12}A_7$ 和 CA 又与 C_2S 等生成一些难于分解的三元化合物，造成熟料中氧化铝溶出率降低，使烧结物料发生熔化，影响熟料的自粉化。所以，适宜烧结温度的控制是非常重要的。

根据文献的报道，在特定的生料组成下，适宜的烧结温度一般在 1200~1400℃。在实际操作过程中，随生料配比的差异，最佳的烧结温度会有不同。

b　碳酸钠溶出工序影响因素

碳酸钠溶解熟料时，$C_{12}A_7$ 和 CA 转化为 NaAl(OH)_4，转移到溶液中，而 $\gamma\text{-}2\text{CaO} \cdot \text{SiO}_2$ 不能被碳酸钠分解，滞留在固体渣中，实现铝硅分离。但熟料中仍然会残留部分 $\beta\text{-}2\text{CaO} \cdot \text{SiO}_2$，$\beta\text{-}2\text{CaO} \cdot \text{SiO}_2$ 化学稳定性较差，在熟料溶出过程中会被碳酸钠分解为 Na_2SiO_3。形成的 Na_2SiO_3 增加了硅在液相的溶出，提高了脱硅难度，同时会与溶出的 NaAl(OH)_4 作用形成钠硅渣（$\text{Na}_2\text{O} \cdot \text{Al}_2\text{O}_3 \cdot 2\text{SiO}_2 \cdot \text{H}_2\text{O}$），降低了铝的溶出，并造成

Na_2O 的损失。过程中涉及的主要反应见式（3-25）和式（3-26）。

$$2CaO \cdot SiO_2 + 2Na_2CO_3 + aq \longrightarrow 2CaCO_3 + Na_2SiO_3 + 2NaOH + aq \quad (3-25)$$

$$2CaO \cdot SiO_2 + 2NaAl(OH)_4 + 2Na_2CO_3 + aq \longrightarrow \quad (3-26)$$

$$Na_2O \cdot Al_2O_3 \cdot 2SiO_2 \cdot nH_2O + 2CaCO_3 + 4NaOH + aq$$

此外，溶出过程生成的 NaOH 会提高溶液的苛性系数，在 NaOH 的作用下，溶液中会发生一系列的二次化学反应，其结果是使溶解出来的 $NaAl(OH)_4$ 又形成水化石榴石（$3CaO \cdot Al_2O_3 \cdot xSiO_2 \cdot yH_2O$）和水合铝酸钙（$3CaO \cdot Al_2O_3 \cdot 6H_2O$），进入固体赤泥渣中，造成 Al_2O_3 的损失。该过程发生的相关反应见式（3-27）~式（3-30）。

$$2CaO \cdot SiO_2 + 2NaOH + aq \longrightarrow 2Ca(OH)_2 + Na_2SiO_3 \quad (3-27)$$

$$2Ca(OH)_2 + 2NaAl(OH)_4 + aq \longrightarrow 3CaO \cdot Al_2O_3 \cdot 6H_2O + 2NaOH \quad (3-28)$$

$$3CaO \cdot Al_2O_3 \cdot 6H_2O + xNa_2SiO_3 + aq \longrightarrow 3CaO \cdot Al_2O_3 \cdot xSiO_2 \cdot yH_2O + 2xNaOH + aq$$

$$(3-29)$$

$$2Ca(OH)_2 + 2NaAl(OH)_4 + xNa_2SiO_3 + aq \longrightarrow 3CaO \cdot Al_2O_3 \cdot xSiO_2 \cdot yH_2O + 2(1+x)NaOH + aq$$

$$(3-30)$$

因此，浸取过程对于过程反应的控制非常关键。任根宽等利用正交试验详细考察了石灰石烧结煤矸石工艺浸取过程的各影响因素，发现影响溶出率从大至小的顺序依次为 Na_2CO_3 质量浓度、液固比（碳酸钠溶液用量与固体熟料之比）、溶出温度和溶出时间。并通过实验确定了煤矸石溶出的优化条件为：Na_2CO_3 质量分数 9%，液固比 $3.5m^3/kg$，溶出温度 85℃，溶出时间 120min。这些参数主要会影响 Al_2O_3 的溶出、赤泥中 $2CaO \cdot SiO_2$ 的分解以及二次反应的发生。

碳酸钠用量对过程的影响最为显著。随碳酸钠浓度增加，氧化铝溶出率增加，主要是由于碳酸钠与熟料中的 CA 和 $C_{12}A_7$ 反应生成可溶性的 $NaAl(OH)_4$，使熟料中氧化铝溶出。但碳酸钠浓度不宜过高，浓度过高一方面会使未溶出的氧化铝继续溶解，另一方面，碳酸钠会加速 $C_2S(2CaO \cdot SiO_2)$ 的分解，同时促进苛性化反应的进行。苛性化反应可降低溶液中 $Ca(OH)_2$ 浓度，减少水化石榴石的生成，但苛性化反应提高了溶液中 NaOH 浓度，加强了二次反应式（3-31）。

$$Na_2CO_3 + Ca(OH)_2 + aq \longrightarrow CaCO_3 + NaOH + aq \quad (3-31)$$

液固比也会影响溶出。液固比增加，降低了溶液中铝酸钠的浓度，同时也降低了二次产物的浓度，使铝酸钠与二次反应产物接触的几率降低，减缓了二次反应的速率，因此促进氧化铝的溶出。然而，液固比过高的话，将会增加后续工序的生产负荷，增加生产成本。

溶出温度低、溶液黏度大，会妨碍溶液与赤泥的分离，而赤泥与溶液的接触时间延长，使赤泥中的 $2CaO \cdot SiO_2$ 分解数量增加，并使粗液中 SiO_2 的含量增加，同时也进一步加剧了二次反应，使水化石榴石的产生量增加，降低氧化铝的溶出；而升高温度有利于溶出反应，但也会加剧二次反应。因此，熟料溶出温度不宜太高，根据溶液条件，一般在 70~90℃ 筛选。

溶出时间的增加通常都使二次反应加剧。溶出时间过长，会使铝酸钠溶液与赤泥的接触时间延长，促进 $2CaO \cdot SiO_2$ 的分解，同时降低氧化铝的溶出；溶出时间过短，会使熟料中的氧化铝不能充分溶出。

D 石灰石烧结法存在的问题

石灰石烧结法主要存在以下问题：消耗大量石灰石，一般为煤矸石用量的 2~6 倍，物耗大；烧结温度高，烧结物料流量大，导致能耗非常大；熟料要经过长达 3~4d 的缓慢冷却才能自粉化，耗时长；废渣产生量大，1 条氧化铝生产线需要配置一条 10 倍于氧化铝生产线的水泥生产线。

3.4.1.2 碱石灰烧结法

碱石灰烧结法是用纯碱、石灰（或石灰石）与含铝原料经配料后在高温下烧结，使炉料中的 Al_2O_3 转变为易溶的铝酸钠而溶出。碱石灰烧结法可适用于铝硅比（Al_2O_3 和 SiO_2 的质量比，下同）小于 7 的低铝硅比含铝矿物，但铝硅比过低，会使物料流量增加，烧结和溶出过程困难，经济和技术指标大大恶化，故碱石灰烧结法要求原料中的铝硅比大于 3。碱石灰烧结法是以低品位铝土矿生产氧化铝的典型技术。我国内蒙古鄂尔多斯地区及山西北部地区蕴含大量的高铝煤炭资源，该地区的煤矸石中氧化铝含量高达 35%~50%，接近低品位铝土矿的铝含量。

A 碱石灰烧结法工艺原理

将高铝煤矸石、石灰（或石灰石）和纯碱混合均匀在高温烧结，炉料中的 Al_2O_3 转变为易溶的铝酸钠，Fe_2O_3 转变为易水解的铁酸钠，SiO_2 与石灰生成不溶于水的原硅酸钙。烧结过程主要反应见式（3-32）~式（3-34）：

$$Al_2O_3 + Na_2CO_3 \longrightarrow Na_2O \cdot Al_2O_3 + CO_2 \qquad (3-32)$$

$$SiO_2 + 2CaO \longrightarrow 2CaO \cdot SiO_2 \qquad (3-33)$$

$$Fe_2O_3 + Na_2CO_3 \longrightarrow Na_2O \cdot Fe_2O_3 + CO_2 \qquad (3-34)$$

烧结熟料用稀碱溶液溶出时，固体铝酸钠进入溶液，铁酸钠水解释放出碱，其反应式见式（3-35）和式（3-36）：

$$Na_2O \cdot Al_2O_3 + aq \longrightarrow 2NaAl(OH)_4 + aq \qquad (3-35)$$

$$Na_2O \cdot Fe_2O_3 + aq \longrightarrow 2NaOH + Fe_2O_3 \cdot H_2O\ (\downarrow) + aq \qquad (3-36)$$

原硅酸钙与 Fe_2O_3 水合物一道进入赤泥，从而达到制备铝酸钠溶液，并使有害杂质氧化硅、氧化铁与氧化铝分离的目的。得到的铝酸钠溶液经净化处理后，通入二氧化碳气体进行碳酸化分解，得到晶体氢氧化铝，$Al(OH)_3$ 晶体经焙烧形成氧化铝，化学反应式见式（3-37）和式（3-38）：

$$2NaAlO_2 + CO_2 + 3H_2O \longrightarrow 2Al(OH)_3 + Na_2CO_3 \qquad (3-37)$$

$$2Al(OH)_3 \xrightarrow{\text{焙烧}} Al_2O_3 + 3H_2O \qquad (3-38)$$

碳分母液的主要成分是碳酸钠，可以循环返回再用来配料。

B 碱石灰烧结典型技术工艺

碱石灰烧结法典型工艺见图 3-12，主要由配料、烧结、溶出、脱硅、碳分等工序组成。典型工艺过程主要有以下步骤：

（1）配料、烧结及粉化。煤矸石与石灰石、碳酸钠按一定比例配料，粉磨后在一定温度下烧结，烧结后冷却、出料。煤矸石与石灰石、碳酸钠的比例由煤矸石的化学组成（主要是铝硅比，A/S）来确定。主要通过调配物料的钙硅比（C/S），一般 C/S 为 0.5~2；钠铝比（N/A），一般 N/A 为 1~3；烧结温度一般控制在 1000~1200℃。熟料需要研磨粉化。

（2）铝酸钠溶液溶出。熟料粉末在水或稀碳酸钠溶液中溶出，熟料磨细后，在 80~100℃溶出，烧结物料中的铝酸钠形成铝酸钠粗液，原硅酸钙（C₂S）则留在固体渣中，实现铝硅分离。

（3）铝酸钠溶液脱硅。在熟料溶出时，原硅酸钙（C₂S）会与铝酸钠溶液作用而被分解，使 SiO₂ 以硅酸钠（Na₂SiO₃）形式进入溶液，从而使得到的铝酸钠溶液中含有较多的 SiO₂，这种铝酸钠溶液经碳酸化分解后，会随同氢氧化铝一起析出，使成品氧化铝不符合质量要求。所以，熟料溶出的铝酸钠溶液在分解之前必须进行脱硅处理。

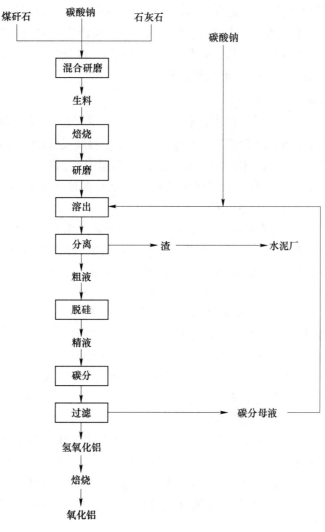

图 3-12　碱石灰烧结法工艺

脱硅主要分两步进行：

1）通过加热铝酸钠溶液，促进 Na_2SiO_3 与 $NaAlO_2$ 相互作用生成含水铝硅酸钠（$Na_2O \cdot Al_2O_3 \cdot 2SiO_2 \cdot 2H_2O$），从而析出完成初步脱硅，其化学反应式见式（3-39）：

$$1.7Na_2SiO_3 + 2NaAl(OH)_4 + aq \longrightarrow Na_2O \cdot Al_2O_3 \cdot 1.7SiO_2 \cdot nH_2O + 3.4NaOH + aq \tag{3-39}$$

2）初步脱硅后，再向溶液中加入石灰使残余的 SiO_2 以水化石榴石（$3CaO \cdot Al_2O_3 \cdot xSiO_2 \cdot (6-2x)H_2O$）的形式析出，完成深度脱硅，其化学反应式见式（3-40）：

$$3Ca(OH)_2 + 2NaAlO_2 + xNa_2SiO_3 + 4H_2O \longrightarrow$$
$$3CaO \cdot Al_2O_3 \cdot xSiO_2 \cdot (6-2x)H_2O + 2(1+x)NaOH \tag{3-40}$$

式中，x 称为饱和度，随温度升高而升高，一般在 $0.1 \sim 0.2$ 之间。

从水化石榴石的分子式可看出，CaO 与 SiO_2 的质量比为 $15 \sim 30$，Al_2O_3 与 SiO_2 的质量比为 $5 \sim 10$，如果溶液中的 SiO_2 完全以水化石榴石形式脱除，与含水铝硅酸钠相比，会消耗大量的石灰，同时也会造成更多的 Al_2O_3 损失。所以生产中一般是在溶液中的 SiO_2 大部分以含水铝硅酸钠析出以后，再添加石灰进行深度脱硅，以减少 Al_2O_3 损失。

（4）碳酸化、焙烧与石灰石烧结法相同。

C 碱石灰烧结工艺影响因素分析

碱石灰烧结法生产氧化铝过程中，熟料的物相组成及溶出过程对 Al_2O_3 的溶出性能有重要的影响。配料比、混料均匀程度、烧结条件（烧结温度及烧结时间）等因素会影响熟料的物相组成；溶出温度、溶出时间、液固比则会影响溶出过程。

（1）烧结工序的影响。石灰石和纯碱的用量和烧结温度主要影响烧结熟料的物相组成，进而影响熟料中氧化铝的溶出率。

1）纯碱和石灰石用量的影响。碳酸钠与氧化钙混合烧结剂与煤矸石进行烧结时，生料中碱比（碳酸钠和煤矸石的比值）对煤矸石烧结熟料中氧化铝溶出率的影响很大。碱石灰烧结时，煤矸石中的氧化铝与碳酸钠主要发生以下反应：

$$Al_2O_3 + Na_2CO_3 \longrightarrow Na_2O \cdot Al_2O_3 + CO_2 \uparrow \tag{3-41}$$

当碱铝比过小时，配入的 Na_2O 不足以将全部 Al_2O_3 转化成 $Na_2O \cdot Al_2O_3$，从而导致部分 Al_2O_3 损失；当碱铝比过大时，多余的 Na_2CO_3 与 $2CaO \cdot SiO_2$ 反应生成 CaO，又与 Al_2O_3、SiO_2 生成 $CaO \cdot Al_2O_3 \cdot SiO_2$ 沉淀，使 Al_2O_3 溶出率下降。同时，在一定范围内，当提高生料中碱比时，相当于增大生料中氧化铝与碳酸钠的接触面积及烧结剂的过饱和度，有利于提高煤矸石中氧化铝与碳酸钠的反应速率。因此，碱比高的生料可以在相同的烧结条件下溶出煤矸石中更多的氧化铝。

钙比（氧化钙与煤矸石的比值）对煤矸石烧结熟料中氧化铝溶出率也有较大的影响。适量的氧化钙可以促进烧结过程的进行，有利于煤矸石中氧化铝的溶出。当钙硅比过低时，CaO 的加入量不能满足 SiO_2 的需要，使得 SiO_2 进入溶出液发生二次反应，生成水合铝硅酸钠，降低 Al_2O_3 的溶出率；当钙硅比过高时，CaO 与 Al_2O_3 反应生成沉淀，造成 Al_2O_3 溶出率降低。

2）烧结条件的影响。烧结过程是碱石灰烧结法的关键环节，烧结条件对烧结熟料的性能有很大影响，直接影响到后续的溶出。烧结条件主要包括烧结温度和烧结时间。烧结温度过低，反应速度很慢，化学反应不完全；烧结温度过高，容易使 Na_2O、Fe_2O_3、CaO

和 Al_2O_3 生成不溶性三元化合物 $Na_2O \cdot CaO \cdot SiO_2$、$2Na_2O \cdot 8CaO \cdot 5SiO_2$ 和 $4CaO \cdot Al_2O_3 \cdot Fe_2O_3$。同理，烧结时间过短时，化学反应不完全，$Al_2O_3$ 还没有完全反应；而烧结时间过长时，会生成含铝的不溶性化合物，从而使 Al_2O_3 溶出率降低。

（2）熟料溶出工序影响因素。熟料溶出主要是把烧结过程形成的铝酸钠，溶解形成铝酸钠溶液，原硅酸钙则会残留在固体渣中，实现铝硅分离。但在实际溶出时，除了会发生铝酸钠的溶出反应（一次反应）外，原硅酸钙还会与铝酸钠溶液的各组分发生相互反应，也叫二次反应，生成含有 Al_2O_3 或同时含有 Al_2O_3 和 Na_2O 的不溶性物质而进入赤泥，造成 Al_2O_3 和 Na_2O 的损失。二次反应的发生显著影响了生产效率，主要反应见式（3-42）~式（3-44）。

$$2CaO \cdot SiO_2 + 2NaOH + aq \longrightarrow Na_2SiO_3 + 2Ca(OH)_2 + aq \qquad (3-42)$$

$$3Ca(OH)_2 + 2NaAl(OH)_4 + aq \longrightarrow 3CaO \cdot Al_2O_3 \cdot 6H_2O\downarrow + 2NaO \qquad (3-43)$$

$$3CaO \cdot Al_2O_3 \cdot 6H_2O + xNa_2SiO_3 + aq \longrightarrow$$

$$3CaO \cdot Al_2O_3 \cdot xSiO_2 \cdot (6-2x)H_2O + 2xNaOH + aq \qquad (3-44)$$

影响熟料的主要因素有熟料配比（铝硅比、碱比和钙比等）和溶出条件。熟料铝硅比低，熟料中原硅酸钙含量高，在溶出时的二次反应也比较强烈，Al_2O_3 和 Na_2O 的损失增加；高碱配方的熟料，Na_2O 溶出率低，溶液苛性值升高，增加二次反应损失；熟料钙比过高，会生产铝酸钙，氧化铝损失加大，同时会因苛化反应增加而增加二次反应损失；低碱、低钙配方的熟料，会因生料中 Na_2O 和 CaO 的不足而使烧结反应不完全，造成一次化学损失增加。除熟料配比外，溶出条件（温度、苛性系数、碳酸钠浓度、液固比和溶出时间等）也显著影响溶出效果。

1）温度和时间。温度和时间会直接影响化学反应速度。温度高时，主副化学反应（一次和二次反应）的速度都会加快，温度过高，二次反应增多，净溶出率降低，但温度过低，溶出不完全，延长了固体渣与溶液的接触时间，同样会造成 Al_2O_3 和 Na_2O 的损失。溶出时间越长，溶液与赤泥接触的时间越长，二次反应损失越大，但溶出时间过短，会因一次反应不完全而造成 Al_2O_3 和 Na_2O 的损失，因此，实际溶出过程要严格控制溶出时间。

2）苛性化系数（Na_2O_k 浓度）。溶出时 Na_2O_k 浓度越高，二次反应损失越大，但 Na_2O_k 浓度如果过低，会使溶液会发生分解，造成一次反应损失增加。

3）碳酸钠浓度。碳酸钠在溶出时的作用主要有两个方面。

一方面碳酸钠会分解原硅酸钙生成铝硅酸钠，造成 Al_2O_3 和 Na_2O 的损失，其化学反应见式（3-45）。

$$1.7(2CaO \cdot SiO_2) + 3.4Na_2CO_3 + 2NaAl(OH)_4 + aq \longrightarrow$$

$$Na_2O \cdot Al_2O_3 \cdot 1.7SiO_2 \cdot nH_2O + 3.4CaCO_3 + 6.8NaOH + aq \qquad (3-45)$$

但另一方面，碳酸钠又会与 $Ca(OH)_2$ 反应生成 $CaCO_3$，从而抑制二次反应，并且还能分解二次反应产物铝硅酸钙，降低 Al_2O_3 的损失，其反应式见式（3-46）和式（3-47）。

$$Ca(OH)_2 + Na_2CO_3 + aq \longrightarrow CaCO_3 + 2NaOH + aq \qquad (3-46)$$

$$3CaO \cdot Al_2O_3 \cdot xSiO_2 \cdot (6-2x)H_2O + 3Na_2CO_3 + aq \longrightarrow$$

$$(Na_2O \cdot Al_2O_3 \cdot 1.7SiO_2 \cdot nH_2O) + 3CaCO_3 + (2-x)NaAl(OH)_4 + 4NaOH + aq$$

$$(3-47)$$

所以在生产过程中，为降低二次反应生成铝硅酸钙所造成的氧化铝损失，在不大幅度增加铝硅酸钠生成的条件下，溶出时要保持一定的碳酸钠浓度。

D 碱石灰烧结法存在的问题

碱石灰烧结法是针对低品位铝土矿生产氧化铝开发的技术，一般要求原料中铝硅比大于 3，但煤矸石中的铝硅比多数小于 1，虽然有些地方的煤矸石含铝较高，但也不会高于 1.5。低铝硅比会导致石灰用量大，烧成熟料中原硅酸钙含量高，在溶出时的二次反应也比较强烈，造成 Al_2O_3 的损失；此外，SiO_2 含量大，会产生大量钙硅渣，导致渣中碱含量高，再利用较难。

3.4.1.3 预脱硅-碱石灰烧结法

A 预脱硅-碱石灰烧结法技术原理

利用 NaOH 溶液将煤矸石中的非晶态 SiO_2 溶出，煤矸石中 95% 以上的 Al_2O_3 富集在高岭石和刚玉相中，在 NaOH 溶液中基本不溶出，主要反应见式（3-48）：

$$2NaOH + SiO_2 \longrightarrow Na_2SiO_3 + H_2O \tag{3-48}$$

经过预脱硅，煤矸石原料中的铝硅比得以提高。预脱硅后的煤矸石再利用碱石灰烧结法处理，其他工艺环节及原理与碱石灰烧结法相同，其工艺流程见图 3-13。

B 预脱硅-碱石灰烧结法技术特点

与碱石灰烧结法相比，预脱硅-碱石灰烧结法经过预脱硅后，煤矸石铝硅比得到大幅提高，从而减少石灰（石）的用量，提高烧结效率，并显著降低能耗，同时减少硅钙渣的产生。但是，预脱硅形成的水玻璃模数小，需要进一步处理，且预脱硅过程中也会造成一定量铝的损失，烧结过程中仍然会产生大量硅钙渣，生产 1t 氧化铝可有 2~4t 渣产生。由于硅钙渣中含有高含量的碱，因此其再利用难的问题成为制约该技术产业化应用的关键。

内蒙古大唐国际托克托发电公司再生资源开发公司从 2004 开始与清华同方等企业合作，自主研发成功了预脱硅-碱石灰烧结法，联产活性硅酸钙（$CaO \cdot mSiO_2 \cdot nH_2O$）和水泥熟料，于 2008 年完成年产 3000t 氧化铝中试项目，并通过技术成果鉴定；2009 年开工建设年产 20 万吨氧化铝示范项目；2010 年成功打通全流程；2012 年实现连续稳定运行；2013 年实现稳产达产。

3.4.2 酸法提取氧化铝

3.4.2.1 直接酸浸法

直接酸浸法是指直接利用硫酸、盐酸、硝酸等无机酸浸取煤矸石，氧化铝与酸反应形成铝盐进入液相，二氧化硅则因不与酸反应而留在固体渣中，从而实现铝硅分离的方法。主要技术原理见式（3-49）~式（3-51）。

$$3H_2SO_4 + Al_2O_3 \longrightarrow Al_2(SO_4)_3 + 3H_2O \tag{3-49}$$

$$6HCl + Al_2O_3 \longrightarrow 2AlCl_3 + 3H_2O \tag{3-50}$$

$$6HNO_3 + Al_2O_3 \longrightarrow 2Al(NO_3)_3 + 3H_2O \tag{3-51}$$

直接酸浸法操作简单，但只能浸取以非晶态形式存在的铝，对于煤矸石中以晶体形态存在的铝（如高岭石），直接酸浸很难浸出，因此，利用直接酸浸法处理煤矸石很难达到

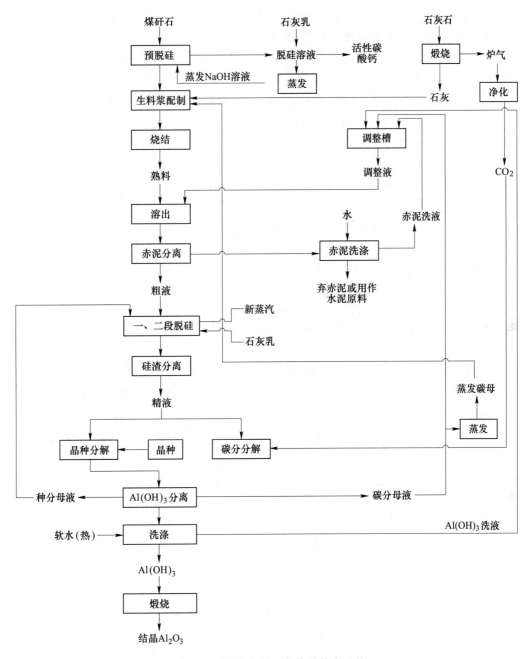

图 3-13 预脱硅-碱石灰烧结技术工艺

高的氧化铝溶出率，通常不会高于 20%。为了强化直接酸浸的效果，一些研究者采用加压酸浸的方法来提高氧化铝的溶出率。

由于直接脱碳后的煤矸石中有大量的非晶态含铝物相-偏高岭石，因此用直接酸浸法处理可获得较高的溶出率。利用盐酸浸取煤矸石，建成氧化铝的工业试验线，生产出冶金级氧化铝。其主要技术路线见图 3-14。

主要包含酸溶出、液渣分离、除铁净化、结晶、焙烧和酸回收几个环节。

（1）酸溶出。将煤矸石置于耐酸反应器中，加入20%~25%的盐酸溶液（煤矸石与盐酸溶液的质量比为1:2~3），将反应器加热至120~150℃反应2~4h。

（2）液渣分离。将酸溶后的料浆通过板框压滤机，控制板框的压力为450k~550kPa，过滤后得到粗的铝盐溶液。

（3）除铁。对液渣分离后的粗铝盐溶液进行除铁操作，可利用阳离子交换树脂、沉淀法或萃取法除铁，得到铝盐精制液。

（4）浓缩结晶。将上述得到的铝盐精制液加热至70~90℃进行浓缩，当溶液中铝盐浓度为40%~60%时，停止加热，冷却结晶得到氯化铝晶体。

（5）低温焙烧。将氯化铝晶体在300~500℃焙烧得到粗氧化铝，粗氧化铝进一步精制制得精细氧化铝。

（6）盐酸回收。将焙烧产生的HCl气体经净化吸收，制成盐酸用于酸浸循环。

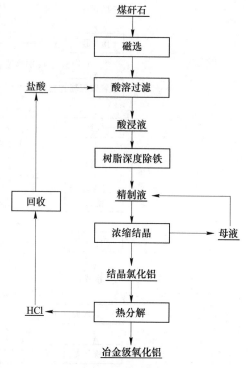

图3-14　直接酸浸法提取氧化铝工艺流程

直接酸浸法具有流程短、成本低、酸可循环利用、二次污染小等特点，相对于碱法技术的"增量法"工艺，直接酸浸法属"减量法"工艺，产生的二次渣量少，在循环流化床锅炉粉煤灰的资源化利用方面有广泛的应用前景。但该技术在酸性条件下操作，对设备和材料的腐蚀较为严重，成为该技术走向产业化的主要制约因素；而且，该技术的工业废水偏酸性，氯离子含量高，且化学成分复杂，生产废水的处理回用也成为影响工业化生产的关键因素。此外，提铝后残余大量富含二氧化硅的残渣，硅渣可用于制备发泡保温板、瓷砖、白炭黑、橡胶填料等，开展提铝硅渣的进一步资源利用也成为该技术走向工业化的关键。

3.4.2.2　烧结活化-酸浸

直接酸浸难以直接处理煤矸石，需要通过活化破坏高岭石等结构稳定的含铝物相，助剂烧结活化是有效的方法，助剂烧结可将高岭石物相转变为易溶于酸的物质，从而提高氧化铝在酸中的溶出率。如前所述，常用的烧结助剂有CaO、$CaCO_3$、$CaCl_2$等钙助剂以及Na_2CO_3和NaOH等钠助剂。

目前钙烧结助剂以石灰石或生石灰为主，石灰石/生石灰与煤矸石在1100℃以上烧结，使煤矸石中的SiO_2与CaO生成不溶性的稳定化合物硅酸二钙（C_2S、$2CaO \cdot SiO_2$），并使煤矸石中的Al_2O_3与CaO生成$C_{12}A_7$（$12CaO \cdot 7Al_2O_3$）以及钙长石（$CaO \cdot Al_2O_3 \cdot 2SiO_2$）等铝酸钙盐，$C_{12}A_7$以及钙长石在酸中有较高的溶出率，而$C_2S$不溶于酸，从而实现硅、铝分离，过程发生的主要反应见式（3-52）和式（3-55）：

$$Al_2O_3 \cdot 2SiO_2 + CaO \longrightarrow CaO \cdot Al_2O_3 \cdot 2SiO_2（约1100℃） \tag{3-52}$$

$$7(Al_2O_3 \cdot 2SiO_2) + 40CaO \longrightarrow 12CaO \cdot 7Al_2O_3 + 14(2CaO \cdot SiO_2)(约1250℃)$$

$$(3-53)$$

形成的钙长石、铝酸钙等经酸浸，将固相铝提取转化为液相铝盐，实现铝的浸取。具体反应式见式（3-54）和式（3-55）。

$$CaO \cdot Al_2O_3 \cdot 2SiO_2 + 5HCl \longrightarrow CaCl_2 + 2AlCl_3 + 2H_2SiO_3 + H_2O \quad (3-54)$$

$$CaO \cdot Al_2O_3 \cdot 2SiO_2 + 4H_2SO_4 \longrightarrow CaSO_4 + Al_2(SO_4)_3 + 2H_2SiO_3 + 2H_2O$$

$$(3-55)$$

目前该技术主要处于实验室研究阶段，尚未形成完整的技术工艺，但生石灰/石灰石烧结活化-酸浸的大致工艺流程可参见图3-15。

该过程主要包含配料、烧结、酸浸和分离等工序。

（1）配料。将煤矸石与石灰石/生石灰按一定比例配料，其配料比会影响烧结产物的组成，进而影响氧化铝的浸取效率。为了使煤矸石中铝硅酸矿物转化为钙长石（$CaO \cdot Al_2O_3 \cdot 2SiO_2$），控制生石灰的加入量为煤矸石量的 0.14 左右（质量比），石灰用量少，不能分解煤矸石中的高岭石等矿物，石灰用量大，则会造成石灰浪费，同时还会使钙长石转变成其他物相，反而不利于氧化铝的浸出。

（2）烧结。将上述配好的物料在一定温度下焙烧，得到烧结熟料。烧结过程是影响烧结产物活性的关键环节，其中烧结温度的选择最为关键。研究表明，在适宜的石灰配比下，烧结温度在 900~1100℃ 利于活性物相（如钙长石）的形成。

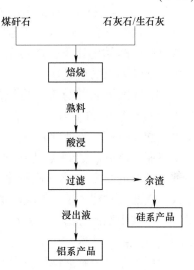

图3-15　石灰石/生石灰烧结
活化-酸浸工艺流程

（3）酸浸和分离。将烧结熟料用酸浸取，得到含铝的酸浸液和不溶固体渣，二者通过过滤分离，含铝酸浸液进一步处理得到含铝产品。酸浸过程的影响因素主要有酸浓度、酸用量、酸浸温度和时间等，这些条件的选择与所用酸的种类等相关。

3.4.2.3 钠助剂烧结活化酸浸

钠助剂烧结活化是用 Na_2CO_3、$NaOH$ 等含钠助剂（多用 Na_2CO_3）与煤矸石在 800~900℃ 发生固相反应，钠助剂可将煤矸石中的高岭石、石英等低活性矿物转变为具有良好酸反应活性的霞石（$NaAlSiO_4$），利用铝在酸中的溶出，过程中发生的主要反应见式（3-56）~式（3-58）：

烧结过程（以 Na_2CO_3 为例）：

$$2Na_2CO_3 + Al_2O_3 \cdot 2SiO_2 \cdot 2H_2O + SiO_2 \longrightarrow 2NaAlSiO_4 + Na_2SiO_3 + 2CO_2 + 2H_2O$$

$$(3-56)$$

酸浸过程：

$$NaAlSiO_4 + 4HCl \longrightarrow NaCl + AlCl_3 + H_2SiO_3 + H_2 \quad (3-57)$$

$$2NaAlSiO_4 + 2H_2SO_4 \longrightarrow Na_2SO_4 + Al_2(SO_4)_3 + 2H_2 \quad (3-58)$$

碳酸钠烧结活化-酸浸提取氧化铝工艺见图3-16。

与钙助剂烧结活化-酸浸过程类似，该工艺主要包含配料、烧结、酸浸、液渣分离等工序。

（1）配料。将煤矸石与碳酸钠按一定比例配料，其配料比会影响烧结产物的组成，进而影响氧化铝的浸取效率。碳酸钠用量少，不足以使高岭石和石英等分解，碳酸钠用量（为煤矸石用量的质量比）为0.8~1时，煤矸石中氧化铝的溶出率可达到90%以上。

（2）烧结。将上述配好的物料在一定温度下焙烧，得到烧结熟料。烧结温度是影响烧结过程的关键，在适宜的碳酸钠配比下，烧结温度在800~900℃时有利于高活性霞石的形成。

（3）酸浸和液渣分离。将烧结熟料用酸浸取，得到含铝的酸浸液和不溶固体渣，二者通过过滤分离，将含铝酸浸液进一步处理后得到含铝产品。

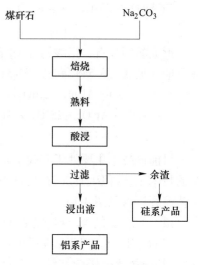

图 3-16　碳酸钠烧结活化-酸浸煤矸石
提取氧化铝工艺路线

然而，该方法的缺点是碳酸钠助剂的消耗量大，达到煤矸石的0.8~1倍（质量比），限制了该技术工业化应用。此外，由于碳酸钠助剂的加入，在酸浸过程中钠与铝同时进入酸浸液，除此之外，酸浸液中还含有铁、钾等杂质离子，酸浸液中铝的分离及钠、铁等杂质的去除对进一步制备铝产品非常关键。目前在该方面尚未有成熟的技术。

山西大学针对碳酸钠耗量大的问题，开展了活化工艺优化研究，通过分析烧结过程机理，认识到粉煤灰/煤矸石中铝硅比低是造成碳酸钠消耗量大的关键因素，因此可以通过调整原料的铝硅比来降低碱耗。通过研究，确立了"赤泥和碳酸钠协同活化粉煤灰/煤矸石"的优化工艺，使碳酸钠的消耗量降低80%以上。

3.5　煤矸石提取结晶铝盐工艺

煤矸石经盐酸或硫酸浸取后形成含氯化铝或硫酸铝的浸取液，因煤矸石成分复杂，浸取液中除含有铝盐外，还含有铁、钙、镁等杂质的盐类物质，铝盐的分离需要考虑杂质的影响。

（1）蒸发和冷却结晶。氯化铝和硫酸铝溶液均常采用蒸发结晶得到 $AlCl_3 \cdot 6H_2O$ 和 $Al_2(SO_4)_3 \cdot 18H_2O$ 产品。蒸发结晶操作简单，但随着水分的蒸发，杂质也随之析出，因而蒸发结晶杂质夹带量大，难以制备高纯度的产品。为了控制杂质的夹带，常需要二次或多次重结晶。蒸发结晶由于要蒸发掉大量的水分，能耗比较高，为了降低能耗，常在负压条件下操作，以降低溶液沸点，提高蒸发效率，而且蒸发水易于冷凝回收。蒸发结晶常结合冷却结晶的方式，即先在高温下浓缩，再降温冷却，从而得到结晶产品。由于氯化铝的溶解度随温度变化不大，降低温度对 $AlCl_3 \cdot 6H_2O$ 的影响不大，因此一般并不采用冷却结晶的方式。硫酸铝的溶解度随温度变化较大，在结晶操作时常采用先蒸发浓缩，再降温冷却得到 $Al_2(SO_4)_3 \cdot 18H_2O$。

蒸发结晶操作简单，但能耗高，杂质夹带量大，难以制备高纯度的产品。工业上为了降低能耗，常采用多个蒸发结晶器集成的多效蒸发法，使操作压力逐级降低，以便重复利用热能。同时，为了降低结晶能耗，提高产品品质，在工业上常结合同离子结晶和反应结晶等。

（2）同离子结晶。采用同离子效应使物质结晶的方法多用于氯化铝的结晶。20 世纪 80 年代，美国矿务局利用盐酸浸取铝土矿中的 Al_2O_3，形成氯化铝溶液后，采用通入 HCl 气体的方法使氯化铝结晶，建立了同离子结晶的方法。近年来，保加利亚学者也采用通入 HCl 气体的方法从粉煤灰的盐酸浸取液中得到了高纯度 $AlCl_3 \cdot 6H_2O$。

通入 HCl 气体使 $AlCl_3 \cdot 6H_2O$ 结晶析出，主要是基于 $AlCl_3$ 和其他杂质氯化物的溶解度，随溶液中盐酸浓度的变化而呈现不同的变化规律，随着盐酸浓度的增大，$AlCl_3$ 的溶解度显著降低，而作为主要杂质的 $FeCl_3$、KCl 等随酸浓度的增加变化不大，见图 3-17，因而可以通过调整溶液酸浓度，在得到 $AlCl_3 \cdot 6H_2O$ 结晶的同时，控制杂质的析出，实现高效结晶和杂质的有效分离。

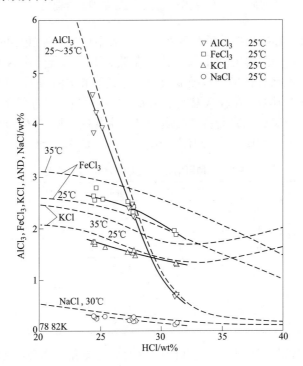

图 3-17　$AlCl_3 \cdot 6H_2O$、$FeCl_3 \cdot 2KCl \cdot H_2O$、KCl 和 NaCl 在 $HCl-H_2O$ 体系中的溶解度（25℃）

图 3-18 是在盐酸溶液中氯化铝的溶解度随温度（25~85℃）的变化关系，同时显示了基于 Bromley-Zemaitis 活度系数模型，利用 OLI 软件的计算结果。图中可见，氯化铝的溶解度随着溶液中盐酸浓度的增加而迅速下降，当溶液中盐酸质量分数大于 30% 时，大部分氯化铝会因溶解度的降低而结晶析出。在此理论基础上，国内一些单位建立了由煤矸石酸浸液采用通 HCl 气体或加浓盐酸制备 $AlCl_3 \cdot 6H_2O$ 的技术工艺。

（3）反应结晶。反应结晶主要包括盐析结晶和中和结晶。

1）盐析结晶。一些物质的溶解度比较大，与杂质的分离比较困难，可将其转变为溶解度小的物质，使其结晶后再分离。在分离硫酸铝时常采用该方法。

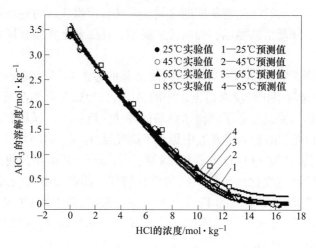

图 3-18   氯化铝在盐酸溶液中的溶解度曲线

表 3-1 是各种可溶性硫酸盐的溶解度数据。由表中可见，硫酸铝的溶解度比较大，但 $NH_4Al(SO_4)_2 \cdot 12H_2O$ 的溶解度较小，尤其是在低温下，其分子中含有 12 个结晶水，可以进一步促进结晶。因而，在煤矸石经硫酸浸取形成硫酸铝溶液后，可加入硫酸铵，使其形成 $NH_4Al(SO_4)_2 \cdot 12H_2O$，在较低温度下结晶，并在 800℃ 左右可分解生成 Al_2O_3，实现铝与其他杂质的有效分离，同时制备高品质产品。主要反应见式（3-59）：

$$Al_2(SO_4)_3 \cdot 12H_2O + (NH_4)_2SO_4 \longrightarrow 2NH_4Al(SO_4)_2 \cdot 12H_2O \qquad (3-59)$$

表 3-1   各种可溶性硫酸盐在水中的溶解度

温度/℃	溶解度（g/100gH$_2$O）					
	0	10	20	40	60	80
$Al_2(SO_4)_3$	31.3	33.5	36.2	46.1	59.2	73
$(NH_4)_2SO_4$	70.6	73.0	75.4	81.0	88.0	95
Na_2SO_4	4.9	9.1	19.5	48.8	45.3	43.7
$Fe_2(SO_4)_3 \cdot 9H_2O$	—	—	—	440	—	—
K_2SO_4	7.4	9.3	11.1	14.8	18.2	21.4
$NH_4Al(SO_4)_2 \cdot 12H_2O$	7.4	9.0	12.8	20.5	34.9	67.1

2）中和结晶。煤矸石经盐酸或硫酸酸浸后形成的氯化铝和硫酸铝浸取液呈酸性，这些酸性铝盐可与碱反应生成 $Al(OH)_3$ 沉淀。通常采用在该溶液中加入 NaOH 或氨水，通过控制溶液 pH 值，从而得到 $Al(OH)_3$ 沉淀，实现铝与杂质的有效分离。

利用碱浸取煤矸石形成铝酸钠溶液，其分离方法主要是中和结晶法。铝酸钠可与酸性物质（如 CO_2、盐酸等）反应形成 $Al(OH)_3$ 沉淀，工业上主要采用 CO_2 中和沉淀法，即碳化法。主要反应见式（3-60）：

$$2NaAlO_2 + CO_2 + 3H_2O \longrightarrow 2Al(OH)_3 \downarrow + Na_2CO_3 \qquad (3-60)$$

3.6   硅系产品简介

煤矸石中含有的元素可达数十种，蕴含丰富的 Al_2O_3（15%~40%）和 SiO_2（35%~

65%)，MgO、CaO、Fe_2O_3 及硫、磷的氧化物和其他稀有金属元素。因为富含硅铝资源且在一定焙烧温度下，煤矸石的活性大大提高，从煤矸石中提取 Al_2O_3 和 SiO_2 成为一种可利用的途径来制备白炭黑，为其高值化利用提供新的途径。煤矸石制备硅系产品主要包括白炭黑、介孔氧化硅、二氧化硅气凝胶、分子筛、水玻璃介孔氧化硅小球。

水玻璃化学式 $xNa_2O \cdot ySiO_2$，一般指硅酸钠，又称"泡化碱"，是一种无机物，一般由石英砂与碳酸钠高温熔融后和水蒸煮而成。工业用水玻璃的模数一般为 2.2~3.7。水玻璃主要用作建筑和造纸工业的黏合剂、肥皂和洗涤剂的添加剂，经水玻璃浸泡过的木材、织物可以防腐、防火，调制耐酸砂浆和耐酸混凝土，经水玻璃浸泡过的蛋类可以保鲜。水玻璃还用于制造硅胶和分子筛。

白炭黑，又叫无定型二氧化硅，是非晶态二氧化硅，分子式为 $SiO_2 \cdot nH_2O$。白炭黑一般为白色高度分散的无定形粉末，因能够在橡胶添加剂中代替炭黑而得名，熔点为 1750℃。常压下难溶于水及绝大多数酸，能溶于苛性钠和氢氟酸。耐高温，不分解，不燃烧。具有很高的电绝缘性，多孔性，内表面积大，有吸水性，无毒。白炭黑可以作为橡胶的添加剂、补强剂，在提高轮胎拉伸强度、撕裂强度和耐磨性等方面表现出良好的性能。目前白炭黑产量的 70% 用于橡胶作为补强填料，可以极大改善胶料的耐臭氧老化性、滚动阻力和抗撕裂性。白炭黑还可用作涂料、医药、食品等领域中的载体或者流动剂。

介孔氧化硅是以 SiO_2 为骨架结构，孔径为 2~50nm 的多孔材料。介孔氧化硅具有以下特征：多孔结构；孔径分布较窄；水热稳定性较高。介孔氧化硅表面及孔内含有大量 Si-OH，易与有机官能团反应。分为无序介孔和有序介孔两类，以煤矸石合成的有序介孔有 MCM、SBA 和 KIT 系列。

二氧化硅气凝胶是一种纳米多孔材料，简单来说就是通过把湿凝胶中的液体组分进行充分干燥，凝胶中的液体由空气代替而不破坏其结构得到的固体材料。具有低导热性、折射率和高表面积等独特性能，作为一种新型高效防火保温材料，在保持凝胶骨架结构完整的情况下，将凝胶内溶剂干燥后的产物，是迄今最好的防火保温材料。

分子筛又称泡沸石或沸石。分子筛是指该物质具有均匀的微孔孔道结构，小于孔径的分子能够被吸进孔道内，大于孔径的分子则被挡在孔道外，根据分子的大小，把各种组分分离，是一种多孔性的铝硅酸盐，有天然和合成两大类。天然的分子筛是晶体泡沸石；人工合成的分子筛是以水玻璃、偏铝酸钠和烧碱为原料进行合成晶化，再经洗涤、干燥、成型和脱水而制得。分子筛按硅（铝）氧骨架连接方式和组成的不同可分为若干类型，常见的有 A 型、X 型、Y 型几种。

介孔氧化硅小球是一种重要的无机材料，具有非常规整的孔道结构，孔道中具有大量硅羟基，能够进行功能化基团的修饰。CMS 是一种胶状介孔硅，具有磁性、分子吸附和调控释放等特性。其优点为有大量的直通型孔道，增大了比表面积，提升了催化反应活性位点；小球可用多种方法修饰，可根据研究的需要来调节。

3.7 煤矸石制白炭黑

按照生产方法，白炭黑常见的制备方法包括沉淀法和气相法。

沉淀法制备白炭黑是以水玻璃为硅源，加入无机酸或酸性氧化物为沉淀剂，在一定条件下制备白炭黑。选择不同的沉淀剂，对白炭黑的制备有很大的影响。目前，文献报道的可用作白炭黑沉淀剂的物质有硫酸、盐酸、二氧化碳、二氧化硫、碳酸氢铵等。根据制备过程中使用的沉淀剂不同，沉淀法可分为硫酸沉淀法、盐酸沉淀法、碳分法等。

用煤矸石制备白炭黑是以煤矸石作为硅源，进而采用酸浸或碱浸提取其中的硅元素制备水玻璃，再结合沉淀法来制备生产白炭黑。

用煤矸石制备白炭黑主要流程为：将煤矸石粉碎成小颗粒，碱溶或酸溶后，经过高温水萃、过滤、浓缩等活化工程得到滤渣，滤渣经提铝渣后，提铝废渣中 SiO_2 可生产出硅酸钠，将其配成水玻璃溶液，加入无机酸后升温，调节 pH 值，过滤、干燥，最终制成白炭黑。利用这种方法制备白炭黑的本质是将矿物组成中的各种形态的二氧化硅从复杂的混合体系中提纯出来，并转化成非晶态二氧化硅，如图 3-19 所示。

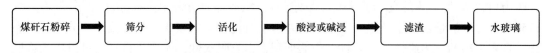

图 3-19　煤矸石制备水玻璃工艺流程图

3.7.1　硫酸沉淀法

硫酸沉淀法制备白炭黑是较成熟的制备方法，将一定浓度的水玻璃和硫酸按照一定比例混合，在一定条件下反应得到白炭黑沉淀（表 3-2）。加入一些表面活性剂和改性剂可以改变白炭黑的粒径、疏水性、形貌等性质。主要方程为：

$$Na_2O \cdot nSiO_2 + H_2SO_4 + xH_2O \longrightarrow Na_2SO_4 + n(SiO_2) \cdot (x+1)H_2O \qquad (3-61)$$

表 3-2　白炭黑样品的指标参数

SiO_2 质量分数/%	加热损失率/%	焙烧损失率/%	比表面积/$m^2 \cdot g^{-1}$	表观密度/$g \cdot mL^{-1}$	PH（4%水浆状）
99.95	1.8	9.4	210	0.086	4.6

将煤矸石磨细至 80 目以下，置于马弗炉中 750℃ 下活化 2h。煤矸石提铝渣具体方法为：利用无机酸与煤矸石中的酸性氧化物（如氧化铝、氧化铁等）反应，将其浸取到滤液中，用以制备结晶氯化铝、聚合氯化铝等铝系产品，滤渣经洗涤后即为本实验所用的煤矸石提铝渣。首先将煤矸石提铝渣与石英砂按照质量比 1:1 混合，再按混合样品与碳酸钠质量比 4:3 混合，送入管式气氛炉中，在一定温度下反应，出料后，转移到高压溶解釜中，按固液质量体积比 1:2 加入蒸馏水，在 200℃，1.4MPa 下溶解 2h，固液分离后，液体即为水玻璃，滤渣进入制砖程序。将水玻璃稀释到一定浓度后，滴加 20% 硫酸进行沉淀反应制备白炭黑，控制滴加速度和搅拌速度，边滴加边测 pH 值，当 pH 值降至 6 时停止滴加，压滤水洗至滤液中不再有 SO_4^{2-} 检出为止，滤饼进入打浆机，控制固含量为 20%，打浆后进入喷雾干燥塔内进行干燥。硫酸沉淀法工艺流程如图 3-20 所示。

影响白炭黑品质的因素主要有以下四点：

（1）加酸速度。想要得到理想的白炭黑产品，加酸速度是控制的关键。加酸速度过快或过慢都不利于白炭黑的生成。当加酸过慢时，体系内产生过多晶核，白炭黑粒子过小，难以沉降。当把硫酸一次性加入到反应体系中时，将这时的反应产物干燥后虽然可得到白

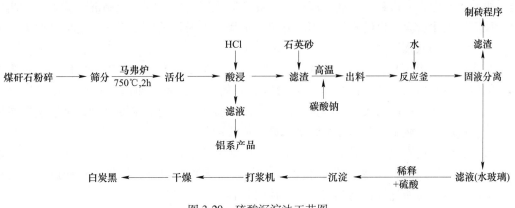

图 3-20　硫酸沉淀法工艺图

炭黑，但是其中含有大量 Na_2SO_4 杂质，无法得到理想的白炭黑颗粒。

（2）搅拌速度。搅拌速度主要影响反应的混合程度，进行充分地搅拌有利于形成分散性好的白炭黑，但是过犹不及，过快的搅拌速度会加大电机负荷，增加耗电量，增大成本。

（3）pH 值。在反应终点时，若 pH 值过高，则无法抽滤，只有少量白炭黑生成；pH 值为 7~8 时生成大量白炭黑，但是依旧难以抽滤；pH 值下降到 6 时达到最适，再下降体系将不会再变化。

（4）水玻璃密度。当水玻璃密度低时，耗酸量会增加，体系中存在二氧化硅的网状交联结构，会将白炭黑粒子相互连接在一起形成更大的白炭黑颗粒，随着水玻璃浓度的升高，成胶现象明显减少。

3.7.2　分离沉淀法

随着全球温室气体的影响，如何利用 CO_2 引起科学家的重视。研究学者发现把 CO_2 用于沉淀法代替传统强酸来和硅酸钠反应可制备白炭黑，通入一定体积分数 CO_2，以 CO_2 做沉淀剂，生成的沉淀经过洗涤、干燥后得到白炭黑。这样做既消耗了 CO_2，也减少了无机酸的消耗，并且减少了设备因强酸的腐蚀损耗，降低了成本且经济环保。例如，可利用工业上产生的含二氧化碳的废气（如煤窑气、石灰空气等）。在降低成本的同时，回收利用了其他工业产生的副产物 CO_2，减少了温室气体的排放，符合目前国际上倡导的绿色化学的发展趋势。

将煤矸石破碎成约 5mm 的小块，在球磨机中粉磨到 120 目，筛余量小于 3%，置于 750℃ 的箱式电阻炉中焙烧 2.0h，并迅速淬冷，然后用浓硫酸与煤矸石灰分充分反应，大部分的 Al_2O_3 和 Fe_2O_3 进入溶液，SiO_2 和其他成分不溶于酸，以渣的形式存在，再经固液分离、洗涤，滤渣在 105℃ 下烘干，得到煤矸石酸渣。利用煤矸石酸渣制取低模数水玻璃溶液的实验在玻璃三口烧瓶中进行。首先配制 20wt% 的 NaOH 溶液，并预热到一定温度，再称取液固比为 4 的煤矸石酸渣与 NaOH 溶液反应，浸提温度为 97℃，浸提时间为 1h，待反应结束后，趁热真空过滤、洗涤，最后得到水玻璃和滤饼。将低模数水玻璃稀释后，加入一定量的煤矸石酸浸渣，在加热和搅拌作用下反应一定时间，再经沉降过滤和洗涤处理，所得滤液即为高模数水玻璃溶液；采用纯二氧化碳气体、空气配制混合碳化气，高模数水玻璃经碳化反应，再经陈化、固液分离、洗涤、干燥处理后，获得白度90%以上、纯度85%以上的白炭黑产品。

沉淀法白炭黑还广泛应用于涂料、绝热材料、塑料、牙膏、农药、饲料、食品等领域。例如，白炭黑在一些高档涂料中可用作消光剂，使涂膜表面微弱粗糙，降低涂膜光泽，起到消光作用；医药级沉淀法白炭黑是目前牙膏用摩擦剂的主要品种；沉淀法白炭黑在医药、食品等领域主要是用作吸附剂、载体或流动剂等。

沉淀法生产技术成熟，成本低，产量大，工业上应用广泛，然而产品含水量高，亲水性强，沉淀法生产的SiO_2品位低，使其应用领域受到一些限制。如果用于橡胶、塑料领域，则需要表面功能化以提高其与有机基体的相容性。

3.7.3　气相法

化学气相沉积法，又称热解法、干法，是指硅卤化物经氢氧焰高温水解制得的无定形SiO_2产品，其原生粒径在7~40nm之间。比表面积大，粒径分布均匀，白炭黑因其高纯度、分散性好、化学稳定性好、吸附特性好等优点广泛应用于橡胶、涂料、胶黏剂、油墨、造纸、食品、精细化工、化工机械抛光等多个领域中，在橡胶中补强效果明显。

纳米白炭黑的制备方法为：将煤矸石经焙烧、酸浸处理后的滤渣与氟化氢在一定条件下反应，放出的SiF_4气体通入自制的水解槽中，在一定浓度的乙醇水溶液中水解，控制水解速度和搅拌速度，得到的沉淀用乙醇反复洗涤后在真空干燥箱中烘干，即99.95%的疏松白炭黑粉末。该制备原理为：煤矸石在700~900℃下焙烧1h后，与盐酸于118℃下反应2h，然后过滤，滤渣与氟化氢反应，放出四氯化硅气体，经水解得到纳米$SiO_2 \cdot xH_2O$。

$$SiO_2 + 4HF \longrightarrow SiF_4\uparrow + 2H_2O \tag{3-62}$$

$$3SiF_4 + (2+x)H_2O \longrightarrow SiO_2 \cdot xH_2O + 2H_2SiF_6 \tag{3-63}$$

相较于沉淀法，气相法产品粒径更小，比表面积更大，表面的吸附水更少，隔离羟基比沉淀法更多，表面离子键补强，效果更优。但是，气相法的弊端在于其生产成本高，从而限制了应用范围。沉淀法以硅酸钠和无机酸为原料，经过反应、压滤、喷雾干燥得到白炭黑产品，原料丰富，工艺简单，成本相对低廉，工业上应用广泛。国内外通常采用气相法来制备高性能的纳米白炭黑。我国的气相法制备白炭黑技术还不成熟，面临巨大发展压力。

3.8　煤矸石制备介孔硅

有多种硅源用于合成介孔硅材料，包括正硅酸乙酯、气相SiO_2和水玻璃等，正硅酸乙酯有毒且价格昂贵，气相SiO_2和水玻璃为纯试剂，成本较高，选择廉价的硅源代替纯试剂更有利于实现介孔材料的工业化，特别是该材料的应用对纯度要求不高时，可以选择从含硅废弃物中提取硅源。

目前利用煤矸石提铝废渣制介孔硅材料主要是先从煤矸石中溶出硅再合成，由煤矸石制备介孔硅材料包括两个阶段：从煤矸石提取硅和基于硅提取物合成介孔硅材料。

材料的制备方法大致可以分为"软模板法"和"硬模板法"两大类。硬模板法制备的介孔材料孔道结构一般是无序的，利用溶胶-凝胶技术合成的介孔材料也是无序的，制备过程很难控制所需要孔道的尺寸和形貌。软模板法所制备的介孔材料具有长程有序的特性，而无机骨架是无序的（即无定型的）。一些典型的有序介孔材料有 MCM、SBA、KIT 系列。无序介孔材料有 SiO_2 气凝胶、微晶玻璃等。

介孔纳米硅材料具有特殊的形貌及性质，既不同于无定形无机多孔材料（如无定形硅铝酸盐），又不同于具有晶体结构的无机多孔材料（如沸石分子筛），而是介于这两者之间，其主要特征可以归纳为以下几点：

（1）孔道结构高度有序，分布均匀；

（2）比表面积非常高、孔隙率也很高；

（3）通过控制材料合成过程中的各种参数，可以使孔壁（骨架）具有不同的组成、结构和性质，另外，通过改变表面活性剂可以使介孔材料具有不同的形状；

（4）孔径的大小分布均匀，并且通过改变合成材料过程的参数，孔径的尺寸大小可以在一定的范围内随意调控（2~30nm）；

（5）具有良好的热稳定性和水热稳定性；

（6）材料表面含有大量硅羟基，可以进行各种修饰；

（7）在对有害物质的选择性吸附、贵重金属的分离、催化、生物医药工程等领域有广泛的应用前景。

介孔材料的制备过程中主要影响因素有硅源、表面活性剂、制备条件、制备方法等，这些制备因素都会使合成介孔材料的外观形貌、内部结构及其性能发生比较明显的改变。

材料合成过程中，表面活性剂的选用是一个关键因素。不同的表面活性剂具有不同的结构和荷电性质，随浓度不同，在水溶液中会形成不同的存在形态。按亲水基的带电性质分，可分为带正电、负电和中性的表面活性剂。亲水基带正电的有长链季胺碱或盐，如 $C_nH_{2n+1}N(CH)_3Br$，即 CnTMABr；带负电的如长链硫酸盐 $C_nH_{2n+1}OSO_3Na$、长链磷酸盐 $C_nH_{2n+1}OPO_3H_2$ 等；不带电的如伯胺 $C_nH_{2n+1}NH_2$ 等。选用不同的表面活性剂会有不同的合成路径。

模板剂的作用：

（1）模板作用。模板剂在微孔化合物生成过程中起着结构模板作用，可导致特殊结构的生成。一些微孔化合物目前只发现极为有限的模板剂，甚至只在唯一与之相匹配的模板剂作用下才能成功合成。

（2）结构导向作用。结构导向作用有严格的结构导向作用和一般结构导向作用。严格结构导向作用是指一种特殊结构只能用一种有机物导向合成。

（3）空间填充作用。模板剂在骨架中有空间填充的作用，能稳定生成的结构。

（4）平衡骨架电荷。模板剂影响产物的骨架电荷密度。分子筛微孔化合物均含有阴离子骨架，需要模板剂中阳离子平衡骨架电荷。

制备提硅液的具体步骤如下：

（1）煤矸石的预处理。通过球磨机将煤矸石彻底粉碎，并通过 200 目的筛子进行筛选，置于马弗炉中以 20℃/min 的升温速率升至 1000℃，焙烧 2h，对煤矸石进行热活化。（2）提硅液的碱浸法制备。称取氢氧化钠，配制成 25% 的氢氧化钠溶液；称取 20g 煤矸石与 NaOH 溶液混合；将混合液加入 150mL 的三口烧瓶中，置于电热套磁力搅拌器上。(3) 设置反应条件。反应温度为 106℃，搅拌速度为 150r/min，反应时间为 2h，进行反应。(4) 将上述反应液用去离子水进行反复过滤并定容至 500mL；滤液加热浓缩至 170mL，得到实验所需要的提硅液，并确定提硅液中 SiO_3^{2-} 的含量。脱硅煤矸石、脱硅液溶液的组成见表 3-3。

表 3-3　脱硅煤矸石、脱硅液溶液的组成

原　料	含量/wt%						烧失率
	SiO_2	Na_2O	Al_2O_3	Fe_2O_3	CaO	TiO_2	
脱硅粉煤灰	32.2	21.4	26.2	3.3	1.8	1.2	11.2
脱硅液	7.7	10.9	0.2	0.02		0.02	
提铝渣	87.5	0.1	0.1	0.1	0.1	0.8	9.9

提硅液中 SiO_3^{2-} 含量的测定原理：SiO_3^{2-} 在有过量的 Na^+ 和存在强酸溶液情况下能够与 F 发生反应，生成 Na_2SiF_6 沉淀。生成的沉淀定量水解生成 HF，以酚酞作为指示剂，用氢氧化钠标准溶液进行滴定，求得提硅液中 SiO_3^{2-} 的含量。滴定实验中，使用过量的 HCl 中和 OH^-，再使用 NaOH 反滴定过量的 HCl，反应方程式见式（3-64）和式（3-65）。

$$SiO_3^{2-} + 2H^+ + 6F^- + 2Na + H_2O \longrightarrow Na_2SiF_6\downarrow + 4OH^- \tag{3-64}$$

$$H^+ + OH^- \longrightarrow H_2O \tag{3-65}$$

具体滴定步骤如下：

(1) 移取 1mL 提硅液并加入蒸馏水定容至 50mL，摇匀后倒入 250mL 锥形瓶中，然后滴加 10 滴甲基红指示剂，用 0.5mol/L HCl 标准溶液进行滴定，溶液由黄色变为微红色即为滴定终点。留置用于 SiO_3^{2-} 含量的测定。

(2) 向上述待用浴液中加入 3g NaF，搅拌使其充分浴解，此时浴液变为黄色，立即用 0.5mol/L 的 HCl 标准溶液滴定至红色后，再过量 2~3mL，准确记录 HCl 标准溶液的用量 V_1；再用 0.5mol/L 的 NaOH 标准溶液滴定溶液至黄色即为滴定终点，准确记录 NaOH 标准溶液的用量 V_2。

(3) 空白实验。将 50mL 蒸馏水加入 250mL 锥形瓶中，并滴加 10 滴甲基红指示剂和 3gNaF。立即用 0.5mol/L 的 HCl 标准溶液滴定空白溶液至红色后，再过量 2~3mL，准确记录 HCl 标准溶液的用量 V_3；采用 0.5mol/L 的 NaOH 标准溶液滴定空白溶液至黄色，即为滴定终点，准确记录 NaOH 标准溶液的用量 V_4。

将提硅液样品进行 3 次平行滴定，平行滴定的结果误差不超过 0.2%，3 次滴定取算数平均值为最终测定结果。提硅液中 SiO_3^{2-} 的浓度计算公式见式（3-66）。

$$C(SiO_3^{2-}) = 1/4\left[(C_1V_1 - C_2V_2) - (C_1V_3 - C_2V_4)\right] \tag{3-66}$$

式中　V——滴定中记录的所用标准溶液体积，mL；

　　　C_1——HCl 标准溶液的浓度，mol/L；

　　　C_2——NaOH 标准溶液的浓度，mol/L。

3.8.1　有序介孔硅的制备

3.8.1.1　制备 MCM-41

自从 1992 年美国科学家 Kresge 首次合成含有介孔结构的二氧化硅分子筛，并将其命

名为 MCM-n 以来，科学家们采用不同合成方法和模板合成了不同结构特征的介孔二氧化硅材料。MCM 包括 MCM-41（六方相）、MCM-48（立方相）和 MCM-50（层状机构）（图 3-21）。MCM-41、MCM-48、MCM-50 均是在碱性条件下，使用长链季铵盐表面活性剂为模板合成出来的。MCM-41 是以十六烷基三甲基溴化铵（$C_{16}H_{33}(CH_3)_3NBr$，CTAB）为模板剂，添加一定量的硅源，保持 pH 值在 10.2 左右，通过水热过程合成的二维六方介孔材料，其 XRD 谱图见图 3-22。

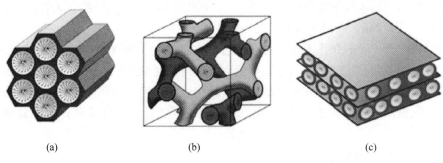

(a)   (b)   (c)

图 3-21　介孔材料的结构
（a）MCM-41；（b）MCM-48；（c）MCM-50

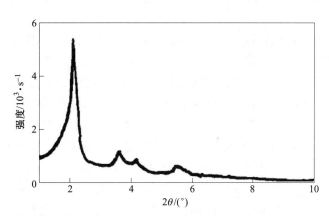

图 3-22　MCM-41 的 XRD 谱图

将煤矸石碱溶，制备模数可调的硅酸钠溶液。将 CTAB 模板剂在 30℃ 磁力搅拌下溶解于一定量的超纯水中，得到相应溶液。加入一定比例的硅铝提取液，在 30℃ 磁力搅拌 4h，然后用 HCl 调节 pH 值为 10 左右，快速搅拌 30min，然后在室温下静置一段时间，将得到的白色产物置于水热反应釜聚四氟乙烯内衬中，并在一定温度下反应一段时间之后，将所得产物过滤、洗涤、干燥，得到前驱体。最后将前驱体放置马弗炉中焙烧，从而得到相应的分子筛样品。

与其他沸石材料相比，MCM-41 的骨架铝物种热稳定性相对较差，在焙烧过程中，骨架铝物种由骨架脱落成为非骨架铝物种。MCM-41 合成区别于传统 Molecule 分子筛合成的最大特点是其所用模板剂不同，传统沸石或 Molecule 分子筛的合成是以单个有机小 Molecule 分子或金属离子为模板剂，以 ZSM-5 为例，所用典型模板剂为四丙基胺离子，晶体是通过酸盐在模板剂周围的缩聚形成的。而 MCM-41 的合成则不同，它是以大 Molecule

分子表面活性剂为模板剂，模板剂的烷基链一般多于 10 个碳原子，关于它的形成现已提出两种机理，而且仍不断进行改进及完善。

纯硅 MCM-41 本身酸性很弱，直接用作催化剂活性较低。因此，研究人员常对其进行改性，以增加其催化活性。分别采用不同的改性剂（乙二胺、乙醇胺、二乙醇胺、三乙醇胺、四乙烯五胺），并采用浸渍法对介孔硅材料进行改性。具体的改性方案如下：先分别将不同的改性剂与无水乙醇按照质量比为 1∶10 进行混合，室温下搅 40min 使改性剂充分溶解；之后再加入与改性剂质量比 1∶1 的介孔硅浸渍 10h，抽滤后置于真空干燥箱中，在 343.15K 真空干燥 24h，制得改性介孔硅材料。

以 MCM-41 为代表的介孔氧化硅材料，虽然在催化与吸附方面具有重要的应用前景，但由于材料是粉末颗粒状的，吸附分离和催化过程需要间歇进行，因此限制了其催化、分离的使用范围和效率。如将介孔材料做成连续膜状结构，则可使间隙进行的吸附分离过程连续化，简化操作过程并扩大应用范围。近两年来，已有一些有关介孔薄膜材料的研究报道。

3.8.1.2　制备 SBA-15

SBA-15 和 SBA-16 是分别以三嵌段共聚物 P123（$EO_{20}PO_{70}EO_{20}$） 和 F127（$EO_{106}PO_{70}EO_{106}$） 为模板剂，添加一定量的硅源，在强酸性（pH<1）条件下合成的六方和立方结构的介孔材料。

硅酸钠母液制备：将煤矸石与 9mol/L 硫酸溶液以固液比 1∶5 混匀，加入聚四氟乙烯反应罐，将其固定于均相反应器中，在 160℃下反应 4h，反应结束后利用热水多次洗涤至滤液呈中性，将所得固体充分干燥得到酸浸渣。称取酸浸渣 20g 加入聚四氟乙烯反应釜中，再加入 60g 10% NaOH 溶液，将反应釜置于均相反应器中在 100℃下反应 30min，反应结束趁热过滤，收集滤液。调节其模数，配置模数 2.3、浓度为 21% 的硅酸钠溶液备用。

配置 2mol/L 的盐酸溶液，加入模板剂 P123，放入水浴锅中，在 35℃下搅拌 4h，使其充分混合均匀，将硅酸钠溶液加入去离子水中混匀，利用蠕动泵以 20r/min 的速度滴加至溶液中，在 40℃下搅拌 20h，出现白色絮状物后，将溶液转移至聚四氟乙烯罐，并置于干燥箱中老化，使用无水乙醇水过滤、洗涤至中性，干燥后得到白色粉末。将其置于马弗炉中，程序升温至 550℃煅烧 5h 去除模板剂，得到介孔二氧化硅 SBA-15。

SBA 其总体结构同 MCM-41 非常相似，比如：都具有孔径均匀且分布单一、比表面积大（690~1040m^2/g）、表面化学性质丰富等性质。但相比 MCM-41，SBA-15 还具有以下优势：孔径范围（2~30nm）更大，很多不规则微孔相连于孔壁，使其在吸附方面的应用价值更为突出，孔壁更厚，水热稳定性更高。介孔分子筛 SBA-15 在分离、催化及纳米组装等方面具有很大的应用价值，可是由于存在化学反应活性不高等内在缺陷，大大限制了它的实际应用范围。为实现介孔分子筛 SBA-15 的潜在应用价值，依靠化学改性来提高它的水热稳定性和化学反应活性成为现在面临的主要研究课题。通过对 SBA-15 表面有意识地进行各种不同的修饰，以满足现实应用中的不同要求。

3.8.1.3　制备 KIT-6

KIT-6 材料为体心立方结构，因具有独特的三维介孔结构、较大的比表面积和孔隙，有利于金属物种在其孔道和表面的高度分散，被广泛应用为催化剂的载体。

从煤矸石中制备 KIT-6 是指将煤矸石制备成水玻璃，调整模数作硅源（表 3-4），具体过程为：将 P123 溶解在 H_2O 和浓盐酸中，在 35℃下搅拌 4h，加入正丁醇，继续搅拌 1h。添加水玻璃（模数 2.31）和偏铝酸钠（以硅铝比＝10 为例），添加完毕后，35℃水浴搅拌 24h，装反应釜进行 24h 水热之后从反应釜取出样品，进行过滤洗涤，并于 100℃下干燥 12h，最后在 550℃下煅烧 12h（升温速率 1.5℃/min）。

表 3-4 典型有序介孔硅的制备条件

名　称	制备条件			备　注
	原料	模板剂（$n = 12 \sim 20$）	合成环境	
MCM-41	由煤矸石制成的水玻璃	$C_nH_{2n}+1N(CH_3)_3$	碱性	（1）使用不同的模板剂可能得到具有相同结构的产物；（2）使用同种模板剂在不同的条件下可能得到具有不同结构的产物
MCM -48		$C_nH_{2n}+1N(CH_3)_3$	碱性	
MCM-50		$C_nH_{2n}+1N(CH_3)_3$	碱性	
SBA-15		$EO_{20}PO_{70}EO_{20}$	酸性	
SBA-16		$EO_{106}PO_{70}EO_{106}$	酸性	
KIT-6		$C_nH_{2n}+1N(CH_3)_3$	碱性	

3.8.2 无序介孔硅的制备

以煤矸石基预脱硅液和提铝酸渣制备无序介孔氧化硅主要包括两个过程：硅酸钠前驱体的制备和溶胶-凝胶-低温老化过程，工艺流程如图 3-23 所示。

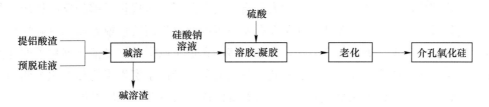

图 3-23 脱硅液与提铝酸渣制备介孔氧化硅工艺流程图

硅酸钠溶液的制备：将预脱硅液与提铝酸渣按照 Na_2O 与 SiO_2 摩尔比 $1:1 \sim 1:3$ 混合均匀，在 100℃下反应 30min。过滤，添加少量蒸馏水，水洗得到不同模数的硅酸钠溶液，备用。在此过程中主要发生的反应见式（3-67）

$$Na_2O \cdot 0.7SiO_2(aq) + xSiO_2(s) \longrightarrow Na_2O \cdot (0.7 + x)SiO_2(aq) \qquad (3-67)$$

介孔氧化硅的制备：取上述得到的硅酸钠溶液，在 20℃下，边搅拌（400r/min）边滴加 30wt% 的 H_2SO_4 至 pH 值达到 10.0，此时体系达到凝胶状态，凝胶 2min 后持续滴加硫酸，使体系 pH 值达到 $2.5 \sim 3.0$，反应 30min。反应过程中监测体系的 pH 值，如果 pH 值发生变化则继续补充硫酸。之后，添加 25wt% 的氨水调整体系的 pH 值（$7 \sim 10$），在一定的温度下（$20 \sim 80$℃）反应一定的时间（$20 \sim 120$min）。反应结束后，调节体系 pH 值（$2.5 \sim 3.0$），过滤、水洗、干燥得到介孔氧化硅。

考察前驱体性质（硅酸钠溶液模数、硅浓度）与合成条件（pH 值、温度、时间）对介孔氧化硅孔结构性质的影响。脱硅率的影响因素：随着 NaOH 浓度和浸取温度的升高，预脱硅率呈现先增加后降低的趋势。酸浸预处理与添加 EDTA 脱硅结合的方式可强化粉煤灰脱硅过程。当 NaOH 浓度为 20wt%、浸取温度为 110℃、EDTA 添加比例为 0.6，结合酸浸预处理，可使粉煤灰预脱硅率提高至 58.9%。

溶胶-凝胶法制备多孔材料，是目前最传统的一种合成方法，主要优点为：反应容易进行，温度较低；容易获得所需的均相多组分体系；合适的条件下，能够合成特定结构的新型孔材料。

介孔氧化硅在很多方面都有应用，见图 3-24。

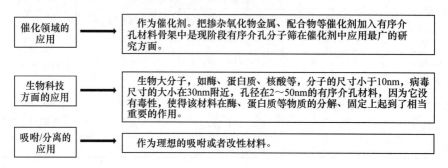

图 3-24   介孔氧化硅的应用

（1）在催化剂方面的应用。具有的较高比表面积及较大的孔隙率，可用作反应的催化剂，如沸石催化剂。介孔材料所具有的大孔道可为大分子反应提供足够的反应场所，常用于石油裂化过程。更加值得关注的就是介孔材料可以通过表面改性或者内部负载提高本身的催化性能，可以满足更多催化需求。如其较多的孔道可以降低纳米催化剂粒子的高温聚集度，增强催化剂的稳定性；负载于介孔材料上的催化剂由于实现了均相催化剂的固体载化，更加利于分离，使催化剂重复利用，节约资源同时实现对环境的保护。

（2）在生物科技方面的应用。介孔二氧化硅纳米材料可用于药物可控释放体系、基因载体、生物传感系统、细胞内标记以及和其他生物分子（如蛋白质的可控缓释载体）。其中应用最广泛的就是 MSNs 作为药物和基因载体。

（3）在吸附剂方面的应用。尺寸正好相匹配于生物大分子；本身优秀的生物相容性（特别是氧化硅材料）；表面存在的大量的硅羟基可以与某些有机集团形成氢键，介孔材料可以应用于生物大分子的吸附/脱附以及药物分子的缓慢释放，金属离子如 Ag^+、Hg^{2+}、Cu^{2+} 等的吸附或者选择性吸附，酸性气体 CO_2 的吸附。

———— 本 章 小 结 ————

本章介绍了煤矸石在有价元素资源化利用方面的现状和情况，详细论述了煤矸石经过活化，从中提取氯化铝、结晶铝盐、白炭黑、有序和无序介孔硅材料的制备原理和方法。煤矸石为什么能提取这些材料，以及怎么提取，提取后又能如何应用，多方面地介绍了煤矸石的高效利用现状。

思 考 题

3-1 煤矸石提取氧化铝的工艺有哪些?

3-2 煤矸石还可以生产哪些铝系产品,其生产工艺如何?

3-3 煤矸石如何活化?

3-4 煤矸石制备不同种类的介孔材料工艺的区别是什么?

3-5 试比较各种介孔材料的区别。

3-6 介孔材料一般有哪些特点?

参 考 文 献

[1] GuoY X, Yan K Z, Li Y Y, et al. Effect of Na_2CO_3 additive on the activation of coal gangue for alumina extraction [J]. International Journal of Mineral Processing. 2014, 131: 51-57.

[2] Okada K, Kikuchi S, Ban T, et al. Difference of mechanic chemical factors for Al_2O_3 powders upon dry and wet grinding [J]. J. Mater. Sci. Lett., 1992 (11): 862-864.

[3] Guo Y X, Yan K Z, Cui L, et al. Improved extraction of alumina from coal gangue by surface mechanically grinding modification [J]. Powder Technology, 2016, 302: 33-41.

[4] 相亚军,纪利春,任根宽. 碱法提取煤矸石中氧化铝试验条件优化 [J]. 中国电力,2015, 48 (1): 63-67.

[5] 任根宽. 石灰石烧结法生产氧化铝的控制指标探讨 [J]. 轻金属,2008 (2): 21-24.

[6] 贾宝华,刘高武,贾杰. 利用煤矸石制备结晶氯化铝、聚合氯化铝、水玻璃、白炭黑和钛白粉 [J]. 化学世界,1998 (12): 632-634.

[7] 牟文宁. 粉煤灰制备硫酸铝的工艺研究 [D]. 沈阳:东北大学,2008.

[8] Maysilles J H, Traut D E, Sawyer D L. Aluminum chloride hexahydrate crystallization by HCl gas sparging [R]. United States, Bureau of Mines, Investigative Report 8950, 1982.

[9] Eisele J A, Bauer D J, Shanks D E. Bench-scale studies to recover alumina from clay by a hydrochloric acid process [J]. Industrial & Engineering Chemistry Product Research and Development, 1983, 22 (1): 105-110.

[10] Shumkov S, Shoumkova A. Magnetochemical treatment of coal fly ash [J]. Bulgarian Chemistry and Industry, 2004, 75 (1/2): 37-40.

[11] Brown R R, Daut G E, Mrazek R V. Solubility and activity of aluminum chloride in aqueous hydrochloric acid solutions [R]. United States, Bureau of Mines, Investigative Report 8379, 1979.

[12] 李浩林,夏举佩,曾德恢. 加压酸浸煤矸石中氧化铝工艺及动力学研究 [J]. 煤炭转化,2020, 43 (2): 89-96.

[13] 孙岩. 煤矸石提铝渣制备白炭黑工艺优化及工程化设计 [D]. 太原:山西大学,2015.

[14] 王旭东. 酸浸煤矸石制备介孔材料的研究 [D]. 合肥:安徽建筑大学,2016.

[15] 杜宏. 煤矸石基介孔硅材料的制备、改性及吸附二氧化碳性能的研究 [D]. 呼和浩特:内蒙古工业大学,2018.

4 煤矸石制功能材料技术

本章提要：

  （1）掌握煤矸石制功能材料的发展、分类及具体方法。

  （2）掌握煤矸石制功能材料的具体制备方法和应用。

2010~2020 年，煤矸石的综合利用率从 37% 升至 72.2%。从煤矸石资源综合利用的途径来看，主要集中在煤矸石发电、生产建筑材料、井下充填、采空区回填、筑路和土地复垦等方面。煤矸石中含有 40%~60% SiO_2、15%~35% Al_2O_3、2%~17% C，还含有 1%~4% MgO，这些有价组元都可以用来合成功能材料，例如系列氮氧化物耐火材料、窑具材料、吸附材料等，这样不仅可以降低这些功能材料的合成成本，还可以实现煤矸石固废资源的高附加值利用。

本章首先系统介绍了氮氧化物耐火材料、窑具材料、多孔材料、吸附材料的概念和发展现状，然后重点展示煤矸石合成氮氧化物耐火材料、窑具材料、轻质保温材料、高岭土、吸附材料的技术及性能，为煤矸石高附加值利用提供新的途径，同时为其他大宗工业固废高值化、规模化利用奠定理论基础，并提供技术支撑。

4.1 煤矸石合成氮氧化物耐火材料

4.1.1 氮氧化物陶瓷的发展

陶瓷材料是人类最早利用自然界所提供的原料制造而成的材料，对于人类的文明发展有着至关重要的作用。大多数陶瓷材料的主要特点是：硬度高、抗折强度大、耐高温、耐腐蚀、抗氧化、隔热和绝缘等，已发展成为国防、宇航、交通、机械、电子、化工、冶金、建筑、医学工程等领域中不可缺少的结构和功能材料，成为现代科学和尖端技术的重要组成部分。近年来，由于科学技术的迅猛发展，特别是电子技术、空间技术、计算机技术的发展，迫切需要一些具有特殊性能的材料，以满足对材料所提出的各种苛刻要求。因此，科学工作者研究了一系列新型的先进陶瓷材料，如氧化物陶瓷、氮化物陶瓷、碳化物陶瓷、硼化物陶瓷、硅化物陶瓷、氟化物陶瓷、复合陶瓷（由两种或两种以上物质构成的陶瓷）等。先进陶瓷具有应用前景广泛、发展潜力巨大等一系列优势，已经成为陶瓷科学和材料科学与工程领域非常活跃、极富挑战性的前沿课题，被誉为"万能材料"或"面向 21 世纪的新材料"。

耐火材料是近代陶瓷材料的重要组成部分，随着现代化技术发展的日新月异，耐火材料正向高技术、高性能、精密化和功能化的方向发展，从以氧化物为主演变到氧化物与非氧化物并重，且重视复合型的特种耐火材料。总的趋势是从传统的氧化物材料向碳化物、氮化物以及氮氧化物的方向发展。

20 世纪 70 年代初期，日本的 Oyama 和 Kamigaito 及英国的 Jack 和 Wilson 首先发现了金属氧化物在金属氮化物中的固溶体，即在 Si_3N_4-Al_2O_3 系统中存在 β-Si_3N_4 固溶体，它是由 Al_2O_3 的 Al、O 原子部分置换 Si_3N_4 中的 Si、N 原子，因而有效地促进了氮化硅的烧结，该固溶体为 Silicon Aluminum Oxynitride，取其字头即 SiAlON（赛隆），其晶体构型和 Si_3N_4 相类似。理想的 Si_3N_4 结构是由 [SiN_3] 四面体通过共角形式形成的空间骨架。与 Si_3N_4 一样，SiAlON 也包括 α 和 β 型两种晶型，除此之外，由于 Al 和 O 的固溶态不同，SiAlON 还有 O'-SiAlON、X-SiAlON 和 SiAlON 多型体等晶体构型。

Jack 和 Wilson 最早给出了 Si_3N_4-AlN-SiO_2-Al_2O_3 系相图，如图 4-1 所示，其中，SiAlON 体系主要物相、表达式及其特点列于表 4-1 中。

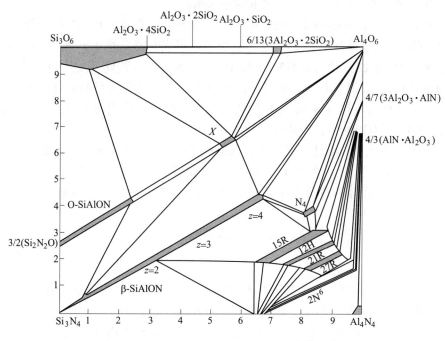

图 4-1 1973K Si_3N_4-AlN-SiO_2-Al_2O_3 系统等温截面

表 4-1 SiAlON 固溶体种类、表达式及其特点

物相	表达式	特　　点
α-SiAlON	$M_m Si_{12-(3m+n)} Al_{(3m+n)} O_n N_{16-n}$ M=Li、Ca、Mg、Y 和稀土元素 R （R = Nd、Sm、Gy、Er 和 Yb）	等轴晶，具有较高的硬度，耐磨但韧性较差
β-SiAlON	$Si_{6-z} Al_z O_z N_{8-z}$ （z=0~4.2）	最稳定相，具有高强度、良好的抗热震和抗侵蚀能力、膨胀系数小、化学稳定性高

物相	表达式	特　点
O′-SiAlON	$Si_{2-z}Al_zO_{z+1}N_{2-z}$ $(0 < z < 0.3)$	抗氧化性好
X-SiAlON	$Si_{12}Al_{18}O_{39}N_8$ $Si_{12}Al_{18}O_{42}N_6$	稳定区域较小 研究较少
SiAlON 多型体	8H、15H、12H、21R、27R 和 2H	具有纤锌矿 AlN 结构 研究较少

4.1.2　氮氧化物耐火材料及其应用领域

SiAlON 家族包括 α-SiAlON、β-SiAlON、O′-SiAlON、X-SiAlON 和 SiAlON 多型体等晶体构型，这些化合物都具有一定的开发和应用价值。

（1）β-SiAlON。β-SiAlON 是 β-Si_3N_4 中的 z 个 Si—N 键被 z 个 Al—O 键取代形成的，在 β-Si_3N_4 的晶格中置换性地固溶进 Al 和 O 原子，形成有畸变的 β-Si_3N_4 晶格，这就是 β-SiAlON，从图 4-1 中也可看出 β-SiAlON 处于 Si_3N_4 和 AlN·Al_2O_3 的连线上。其组成可以表示成 $Si_{6-z}Al_zO_zN_{8-z}$，其中 $0 < z \leqslant 4.2$。β-SiAlON 是典型的六方柱状晶体，比 β-Si_3N_4 晶粒粗大，多呈柱状，具有与 β-Si_3N_4 相同的结构，所以物理性质与 Si_3N_4 相似，又由于含有 Al_2O_3，因此化学性质接近于 Al_2O_3。

β-SiAlON 为置换型固溶体，其取代过程中不伴随空位和填隙原子的产生，但由于固溶前后不同原子在原子半径上的差异，原子 Al 半径较 Si 更大，Al 四面体的共价半径为 1.26Å[❶]，大于 Si 四面体的共价半径 1.17Å，导致晶胞参数增加，其晶胞参数与 β-SiAlON 的 z 值关系式见式（4-1）。

$$a = 7.603 + 0.02967 \times z(\text{Å})$$
$$c = 2.907 + 0.02554 \times z(\text{Å})(0 < z \leqslant 4.2) \tag{4-1}$$

β-SiAlON 共价键性强，在各种单相 SiAlON 中具有最高的室温断裂韧性。β-SiAlON 热膨胀系数较低，强度和韧性较高，因此具有比 β-Si_3N_4 更优异的抗热震性，其抗氧化性明显优于 Si_3N_4，与 SiC 相近。表 4-2 列出了不同 z 值下的 β-SiAlON 的性质。

表 4-2　不同 z 值 β-SiAlON 的性能

性　能	$z = 3$	$z = 2$
断裂模量/MPa	945	
抗拉强度/MPa	450	350
耐压强度/MPa	3500	
密度/g·cm^{-3}	3.259	3.0
膨胀系数/K^{-1}	3.04×10^{-6}	3.0×10^{-6}

---

❶　1Å = 0.1nm，下同。

续表4-2

性能	$z=3$	$z=2$
热导率/W·(m·K)$^{-1}$	22	
硬度 HV/kg·mm^{-2}	1800	
杨氏模量/GPa	300	231~234
泊松比	0.23	0.288

（2）α-SiAlON。当加入某些金属氧化物烧结助剂进行烧结时，SiAlON 相图（图 4-1）由原来的 Si_3N_4-SiO_2-AlN-Al_2O_3 扩展为 Me-Si-Al-O-N 五元系，此时将形成 α-SiAlON。α-SiAlON 是以 α-Si_3N_4 为基的一种 Si、Al、O、N 及金属 Me 的固溶体，属于六方晶系，α-Si_3N_4 的 c 轴方向晶格间距大约是 β 的两倍，因此易溶进金属离子，其通式为 $Me_xSi_{12-(m+n)}Al_{m+n}O_nN_{16-n}$，$x=m/p$，Me 为金属离子，包括 Li、Na、Mg、Ca、Y 及除 La、Ce 以外的稀土元素。其中 m 个（Si—N）键被 m 个（Al—N）键取代，n 个（Si—N）键被 n 个（Al—O）键取代，由此导致的电价不平衡通过金属离子 Me 的进入得以补偿，是置换与填隙同时存在的固溶体，其固溶范围因各金属离子而异，图 4-2 是一个 Y-Si-Al-O-N 体系 Janecke 棱柱形相图。

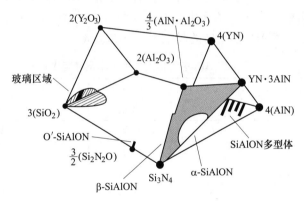

图 4-2 Y-Si-Al-O-N 系中的 SiAlON 相的位置关系

对于填隙金属离子，因为每个 α-Si_3N_4 结构中最多只有两个大间隙位置，所以它在 α-SiAlON 中的固溶量不会超过 2。由于 Al—O 键和 Al—N 键与 Si—N 键键长的差异，当 Al—O 和 Al—N 取代 Si—N 时，会引起晶胞参数的变化。

同其他 SiAlON 材料相比，α-SiAlON 具有高的硬度、良好的耐磨性等优良性能，其晶粒多为等轴状，故强度和韧性较 β-SiAlON 低。α-SiAlON 还有一个特点，可以根据需要选择强度和硬度，能够制造出形状复杂的发动机部件，并且可以用来制造机械零件、模具、切削工具等。

（3）O′-SiAlON。O′-SiAlON 是 Si_2N_2O 与 Al_2O_3 的固溶体。由图 4-1 可见，O′-SiAlON 只有很窄的固溶范围，与 Si_2N_2O 有着相似的晶体结构，其化学式可表示为 $Si_{2-z}Al_zO_{z+1}N_{2-z}$（$0<z\leqslant0.4$），O′-SiAlON 的最大固溶度是一个随温度而变化的值，在 1750℃ 时，$z=0\sim0.4$。O′-SiAlON 属正交晶系，由于结构上的特点和含有较多的氧，O′-SiAlON 具有 SiAlON 材料中最好的抗氧化能力。不同 z 值的 O′-SiAlON 的晶格常数有所不同，它的抗弯

强度和断裂韧性也不尽相同。研究表明，随着 Al 和 Si 固溶度的增加，晶格常数 a、b、c 也会增大，在 $z>0.3$ 时趋于最大，并保持到 $z=0.4$ 附近。O′-SiAlON 陶瓷的韧性不如 β-SiAlON，原因是 O′-SiAlON 陶瓷与富 SiO_2 玻璃相间的结合键太强，以致裂纹的扩展直接穿过玻璃相与晶相，将不会产生 β-SiAlON 材料中出现的拨出或裂纹偏转效应，致使 O′-SiAlON 陶瓷的韧性比较低。

（4）X-SiAlON。图 4-1 中间狭小区域为 X-SiAlON 相（或称为 X 相）。由于 X 相作为中间产物，所以对其生成热力学方面的分析相对较多，而关于其性质的研究和报道则较少，研究认为，X-SiAlON 能减小热膨胀系数和提高抗氧化性能。

（5）SiAlON 多型体。如图 4-1 所示，位于 β-SiAlON 和 AlN 之间区域的一系列固溶体统称为 SiAlON 多型体，由于具有纤维锌矿型 AlN 结构，故也称为 AlN 多型体。AlN 结构单元为［AlN］四面体，金属 Al 或 Si 原子和非金属 N 原子以 Me/X 层（Me 为金属原子，即 Si 或 Al，X 为非金属原子，即 N 或 O 值）排列成六方结构，晶胞参数为：$a=3.114\text{Å}$，$c=4.986\text{Å}$。在 AlN 角的附近，β-SiAlON 和 AlN 之间存在 6 种具有一定 Me/X 结构，并沿相同方向有一定固溶度的 AlN 多型体，其组成可表示为 $Me_m X_{m+1}$，其中 m 为整数。6 种 AlN 多型体按照 Ramsdell 符号分别命名为 8H、15R、12H、21R、27R 和 $2H^\delta$。以 H 命名的每个晶胞中有 2 个结构单元，每个单元中含有 $n/2$ 层 Al(Si)-N(O) 层；以 R 命名的 4 个晶胞中有 3 个结构单元，每个单元中含有 $n/3$ 层 Al(Si)-N(O) 层；δ 表示在 MX_2 层发生了错排。表 4-3 给出了 AlN 多型体的晶胞大小及其组成。

表 4-3　AlN 多型体的晶胞大小及其组成

项目	Me/X	$a/\text{Å}$	$c/\text{Å}$	组　成
8H	4/5	2.998	23.02	$(AlN)_3 SiO_2$
15R	5/6	3.010	41.81	$(AlN)_4 SiO_2$
12H	6/7	3.029	32.91	$(AlN)_5 SiO_2$
21R	7/8	3.048	57.19	$(AlN)_6 SiO_2$
27R	9/10	3.059	71.98	$(AlN)_8 SiO_2$
$2H^\delta$	> 9/10	3.079	5.3	$(AlN)_{8.6}(SiO_2)_{0.3}(Si_3N_4)_{0.7}$
2H	1/1	3.114	4.986	AlN

多型体在结构上很相似，都是以母体 AlN 相的纤锌矿结构为基础，不同的 AlN-多型体在晶粒形貌上稍有差别。与 α-SiAlON 和 β-SiAlON 相比，AlN 和 AlN-多型体的力学性能较差，但与普通陶瓷材料不同的是，AlN-多型体的高温强度比室温强度高，所以，可以利用它们作为 SiAlON 陶瓷的补强相。

（6）SiAlON 复合材料。先进陶瓷的研究曾一度趋向于高纯单相陶瓷，但因其在制备和性能上的局限性，使其无法满足高科技发展对材料的苛求。复合材料既能保留原组成的主要特色，并通过复合效应获得原组分不具备的性能，又可通过材料设计使各组分的性能互补并彼此关联，从而获得新的优越性能，因此，复合材料已成为今后陶瓷材料发展的重要方向。

SiAlON 陶瓷由于在性能、制备、原料方面展现出的诸多优越性能，其发展趋势表现为复相化、材料的剪裁与设计和纳米化，而其中最具突出特性就是复相化。例如，为获得兼具高强度、高硬度、高韧性的金属切削刀具材料，根据相图指导，研究人员设计并制备出具有长柱状 β 相与等轴 α 相的交织结构，即 α-β-SiAlON 陶瓷材料。它是一种较为典型的自补强多相复合陶瓷，兼具 α 相的高硬度和 β 相的高强度、高韧性，可较好地满足切削刀具材料的要求。

基于 Si_3N_4-Al_2O_3-SiO_2-AlN 和 Me-Si-Al-O-N 相平衡体系中单相 SiAlON 之间的平衡共存关系，开发出了复相 SiAlON 陶瓷材料，主要有 α-β-SiAlON、β-Si_3N_4-β-SiAlON、β-SiAlON-AlON、O′-SiAlON-β-SiAlON、β-SiAlON-SiAlON 多型体等，其中研究较多的是 α-β-SiAlON。

4.1.3 SiAlON 材料的合成方法

在 SiAlON 材料的制备过程中，烧结工艺是材料制备过程中关键因素之一，陶瓷和耐火材料的常用烧结方法见表 4-4。

表 4-4　陶瓷和耐火材料的常用烧结方法

烧结方式	操作方式	特　点
常压烧结法	无压烧结	大批量制取复杂结构制品
反应烧结法	反应烧结	尺寸变化小，制造形状，可制备复杂的制品
液相烧结法	烧结助剂 液相烧结	烧结温度低，密度较高， 有玻璃相，高温性能差
热压烧结法	高温高压 成型烧结	密度高，可制取复杂构件， 生产效率低，成本高
超高压烧结法	高压装置 加压烧结	不用烧结助剂，密度高， 不易操作，成本高
微波烧结法	微波进行 高温烧结	快速、合成致密， 成本高、生产效率低

以 β-SiAlON 为例，其主要合成方法可以分为高温固相反应法、自蔓延反应（SHS）合成法、碳热还原氮化合成法、金属还原氮化法。

（1）高温固相反应法。向 Si_3N_4 粉末中添加等摩尔数的 AlN 和 Al_2O_3，并在高温下把 AlN 和 Al_2O_3 固溶到 β-Si_3N_4 中去，不同配比的原料可以得到 z 值不同的 β-SiAlON，其合成反应式为：

$$(6 - z)Si_3N_4 + zAlN + zAl_2O_3 \rightleftharpoons 3Si_{6-z}Al_zO_zN_{8-z} \tag{4-2}$$

高温固相反应制备的 β-SiAlON 具有优异的使用性能，但是由于合成原料要求较高，原料成本高，加上设备要求高，能耗大，成本居高不下，制约了其大规模应用。

（2）自蔓延反应合成法（SHS 法）。以 Si 粉、AlN 和 α-Si_3N_4 为原料，用发热体点燃反应混合物顶端的钛颗粒，并产生 2000℃ 以上的高温，使反应混合物开始燃烧（氮化反应）。由于该燃烧反应具有很强的放热效应，一旦点燃后就可以自发维持，并以燃烧波的形式以 2mm/s 的速率向前蔓延，因此在数分钟之内就完成 β-SiAlON 的合成。该燃烧合成反应的化学式可表达为：

$$Si + Si_3N_4 + SiO_2 + AlN + N_2(g) \rightleftharpoons Si_{6-z}Al_zO_zN_{8-z} \tag{4-3}$$

α-Si_3N_4 的作用是作为稀释剂来控制反应的氮化速度,整个氮化过程在数分钟内完成,SHS 法合成的 β-SiAlON 的 z 值受到限制,一般为 0.3~0.6。SHS 法合成同样存在原料成本高、设备要求高、能耗大、成本居高不下的不足,因此也制约了其大规模应用。

(3)金属还原氮化法。为降低成本,实际工业化生产中采用较多的是金属还原氮化方式制备 β-SiAlON,即在氧化铝原料中,通过添加金属硅和铝粉的方法,在氮气保护下,直接合成 β-SiAlON 相。其反应方程式为:

$$(6-z)Si + z/3Al + z/3Al_2O_3 + (4-0.5z)N_2 \Longrightarrow Si_{6-z}Al_zO_zN_{8-z} \tag{4-4}$$

在上述反应发生的过程中可能发生的反应如下,以合成 z=2 为例:

$$Al(1) + 0.5N_2(g) \Longrightarrow AlN \tag{4-5}$$

$$3Si(1) + 2N_2(g) \Longrightarrow Si_3N_4 \tag{4-6}$$

$$4Si_3N_4 + 2AlN + 2Al_2O_3 \Longrightarrow 3Si_4Al_2O_2N_6 \tag{4-7}$$

$$12Si(1) + 2Al(1) + 2Al_2O_3 + 9N_2(g) \Longrightarrow 3Si_4Al_2O_2N_6 \tag{4-8}$$

(4)碳热还原氮化合成法(CRN 法)。在众多的 β-SiAlON 制备方法中,碳热还原氮化是最为经济的合成方法,成为目前的研究热点。该方法主以富含 SiO_2、Al_2O_3 的物质为原料,如天然原料(如红柱石、高岭土等或固体废弃物煤矸石、粉煤灰等)为原料,加入适量的炭粉作为还原剂,在氮气气氛下合成 β-SiAlON。由于 CRN 法合成具有原料成本低、原料来源广泛、合成成本低等优点,并且某些固体废弃物(如煤矸石、粉煤灰等)的利用还可避免占地和污染环境,可以有效降低 SiAlON 合成成本,实现固体废弃物的高效高附加值处理,但目前关于 CRN 法大多仍只限于实验室合成阶段,未能实现工业大规模生产,并且关于 CRN 法制备 β-SiAlON 的实际应用的研究也较少,这些都将制约 CRN 法的进一步广泛推广应用。

4.1.4 β-SiAlON 合成的热力学基础

4.1.4.1 拟抛物线与拟抛物面几何规则

SiAlON 作为 Si_3N_4-SiO_2-Al_2O_3-AlN 体系中的固溶体,组成较为复杂,缺乏许多物相的热力学数据,给材料制备与设计带来不便。许多学者曾经对 SiAlON 进行了热力学计算模拟与评估,获得了部分 SiAlON 的相平衡参数与热力学数据,为 SiAlON 研究提供了重要参考。但由于缺乏 Si_3N_4-SiO_2-Al_2O_3-AlN 体系物相的相关热力学数据,许多专家通过热力学模型对体系物相的热力学性质进行计算和估算,Hillert 和 Dumitrescu 等利用 Calphad method 模型对 Si-Al-O-N 系进行了热力学计算,得出了 SiAlON 体系的热力学相平衡参数状态图。

D. A. Gunn 估算了部分 β-SiAlON 的吉布斯自由能。

$$\Delta_f G^{\ominus}_{0.67Si_3Al_3O_3N_5} = -1978.48 + 0.5751T, kJ/mol \tag{4-9}$$

$$\Delta_f G^{\ominus}_{Si_4Al_2O_2N_6} = -2598.08 + 0.8681T, kJ/mol \tag{4-10}$$

李文超等在对平衡体系中化合物热力学稳定性规律的研究中,通过严格的热力学计算和数学推导,总结出了一套普遍适用的热力学性质与组成关系的数学或几何表达式,可以对 Si_3N_4-SiO_2-Al_2O_3-AlN 体系的物相进行热力学评估。

A 拟抛物线和拟抛物面几何规则的建立

拟抛物线和拟抛物面等几何规则是根据吉布斯自由能最小法则——相稳定性原则,用几何的方法表明二元、三元等体系中化合物的吉布斯自由能与组成（组元摩尔分数）的关系。

a 二元系的拟抛物线几何规则

设在 A-B 二元体系中，存在 3 个稳定的化合物，其组成分别为：$x_{ij}(i = 1, 2, 3; j = 1(A), 2(B))$，即第 i 个化合物中组元 j 的摩尔分数。将吉布斯自由能折合成 1mol 组元粒子所对应的量 G_i^*。

如果配制某一合金，其量折合成组元粒子（原子或分子）时为 1mol，对应的成分为 x_{31}、x_{32}；若配制的合金生成一个化合物，且该化合物以稳定的单相存在，则其生成吉布斯自由能为 G_3^*，反之，若配制的合金生成的化合物不稳定，分解成为其他两个化合物，则这两个化合物的生成吉布斯自由能分别为 G_1^* 和 G_2^*，如图 4-3 所示。

于是有：$x_{21} > x_{31} > x_{11} > 0$

由图中 $\Delta G_1^* G_2^* G' \sim \Delta G_1^* G_3^* G_3^{*'}$ 相似三角形性质，得到：

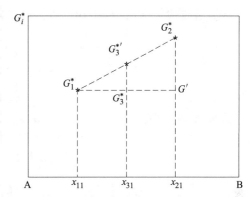

图 4-3 二元系中 G_i^* 与组成关系示意图

$$\frac{G_3^{*'} - G_1^*}{x_{31} - x_{11}} = \frac{G_2^* - G_1^*}{x_{21} - x_{11}} \qquad (4\text{-}11)$$

整理得：

$$G_3^{*'} = \frac{(x_{21} - x_{31}) G_1^* + (x_{31} - x_{11}) G_2^*}{x_{21} - x_{11}} \qquad (4\text{-}12)$$

由稳定相的吉布斯自由能最小法则可知：

$$G_3^* \leqslant G_3^{*'} \qquad (4\text{-}13)$$

因此有：

$$G_3^* \leqslant \frac{(x_{21} - x_{31}) G_1^* + (x_{31} - x_{11}) G_2^*}{x_{21} - x_{11}} \qquad (4\text{-}14)$$

或写成：

$$G_3^* \leqslant \frac{G_1^* \begin{vmatrix} x_{21} & 1 \\ x_{31} & 1 \end{vmatrix} + G_2^* \begin{vmatrix} x_{31} & 1 \\ x_{11} & 1 \end{vmatrix}}{\begin{vmatrix} x_{21} & 1 \\ x_{11} & 1 \end{vmatrix}} \qquad (4\text{-}15)$$

运用行列式性质，将上式写成行列式：

$$(-1)^{2+1} \begin{vmatrix} G_1^* & x_{11} & 1 \\ G_2^* & x_{21} & 1 \\ G_3^* & x_{31} & 1 \end{vmatrix} \geqslant 0 \qquad (4\text{-}16)$$

令：

$$d = \begin{vmatrix} x_{21} & 1 \\ x_{11} & 1 \end{vmatrix};\; d_1 = \begin{vmatrix} x_{21} & 1 \\ x_{31} & 1 \end{vmatrix};\; d_2 = \begin{vmatrix} x_{31} & 1 \\ x_{11} & 1 \end{vmatrix} \qquad (4\text{-}17)$$

于是有：

$$G_3^* \leqslant \frac{G_1^*\, d_1 + G_2^*\, d_2}{d} \qquad (4\text{-}18)$$

因式分解成 x_{11} 和 x_{21} 两个化合物，所以 $d \neq 0$。当 $d > 0$ 时，则：

$$(-1)^{2+1} \begin{vmatrix} G_1^* & x_{11} & 1 \\ G_2^* & x_{21} & 1 \\ G_3^* & x_{31} & 1 \end{vmatrix} \geqslant 0 \qquad (4\text{-}19)$$

当 $d < 0$ 时，则：

$$(-1)^{2+1} \begin{vmatrix} G_1^* & x_{11} & 1 \\ G_2^* & x_{21} & 1 \\ G_3^* & x_{31} & 1 \end{vmatrix} \leqslant 0 \qquad (4\text{-}20)$$

由此可见，二元系中各中间化合物的摩尔组元自由能 G_i^* 随成分的变化呈拟抛物线形，也就是二元系中各中间化合物的摩尔组元自由能 G_i^* 随成分的变化遵循拟抛物线规则。

b 三元系的拟抛物面几何规则

设在 A-B-C 三元系中存在 4 个中间化合物 1、2、3 和 4，它们的成分分别为 x_{iA}，x_{iB}，$x_{iC}(i = 1，2，3，4)$，如图 4-4 所示。

设 1mol 组元粒子的化合物 4，可以分解为其他 3 个化合物 1、2 和 3，它们的含量折合成组元粒子的摩尔数为 $m_i(i = 1，2，3)$，于是有：

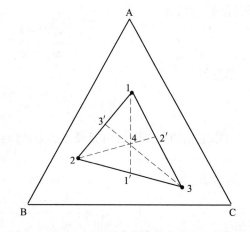

图 4-4 A-B-C 三元系中化合物分布的一般情况

$$m_1 = \frac{S_{4\text{-}2\text{-}3}}{S_{1\text{-}2\text{-}3}} = \frac{L_{41'}}{L_{11'}} = \frac{\begin{vmatrix} x_{41} & x_{42} & 1 \\ x_{21} & x_{22} & 1 \\ x_{31} & x_{32} & 1 \end{vmatrix}}{\begin{vmatrix} x_{11} & x_{12} & 1 \\ x_{21} & x_{22} & 1 \\ x_{31} & x_{32} & 1 \end{vmatrix}} \qquad (4\text{-}21)$$

式中，S 和 L 分别表示面积和线段的长度；下标分别表示三角形的顶点和线段的端点。

$$m_2 = \frac{S_{4-3-1}}{S_{1-2-3}} = \frac{L_{42'}}{L_{11'}} = \frac{\begin{vmatrix} x_{41} & x_{42} & 1 \\ x_{31} & x_{32} & 1 \\ x_{11} & x_{12} & 1 \end{vmatrix}}{\begin{vmatrix} x_{11} & x_{12} & 1 \\ x_{21} & x_{22} & 1 \\ x_{31} & x_{32} & 1 \end{vmatrix}} \qquad (4-22)$$

$$m_3 = \frac{S_{4-1-2}}{S_{1-2-3}} = \frac{L_{43'}}{L_{33'}} = \frac{\begin{vmatrix} x_{41} & x_{42} & 1 \\ x_{11} & x_{12} & 1 \\ x_{21} & x_{22} & 1 \end{vmatrix}}{\begin{vmatrix} x_{11} & x_{12} & 1 \\ x_{21} & x_{22} & 1 \\ x_{31} & x_{32} & 1 \end{vmatrix}} \qquad (4-23)$$

由三角形的性质，有：

$$G_4^{*'} = \sum_{i=1}^{3} m_i G_i^* = m_1 G_1^* + m_2 G_2^* + m_3 G_3^* \qquad (4-24)$$

由稳定相的自由能最小法则，可得到：

$$G_4^* < G_4^{*'} = \sum_{i=1}^{3} m_i G_i^* \qquad (4-25)$$

令：

$$d = \begin{vmatrix} x_{11} & x_{12} & 1 \\ x_{21} & x_{22} & 1 \\ x_{31} & x_{32} & 1 \end{vmatrix} ; \quad d_1 = \begin{vmatrix} x_{41} & x_{42} & 1 \\ x_{21} & x_{22} & 1 \\ x_{31} & x_{32} & 1 \end{vmatrix} \qquad (4-26)$$

$$d_2 = \begin{vmatrix} x_{41} & x_{42} & 1 \\ x_{31} & x_{32} & 1 \\ x_{11} & x_{12} & 1 \end{vmatrix} ; \quad d_3 = \begin{vmatrix} x_{41} & x_{42} & 1 \\ x_{11} & x_{12} & 1 \\ x_{21} & x_{22} & 1 \end{vmatrix}$$

则 $m_1 = \dfrac{d_1}{d}$; $m_2 = \dfrac{d_2}{d}$; $m_3 = \dfrac{d_3}{d}$ ，得：

$$G_4^* \leqslant G_4^{*'} = \sum_{i=1}^{3} \frac{d_i}{d} G_i^* \qquad (4-27)$$

或
$$G_4^* \leqslant \frac{1}{d}(d_1 G_1^* + d_2 G_2^* + d_3 G_3^*) \qquad (4-28)$$

因为化合物 1、2 和 3 是由化合物 4 分解而成的，所以 $d \neq 0$。当 $d>0$ 时：

$$dG_4^* \leqslant d_1 G_1^* + d_2 G_2^* + d_3 G_3^* \qquad (4-29)$$

运用行列式性质，将上式写成行列式形式：

$$(-1)^{3+1} \begin{vmatrix} G_1^* & x_{11} & x_{12} & 1 \\ G_2^* & x_{21} & x_{22} & 1 \\ G_3^* & x_{31} & x_{32} & 1 \\ G_4^* & x_{41} & x_{42} & 1 \end{vmatrix} \geqslant 0 \tag{4-30}$$

当 $d < 0$ 时:

$$dG_4^* \geqslant d_1 G_1^* + d_2 G_2^* + d_3 G_3^* \tag{4-31}$$

$$(-1)^{3+1} \begin{vmatrix} G_1^* & x_{11} & x_{12} & 1 \\ G_2^* & x_{21} & x_{22} & 1 \\ G_3^* & x_{31} & x_{32} & 1 \\ G_4^* & x_{41} & x_{42} & 1 \end{vmatrix} \leqslant 0 \tag{4-32}$$

反映出在三元系中化合物摩尔吉布斯自由能 G_i^* 与组成三维空间上,描述代表 x_{4A}, x_{4B}, x_{4C} 和 G_4^* 的点,应落在由点 $(x_{iA}, x_{iB}, x_{iC}, G_i^*)$ 所构成的空间三角形的下方,即在连接各个化合物所构成向下凸的多面体上,这就是三元系中的拟抛物面规则。

c 多元系的拟抛物面几何规则

将上述规则推导推广到 n 元系中。在 n 元平衡体系中存在 $n+1$ 个中间化合物(化学计量的相),它们的成分分别为 x_{i1}, x_{i2}, $\cdots$, x_{in} $(i = 1, 2, 3, \cdots, n, n+1)$,$x_{ij}$ 是第 i 个化合物中所含 j 组元的摩尔数,它们的吉布斯自由能折合成 1mol 组元(原子或分子)所对应的量是 G_i^*。若配制的合金的量折合成组元是 1mol,其成分为 x_{n+11}, x_{n+12}, $\cdots$, x_{n+1n}。若配制的合金以单质形式存在,那么其摩尔吉布斯自由能应为 G_{n+1}^*,不能以单质形式存在,即第 $n+1$ 个化合物不稳定,可分解成 n 个化合物。如果这 n 个化合物相应含有的量折合成组元的摩尔数为 $m_i(i = 1, 2, 3, \cdots, n)$,则 m_i 于成分之间应满足:

$$\sum_{i=1}^{n} x_{ij} m_i = x_{n+1,j} (j = 1, 2, 3, \cdots, n) \tag{4-33}$$

$$x_{in} = 1 - \sum_{j=1}^{n-1} x_{ij} \tag{4-34}$$

令:

$$d = \begin{vmatrix} x_{11} & x_{12} & \cdots & x_{1n-1} & 1 \\ x_{21} & x_{22} & \cdots & x_{2n-1} & 1 \\ \vdots & \vdots & \cdots & \vdots & \vdots \\ x_{n1} & x_{n2} & \cdots & x_{nn-1} & 1 \end{vmatrix} \tag{4-35}$$

$$d_i = \begin{vmatrix} x_{11} & x_{12} & \cdots & x_{1n-1} & 1 \\ x_{21} & x_{22} & \cdots & x_{2n-1} & 1 \\ x_{i-11} & x_{i-12} & \cdots & x_{i-1n-1} & 1 \\ x_{n+11} & x_{n+12} & \cdots & x_{n+1n-1} & 1 \\ x_{i+11} & x_{i+12} & \cdots & x_{i+1n-1} & 1 \\ \vdots & \vdots & \cdots & \vdots & \vdots \\ x_{n1} & x_{n2} & \cdots & x_{nn-1} & 1 \end{vmatrix} (i = 1, 2, 3, \cdots, n) \tag{4-36}$$

$$m_i = \frac{d_i}{d} \tag{4-37}$$

因 $n+1$ 相是相图中的稳定相，根据稳定相的吉布斯自由能最小法则，有：

$$G_{n+1}^* \leqslant \sum_{i=1}^n \frac{d_i}{d} G_i^* \tag{4-38}$$

当 $d>0$ 时：

$$(-1)^{n+1} \begin{vmatrix} G_1^* & x_{11} & x_{12} & \cdots & x_{1n-1} & 1 \\ G_2^* & x_{21} & x_{22} & \cdots & x_{2n-1} & 1 \\ \vdots & \vdots & \vdots & \vdots & \vdots & \vdots \\ G_{n+1}^* & x_{n+11} & x_{n+12} & \cdots & x_{n+1n-1} & 1 \end{vmatrix} \geqslant 0 \tag{4-39}$$

当 $d<0$ 时：

$$(-1)^{n+1} \begin{vmatrix} G_1^* & x_{11} & x_{12} & \cdots & x_{1n-1} & 1 \\ G_2^* & x_{21} & x_{22} & \cdots & x_{2n-1} & 1 \\ \vdots & \vdots & \vdots & \vdots & \vdots & \vdots \\ G_{n+1}^* & x_{n+11} & x_{n+12} & \cdots & x_{n+1n-1} & 1 \end{vmatrix} \leqslant 0 \tag{4-40}$$

当定义化合物摩尔组元粒子标准生成吉布斯自由能 $\Delta_f G_i^{\ominus *}$ （$i = 1, 2, 3, \cdots, n+1$）总量相当于 1mol 组元粒子的稳定单质形成该化合物时的吉布斯自由能，则有：

$$\Delta_f G_i^{\ominus *} = G_i^* - \sum_{j=1}^n x_{ij} G_j^{\ominus} (i = 1, 2, 3, \cdots, n+1) \tag{4-41}$$

式中，$G_j^{\ominus}$（$i = 1, 2, 3, \cdots, n+1$）可有两种情况：当组元为稳定单质时，则 $G_j^{\ominus}$ 为单质的摩尔吉布斯自由能；当组元为简单化合物（或复合化合物）时，则 $G_j^{\ominus}$ 为构成该化合物的各稳定单质（或简单化合物）的摩尔吉布斯自由能之和。

当 $d>0$ 时：

$$(-1)^{n+1} \begin{vmatrix} \Delta_f G_1^{\ominus *} & x_{11} & x_{12} & \cdots & x_{1n-1} & 1 \\ \Delta_f G_2^{\ominus *} & x_{21} & x_{22} & \cdots & x_{2n-1} & 1 \\ \vdots & \vdots & \vdots & \cdots & \vdots & \vdots \\ \Delta_f G_{n+1}^{\ominus *} & x_{n+11} & x_{n+12} & \cdots & x_{n+1n-1} & 1 \end{vmatrix} \geqslant 0 \tag{4-42}$$

当 $d<0$ 时：

$$(-1)^{n+1} \begin{vmatrix} \Delta_f G_1^{\ominus *} & x_{11} & x_{12} & \cdots & x_{1n-1} & 1 \\ \Delta_f G_2^{\ominus *} & x_{21} & x_{22} & \cdots & x_{2n-1} & 1 \\ \vdots & \vdots & \vdots & \cdots & \cdots & \vdots \\ \Delta_f G_{n+1}^{\ominus *} & x_{n+11} & x_{n+12} & \cdots & x_{n+1n-1} & 1 \end{vmatrix} \leqslant 0 \tag{4-43}$$

对多元系已经无法用几何图形表示任意稳定相的几何规则，但可以借助编制的计算机程序来实现多元体系几何规则的计算。

B 拟抛物线、拟抛物面几何规则的验证

用实验测定和拟抛物线规则验证 Fe-O、Mo-O 和 W-O 热力学数据的可靠性。

由相图 4-5 可知，Fe-O 二元系有 3 个化合物，即 FeO、Fe$_3$O$_4$ 和 Fe$_2$O$_3$；W-O 二元系有 4 个化合物，即 WO$_2$、WO$_{2.72}$（W$_{18}$O$_{49}$）、WO$_{2.90}$（W$_{20}$O$_{58}$）和 WO$_3$；Nb-O 二元系有 3 个化合物，即 NbO、NbO$_2$ 和 Nb$_2$O$_5$。

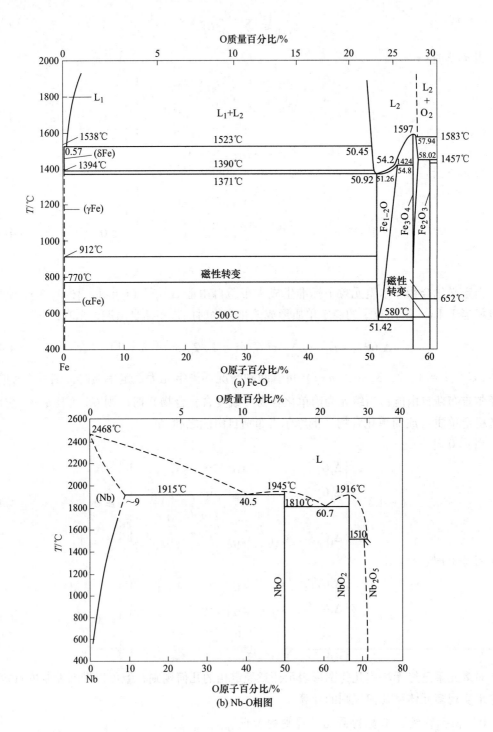

(a) Fe-O

(b) Nb-O相图

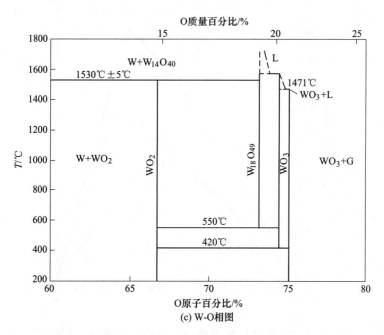

图 4-5 Fe-O、Nb-O 和 W-O 二元相图

分别计算这些氧化物在 1100K 时的摩尔组元标准生成自由能，列于表 4-5。根据表 4-5 绘制 $\Delta_f G_i^{\ominus*} - x_i$ 图，示于图 4-6。

表 4-5　1100K 时 Fe-O、W-O 和 Nb-O 系化合物的 $\Delta_f G_i^{\ominus*}$

氧化物	FeO	Fe₃O₄	Fe₂O₃	
$\Delta_f G_i^{\ominus*}$/kJ·mol⁻¹	−100.433	−108.567①	−107.508	
氧化物	WO₂	WO₀.₇₂	WO₂.₉₀	WO₃
$\Delta_f G_i^{\ominus*}$/kJ·mol⁻¹	−129.192①	−140.264	−140.344	−140.368
氧化物	NbO	NbO₂	Nb₂O₅	
$\Delta_f G_i^{\ominus*}$/kJ·mol⁻¹	−156.848	−197.253①	−203.334	

① 作者实验测定。

表 4-5 中用固体电解质测定的 Fe₃O₄、WO₂ 和 NbO₂ 三个化合物的标准生成自由能与温度的关系为：

$$\Delta_f G_{Fe_3O_4}^{\ominus} = -1097.67 + 0.307T, kJ/mol$$

$$\Delta_f G_{WO_2}^{\ominus} = -568.087 + 0.1641T, kJ/mol$$

$$\Delta_f G_{NbO_2}^{\ominus} = -759.178 + 0.1522T, kJ/mol \tag{4-44}$$

由图 4-6 可以看出，由上述各式及文献给出的数据计算 1100K 时 Fe-O 二元系、W-O 二元系和 Nb-O 二元系化合物的 $\Delta_f G_i^{\ominus*}$，符合拟抛物线规则，表明这些数据是可信的。

4.1.4.2　SiAlON 体系的标准生成吉布斯自由能

A　SiAlON 体系的标准生成吉布斯自由能预报

SiAlON 是一个多元多化合物体系（图 4-7 和图 4-8），迄今有关 SiAlON 体系的热力学

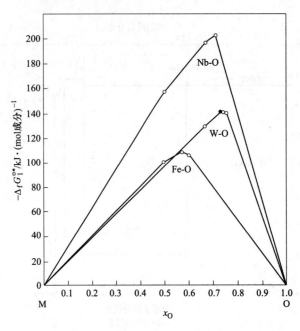

图 4-6　Fe-O、W-O 和 Nb-O 摩尔组元标准自由能与组成的关系

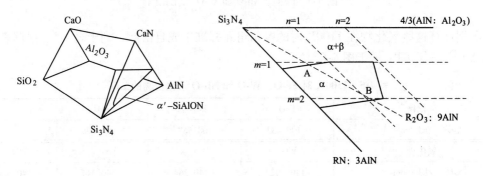

(a) Ca-Si-Al-O-N五元系和Ca-α-SiAlON相图

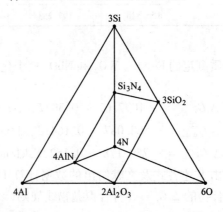

(b) Si-Al-O-N四元系中Si_3N_4-AlN-SiO_2-Al_2O_3截面(经坐标变换)

图 4-7　SiAlON 体系相图

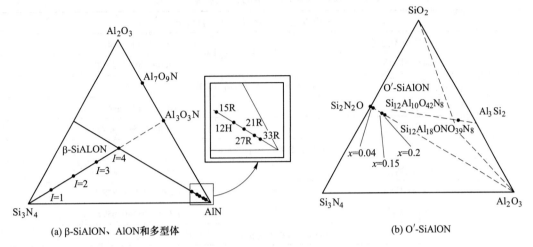

图 4-8　Al_2O_3-AlN-Si_3N_4 和 Al_2O_3-SiO_2-Si_3N 三元系中化合物的相对位置

数据报道很少，仅 β-SiAlON 有 2 组热力学实验数据。

因此，有必要利用拟抛物线等几何规则，根据已知化合物的吉布斯自由能数据，预报 SiAlON 体系中一些化合物未知的吉布斯自由能数据（已知的部分数据见表 4-6）。

表 4-6　SiAlON 体系中部分化合物已知的吉布斯自由能与温度的关系式

化合物	$\Delta G^{\ominus}$-T/kJ·mol^{-1}	温度范围/K
Al_2O_3	$-1682.4+0.326T$	298~2100
$3Al_2O_3 \cdot 2SiO_2$	$-6835.9+1.29T$	298~2100
Al_7O_9N	$-5364.1+1.072T$	298~2100
AlN	$-323.0+0.113T$	298~2100
$Si_3Al_2O_2N_6$	$-2598.1+0.868T$	298~2100
$Si_3Al_3O_3N_6$	$-2967.7+0.863T$	298~2100
SiO_2	$-939.3+0.200T$	298~2100
β-Si_3N_4	$-924.5+0.449T$	298~2100
α-Si_3N_4	$-753.108+0.341T$	298~2100
Si_2N_2O	$-951.7+0.291T$	298~1873
CaO	$-781.031+0.1888T$	298~2100

利用拟抛物线（面）规则预报 SiAlON 体系中一些化合物的吉布斯自由能与温度关系结果见表 4-7，其中有：在 AlN-Al_2O_3 二元系中 AlON 的标准吉布斯自由能数据；在 Al_3O_3N-Si_3N_4 二元系中 β-SiAlON 的标准吉布斯自由能数据；在 Al_2O_3-Si_2N_2O 二元系中 O′-SiAlON 的标准吉布斯自由能数据；以及在 Al_2O_3-SiO_2-Si_3N_4 三元系中利用拟抛物面规则预报 X-SiAlON 的标准吉布斯自由能数据；并根据图 4-7（a）预报 Ca-α-SiAlON 的标准吉布斯自由能数据。表中还列出在 CaO-Si_3N_4-AlN-Al_2O_3-SiO_2 五元系中，利用拟抛物线、拟抛物面等几何规则的计算机程序进行预报 SiAlON 体系标准吉布斯自由能的结果。

表 4-7 预报 SiAlON 体系的吉布斯自由能数据

Ca-α-SiAlON 化合物的标准吉布斯自由能	
α-SiAlON 化合物	$\Delta G^{\ominus}\text{-}T/\text{kJ}\cdot\text{mol}^{-1}$
$CaSi_9Al_3ON_{15}$	$-4009.358+1.551T$
AlON 化合物的标准吉布斯自由能	
化合物	$\Delta G^{\ominus}\text{-}T/\text{kJ}\cdot\text{mol}^{-1}$
Al_3O_3N	$-2001.295+0.427T$
β′-SiAlON 化合物的标准吉布斯自由能	
化合物	$\Delta G^{\ominus}\text{-}T/\text{kJ}\cdot\text{mol}^{-1}$
Si_5AlON_7	$-2225.985+0.878T$
$Si_2Al_4O_4N_4$	$-3325.200+0.859T$
O′-SiAlON 化合物的标准吉布斯自由能	
化合物	$\Delta G^{\ominus}\text{-}T/\text{kJ}\cdot\text{mol}^{-1}$
$Si_{1.96}Al_{0.04}O_{1.04}N_{1.96}$	$-966.295+0.291T$
$Si_{1.84}Al_{0.16}O_{1.16}N_{1.84}$	$-1010.141+0.293T$
$Si_{1.8}Al_{0.2}O_{1.2}N_{1.8}$	$-1024.756+0.294T$
$Si_{1.6}Al_{0.4}O_{1.4}N_{1.6}$	$-1097.832+0.298T$
X-SiAlON 化合物的标准吉布斯自由能	
化合物	$\Delta G^{\ominus}\text{-}T/\text{kJ}\cdot\text{mol}^{-1}$
$Si_{12}Al_{18}O_{39}N_8$	$-22438.3+4.633T$
$Si_{12}Al_{18}O_{42}N_6$	$-23298.12+4.676T$
SiAlON 多形体的标准吉布斯自由能	
化合物	$\Delta G^{\ominus}\text{-}T/\text{kJ}\cdot\text{mol}^{-1}$
$SiAl_3O_2N_3(8H)$	$-1985.580+0.542T$
$SiAl_4O_2N_4(15R)$	$-2308.560+0.655T$
$SiAl_5O_2N_5(12H)$	$-2631.540+0.768T$
$SiAl_6O_2N_6(21R)$	$-2954.520+0.881T$
$SiAl_8O_2N_8(27R)$	$-3600.480+1.107T$
$SiAl_{10}O_2N_{10}Si(33R)$	$-4246.440+1.333T$

由于 SiAlON 体系的相图尚不完整，有的体系还有分歧，加上实验测定的数据很少，因此，目前预报的数据相对误差较大。但随着实验研究的深入，实测的热力学数据增多，预报的结果将会越来越精确。

B β-SiAlON 的合成热力学分析

β-SiAlON 具有较广泛的固溶区间，其化学分子式可表示为 $Si_{6-z}Al_zO_zN_{8-z}(0 < z \leqslant 4.2)$，图 4-9 示出了 Si_3N_4-AlN-SiO_2-Al_2O_3 四元系部分物相的组成示意图。β-SiAlON 在强氧化气氛（氧气或空气）中充分氧化后的产物为莫来石和 SiO_2，从物相组成示意图上看出，β-SiAlON（简称 β″相）和氧化产物之间存在 O′-SiAlON 和 X-SiAlON，简称 O″相和 X 相。O″相的化学分子式可表示为 $Si_{2-z}Al_zO_{1+z}N_{2-z}(0 < z \leqslant 0.4)$，为了与 β-SiAlON 中 z 值的

区别，分析中 O′-SiAlON 以 $Si_{2-x}Al_xO_{1+x}N_{2-x}(0 < x \leqslant 0.4)$ 表示，而 X-SiAlON 在分析过程中设定其化学分子式固定为 $Si_{12}Al_{18}O_{39}N_8$。由图 4-9 可知，若控制合成条件为高温弱氧化气氛，其氧化产物将以 O″ 相或 X 相存在，因此，合成气氛将对 β-SiAlON 的合成影响较大，高温下合理的气氛参数分析将有助于实现 β-SiAlON 的可控合成。

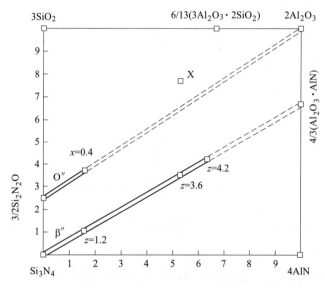

图 4-9　Si_3N_4-AlN-SiO_2-Al_2O_3 体系物相示意图

从化学组成上分析，高温下 β-SiAlON$(0 < z < 3.6)$ 在合适的气氛时转化为 O″ 相与 X 相的平衡反应可以表示为：

$$\beta''(0 < z \leqslant 1.2) + 1.5O_2 \Longleftrightarrow 3O''_{(x=z/3)} + N_2 \tag{4-45}$$

$$6\beta''(1.2 < z \leqslant 3.6) + (7.2 + 1.5z)O_2(g) \Longleftrightarrow (27 - 7.5z)O''_{(x=0.4)} +$$

$$(0.5z - 0.6)X + (4.8 + z)N_2(g) \tag{4-46}$$

根据拟抛物面规则进行热力学评估（相关化合物的标准生成吉布斯自由能数据见表 4-7），计算出 β-SiAlON 和 O″ 相的标准吉布斯自由能（$T = 1800K$）：

$$\Delta_f G^{\ominus *}_{\beta\text{-}Si_{6-z}Al_zO_zN_{8-z}}(0 < z \leqslant 4.2) = 7576.7z^2 - 417333.3z - 231140, J/mol \tag{4-47}$$

$$\Delta_f G^{\ominus *}_{O'\text{-}Si_{2-x}Al_xO_{1+x}N_{2-x}}(0 < x \leqslant 0.4) = 99838.5x^2 - 354623.5x - 428625, J/mol \tag{4-48}$$

以 x 摩尔比 $= 6Al/(Si+Al)$ 作为横坐标，设定气氛参数为 $y = lg(p_{O_2}/p^{\ominus}) - 2/3lg(p_{N_2}/p^{\ominus})$，令其为纵坐标，根据方程式（4-45）、式（4-46）的热力学计算结果，绘制相稳定状态图 4-10。

图 4-10 中纵坐标增加代表氧化方向，纵坐标减小为氮化方向，横坐标区间对应 β-SiAlON 的 z 值范围为 0~3.6。由图可知，β-SiAlON 具有较宽的气氛参数范围（对应于 β-SiAlON 相稳定区域时的 z 值），其气氛参数与其他 SiAlON 相（如 O″ 相、X 相等）的气氛参数接近，因此，合成 β-SiAlON 时多伴有其他 SiAlON 相的出现，这在许多研究中可以证明。

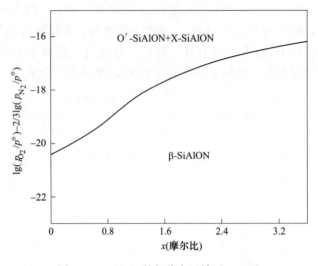

图 4-10　SiAlON 的相稳定区域（1800K）

4.1.4.3　煤矸石合成 β-SiAlON 材料的热力学分析

A　煤矸石合成 β-SiAlON 材料的热力学条件

煤矸石原料成分复杂，除合成 β-SiAlON 所需的成分 SiO_2 和 Al_2O_3 外，还有其他多种杂质。在合成过程中杂质以何种形式存在、对产物的性能产生何种影响都有必要进行研究。

煤矸石碳热还原氮化合成 β-SiAlON 的总反应式见式（4-49），利用拟抛物线规则评估和预报 β-SiAlON 的标准 Gibbs 自由能，计算了式（4-49）的反应标准吉布斯自由能（表4-8）。

表 4-8　部分化合物的标准吉布斯自由能数据

化合物	$\Delta_r G^{\ominus}/kJ \cdot mol^{-1}$
Al_2O_3	$-1682.9 + 0.323T$
SiO_2	$-946.4 + 0.197T$
CO	$-114.4 - 0.086T$
Si_5AlON_7	$-2225.985 + 0.878T$
$Si_4Al_2O_2N_6$	$-2598.1 + 0.868T$
$Si_3Al_3O_3N_5$	$-2967.7 + 0.863T$
$Si_4Al_4O_4N_4$	$-3325.200 + 0.859T$

$$5SiO_2(s) + 0.5Al_2O_3(s) + 3.5N_2(g) + 10.5C(s) \Longrightarrow Si_5AlON_7(s) + 10.5CO(g)$$
$$(4\text{-}49)$$

$$\Delta_r G^{\ominus}_{2.1} = 2146.015 - 1.63T, kJ/mol \qquad (4\text{-}50)$$

由反应式（4-49）的标准吉布斯自由能可以计算出，在标准状况下反应开始发生的温度为1563K，即只有当温度高于1563K时，式（4-49）反应才能生成β-SiAlON。

利用有关文献的热力学数据绘制了1773K下Si-O-N与Al-O-N系叠加的热力学参数状态图，如图4-11所示。

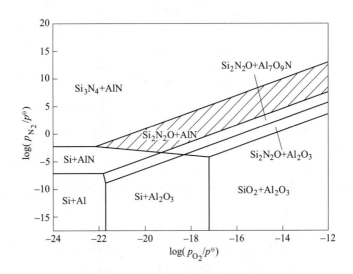

图4-11　Si-O-N 与 Al-O-N 系叠加的热力学参数状态（1773K）

图中的阴影部分为可能生成β-SiAlON的区域，从图中可以看出，当氮气压力为一个大气压时，$\lg(p_{O_2}/p^{\ominus})$ 为 $10^{-17} \sim 10^{-21}$，即氧分压为 $10^{-18} \sim 10^{-22}$MPa，用煤矸石1773K反应能够得到β-SiAlON。

B　煤矸石中杂质元素走向的热力学分析

表4-9给出了一种典型的煤矸石成分。从表中可以看出，煤矸石成分复杂，其中，除合成β-SiAlON所需的成分 SiO_2 和 Al_2O_3 外，还有 Fe、Ca、Mg、Ti、K 等杂质元素。用煤矸石合成β-SiAlON材料的过程中，杂质元素必将对最终材料的力学性能及高温性能带来一定的影响，因此，有必要利用有关热力学数据计算分析杂质元素的走向。

表4-9　煤矸石的化学成分

成分	SiO_2	Al_2O_3	Fe_2O_3	CaO	MgO	K_2O	P_2O_5	TiO_2	SO_3
含量/wt%	63.0	17.0	6.8	1.0	0.41	3.0	1.4	3.5	3.5

（1）杂质元素 Ca 和 Mg 走向的热力学分析。对于杂质元素 Ca 的走向，绘制了1773K下 Si-O-N、Al-O-N 和 Ca-O-N 体系叠加热力学参数状态图。图4-12中阴影部分满足合成Ca-α-SiAlON所需的气氛条件。

反应采用普通氮气（氮气分压近似为 $p_{N_2}/p^{\ominus} = 1$），由图4-12可以看出，当 $p_{N_2} = 0.1$MPa（$\lg(p_{N_2}/p^{\ominus}) = 0$）、氧分压处于 $10^{-19} \sim 10^{-25}$MPa 时，能够生成 Ca-α-SiAlON。

（2）杂质元素 Ti 走向的热力学分析。杂质元素 Ti 在碳热还原氮化过程中主要可能发

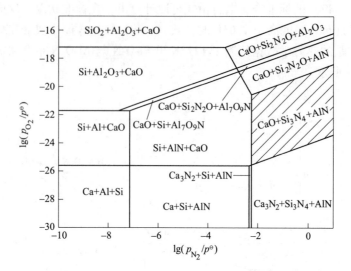

图4-12 1773K下Si-O-N、Al-O-N和Ca-O-N体系叠加热力学参数状态

生如下反应：

$$3TiO_2(s) + C(s) \Longrightarrow Ti_3O_5 + CO(g) \tag{4-51}$$

$$\Delta_r G^{\ominus}_{4\text{-}51} = 273500 - 153.93T, J/mol \tag{4-52}$$

$$Ti_3O_5(s) + 8C(s) \Longrightarrow 3TiC(s) + 5CO(g) \tag{4-53}$$

$$\Delta_r G^{\ominus}_{4\text{-}53} = 1308700 - 1032.0T, J/mol \tag{4-54}$$

$$2TiO_2(s) + N_2(g) + 4C(s) \Longrightarrow 2TiN(s) + 4CO(g) \tag{4-55}$$

$$\Delta_r G^{\ominus}_{4\text{-}55} = 751800 - 511.7T, J/mol \tag{4-56}$$

$$2Ti_3O_5(s) + 3N_2(g) \Longrightarrow 6TiN(s) + 10CO(g) \tag{4-57}$$

$$\Delta_r G^{\ominus}_{4\text{-}57} = 1708400 - 1579.74T, J/mol \tag{4-58}$$

$$2TiN(s) + 2C(s) \Longrightarrow 2TiC(s) + N_2(g) \tag{4-59}$$

$$\Delta_r G^{\ominus}_{4\text{-}59} = -303000 - 161.42T, J/mol \tag{4-60}$$

根据前面的计算结果知（$p_{O_2} = 4.97 \times 10^{-22}$ MPa，$p_{CO} = 4.97 \times 10^{-22}$ MPa），可知 $\ln(p_{CO}/p^{\ominus}) = -5.30$，则在1773K下，有：

$$\Delta_r G^{\ominus}_{4\text{-}51} = -582.1, \quad J/mol$$

$$\Delta_r G^{\ominus}_{4\text{-}53} = -521036.0, \quad J/mol$$

$$\Delta_r G^{\ominus}_{4\text{-}55} = -467947.3, \quad J/mol$$

$$\Delta_r G^{\ominus}_{4\text{-}57} = -1092479.0, \quad J/mol$$

$$\Delta_r G^{\ominus}_{4\text{-}59} = -589197.7, \quad J/mol$$

由各反应的 $\Delta_r G^{\ominus}$ 可以看出，反应（4-52）、反应（4-54）、反应（4-56）、反应（4-58）和反应（4-60）均可发生，而反应（4-58）的 $\Delta_r G^{\ominus}$ 最小，反应最容易发生。因此1773K时用煤矸石合成 β-SiALON 材料，杂质元素 Ti 可能以 TiN 的形式存在。

（3）杂质元素 Fe 走向的热力学分析。为了研究合成过程中杂质元素 Fe 的走向，计算了 Fe-O-N 体系1773K下的凝聚相平衡分压（表4-10），并由此绘制了该体系的热力学参数状态图（图4-13）。

表4-10　1773K下Fe-O-N体系凝聚相及其平衡分压

反　应　式	平　衡　分　压
$Fe(s) + \frac{1}{2}O_2(g) = FeO(s)$	$\lg(p_{O_2}/p^{\ominus}) = -8.80$
$3Fe(s) + 2O_2(g) = Fe_3O_4(s)$	$\lg(p_{O_2}/p^{\ominus}) = -8.22$
$2Fe(s) + \frac{3}{2}O_2(g) = Fe_2O_3(s)$	$\lg(p_{O_2}/p^{\ominus}) = -7.26$
$4Fe(\gamma) + \frac{1}{2}N_2(g) = Fe_4N(s)$	$\lg(p_{N_2}/p^{\ominus}) = -5.31$
$8FeO(s) + N_2(g) = 2Fe_4N(s) + 4O_2(g)$	$\lg(p_{N_2}/p^{\ominus}) = 40.51 + 4\lg(p_{O_2}/p^{\ominus})$

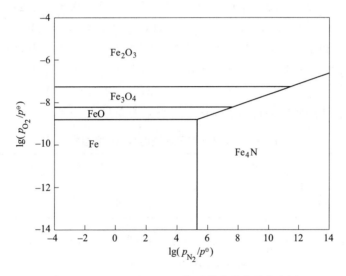

图4-13　1773K下Fe-O-N体系热力学参数状态图

根据前面的计算结果（$p_{O_2} = 4.97 \times 10^{-22} MPa$，$p_{CO} = 5.0 \times 10^{-4} MPa$）可知，在1773K埋粉条件下，氧分压约为$10^{-22} MPa$，从图4-13中可以看出，体系中的铁元素应以单质Fe的形式存在。

（4）杂质元素Na和K走向的热力学分析。杂质元素Na和K在碳热还原过程的前期中，主要存在以下反应：

$$2Na(g) + \frac{1}{2}O_2(g) = Na_2O(l) \tag{4-61}$$

$$\Delta_r G^{\ominus}_{4-61} = -518800 + 234.70T, J/mol \tag{4-62}$$

$$2K(g) + \frac{1}{2}O_2(g) = K_2O(l) \tag{4-63}$$

$$\Delta_r G^{\ominus}_{4-63} = -487700 + 252.95T, J/mol \tag{4-64}$$

温度为1723~1873K时，上述反应的吉布斯自由能的值都大于0，因此反应是逆向进行的，即杂质元素Na和K以杂质气体的形式存在。

4.1.5　煤矸石可控合成 β-SiAlON 复相材料技术与生产实践

4.1.5.1　煤矸石可控合成 β-SiAlON 材料

在热力学分析基础上,分别以反应(4-65)金属还原氮化方式和反应(4-66)碳热还原氮化方式制备 β-SiAlON 材料。

金属还原氮化:

以 Si 粉、Al 粉和 Al_2O_3 为原料合成 β-SiAlON,其合成方程式如下:

$$(6 - z)Si + z/3Al + z/3Al_2O_3 + (3 - 0.5z)N_2(g) \longrightarrow Si_{6-z}Al_zO_zN_{6-z}(0 \leqslant z \leqslant 4.2)$$

$$(4-65)$$

碳热还原氮化:

当以煤矸石为原料时,其合成方程式如下:

$$(6 - z)SiO_2 + 0.5zAl_2O_3 + (12 - 1.5z)C + (3 - 0.5z)N_2(g) \longrightarrow$$
$$Si_{6-z}Al_zO_zN_{6-z} + (12 - 1.5z)CO(g)(0 \leqslant z \leqslant 4.2) \qquad (4-66)$$

当采用煤矸石和用后铁沟料为原料制备 β-SiAlON 时,其合成方程如下:

$$0.5zSiO_2 + (6 - 1.5z)SiC + 0.5zAl_2O_3 + (3z - 6)C + (4 - 0.5z)N_2(g)$$
$$\longrightarrow Si_{6-z}Al_zO_zN_{6-z} + 1.5zCO(g)(2 \leqslant z \leqslant 4) \qquad (4-67)$$

其中,煤矸石和用后铁沟料的主要化学组成见表 4-11。

表 4-11　煤矸石和用后铁沟料的化学组成　　　　　　　　　　(wt%)

原　　料	SiO_2	Al_2O_3	C	CaO	Fe_2O_3	MgO	K_2O	SiC
煤矸石细粉	55.2	20.8	15.5	3.3	1.7	0.8	0.8	
用后铁沟料细粉	0	72.3	5.5	0.9	0.7	0	0	18.9

根据化学组成计算可知,以煤矸石为主要原料制备 β-SiAlON 时,$z = 1.8$;以煤矸石和用后铁沟料为原料时,可制备 $z \geqslant 2$ 的 β-SiAlON。

A　埋粉种类对合成气氛的影响

由图 4-10 可知,合成高纯 β-SiAlON 相要求较低的气氛参数纵坐标 y 值。可以通过提高氮气的纯度或分压来获得,但二者的合成条件均过于苛刻。以常压下通入优质氮(纯度 0.999996)为例,计算表明,若少量的杂质气相为氧气(对应氧分压为 $4 \times 10^{-7}MPa$),则气氛参数 y 值为 -5.4,β-SiAlON 的合成条件将无法满足。在实际合成过程中,为满足合成的较低气氛参数要求,即对应极低的氧分压要求,一般可以采用埋粉(或颗粒)方式控制,如埋 Si_3N_4、SiC、BN 和炭粉(如焦炭粉、炭黑粉或石墨粉)等。其中,埋 Si_3N_4 粉和埋碳是最为常见的方式之一,以下分别研究两种埋粉方式对合成气氛的影响。

(1)埋 Si_3N_4 对合成热力学气氛的影响。Si_3N_4 在高温条件下稳定相为 β-Si_3N_4 相,在氧气存在条件下将转化为 Si_2N_2O 相,其转化方程式为:

$$2β-Si_3N_4 + 1.5O_2(g) \Longrightarrow 3Si_2N_2O + N_2(g) \qquad (4-68)$$

$$\Delta_r G^{\ominus}_{4-68} = -1005973 - 25T - 19.13T[\lg(p_{N_2}/p^{\ominus}) - 1.5\lg(p_{O_2}/p^{\ominus})], J/mol \qquad (4-69)$$

常压、高温条件下通入反应氮气,如果体系中有过量 Si_3N_4 粉存在时,方程(4-69)将达到平衡,计算表明当温度 $T = 1800K$ 时:

$$\lg(p_{O_2}/p^{\ominus}) = -20.35 \tag{4-70}$$

$$\lg(p_{N_2}/p^{\ominus}) = 0 \tag{4-71}$$

此时图 4-10 中的 $y = -20.35$，将满足热力学分析合成要求。

图 4-14 为原始 Si_3N_4 粉和 1800K 通入氮气条件下 Si_3N_4 粉转化产物的 XRD 图谱。可以看出，原始 Si_3N_4 粉（1 号）由 α-Si_3N_4 相和 β-Si_3N_4 相组成，而 1800K 通氮后粉末相组成变化较大，其中 α-Si_3N_4 相含量明显降低，β-Si_3N_4 相含量增大，这是由于高温下有大部分的 α-Si_3N_4 相转变为 β-Si_3N_4 相；同时，高温埋粉后还出现了 Si_2N_2O 相，这与 Si_3N_4 高温下降低体系氧分压的热力学分析较为一致。

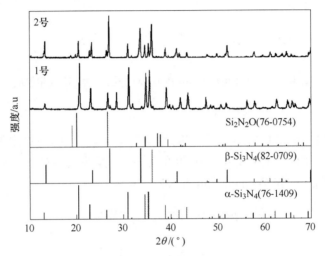

图 4-14 Si_3N_4 粉埋粉前后的 XRD 图谱（1800K）

1 号—原始 Si_3N_4 粉；2 号—埋粉后

（2）埋碳对合成热力学气氛的影响。碳在高温下可与环境中的氧气反应从而降低氧分压，故埋碳保护将可能获得 β-SiAlON 的合成气氛。当在高温埋碳条件下，C-O-N 气相体系（过量炭粉存在）中存在 CO(g)、CO_2(g)、O_2(g) 和 N_2(g) 气相，反应体系中的 N_2(g) 与炭粉不发生反应，并且其气相分压在流动气氛下可以近似固定为恒定值，与初始气体相组成有近似对应关系，而 CO(g)、CO_2(g) 和 O_2(g) 三种气体之间则存在气相平衡关系。

对于 C-O 体系，高温下 CO(g) 生成反应见式（4-72），其气相分压对应关系见式（4-73）。

$$2C + O_2(g) \Longrightarrow 2CO(g) \tag{4-72}$$

$$\lg\left(\frac{p_{O_2}}{p^{\ominus}}\right) = 2\lg\left(\frac{p_{CO}}{p^{\ominus}}\right) - 8.965 - (11972/T) \tag{4-73}$$

由上述方程可知，O_2(g) 的气相分压与 CO(g) 的气相分压和体系温度 T 有关，根据方程作出 C-O 体系中气氛与温度的关系图，如图 4-15 所示。可以看出，不同 CO(g) 气相分压下对应不同的 O_2(g) 气相分压，当温度超过 1200K 时，如果控制较低的 CO(g) 气相分压，则其对应的氧分压非常低，从而满足 β-SiAlON 合成的严苛条件。

基于 β-SiAlON 的合成温度一般在 1600K 以上，根据图 4-15 可知，埋碳条件下 C-O 体

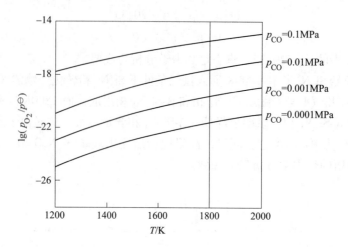

图 4-15 C-O 体系在不同温度及 CO 分压下的对应气相组成

系中的 $O_2(g)$ 较低。

高温、常压条件通入氮气，当通氮纯度为 $\alpha(0 < \alpha < 1)$ 时（设定初始气氛由 $N_2(g)$ 和 $O_2(g)$ 组成，空气相当于纯度 $\alpha = 0.79$ 的氮气），反应（4-72）平衡后，$O_2(g)$ 含量迅速降低，则主气相 N_2 与 CO 的分压可表示为：

$$p_{N_2} = 0.1 \times \left(\frac{\alpha}{2 - \alpha} \right) \text{ MPa} \tag{4-74}$$

$$p_{CO} = 0.1 \times \left(\frac{2 - 2\alpha}{2 - \alpha} \right) \text{ MPa} \tag{4-75}$$

结合式（4-73）~式（4-75），当 $T = 1800K$ 时，氧分压和气氛参数分别为：

$$\lg\left(\frac{p_{O_2}}{p^\ominus} \right) = 2\lg\left(\frac{2 - 2\alpha}{2 - \alpha} \right) - 15.616 \tag{4-76}$$

$$y = 2\lg\left(\frac{2 - 2\alpha}{2 - \alpha} \right) - 2/3\lg\left(\frac{\alpha}{2 - \alpha} \right) - 15.616 \tag{4-77}$$

根据方程（4-77），在 1800K 温度时，以氮气纯度 α 为横坐标，气氛参数 $y = \lg(p_{O_2}/p^\ominus) - 2/3\lg(p_{N_2}/p^\ominus)$ 为纵坐标，得出气氛参数和氮气纯度的对应关系，见图 4-16。可以看出，不同的氮气纯度将对应一定的气氛参数，当纯度接近 1 时，参数值迅速降低。根据图 4-16 可知，改变 α 可获得一定的 y 值，再根据图 4-10，可以得到相应的物相稳定区间，从而确定是否能够合成高纯的 β-SiAlON。因此，结合图 4-10 和图 4-16，通过控制氮气纯度 α，在埋碳条件下设计 β-SiAlON 的合成条件，即可实现 β-SiAlON 的可控合成。以采用煤矸石合成 z 值为 1.8 的 β-SiAlON 为例，当通入氮气纯度 $\alpha = 0.995$ 时，此时 CO(g) 对应的平衡分压约为 0.001MPa，根据图 4-10、图 4-15 和图 4-16 分析可知，β-SiAlON 可以被合成，而空气（对应 $\alpha = 0.79$）条件下 β-SiAlON 则不能被合成。

B 不同埋粉条件对合成 β-SiAlON 的影响

为研究两种埋粉方式（埋 Si_3N_4 和埋碳）对 β-SiAlON 合成方式（金属还原氮化和碳热还原氮化）的影响规律，在 1800K 温度下，分别采用以下 4 种方式制备 β-SiAlON，其

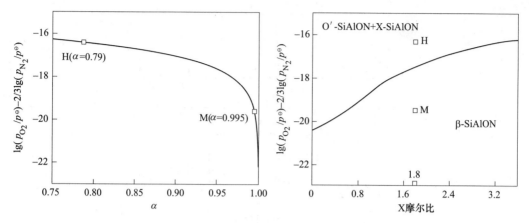

图 4-16 不同纯度氮气下的气氛参数和相稳定区域图 （1800K）

原料配比见表 4-12，合成过程中通入氮气 （纯度 $\alpha = 0.999$）。

表 4-12 不同方式制备 β-SiAlON 的原料组成和合成参数

试样号	原料配比/wt%					埋粉类型
	Si	Al	Al_2O_3	煤矸石细粉	炭黑	
A1	60.3	8.3	31.4			埋 Si_3N_4
A2	60.3	8.3	31.4			埋碳
A3				82.5	17.5	埋 Si_3N_4
A4				82.5	17.5	埋碳

试样 A1~A4 的合成 XRD 图谱如图 4-17 所示。由图 4-17 可以看出，在 4 种反应条件下，合成产物相中均以 β-SiAlON 为主相，同热力学分析一致，通过埋粉方式可以制备 β-SiAlON，但合成相纯度则有所差别，试样 A1 和 A4 合成了高纯度的 β-SiAlON 相，而试样 A2 和 A3 合成相中除 β-SiAlON 相外，还含有相当含量的杂质相，如少量的 SiC 相和 X-SiAlON 等。

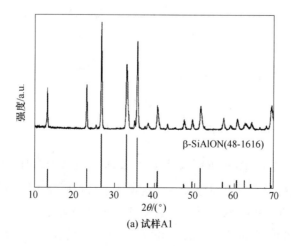

(a) 试样A1

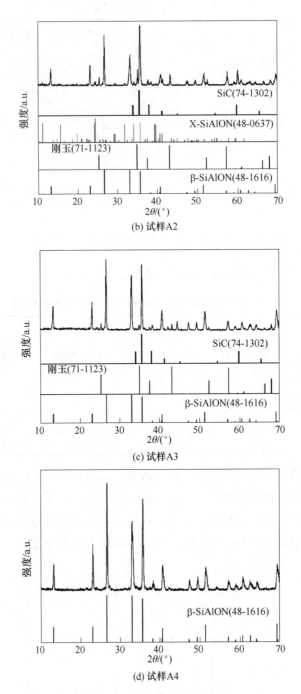

图 4-17 试样 A1~A4 的合成 XRD 图谱（1800K）

4.1.5.2 煤矸石合成 β-SiAlON 复相材料及其显微结构与性能

力学性能是耐火材料的重要性能之一，它表征了材料所能承受载荷能力的大小。一般认为复相材料的力学性能主要取决于相组成和各相之间的结合方式，但越来越多的研究结果表明，复相材料烧结体内的应力状态，裂纹的大小、数量及存在形式，对材料的强度和韧性同样有着重大的影响。

采用不同地区的煤矸石，并添加活性炭为原料，合成 β-SiAlON 复相材料，原料成分见表 4-13。采用两种不同合成条件用煤矸石合成 β-SiAlON 复相材料，即埋入 Si_3N_4 粉和不埋入 Si_3N_4 粉烧结。

表 4-13   1～4 号煤矸石化学成分　　　　　　　　　　　　　　　　（wt%）

煤矸石组成	FeO	C	SiO₂		Al₂O₃		CaO	MgO	灼减
			第一次	烧损后	第一次	烧损后			
1 号	0.43	33.33	28.47	49.10	3.83	5.73	0.19	0.30	51.99
2 号	0.12	9.05	49.92	53.61	6.98	7.53	0.19	0.91	20.60
3 号	0.40	3.69	51.04	55.10	6.85	8.42	0.25	0.73	17.10
4 号	0.52	11.86	52.08	63.00	15.89	17.0	0.19	0.38	21.80

A   不同合成条件下合成产物的物相分析

用 XRD 对 1～4 号配方煤矸石合成的产物进行了物相分析，结果如图 4-18 所示。

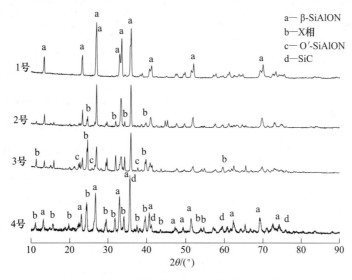

图 4-18   1～4 号煤矸石合成产物的 XRD 结果

从图 4-18 中可以看出，1 号样合成了较纯的 β-SiAlON，4 号合成产物中 β-SiAlON 占了很大比例，还有为数不少的 SiC 和 X 相。虽然 X 相的存在会降低复合材料的高温力学性能，但是如果 SiC 能够在长柱状的 β-SiAlON 晶体之间生长，那么它将起连接作用，使得材料同时具有了很好的韧性和很高的强度。而 2 号、3 号样的合成产物中 X 相的比例很大，3 号样中还有 O′-SiAlON 出现。结合这 4 种煤矸石的化学成分分析（表 4-13）可知，2 号、3 号煤矸石中碳含量较低，在碳热还原的过程中，碳过早地被消耗掉，导致氧分压升高，使得一部分 X 相未能氮化，继续留在生成物里，一部分生成了 SiAlON。

考虑到 1 号煤矸石烧损严重，低温相较多，在不烘干直接配加碳进行烧结时效果不理想，故在进行不埋粉直接配加碳烧结时只选用 4 号煤矸石。不埋粉实验在 1450℃、

1500℃、1550℃、1600℃四个温度下，分别按碳过量10%（质量）、15%、20%配料进行烧结，并用式（4-78）近似估算β-SiAlON 的相对含量 C_i、式中的 I'、I'' 代表物相 i 两个反射面对应的衍射峰的相对强度，结果见表4-14。

$$C_i = \frac{I'_i + I''_i}{\sum_i (I'_i + I''_i)} \times 100\% \tag{4-78}$$

从表4-14 中可以看出，当其他合成条件相同时，在1450℃下无法生成β-SiAlON 复相材料，当温度高于1500℃时，β-SiAlON 开始出现，但是数量很少。在1450℃、1500℃时合成材料的成分以莫来石为主，与 X 相共存，说明氧分压较高，且此反应未达到平衡，可能是由于保温时间短造成的。

表 4-14　由煤矸石合成氮氧化物复合材料产物的相组成

样品编号	温度/℃	加入碳含量/wt%	氮气流速/L·min⁻¹	保温时间/h	产物主要相	ln$t_{\beta\text{-SiAlON}}$/%
4-1	1450	10	0.5	5	莫来石>X 相	0
4-2	1450	15	0.5	5	莫来石>X 相	0
4-3	1450	20	0.5	5	莫来石>X 相	0
4-4	1500	10	0.5	5	莫来石>X 相>β-SiAlON	5.9
4-5	1500	15	0.5	5	莫来石>X 相>β-SiAlON	10.7
4-6	1500	20	0.5	5	X 相>莫来石>β-SiAlON	10.1
4-7	1550	10	0.5	5	O′-SiAlON> X 相>β-SiAlON	18.2
4-8	1550	15	0.5	5	β-SiAlON> X 相>O′-SiAlON	57.6
4-9	1550	20	0.5	5	Si₂N₂O > SiC > β-SiAlON	30.13
4-10	1600	10	0.5	5	O′-SiAlON> β-SiAlON >X 相	28.3
4-11	1600	15	0.5	5	β-SiAlON>O′-SiAlON	64.8
4-12	1600	20	0.5	5	β-SiAlON> O′-SiAlON> SiC	60.2

当温度升到1550℃时，可以合成β-SiAlON 含量较高的复相材料，合成结果如图4-19 所示。从图4-19 中可以看出，1550℃下合成产物主晶相除β-SiAlON 外，还有 X 相、Si_2N_2O 等中间产物，说明反应未能达到平衡，保温时间不够。

当温度为1500~1600℃、加碳量为15%时，得到的复相材料中β-SiAlON 的含量最大。

图 4-20 是活性炭加入量为15%（质量分数）时，β-SiAlON 生成量与温度的关系图。从图中可以看出，不埋粉烧结时，相同碳含量情况下，温度越高，合成的β-SiAlON 复相材料的中β-SiAlON 含量越大，说明温度的升高有利于β-SiAlON 的生成。

复相材料中除β-SiAlON 外，还有其他氮氧化物，如1550℃时，复相材料中有 Si_2N_2O，1600℃下，有 O′-SiAlON。这些氮氧化物与 β-SiAlON 形成复相 SiAlON 材料，能够相互取长补短，对材料的使用性能起到积极作用。另外，当加碳量为20%、温度大于1550℃时，

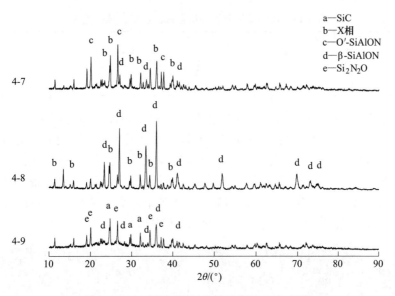

图 4-19 1550℃还原氮化后试样的 XRD 图谱

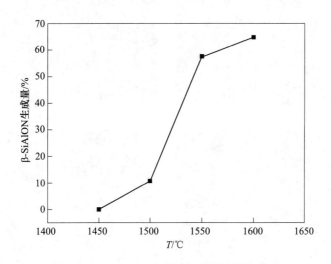

图 4-20 β-SiAlON 生成量与合成温度的关系

在合成材料中还有 SiC，SiC/β-SiAlON 复相陶瓷综合了 β-SiAlON 与 SiC 的优点，具有耐高温、抗氧化及荷重强度高、抗热冲击性优良且使用寿命长等特点。而 X 相的存在会使复相材料的耐火度下降。

通过对比埋粉和不埋粉的结果可以看出，将试样埋入 Si_3N_4 粉合成的产物 β-SiAlON 含量高，还有少量的 SiC 或 O'-SiAlON，但不埋粉烧结时 O'-SiAlON 和 X 相明显增多，且合成温度升高。导致这一现象的原因是埋粉可以大大降低氧气分压力，氧分压低有利于 β-SiAlON 的形成。

B 合成材料的显微结构与力学性能的关系

1500℃下各样品抗压抗折强度见表 4-15。从表中可以看出，1 号、2 号的抗折抗压强度小于 3 号、4 号样，这是由材料的物相组成和显微结构决定的。

表 4-15　1500℃下埋粉烧结各样品抗折、抗压强度

样品	1号	2号	3号	4号
抗折强度/MPa	17.6	18.0	28.5	30.7
抗压强度/MPa	29.5	32.2	45.9	47.8

图 4-21 为埋粉烧结工艺烧结后 1~4 号试样的断口形貌图。从图中可以看出，1 号、2 号样以沿晶断裂为主，有少量穿晶断裂和解理断裂，表现在力学性能上为抗折、抗压强度较小。3 号、4 号样的共同特点是其断裂方式以沿晶断裂为主，有数量较多的穿晶断裂，还有少量解理断裂，在力学性能上表现为抗压、抗压强度较高。4 号样晶型为长径比为 5∶1 左右的长柱状晶，且互相交错，在扫描图片上能清晰看到明显的穿晶断裂（见图 4-21 中 4 号样的 A、B、C、D 处），4 号样的抗折强度较高。

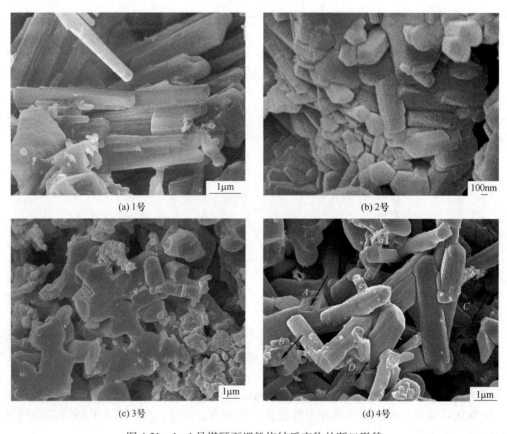

(a) 1号　　(b) 2号　　(c) 3号　　(d) 4号

图 4-21　1~4 号煤矸石埋粉烧结后产物的断口形貌

图 4-22 为不埋粉烧结工艺条件下，4 号样加碳量为 10%（质量）时，在不同温度下烧结后试样的断口形貌图。从图中可以看出，不埋粉烧结工艺烧成试样的共同特点为断口形貌以沿晶断裂和解理断裂为主，表现在力学性能上为抗折、抗压强度很小。但随着烧结温度的升高，材料的气孔率下降，材料变得致密，所以烧结体的抗折强度和抗压强度会有所升高。此结果从图 4-23 和图 4-24 即可得到验证。从图 4-23 和图 4-24 中可以看出，1400~1600℃时，样品的抗折和抗压强度随温度的升高而升高。

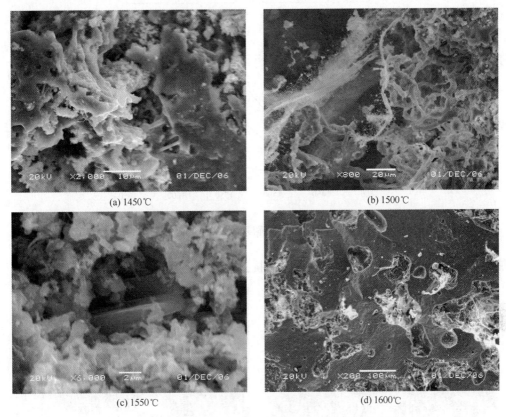

(a) 1450℃   (b) 1500℃

(c) 1550℃   (d) 1600℃

图 4-22　加碳量为 10% 时不同烧结温度下试样的断口形貌

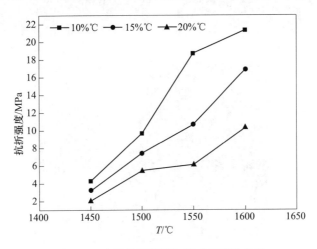

图 4-23　室温抗折强度与烧成温度的关系

　　图 4-25 给出了 1550℃ 下，碳加入量（质量）分别为 10%、15%、20% 时，材料的断口形貌。加碳 10% 时，沿晶断裂，夹杂解理断裂，表现为常温力学性能较差；加碳 15% 时，有大量的解理断裂，夹杂少量的沿晶断裂，表现为材料的力学性能更差；当碳加入量为 20% 时，断口形貌主要是解理断裂，表现为常温抗折、抗压性能最差。碳加入量的升高使得碳热还原反应过程中生成的 CO 增多，生成的气体不断逃逸，造成材料的气孔率大大

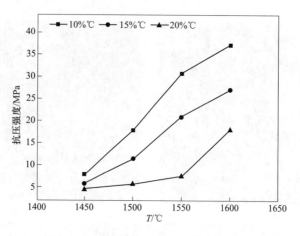

图 4-24   室温抗压强度与烧成温度的关系

增加，材料内部结构疏松，从而导致其常温抗折抗压强度下降，结果如图 4-26 所示。

(a) 加碳10%   (b) 加碳15%

(c) 加碳20%

图 4-25   1550℃下不同碳加入量合成材料的断口形貌

图 4-27 和图 4-28 分别为 1500℃下埋粉烧结和不埋粉烧结后材料的常温抗压、抗折性能图。

从图中可以看出，在相同温度下，埋粉烧结后材料的抗压、抗折性能均优于不埋粉烧结的材料。这是由于埋粉烧结的氧分压更低，更有利于合成 β-SiAlON 复相材料。并且埋

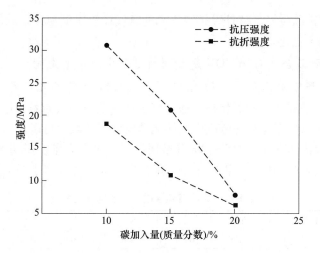

图 4-26　1550℃下不同碳加入量合成材料的抗压、抗折强度

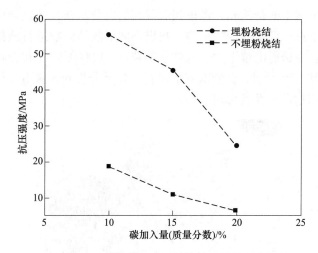

图 4-27　1500℃下埋粉烧结和不埋粉烧结后材料的常温抗压性能

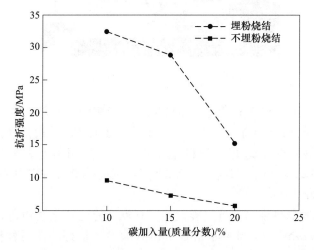

图 4-28　1500℃下埋粉烧结和不埋粉烧结后材料的常温抗折性能

粉烧结使得气体的扩散缓慢,从外界扩散进来的氮气在粉体里与样条反应的时间更长,反应更充分,更有利于氮化。

4.1.5.3　煤矸石合成 β-SiAlON 复相材料过程中的杂质走向

由于煤矸石原料中除含有 Si、Al 和 O 等合成 β-SiAlON 的元素外,还含有 Ca、Mg、Fe、Ti、K 和 Na 等杂质元素的氧化物,在烧结过程中杂质的去向是普遍关注的一个问题。

表 4-16 所示为原料煤矸石和合成产物的化学成分。从表中可以看出,反应后 Fe、Ca、Mg、Ti 等杂质元素仍然存在,而 K、Na 等杂质已经几乎没有了。说明 K、Na 在合成过程以气体的形式挥发掉了,这一结果与前文中关于 K、Na 杂质元素走向的热力学分析一致。

表 4-16　煤矸石和合成产物的化学成分　　　　　　　　　　（wt%）

化学组成	SiO_2	Al_2O_3	TFe	Ca	Mg	K	P	Ti	SO_3
煤矸石	63.0	17.0	4.76	0.71	0.246	3.0	0.61	2.1	3.5
合成产物			0.97	0.55	0.247	0.001	0.012	0.525	

为了确定合成材料中的杂质相,考虑到煤矸石的成分复杂,并且杂质元素含量低等特点,先在透射电镜下进行低倍形貌的观测,找出不同形状的颗粒进行能谱分析,然后进行选区衍射确定杂相。在透射电镜下发现短柱状颗粒 A、块状颗粒 B 和在长柱状机体上黏结的块状颗粒 C,如图 4-29 所示,分别对它们进行了能谱分析和选区电子衍射,图 4-30 ~ 图 4-32 为它们的选区衍射花样及其标定。

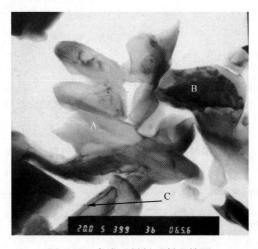

图 4-29　合成后材料透射电镜图

颗粒 A 的分析:图 4-30 为透射电镜下颗粒 A 的形貌图和衍射花样。在做衍射花样前,通过能谱分析得知该颗粒中除 Si、Al、O、N 外,还有 Ca 元素,推测其可能为 Ca-α-SiAlON,接下来在该颗粒上进行了选区电子衍射,通过衍射花样标定确定其为 Ca-α-SiAlON,表达式为 $Ca_{0.68}(Si_{9.96}Al_{2.04})(O_{0.68}N_{15.32})$。此结果与前文中关于杂质元素 Ca 走向的热力学分析吻合。

由于 α-SiAlON 材料硬度高,抗热震性好,有良好的抗氧化性和高温性能,强度比 β-SiAlON 材料低,Ca-α-SiAlON 与主晶相 β-SiAlON 复合,恰好能使两种材料性能互补,使材料的性能更好,应用更广。

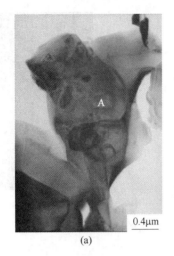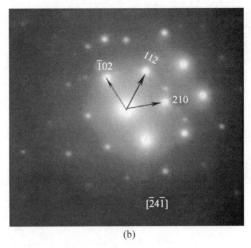

(a)　　　　　　　　　　　　(b)

图 4-30　颗粒 A 的形貌图（a）和选区衍射及标定（b）

　　颗粒 B 的分析：图 4-31 为透射电镜下颗粒 B 的形貌图和衍射花样。首先对颗粒 B 进行了能谱分析，得知该颗粒中除 Si、Al、O、N 外，还有 Ti 和 Fe 元素，究竟该颗粒是何物质还需进一步分析，因此在该颗粒上进行了选区电子衍射。通过衍射花样标定确定其为TiN，与前文关于杂质元素 Ti 走向的热力学分析是一致的。

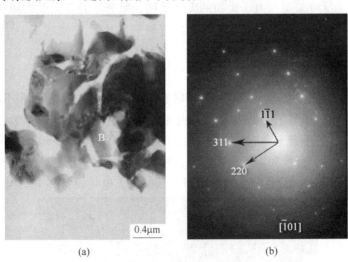

(a)　　　　　　　　　　　　(b)

图 4-31　颗粒 B 的形貌图（a）和颗粒 B 的选区衍射及标定（b）

　　TiN 的耐火度高，耐磨性好。少量的 TiN 存在于复合材料中，可对材料的耐磨性起到积极作用。

　　颗粒 C 的分析：在透射电镜下可以观察到某些长柱状的基体上黏结着块状的颗粒，如图 4-32（a）所示，能谱分析发现该颗粒的铁含量很高，如图 4-32（b）所示。在该颗粒上进行选取电子衍射，得到了多晶环，如图 4-32（c）所示。多晶环各晶面的间距与$FeAlO_3$ 的 JCPDS 卡片非常吻合（表 4-17），由多晶环标定和能谱分析可以确定该多晶为铁铝尖晶石（$1/2Fe_2O_3 \cdot 1/2Al_2O_3$）。

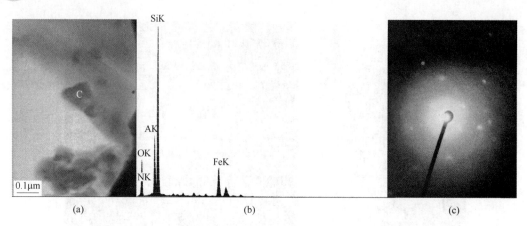

图 4-32　颗粒 C 的形貌图（a）、能谱图（b）和选区衍射及标定（c）

表 4-17　衍射多晶环的标定

晶面	221	331	351	014
D_{JCPDS}	2.658	1.931	1.482	1.235
$D_{measure}$	2.640	1.930	1.500	1.200

在煤矸石碳热还原氮化合成 β-SiAlON 复相材料的过程中，煤矸石中的铁氧化物先被还原为单质铁，在反应末期，由于炭粉的大量消耗，氧分压升高，此时单质铁会与氧气发生反应。当氧分压达到 10^{-9} MPa 以上，Fe 会与氧气发生反应生成 Fe_2O_3，Fe_2O_3 固溶进 Al_2O_3 中形成多晶的铁铝尖晶石（$1/2Fe_2O_3 \cdot 1/2Al_2O_3$）。

4.1.5.4　β-SiAlON 的工业生产实践

实验室制备和工业化生产必定存在一定的联系，但其合成方式又有许多不同之处，如原料成型方式、合成加热方式、气氛控制方式和升温参数设定等。故以热力学分析可控合成 β-SiAlON 为理论指导，在实验室合成试验的基础上，开展小型规模化 β-SiAlON 的工业生产实践。

小规模试验以煤矸石粉和炭黑为原料，先采用连续化对滚挤压方式造球，采用电炉烧结，试验设备如图 4-33 所示，分别由造球机、制氮机、电控设备和电炉构成。

图 4-33　工业规模化制备 β-SiAlON 的设备

工业实验配比基于实验室设计而定，炭黑加入量为理论值的 125%，每炉实验配料 200kg，其配比和合成参数见表 4-18，其中氮气纯度由制氮机控制。

表 4-18 工业化制备 β-SiAlON 的原料配比和合成参数

试样	原料配比/kg		合成参数		
	煤矸石	炭黑	是否埋碳	氮气纯度	保温时间/h
G1	174	26	否	0.995	6
G2	174	26	是	0.985	6
G3	174	26	是	0.995	6

图 4-34（a）为对辊造球的煤矸石球照片，图 4-33（b）为生产的 β-SiAlON 球的形貌。

(a)

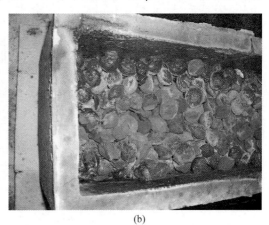
(b)

图 4-34 工业规模化造球形貌
（a）原煤矸石球；（b）合成球

对合成的试样进行 XRD 分析，结果如图 4-35 所示。

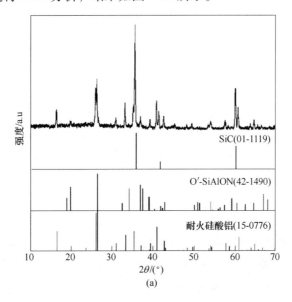
(a)

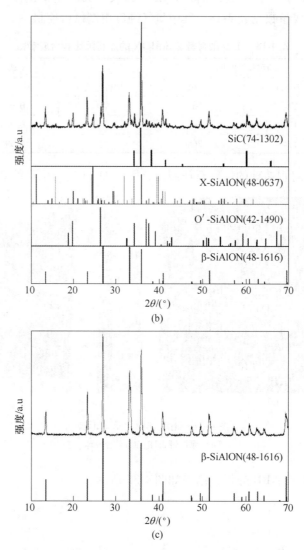

图 4-35 试样 G1（a）、G2（b）和 G3（c）的 XRD 图谱

由试验结果可以看出，工业化生产和实验室制备具有相似之处，埋碳仍然是合成 β-SiAlON 的必要条件，不埋碳时 β-SiAlON 将不能被合成，而氮气纯度是制备高纯 β-SiAlON 的前提，当氮气纯度较低时（纯度 98.5%），SiC 含量较高，当氮气纯度较高时，可以合成高纯度的 β-SiAlON，图 4-36 为 G3 球的 SEM 照片，可以看出试样中含有大量柱状 β-SiAlON 晶体。

基于以上研究可知，通过实验室可控合成的参数设定同样可以实现 β-SiAlON 的工业规模化可控合成。工业化合成与实验室合成具有较好的一致性，这表明，热力学设计可以用于指导 β-SiAlON 的工业规模生产。在实际生产过程中可以适当设计合成温度、合成气氛、合成配比，从而实现高纯度 β-SiAlON 的稳定化、经济化和规模化生产，促进煤矸石生产 SiAlON 材料技术的推广应用。

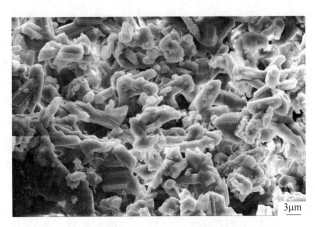

图 4-36 试样 G3 的 SEM 照片

4.2 煤矸石合成堇青石-莫来石窑具材料

4.2.1 窑具材料简介

窑具是一种支撑保护烧成制品的特殊耐火材料，是陶瓷、耐火材料和磨料等行业重要的基础材料之一，包括窑车台面、匣钵、棚板、垫脚、立柱和推板等。窑具质量与性能的好坏，对烧成制品的质量、产量、能耗、成本等有着直接的影响。

一般窑具材料应具备以下基本性能：

（1）高耐火性、良好的抗热震性及化学稳定性。现代陶瓷的烧成向快烧方向发展，抗热震性显得尤为重要；高温化学稳定性好的窑具不易与制品发生反应。

（2）常温和高温强度大。窑具的作用之一就是承重，必须经受住制品及窑具本身的负荷；高强度窑具材料可使窑具做得又轻又薄，以提高装窑密度，改善制品质量。

（3）良好的导热性和低蓄热性。制品的生产趋向优质、高产、低耗，烧成工艺趋向快速，这就要求窑具蓄热少，传热快。

（4）外观规整，尺寸精确。产品烧成变形与匣钵平整度有关；匣钵尺寸精确，有利于机械化操作，提高生产效率。

窑具材料的主要作用如下：

（1）防止制品在烧制过程中，因燃烧气体和灰尘的接触与侵蚀而造成污损和缺陷；

（2）在大容积、大断面的窑炉中，起到盛装与支架的作用，可提高装窑密度，方便烧窑操作。

目前的窑具材料主要有碳化硅、堇青石、堇青石-莫来石、莫来石、莫来石-刚玉、熔融石英、钛酸铝、钛酸铝-莫来石等材质，其中以碳化硅质和堇青石质窑具的研究和使用最为广泛。

4.2.1.1 碳化硅质窑具

碳化硅（SiC）是一种耐高温、抗侵蚀、抗热震、导热性能好、机械强度高的高级耐火材料。由于碳化硅是共价键结合的化合物，很难单纯采用常压烧结的方法来制取高致密材料，必须采用一些特殊工艺手段，或者依靠第二相物质促进其烧结。根据结合相不同，可以将碳化硅质窑具分为以下几种：黏土结合、二氧化硅结合、莫来石结合、自结合、氧氮化硅结合、赛隆结合、重结晶（R-SiC）、氮化硅结合（N-SiC）、反应烧结（RS-SiC）和烧结 α-SiC（S-SiC）等。

（1）黏土结合 SiC 质窑具。在 SiC 质耐火材料中，黏土结合 SiC 是最普遍、价格最低廉且生产工艺最简单的一种。这种碳化硅耐火材料是由可塑性黏土结合碳化硅制备，制品中黏土量一般在 15%~25%，且配料中 SiC 细粉用量不宜过大，否则容易氧化。SiO_2 结合 SiC 制品的原料纯度较高，低熔物杂质含量少，性能较黏土结合碳化硅制品好，而价格同氮化硅结合碳化硅和重结晶碳化硅制品相比又有很大优势，因此得到了广泛的应用。

例如，以 SiC 粉、高岭土和苏州土为主要原料，在 1400℃下保温 2h 得到主晶相为 SiC、莫来石、刚玉和方石英的试样，其中，莫来石相为棒状；试样具有良好的抗热震性，抗折强度为 65.5MPa。温度和 SiO_2 加入量对 SiC 棚板性能同样有影响，SiO_2 加入量的增加，有利于材料常温强度的提高，较适宜的 SiO_2 添加量为 5%（质量分数）。并且热处理温度的提高会明显改善 SiO_2-SiC 材料的高温强度，较适宜的热处理温度为 1440℃。在 1400℃下，SiO_2 结合 SiC 的综合性能优于黏土和莫来石结合 SiC，其常温和高温抗折强度分别为 20.2MPa 和 20.4MPa。

（2）反应烧结 α-SiC 窑具。反应烧结 α-SiC 继承了碳化硅的优点，自身又有低烧结温度、高致密度等优点，适于制备大尺寸、复杂形状陶瓷构件。目前在碳化硅质窑具材料中，反应烧结碳化硅的抗氧化性最好，且具有良好的耐磨性和导热性，但也存在一些问题，例如，由于反应烧结碳化硅中存在游离硅，若使用温度接近或高于 1410℃，其断裂强度将会因游离硅的软化或熔化而降低。当将碳纤维加入反应烧结碳化硅后，碳纤维表面生成致密 β-SiC 层，反应过程伴随的体积膨胀增加了纤维表面的粗糙度。当碳短纤维体积分数为 30%时，复合材料的弯曲强度和断裂韧性最高，分别为 416MPa 和 5.1MPa·$m^{0.5}$。

（3）重结晶碳化硅窑具。重结晶碳化硅是以粗、细两种粒径的高纯度碳化硅粉体为原料，不添加烧结助剂，在 2200~2450℃下通过蒸发−凝聚机制烧结而成的高纯 SiC 材料。其抗化学侵蚀性和抗热震性优异，但致密度不高，注浆法获得的密度最大，也仅为其理论密度的 85%左右。若在真空环境下，1600℃和 1800℃热处理，均会使反应烧结碳化硅中的游离硅全部去除，且 1800℃热处理的材料比 1600℃热处理后的材料强度高。当采用等静压成型合成重结晶碳化硅制品时，随着成型压力的增大，制品的密度随之增大，最佳成型压力为 200MPa，最佳保压时间为 160s，等静压成型的素坯和成品强度大、密度高且坯体均匀。

（4）氮化硅结合碳化硅质窑具。氮化硅结合碳化硅材料具有高温强度高、热传导率高、膨胀系数低以及良好的抗热震性、抗高温蠕变、耐腐蚀等一系列优良性能，但在生产过程中面临着两个技术难题：1）现有的摩擦压砖机很难使坯体密度增加，并使坯体密度沿厚度方向保持均匀分布。2）常规氮化烧成工艺很难使大规格的砖体芯部氮化。

研究表明，浸渍硅溶胶、铝溶胶和 10%氯化铝溶液都可以使试样的氮化率有不同程度的提高，但铝溶胶（10%）效果最明显。当纳米碳化硅粉加入量小于 5%时，材料的成型体积密度大幅提高；当加入量为 1%时，其耐压和抗折强度达到最大，分别为 235MPa 和 58MPa。当加入硅铁粉小于 2.0%时，Fe 促进了 Si 的氮化反应，随着硅铁粉增加，制品致密度和常温耐压强度增加。

4.2.1.2 堇青石窑具材料

堇青石化学组成为 $2MgO \cdot 2Al_2O_3 \cdot 5SiO_2$，是一种硅酸盐矿物，在自然界中分布较广，但含量较低，很少富集成矿。工业上所使用的堇青石大多为人工合成，具有开采价值的天然堇青石大矿床至今没有找到。1929 年，W. M. Cohn 和 F. Singer 首先报道了用 43% 滑石、35% 黏土和 22% Al_2O_3 合成出膨胀系数为 $0.53 \times 10^{-6}/℃$（$0 \sim 2000℃$）陶瓷坯体。后来，许多研究人员又对堇青石及其新产品进行了研究，例如，日本的早川秀治等研制成了堇青石-碳化硅和堇青石-碳化硅-刚玉制品，佐野资郎研究出一种通过添加醋酸钡扩大堇青石烧结范围的新方法。实际生产中，随着研究成果的不断涌现，堇青石制品的质量不断提高。

目前，世界上以美国、德国、日本的堇青石材料质量较好。国内堇青石材料的研究起步较晚，无论是产品质量还是生产规模都与国外存在较大的差距，尤其是在作为汽车尾气净化触媒载体的堇青石质蜂窝陶瓷方面。1997 年，田惠英、郭海珠在研制堇青石-莫来石棚板时合成的堇青石材料，膨胀系数为 $2.4 \times 10^{-6}/℃$，显气孔率为 27%；1998 年，张效峰等在进行堇青石干法合成技术的研究中合成了堇青石相为 95% 的熟料；此外，南京化工学院的田雨霖先生采用废玻璃纤维和高纯 Al_2O_3、SiO_2、MgO，在常压、温度低于 1200℃ 条件下，耗时 $4 \sim 8h$ 人工合成了高纯堇青石。西安建筑科技大学的薛群虎、尹洪峰等对叶蜡石合成堇青石的工艺以及堇青石原料在合成中的致密化等进行了研究。洛阳耐火材料研究院的黄万钦、中国科学院地球化学所的王辅亚等也对堇青石的性能做了大量研究，探讨了结构状态、合成温度与热膨胀系数之间的关系，为国内堇青石制品的研制奠定了基础。

由于堇青石具有热膨胀系数低和热稳定性良好、抗热震性好等优点，因而得到了广泛的应用。常作为抗热震材料被广泛应用于汽车尾气净化装置、催化剂载体、耐热涂层、热交换机材料、电子封装材料、泡沫陶瓷、印刷电路板等，以及一些冷热骤变的环境中，比如陶瓷换热器、热风炉、匣钵、棚板、支柱砖等。

4.2.1.3 莫来石质和莫来石-刚玉质窑具

早在 20 世纪 20 年代初，人们在苏格兰的莫尔岛（Isle of Mull）发现了一种良好的硅酸盐针状结晶，当时假定这些针状晶体是硅线石，1924 年，莫来石以苏格兰的莫尔岛来命名。后来，人们对莫来石做了积极探索，于 1926 年用电熔法制得莫来石，1928 年用烧结法制得莫来石，20 世纪 60 年代进入莫来石的工业化阶段。60 年代后的几十年中，莫来石被作为一种高温结构陶瓷进行了深刻的研究，一般认为莫来石的晶体化学式为 $Al_2[Al_{2+2x}Si_{2-2x}]O_{10-x}$，化学组成在 $2Al_2O_3 \cdot SiO_2 \sim 3Al_2O_3 \cdot 2SiO_2$ 之间。

莫来石具有耐火度高、荷重软化温度高、抗热震性好、抗化学侵蚀优良、抗蠕变好、体积稳定性好等优良特性。由于莫来石的优良特性，因此被广泛地用于冶金、玻璃、化学、电力、国防、燃气和水泥等行业。在陶瓷行业，以莫来石为基的材料被广泛地应用于窑炉的内衬、垫板、顶柱，但该材质窑具的抗热震性较差。

有研究表明，引入 AlF_3 烧成后材料的常温耐压强度、常温抗折强度和热震后抗折强度保持率均提高；加入 AlF_3 的材料在 1725℃ 烧成后有类似晶须状的柱状莫来石形成，这有利于其强度和抗热震性能的提高。随着 Al_2O_3、MgO 和 TiO_2 含量的增加，显气孔率逐渐降低，体积密度逐渐增大，抗热震性有所改善。郑建平等研究了烧成制度和结合剂对刚玉-莫来石窑具性能的影响。结果表明，以硅胶-铝胶为结合剂，莫来石的显著形成温度约为1150℃；在相同的烧成制度下，以硅胶-铝胶为结合剂的刚玉-莫来石试样，其常温抗折强度比以高岭土为结合剂的试样低，而抗热震性优于以高岭土为结合剂的试样。引入适当纤维，可以明显提高制品在常温下的抗折强度；纤维的引入提高了制品的弹性模量，降低了其抗热震性。

4.2.1.4　董青石-莫来石质窑具

莫来石虽然具有较高的常温力学性能、较高的耐火度和荷重软化温度，抗化学侵蚀性和抗蠕变性较好，但热膨胀系数偏高，从而导致了莫来石质材料抗热震性不佳，限制了其在窑具中的应用；董青石膨胀系数小，具有较好的抗热震性、热稳定性、体积稳定性和化学稳定性，使用时不易变形，但力学性能不高，常温时抗折强度不足100MPa，耐火度也较低，只能在低于1300℃温度范围适用，并且董青石的烧成温度范围狭窄，只有50℃左右，也限制了其在窑具中的应用。因此，为兼顾材料的力学性能、高温性能及抗热震性能，研制董青石-莫来石窑具材料，即将董青石与莫来石进行复合，是提高材料性能的最有效的措施之一。同时，由于董青石的膨胀系数小于莫来石的膨胀系数，两者的膨胀系数不匹配，在两相界面形成的微韧裂纹能使董青石和莫来石两者的优点互补，从而提高董青石-莫来石窑具材料的热稳定性能。因此，目前国内外高档陶瓷窑具普遍使用董青石-莫来石复合材料。

不同结合剂（硅溶胶、磷酸二氢铝、纸浆废液和酚醛树脂）对董青石-莫来石窑具材料性能与结构的影响规律不同。当使用单一结合剂制备董青石-莫来石窑具材料时，纸浆废液的效果最好；当加入K_2CO_3作为添加剂时，以硅溶胶作为结合剂的材料力学性能和抗热震性都有很大的提高。改变烧成工艺对董青石-莫来石窑具材料的性能有很大影响，当烧成温度从1340℃提高到1400℃时，窑具材料的线膨胀率增大，显气孔率增加，常温、高温抗折和耐压强度增大，抗热震性在1370℃时最佳；在1370℃下保温时间从3h延长至5h，材料的常温、高温抗折强度和抗热震性随保温时间的延长而逐渐降低。周曦亚等研究了以75%莫来石和25%董青石为复合骨料，75%董青石和25%莫来石为复合结合剂的董青石-莫来石窑具的显微结构和性能，发现使用复合骨料和复合结合剂的窑具材料具有比由董青石结合莫来石的窑具材料更优越的抗热震性。添加稀土CeO_2同样能够改善董青石陶瓷的相组成和性能。研究表明，由氧化物（MgO、Al_2O_3和SiO_2）粉末制备董青石陶瓷时，在1370℃下烧结3h，该陶瓷由董青石和孤立分布的玻璃相组成；随CeO_2含量增加，陶瓷的致密度、抗弯强度和热膨胀系数逐渐升高；添加适量CeO_2（质量分数为2%~4%），显著降低了中间相（方石英、尖晶石）的含量；CeO_2的作用主要与改变Si^{4+}、Al^{3+}和Mg^{2+}离子的扩散有关。

4.2.2　煤矸石和废弃耐火材料合成董青石窑具材料

4.2.2.1　董青石窑具的合成技术

目前，合成董青石的主要方法是高温固相反应法。利用天然矿物或高纯度的氧化物，按照一定的比例在高温下进行熔融反应，生成董青石。高温固相反应合成董青石并非易事，这主要是因为堇青石的生成条件比较苛刻，合成温度区间狭窄。在较低温度下没有明显的堇青石生成，提高温度又会导致玻璃相的生成。其次，合成堇青石的还有溶胶-凝胶法。溶胶-凝胶法是用含高化学活性组分的化合物作前驱体，在液相下将这些原料均匀混合，并进行水解、缩合化学反应，在溶液中形成稳定的透明溶胶体系，溶胶经陈化胶粒间缓慢聚合，形成三维空间网络结构的凝胶。凝胶经过干燥、烧结固化制备出分子，乃至纳米亚结构的材料。此外，还有液相燃烧合成堇青石。当前，对堇青石材料的研究主要集中在设计合适的合成工艺来降低成品的烧成温度和热膨胀性，从而改善材料的热效应，以及添加第二相来提高耐热冲击性和增强增韧等方面。

目前，合成堇青石的原料主要分为两类：一是天然矿物；二是高纯度的氧化物。传统的合成原料主要为天然矿物，天然矿物低廉易得，制备成本较低；而利用高纯度的氧化物烧结，相应地增加了成本。从国内外的报道来看，研究最多的主要是煤矸石系列、高岭石系列和粉煤灰系列。采用菱镁矿风化石-叶蜡石-二氧化硅微粉，在1400℃下合成了堇青石，堇青石相占到了67%；利用焦宝石-滑石粉在1410℃合成了堇青石，实验测得，在该温度下堇青石含量最高为92%。

随着研究深入，利用更加低廉的原料合成堇青石已经成为堇青石研究的热点，其中，利用工业废料为原料获取堇青石是合成研究的一大突破。利用工业废渣作为原料，不仅实现了变废为宝，而且具有重要的环保和经济意义。以铝厂废渣、高岭土和滑石为主要原料，采用固相烧结法，在1380℃保温4h合成了纯度较高的片状结构堇青石。通过添加28.43%（质量分数）白云石，利用工业粉煤灰制备了钙长石-堇青石基多孔陶瓷。以锰渣、滑石、工业氧化铝、石英为原料，采用固相反应法，在1140~1220℃范围内烧结合成堇青石陶瓷，发现1210℃以上烧结才能合成堇青石为主晶相的陶瓷，堇青石呈长条状，形貌发育良好。在200℃时具有2.213g/cm³的最大密度和70.6MPa的最高强度。以高岭土尾矿、铝厂污泥和镍渣为主要原料，在1350℃下保温3h后，获得了以堇青石晶相为主的材料。

4.2.2.2 煤矸石和废弃耐火材料合成堇青石技术

合成原料通常采用典型煤矸石、用后镁碳砖、用后滑板砖。表4-19是它们的主要化学成分分析结果，图4-37是煤矸石XRD分析结果。

表4-19 煤矸石、用后镁碳砖和用后滑板砖的主要化学成分　　　　　　（wt%）

原料	Al_2O_3	SiO_2	MgO	C
煤矸石	20.83	53.29	0.77	15.49
滑板砖	89.9	4.38	0.04	5.35
镁碳砖	5.25	2.66	75.55	13.42

堇青石的化学式为$2MgO \cdot 2Al_2O_3 \cdot 5SiO_2$，理论化学组成为MgO 13.7%、$Al_2O_3$ 34.9%、SiO_2 51.4%。如图4-38所示，形成堇青石的组成点正好落在由煤矸石、用后镁碳砖和用后滑板砖组成的三角形中，故可以以此为基础，经过计算设计3种原料的配比加入

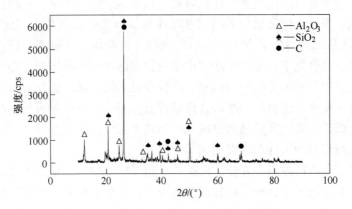

图 4-37　白家庄煤矸石的 XRD 衍射图谱

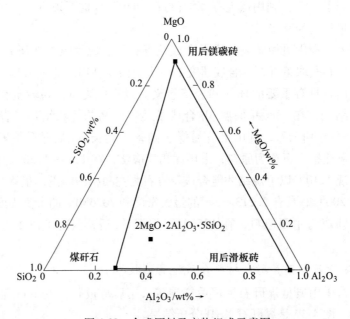

图 4-38　合成原料及产物组成示意图

量，制备堇青石材料。其反应方程式为：

$$Al_2O_3 \cdot 2SiO_2 \cdot 2H_2O \longrightarrow Al_2O_3 \cdot 2SiO_2 + 2H_2O \tag{4-79}$$

$$Al_2O_3 \cdot 2SiO_2 \longrightarrow Al_2O_3 + 2SiO_2 \tag{4-80}$$

$$3(Al_2O_3 \cdot 2SiO_2) \longrightarrow 3Al_2O_3 \cdot 2SiO_2 + 4SiO_2 \tag{4-81}$$

$$MgO + SiO_2 \longrightarrow MgO \cdot SiO_2 \tag{4-82}$$

$$3Al_2O_3 \cdot 2SiO_2 + 2(MgO \cdot SiO_2) + SiO_2 \longrightarrow Mg_2Al_4Si_5O_{18} + Al_2O_3 \tag{4-83}$$

$$MgO + Al_2O_3 \longrightarrow MgAl_2O_4 \tag{4-84}$$

$$2MgAl_2O_4 + 5SiO_2 \longrightarrow Mg_2Al_4Si_5O_{18} \tag{4-85}$$

合成条件见表 4-20。

表 4-20　合成条件

试样编号	烧结温度/℃	保温时间/h
G1	1320	3
G2	1350	3
G3	1380	3
G4	1400	3
G5	1430	3
G6	1460	3
G7	1380	1
G8	1380	2
G9	1380	4
G10	1380	5
G11	1380	6

对不同条件下的合成产物做了 XRD 衍射分析，表 4-21 是用煤矸石、用后滑板砖和用后镁碳砖合成的产物与合成温度之间的关系。从表中可以看出，在1320℃就开始有堇青石生成，产物中同时存在镁铝尖晶石和过量的 Al_2O_3，随着合成温度的升高，生成的镁铝尖晶石和过量的 Al_2O_3 逐渐降低。从图 4-39 中可以看出，在1380℃合成了高纯相的堇青石材料。随着温度的继续升高，合成材料的物相组成没有太大变化。由于利用固体废弃物合成堇青石，原料中低温杂相较多，在1430℃试样熔化，导致合成的堇青石的熔点降低，利用固体废弃物合成堇青石的合成温度区间为 1380~1430℃。

表 4-21　实验参数与合成试样的 XRD 结果

编号	合成温度	合成 XRD 结果
G1	1320℃	堇青石、镁铝尖晶石、Al_2O_3
G2	1350℃	堇青石、少量 Al_2O_3
G3	1380℃	堇青石
G4	1400℃	堇青石
G5	1430℃	试样熔化

图 4-40 是堇青石材料的抗折性能随着保温时间延长的变化曲线。由图 4-40 可以看出，随着保温时间从 1h 延长至 3h，材料相应的抗折强度从 16.31MPa 增加到 23.65MPa，但保温时间超过 3h 后，材料的抗折性能随着保温时间的延长没有明显变化，保温 4h 后材料的抗折强度为 23.81MPa。并且从图 4-41 中可以看出，保温时间的长短对堇青石晶体的发育情况影响很大，图 4-41（a）显示，保温 1h 时合成的材料中存在大量残缺的、发育不完全的细小晶粒，随着保温时间的增加，堇青石晶体继续长大，形成完美的短柱状晶，柱状组织的表面有许多黏附的颗粒，为堇青石新生相。从图 4-41（c）可以看出，保温 3h 时的堇

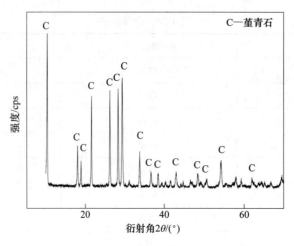

图 4-39　1380℃合成堇青石的 XRD 图

青石柱状组织变得较为模糊，并且大量柱状组织黏结在一起，形成新的堇青石团状组织，而且团状组织的表面有大量的玻璃相。随着保温时间的延长，合成的堇青石的显微结构发生了变化，从无序的细小晶粒生长成规则的短柱状晶，再到形成团状组织和部分玻璃相，增加了合成材料的抗折强度。超过 3h 后，随着保温时间的延长，材料的显微结构变化不大，抗折强度变化不明显。

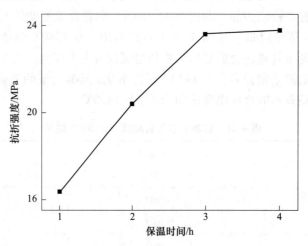

图 4-40　保温时间对抗折强度的影响

　　图 4-42 是堇青石材料的气孔率随着保温时间的延长的变化曲线。由图 4-42 可以看出，随着保温时间从 1h 延长至 3h，材料的气孔率从 12.41% 逐渐增加到 27.96%；但保温时间超过 3h 后，材料的气孔率随着保温时间的延长没有明显变化；保温时间为 4h 时，材料的气孔率为 28.33%。从图 4-41 中可以看出，随着保温时间的延长，堇青石晶体形状发生变化，气孔排布也发生变化，规则有序的气孔增加了材料的韧性，提高了材料的抗折强度。当保温时间超过 3h 后，材料的显微结构变化不大，气孔率变化不大，故材料的抗折强度变化不明显。

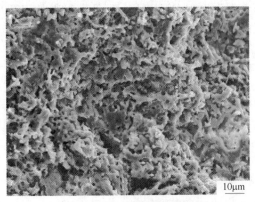

(a) 保温时间为1h的堇青石试样

(b) 保温时间为2h的堇青石试样

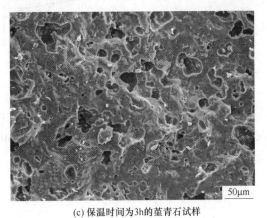

(c) 保温时间为3h的堇青石试样

图 4-41　堇青石试样断口 SEM 照片

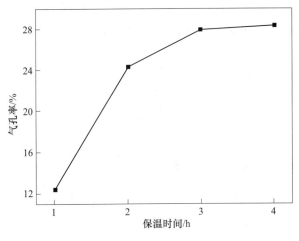

图 4-42　保温时间对气孔率的影响

　　图 4-43 是堇青石材料的体积密度随着保温时间的延长的变化曲线。随着保温时间从 1h 延长至 3h，材料的体积密度从 1.99g/cm³ 逐渐降低到 1.74g/cm³，但保温时间超过 3h 后，材料的气孔率随着保温时间的延长，变化速率明显降低。保温时间为 4h 时，材料的

体积密度为 1.72g/cm^3。从图 4-42 中可见，随着保温时间从 1h 延长至 3h，材料的气孔率增加，将导致材料体积密度降低，超过 3h 后，保温时间对气孔率的影响不大，故材料的体积密度变化不大。

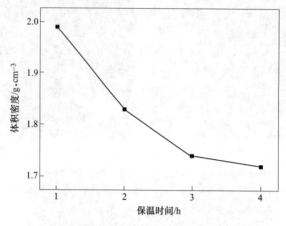

图 4-43　保温时间对体积密度的影响

　　因此，利用煤矸石、用后滑板砖、用后镁碳砖为主要原料高温下合成纯度较高的堇青石材料，堇青石的含量在 95%以上。合成堇青石的最佳条件为 1380℃，保温 3h，此条件下，试样的抗折强度为 23.65MPa，显气孔率为 27.96%，体积密度为 1.74g/cm^3。

4.2.3　煤矸石和废弃耐火材料合成堇青石-莫来石窑具材料

4.2.3.1　堇青石-莫来石复相材料合成物理化学设计

　　同样采用典型煤矸石、用后镁碳砖、用后滑板砖作为合成堇青石-莫来石材料原料，其成分见表 4-19。

　　由 MgO-Al$_2$O$_3$-SiO$_2$ 三元相图（图 4-44）可知，形成堇青石和莫来石晶相的组成点都

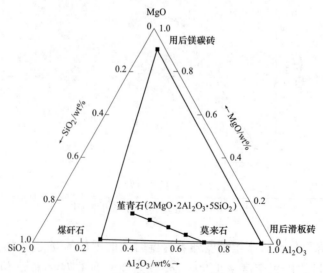

图 4-44　合成原料及产物组成示意图

落在煤矸石、用后滑板砖和用后镁碳砖组成的三角形内，且堇青石、莫来石组成点的连线也落在由煤矸石、废弃镁碳砖和废弃滑板砖组成的三角形中，故可以此为基础，经过计算设计 3 种原料的配比加入量，制备堇青石-莫来石复相材料。具体实验配方见表 4-22，合成条件见表 4-23。

表 4-22 实验配方 （wt%）

编号	煤矸石	用后镁碳砖	用后滑板砖
A	49.225	3.375	47.4
B	57.45	6.75	35.8
C	65.675	10.125	24.2

表 4-23 合成条件

试样编号	试验温度/℃	保温时间/h
A1	1320	3
A2	1340	3
A3	1380	3
A4	1400	3
A5	1420	3
A6	1460	3
A7	1380	1
A8	1380	2
A9	1380	4
A10	1380	5
A11	1380	6
B1	1320	3
B2	1340	3
B3	1380	3
B4	1400	3
B5	1420	3
B6	1460	3
B7	1380	1
B8	1380	2
B9	1380	4
B10	1380	5
B11	1380	6
C1	1320	3
C2	1340	3
C3	1380	3
C4	1400	3
C5	1420	3
C6	1460	3
C7	1380	1
C8	1380	2

试样编号	试验温度/℃	保温时间/h
C9	1380	4
C10	1380	5
C11	1380	6

4.2.3.2　合成温度与莫来石含量的关系

选取 B 成分的试样在 1340℃、1380℃、1420℃下进行合成，样品的 XRD 图如图 4-45 所示。由 XRD 图可以看出，在这 3 个温度下，产物的主晶相是堇青石和莫来石，从而保证试样既能发挥堇青石的高抗热震性，又能发挥莫来石的高耐火度。另外，XRD 图中显示还含有极少量的刚玉和玻璃相。但是，即使初始原料配比相同，在不同温度下合成的复相材料中，堇青石和莫来石的相对含量不同。如在 1340℃时已经形成了一定量的堇青石和莫来石，由图 4-46 可以看出，此时堇青石的含量大约在 40%，当合成温度达到 1380℃时，堇青石和莫来石的衍射峰都有增加，但堇青石峰值增加的幅度大于莫来石的增加幅度，说明两者的含量都有所增加，但堇青石的相对含量增加较快。这是由于在 1380℃时，堇青石的生成消耗了部分莫来石。当合成温度达到 1420℃时，堇青石和莫来石的相对含量几乎没有变化，说明此时的相对含量基本保持不变。当温度达到 1460℃时，堇青石的衍射峰完全消失，因为堇青石的熔点为 1460℃，达到这个温度时，堇青石相将不再存在。

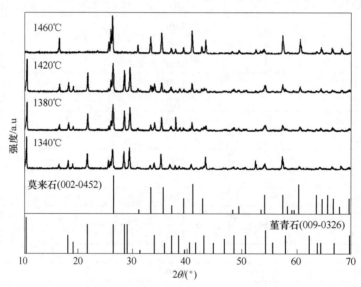

图 4-45　B 试样在不同温度下烧成后的 XRD 图谱

4.2.3.3　不同相对含量堇青石-莫来石复相材料的合成

图 4-46 显示，在 1380℃下合成的堇青石-莫来石复相材料随着温度的增加，含量变化很小，故选择合成温度为 1380℃，保温 3h，烧制不同配方的 A3、B3、C3 三种成分的复相材料。从 XRD 图谱（图 4-47）中可以看出，随着原料配比的变化，即用后滑板砖配比的增加，原料中 Al_2O_3 的含量增加，莫来石的含量增加；当 MgO 的相对含量增加时，即用后镁碳砖加入量增加，合成材料的相成分向着堇青石的方向变化。合成的试样中堇青石和莫来石的相对含量见表 4-24。

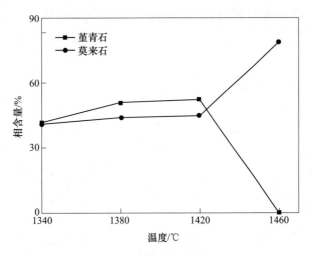

图 4-46 温度与合成材料中堇青石和莫来石生成量的关系

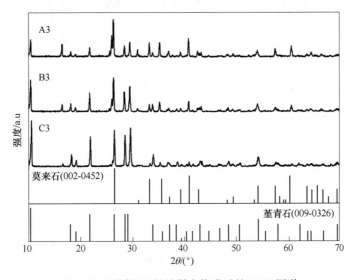

图 4-47 不同配比的试样在烧成后的 XRD 图谱

表 4-24 产品中堇青石、莫来石的相对含量

编号	堇青石/%	莫来石/%
A3	23	74
B3	51	44
C3	70	26

4.2.3.4 堇青石相对含量对堇青石-莫来石复相材料宏观性能的影响

图 4-48、图 4-49 分别为不同堇青石含量试样的抗折强度和显气孔率，以及不同堇青石含量试样的体积密度。从图 4-48 中可以看出，随着合成的试样中堇青石相对含量的增加，试样的抗折强度略有下降趋势，显气孔率逐渐减小。从图 4-49 可以看出，随着堇青石相对含量的增加，材料的体积密度逐渐降低。这是因为堇青石的密度低，莫来石的密度

高，所以随着董青石相对含量的增加，材料的体积密度逐渐降低。

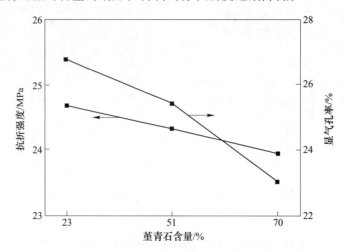

图 4-48　不同董青石含量试样的抗折强度和显气孔率

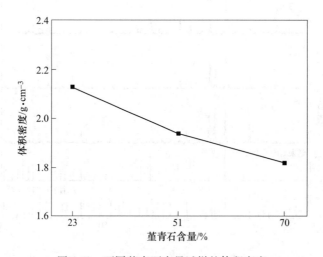

图 4-49　不同董青石含量试样的体积密度

从图 4-50 中可以看出，随着合成的试样中董青石含量的增加，材料的热膨胀系数逐渐降低。由于董青石的热膨胀系数较低，莫来石的热膨胀系数较高，随着二者相对含量的变化，若莫来石含量增加，则热膨胀系数向着高的一方转化，冷却后董青石和莫来石颗粒之间产生的微裂纹数量增多，在一定程度上对材料显气孔率和体积密度也有一定的影响。

图 4-51 为试样 B 的断口 SEM 照片。从图中可以看出，合成的董青石-莫来石复相材料外观结构排布整齐，气孔分布均匀，基质中分布着许多莫来石针状小晶体，与董青石晶体相互交错。这样的结构导致微裂纹的增加，对材料的强度起到强化效果，同时也提高了材料的热震性能。

4.2.3.5　董青石-莫来石合成扩大试验

工业化生产董青石-莫来石复相材料需要放大试验结果，为获得更可靠的依据，基于前期研究的最佳条件，制备了 120mm × 20mm × 20mm 的大尺寸董青石-莫来石复相材料试

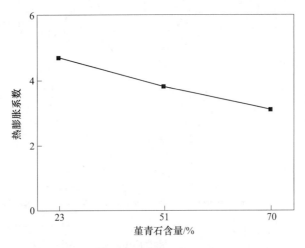

图 4-50　不同董青石含量试样的热膨胀系数

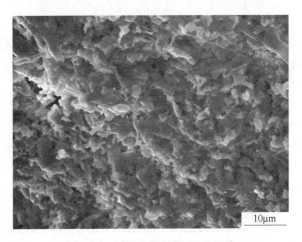

图 4-51　试样 B 断面的 SEM 照片

样砖，并进行试样合成与性能的分析。

　　图 4-52 为试制的董青石-莫来石砖的照片。由图中可以看出，制备的试样形貌规整，尺寸可控，XRD 分析结果（图 4-53）表明其为董青石-莫来石复相材料，说明工业化生产

图 4-52　董青石砖照片

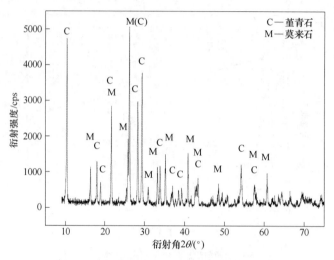

图 4-53　董青石–莫来石砖烧成后的 XRD 图

可以借鉴实验室的工艺参数。为比较董青石–莫来石陶瓷砖同实验试样的差别，进一步测定了董青石–莫来石砖的性能并进行对比，见表 4-25。

表 4-25　不同尺寸试样的性能

性能指标	小型试样	大砖	工业砖
尺寸/mm	$47 \times 6 \times 6$	$120 \times 20 \times 20$	$300 \times 150 \times 75$
抗折强度/MPa	24.33	22.56	10
显气孔率/%	25.44	27.82	26
体积密度/g·cm^{-3}	1.94	1.98	> 1.85
热膨胀系数/K^{-1}	3.8×10^{-6}	3.7×10^{-6}	3×10^{-6}

注：该工业砖的数据来源于某公司生产的工业制品的性能参数。

　　由表 4-25 可以看出，不同尺寸下试样的热膨胀系数相差较小，董青石–莫来石复相大砖具有较高的显气孔率值，这将有利于材料在高温条件下使用，以及抗热震性能的提高，与实际生产中的工业砖相比，大部分性能达到甚至超过性能要求，作为窑具使用基本满足其使用要求。

4.3　煤矸石合成董青石–莫来石轻质隔热材料

　　工业窑炉的节能问题一直是冶金、机械、化工等耗能大户的重要课题之一。减少窑炉热耗和提高热效率的重要措施之一就是对窑炉筒体采用隔热保温措施。即采用气孔率高、体积密度小、热容量小、导热系数低的轻质材料代替原有的密度大、导热系数大、热容量大的重质材料构筑炉窑衬里，借此减少窑炉散热损失。

4.3.1　轻质隔热材料的保温机理及影响因素

　　隔热材料系指对热流具有显著阻抗性的材料或材料复合体。轻质隔热材料具有容重小（多孔性）、导热系数低等特点，一般兼具一定的耐火性，不宜用于承重结构和与溶液接触的部位。轻质隔热材料定义如下：气孔率高（一般 45%~85%）、体积密度低（不高于 1500kg/m³）、热导率低（≤ 1.0W/(m·K)）的多孔性固体材料。其主要成分和主晶相数量的不同，决定了它应用环境的不同。如钙长石质、黏土质等仅满足在 1400℃ 以下使用，只起到隔热作用，因此开发使用温度高、能直接与火焰接触，并能满足金属、非金属及其制品的高温热处理工艺要求的轻质隔热材料（如高铝质等）将具有很重要的意义。高温隔热材料于 1928 年在美国及西欧问世，得到迅速的推广和使用，此种轻质材料既节能，又环保，拥有着良好的发展前景，所以目前有众多的科技工作者从事这方面的研究。

轻质隔热材料的保温机理主要是与它的相组成有关：固相和气相组成，且气孔率一般都在 45% 以上。当热量从高温面传递时，在未碰到气孔以前，传热为固相传导，在碰到气孔以后，传热路线变为两条：一条仍是通过固相传递，但其传热方向发生了变化，总的传热路线大大延长；另外一条路线是通过气孔内的气体传热。热量还可通过辐射进行能量传递：低温时，因这部分能量微乎其微，可以忽略不计；但高温时，这部分辐射能增大，辐射能 E 与温度 T^3 成正比。

大多数轻质隔热材料是由一个或多个固相和气相所组成的多相材料聚集体。因此，其热导率不仅与材料的化学矿物组成、结晶状态有关，而且与各相的分布、含量、排列、取向有关。

隔热材料的导热系数与其体积密度、气孔尺寸、材料组分的关系如下：

（1）体积密度的影响。由于所有致密固体的导热系数均高于静止空气的导热系数，因此，在常温下，一般轻质隔热材料的导热系数随着单位体积内固体物质含量的减少而降低。但是，在一般隔热材料常见的气孔尺寸范围内（1μm 至数毫米），随着体积密度的下降，气孔平均尺寸增大，气孔的数量增多，单位长度的固体界面数减少，这些会增加气孔内空气的辐射传热。因此，要想使某种材料具有最低的导热系数，并不是体积密度越小越好，而是对应于某一特定的使用温度，每一种保温材料都有一个最佳的体积密度。

（2）气孔尺寸的影响。当轻质隔热材料气孔率不变时，导热系数主要取决于材料内部的气孔尺寸、气孔形状及相互之间的连通情况。随气孔尺寸变小，材料的隔热性能提高。气孔尺寸的变小意味着气孔数量的增多，这一变化会带来两个方面的影响：一是气孔尺寸变小，减少了空气对流的幅度，使对流传热的效率降低；二是气孔数量增多，势必导致材料内部气孔壁表面积的总量增加，最明显的表现为在一定厚度内气孔壁数量的增加，增加了固体反射面，从而使辐射传热的效率降低。因此，在保持材料气孔率不变的情况下，减小气孔尺寸会使材料的导热系数下降。

（3）材料组分的影响。轻质隔热材料中的传热方式主要有热传导和热辐射两种，在低温时，以热传导为主，热辐射可忽略不计。随着温度的升高，热辐射作用逐渐增强，导致导热系数迅速上升，这是由于热辐射增大并且一般和 T^3 成正比。有研究发现，氧化物的热发射率与材质、颗粒大小及温度有关，在化学成分上提高隔热砖的 Al_2O_3、MgO、CaO、ZnO 含量，有利于降低其热发射率；少量的过渡元素氧化物会大幅度提高材料的热发射率。因此，在此类隔热耐火材料中，要严防 Fe、Cr 等过渡元素混入；减小材料的颗粒尺寸也有利于材料热发射率降低。

4.3.2 多孔材料简介

多孔陶瓷是一种经人工合成的、体内具有大量彼此相通或闭合气孔的陶瓷材料，具有一定尺寸和数量的孔隙结构，通常孔隙度较大，孔隙结构作为有用的结构存在。多孔陶瓷的种类繁多，根据多孔陶瓷材料的孔径尺寸大小，可分为微孔陶瓷（孔径 < 2nm）、介孔陶瓷（2nm < 孔径 < 50nm）、宏孔陶瓷（孔径 > 50nm）；根据孔的结构特征，可分为网孔型和泡沫型两大类；根据其多面体在空间排列方式不同，可分为蜂窝状多孔陶瓷（图 4-54）和泡沫状多孔陶瓷（图 4-55），蜂窝状多孔陶瓷中的气孔单元排列成二维的列阵，而泡沫状多孔陶瓷则由多面体孔洞在三维排列而成；根据单个气孔是否拥有固态孔壁，可分为两类：如果组成气孔的固相物质仅占据气孔的棱角，则材料中的气孔是开口的，即各气孔空间通过共用的表面呈开口相连，这类材料称为开孔（或网眼）多孔陶瓷，具有较高渗透率。如果气孔为固态物质所完全包围，则气孔是相互孤立的，这类材料称为闭孔多孔陶瓷；根据孔之间的关系，可分为闭气孔和开气孔两种：闭气孔是指陶瓷材料内部微孔分布在连续的陶瓷基体中，孔与孔之间相互分离，而开气孔包括材料内部孔与孔之间相互连通和一边开口、另一边闭口形成不连通气孔两种；根据所用骨料不同，可分为以下 6 种（分别应用于不同的温度环境），见表 4-26。

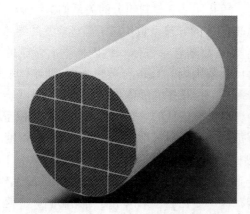
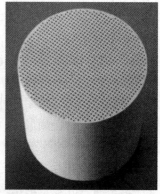

图 4-54 蜂窝状多孔陶瓷

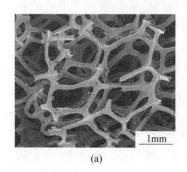
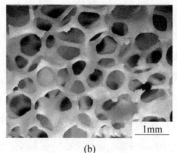
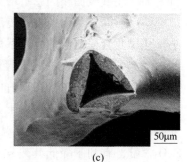

(a)　　　　　　　　　　(b)　　　　　　　　　　(c)

图 4-55 泡沫状多孔陶瓷

表 4-26 多孔陶瓷按骨料不同的分类

序号	名称	骨料	性能
1	刚玉质材料	刚玉	耐强酸、耐碱、耐高温
2	碳化硅质材料	碳化硅	耐强酸、耐高温
3	铝硅酸盐材料	耐火黏土熟料	耐中性、酸性介质
4	石英质材料	石英砂、河砂	耐中性、酸性介质
5	玻璃质材料	普通石英玻璃	耐中性、酸性介质
6	其他材质	其他	耐中性、酸性介质

4.3.2.1 多孔陶瓷的种类

多孔陶瓷的种类繁多，根据材质不同，主要有以下几类：

（1）高硅质硅酸盐材料。主要以硬质瓷渣、耐酸陶瓷渣及其他耐酸的合成陶瓷颗粒为骨料，具有耐水性、耐酸性，使用温度达 700℃。

（2）铝硅酸盐材料。以耐火黏土熟料、烧矾土、硅线石和合成莫来石质颗粒为骨料，具有耐酸性和耐弱酸性，使用温度达 1000℃。

（3）精陶质材料。组成接近第一种材料，以多种黏土熟料颗粒与黏土等混合，得到微孔陶瓷材料。

（4）硅藻土质材料。主要以精选硅藻土为原料，加黏土烧结而成，可用于精滤水和酸性介质。

（5）纯碳质材料。以低灰分煤或石油沥青焦颗粒，或者加入部分石墨，用稀焦油黏结烧制而成，用于耐水、冷热强酸、冷热强碱介质以及空气消毒、过滤等。

（6）刚玉和金刚砂材料。以不同型号的电熔刚玉和碳化硅颗粒为骨料，具有耐强酸、耐高温特性，耐温可达 1600℃。

（7）堇青石、钛酸铝材料。因其热膨胀系数小，广泛用于热冲击的环境。

（8）以其他工业废料、尾矿以及石英玻璃或者普通玻璃构成的材料，视原料组成的不同具有不同的应用。

除了上述几种之外，日本近来还介绍了以叶蜡石及烧结多孔陶瓷为基材制造的超微孔材料。

4.3.2.2 多孔陶瓷的结构

多孔陶瓷可大致分为蜂窝状多孔陶瓷和泡沫状多孔陶瓷。因为蜂窝结构的气孔单元形状（如三角形、四边形、六方形）及排列相对比较单一，所以这里仅讨论泡沫状多孔陶瓷的结构。组成泡沫状多孔陶瓷结构的孔单元结构形状可以是四面体、三棱柱、四方棱柱、六方棱柱、八面体、正十二面体及正十四面体等。研究发现，这些几何形状必须变形后才能充满空间，大多数的泡沫并非是由特殊的孔径规则排列而成的，即孔单元结构和形状常有变化，如孔单元面和棱的数目总有不同。

4.3.2.3 多孔陶瓷的性质

多孔陶瓷材料一般具有以下特性：

（1）多孔陶瓷的化学稳定性好，通过材质的选择和工艺控制，可制成适用于各种腐蚀环境的多孔陶瓷。

（2）多孔陶瓷的孔道分布较均匀，便于成型、烧结等。

（3）多孔陶瓷的耐热性好、耐高温、耐腐蚀，具有高度开口、内连的气孔率。

（4）多孔陶瓷具有均匀透过性、曲折的流程、吸收能量的性能。

（5）多孔陶瓷具有发达的比表面积、良好至极佳的抗热冲击性、可控的低阻流体流动。

（6）多孔陶瓷具有低密度、低质量、低的热传导性能。

（7）多孔陶瓷具有良好的机械强度和刚度、室温及变化温度下的高强度。

4.3.2.4　多孔陶瓷的成型机理

（1）利用骨料颗粒的堆积、黏结形成多孔陶瓷。

（2）利用可燃尽的多孔载体吸附陶瓷料浆，而后在高温下燃尽载体材料，从而形成孔隙结构。

（3）利用某些外加剂在高温下燃尽或挥发，从而在陶瓷体中留下孔隙。

（4）利用材料的热分解、相变、离析以及化学反应等形成小孔隙。

4.3.2.5　多孔陶瓷的制备工艺

目前多孔陶瓷的制备工艺应用比较成功，研究比较活跃的有颗粒堆积工艺、添加造孔剂工艺、有机泡沫浸渍工艺、发泡工艺、溶胶-凝胶工艺、凝胶注模工艺、挤压成型工艺等。

（1）颗粒堆积工艺。颗粒堆积工艺也称固态烧结法，是利用骨料颗粒的堆积，黏接形成多孔陶瓷，骨料间的黏结依靠添加与其组分相同的微细颗粒，利用其易于烧结的特点，在一定的温度下，将大颗粒黏结起来；或者使用一些添加剂，在高温下，或能生成膨胀系数和化学组分既能与骨料相匹配，又能与骨料相浸润的液相，或与骨料发生固相反应，将颗粒黏结。如 Nakijima 等用粗氧化铝和超细氧化硅混合，在烧成过程中，Al_2O_3 与 SiO_2 部分反应生成莫来石，将 Al_2O_3 黏结起来，从而制得气孔率较高的多孔氧化铝陶瓷。

（2）添加造孔剂工艺。该工艺通过在陶瓷配料中添加造孔剂，利用造孔剂在坯体中占据一定的空间，然后经过烧成，造孔剂离开基体而成气孔来制备多孔陶瓷。虽然在普通的陶瓷工艺中，采用调整烧成温度和时间的方法，可以控制制品的气孔率和强度，但对于多孔陶瓷，烧成温度太高会使部分气孔封闭或消失，烧成温度太低，则制品的强度低，无法兼顾气孔率和强度。而采用添加造孔剂的方法则可以避免这种缺点，使制品既具有高的气孔率，又具有很好的强度。

可被用作造孔剂的材料有许多，可以是工业合成的材料，如 PVC 球、PS 球、PEO 球、PVB 球、PMMA 球、PMMA-PEG 球、酚醛、尼龙等；也可以是天然有机物质，如明胶、纤维素、蔗糖、糊精、石蜡、藻酸盐、淀粉等；一些无机盐类物质（如 NaCl、K_2SO_4）、金属颗粒、炭黑颗粒、二氧化硅颗粒同样可被用作造孔剂。

随后将造孔剂去除，使造孔剂所占据的位置转化为多孔陶瓷的孔洞。造孔剂去除的方法因造孔剂的种类而异。工业合成的造孔剂、天然有机物质造孔剂一般采用燃烧的方式，无机盐类造孔剂一般采用水溶解的方式，而金属颗粒造孔剂、二氧化硅颗粒造孔剂一般采用化学腐蚀的方式。燃烧方式去除造孔剂过程中的升温速率需要特别慢，否则坯体在造孔剂去除过程中容易开裂。

（3）有机泡沫浸渍工艺。有机泡沫浸渍法的原理是利用具有开孔三维网状骨架、可燃尽的有机泡沫，作为多孔载体，将陶瓷料浆或前驱体均匀地涂覆于其上，干燥后，在高温下燃尽载体材料而形成孔隙结构。该工艺简单、成本低，适于制备高气孔率（70%~90%）多孔陶瓷，是目前泡沫陶瓷最理想的制备方法。这种方法的关键问题是有机泡沫的选择，例如以 $BaO+TiO_2$ 为烧结助剂，采用有机泡沫浸渍法制备了 Al_2O_3 多孔陶瓷（图4-56）。

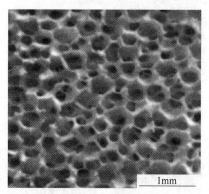

(a) 表面SEM形貌图　　　　　　　　　(b) 孔筋SEM形貌图

图 4-56　有机泡沫浸渍法制备的 Al_2O_3 多孔陶瓷

（4）发泡工艺。发泡法是指向陶瓷组分中添加有机或无机化学物质，将溶液在30℃下陈放20~40min后，充分搅拌均匀并产生泡沫，经干燥和烧成制得多孔陶瓷。发泡剂主要有碳酸钙、氢氧化钙、硫酸铝和双氧水等。发泡工艺与浸渍工艺相比，更容易控制制品的形状、成分和密度，并且可制备各种孔径大小和形状的多孔陶瓷。

（5）溶胶-凝胶工艺。溶胶-凝胶工艺的制备过程是将所需组成的组分配制成混合溶液，再经凝胶化和热处理。此法主要用来制备微孔陶瓷，特别是微孔陶瓷薄膜。在溶胶-凝胶工艺中，可以通过调节溶胶的 pH 值来调节气孔的尺寸和气孔的比表面积，这是其他方法很难做到的。

（6）凝胶注模工艺。美国橡树岭国家实验室首次提出了凝胶注模工艺。凝胶注模技术是一种新的成形技术，这种新的成形技术是指采用非孔模具，在浆料注模后，利用料浆内部或少量添加剂（有机单体）的原位化学反应作用，使陶瓷料浆原位凝固形成坯体，从而获得具有良好微观均匀性和较高密度的素坯，可显著提高材料的可靠性。过去该工艺以实现复杂形状和近净成形为目标，现已被用来制备层状陶瓷、多孔陶瓷、陶瓷粉末和纳米陶瓷等。

（7）挤压成型工艺。挤压成型是制备多孔蜂窝陶瓷最普遍采用的方法，工艺流程为：原料合成→混合练泥→挤压成型→干燥→烧成→制品。

除了可以制备出蜂窝状孔隙结构的多孔陶瓷以外，挤出法还能够制备出孔壁很薄的多孔陶瓷。挤出法主要是通过模具的设计从而达到对制品孔隙结构的控制。所得制备出的多孔陶瓷的尺寸、形状、孔壁厚度、孔隙率等分布较均匀，然而此种制备方法不能制备具有复杂孔道结构的多孔陶瓷。

Y. W. Moon 等采用三维共挤出成型（three-dimensional coextrusion）方法制备了具有阵列通道的多孔氧化铝陶瓷，其制品的孔隙结构如图4-57所示。所制备的多孔氧化铝陶瓷的孔隙结构如图4-58所示，孔隙结构类似于蜂窝状陶瓷，主要孔洞为直径约为400μm的阵列孔洞，同时，孔壁中还有大量的孔径约为数十微米的微孔。具有阵列通道的多孔氧化铝陶瓷的孔隙率介于 68%～84%，轴向压缩强度介于 2.3～28.3MPa。

图 4-57　三维共挤多孔陶瓷结构

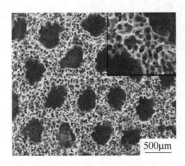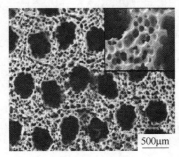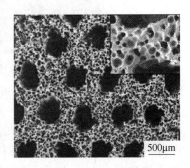

图 4-58　三维共挤出工艺制备出氧化铝多孔陶瓷的孔隙形貌

（8）几种主要制备工艺比较。添加造孔剂工艺、有机泡沫浸渍工艺、发泡工艺、溶胶-凝胶工艺、凝胶注模工艺、挤压成型工艺等多孔陶瓷制备工艺的比较见表 4-27。

表 4-27　几种主要多孔陶瓷制备工艺的比较

成型方法	孔径/mm	气孔率/%	优点	缺点	应用实例
添加造孔剂工艺	0.01～1	≤ 50	工艺简单，可制得形状复杂及各种气孔结构的制品	气孔分布均匀性差，气孔率低	一般过滤器、催化剂支持体
有机泡沫浸渍工艺	0.1～5	70～90	工艺简单，成本低，能制得高气孔率且高强度的制品	制品形状受限制，成分、密度不易控制	金属熔体过滤器
发泡工艺	0.01～2	40～90	气孔率和强度高，适于制备闭气孔的制品	对原料要求高，工艺条件不易控制	轻质建材、保温材料
溶胶-凝胶工艺	2～100nm	≤ 95	适于制备微孔陶瓷及薄膜材料，气孔分布均匀	工艺条件不易控制，生产率低	微孔分离膜
凝胶注模工艺	孔径可控	90	适于制备微孔陶瓷，气孔分布均匀	工艺条件不易控制，生产率低	
挤压成型工艺	> 1	≤ 70	蜂窝形状、间壁厚、孔隙率均匀、易大量生产	很难制造小孔径的制品	汽车尾气催化净化载体

多孔陶瓷的发展开始于 19 世纪 70 年代，初期仅作为细菌过滤材料使用，多孔陶瓷和玻璃纤维、金属等相比，具有气孔分布均匀、机械强度高和易于再生等优异的特性，随着控制

材料细孔结构水平的不断提高，在分离、分散、吸收功能以及流体接触功能等方面发挥着优良作用，已被广泛用于化工、石油、冶炼、纺织、制药、食品机械、水泥等工业部门。

4.3.3 煤矸石合成多孔堇青石材料

多孔陶瓷具有热导率低、体积密度小、比表面积高，以及特殊的物理和化学性能等优点，堇青石多孔陶瓷材料还具有耐高温、化学稳定性好、强度高等特点，在高温功能材料领域也获得了广泛应用。

4.3.3.1 材料化学设计

以典型煤矸石、用后镁碳砖、用后滑板砖为原料，按照表 4-28 所示原料配比进行配料，合成工艺参数见表 4-29。

表 4-28 实验配方 （wt%）

编号	煤矸石	用后滑板砖	用后镁碳砖	造孔剂
GJ	70.21	12.83	11.97	5
GK	66.51	12.15	11.34	10
GL	62.82	11.48	10.71	15
GM	59.12	10.8	10.08	20
GN	55.43	10.13	9.45	25
GO	51.73	9.45	8.82	30

表 4-29 合成条件

试样编号	试验温度/℃	保温时间/h
GJ1	1320	3
GJ2	1340	3
GJ3	1380	3
GJ4	1400	3
GJ5	1420	3
GJ6	1460	3
GJ7	1380	1
GJ8	1380	2
GJ9	1380	4
GJ10	1380	5
GJ11	1380	6
GJ	1350	3
GK	1350	3
GL	1350	3
GM	1350	3
GN	1350	3
GO	1350	3

4.3.3.2 多孔堇青石结构与性能研究

图 4-59 显示的是以 20% 复合添加剂作为造孔剂，1300~1420℃保温 3h 后合成的堇青

石材料的 XRD 分析结果。由图 4-59 可知，烧结温度对董青石材料制备的影响较大，在温度 1300℃下即有大量董青石材料出现，但纯度较低，含有较多的第二相如尖晶石相和 Al_2O_3 相，随着温度的升高，材料中董青石的纯度增大。当温度为 1350~1420℃时，合成了董青石材料。可以看出，在 1350℃合成的董青石材料具有较高的纯度。但当温度超过 1420℃后，材料发生过软熔化现象，一方面，由于较多的造孔剂在高温下燃烧放出热量，使得试样内部温度升高，促进了董青石在较低温度下的合成；另一方面，煤矸石和废弃耐火材料中含有大量的杂质相，如 CaO、FeO，在高温下易形成低熔点化合物促进董青石的生成，而当温度超过 1420℃后，内部较多杂质相的存在使得材料易发生过熔现象，故不利于多孔材料的合成。因此，合成多孔董青石材料的合适温度为 1350~1400℃。

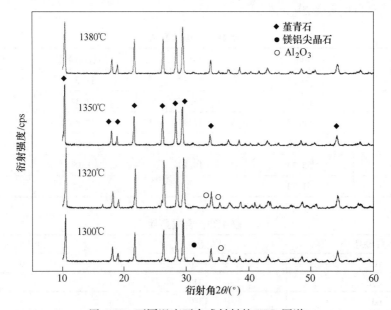

图 4-59　不同温度下合成材料的 XRD 图谱

　　图 4-60 是试样 GM3 的断口 SEM 照片。由图中可以看出，材料含有大量分布均匀的贯通气孔，较好的显微结构分布和形貌将有利于其在高温严苛条件下的使用。

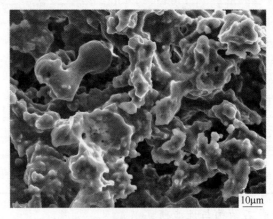

图 4-60　试样 GM3 断面的 SEM 照片

多孔材料的强度和气孔率是影响其使用性能的关键，分别以石墨、淀粉和复合添加剂为造孔剂（加入质量百分比均为20%），在1350℃下保温3h合成多孔堇青石材料，研究其抗折强度和显气孔率，结果如图4-61所示。由图中可以看出，造孔剂种类对材料的影响较大，试样的强度以加入复合添加剂和石墨的较好，而以加入淀粉和复合添加剂的材料气孔率值较高，综合分析，加入复合添加剂后的多孔材料具有较好的综合性能，其强度为17.6MPa，显气孔率为44.9%。从原料成本而言，三种造孔剂中，石墨和淀粉的成本较高，而复合添加剂具有较低的原料成本，因此，选择复合添加剂作为造孔剂将是多孔堇青石材料的最佳选择。

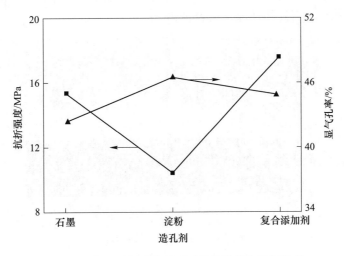

图 4-61　加入不同造孔剂后试样的强度和显气孔率

图4-62示出了不同复合添加剂加入量下对应多孔陶瓷的抗折强度和显气孔率。由图中可以看出，复合添加剂加入量对多孔材料性能的影响较大，随着复合添加剂加入量的增大，材料的强度降低，当复合添加剂加入量为10%时，试样强度为26.9MPa，而加入量为30%时，材料强度为0；复合添加剂加入量对显气孔率的影响恰恰相反，随着复合添加剂

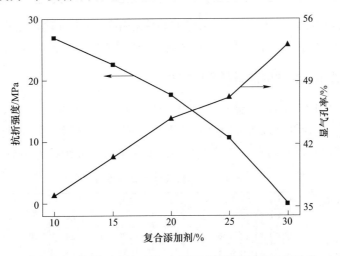

图 4-62　不同复合添加剂加入量下试样的强度和显气孔率

加入量的提高，其显气孔率逐渐增大。从总体性能看，复合添加剂添加量为20%时为最佳配比，此条件下合成的材料综合性能良好。

4.3.3.3　多孔堇青石陶瓷材料的扩大试验

工业化生产多孔堇青石材料需要放大试验结果，因此，基于研究最佳条件，制备了120mm×20mm×20mm的大尺寸多孔堇青石试样砖，并进行试样合成与性能的分析。

图4-63为制备多孔堇青石砖的照片。由图中可以看出，制备的试样形貌规整，尺寸可控，XRD分析结果显示其为高纯堇青石材料，表明以煤矸石和用后耐火材料为原料，可以工业化大规模生产多孔堇青石材料。为比较多孔堇青石陶瓷砖与实验室试样的差别，进一步测定了多孔堇青石砖的性能，见表4-30。

图4-63　多孔堇青石砖照片

表 4-30　不同尺寸试样的性能

性能指标	多孔试样	多孔砖
尺寸/mm³	$47 \times 6 \times 6$	$120 \times 20 \times 20$
抗折强度/MPa	17.6	10.9
显气孔率/%	44.9	49.4
热膨胀系数/K⁻¹	2.14×10^{-6}	2.10×10^{-6}

由表4-30可以看出，不同尺寸下试样的热膨胀系数和荷重软化点相差较小，多孔砖具有较高的显气孔率值，这将有利于材料在高温条件下使用，以及抗热震性能的提高。

4.3.4　堇青石-莫来石轻质隔热材料合成技术

以蓝晶石（≤0.074mm）、黏土（≤0.074mm）、氧化镁粉（≤0.074mm）为原料，引入适量的硅酸铝陶瓷纤维或多晶莫来石纤维和AlF_3，采用淀粉原位固化成型工艺制备堇青石-莫来石轻质隔热耐火材料，主要原料的主要化学成分分析见表4-31。

表 4-31　原料的主要化学成分　　　　　　　　　　（wt%）

材料	MgO	Al_2O_3	SiO_2	Fe_2O_3	CaO	TiO_2	K_2O	Na_2O	ZrO_2
蓝晶石	0.71	56.84	36.35	1.2		1.08			3.17
黏土	0.13	42.10	55.38	0.39	0.29	1.24	0.53	0.08	
硅酸铝纤维	0.1	30.64	58.45	0.17	0.14	0.05	0.03	0.14	
多晶纤维	0.06	65.95	33.56	0.13	0.13	0.01	0.06	0.15	

图 4-64 为不同温度下样品的物相分析图谱。由图可知，在 1250℃下堇青石相已经生成，在 1300℃下堇青石相和莫来石相峰强较强，在 1350℃下样品最终产物基本一致，主晶相均为堇青石相和莫来石相。图 4-65 为有无 AlF₃ 引入的样品在 1300℃下煅烧后的物相分析对比图谱。由图可知，样品中引入陶瓷纤维和 AlF₃ 后，莫来石相峰强明显增强，堇青石相峰强较弱，说明引入 AlF₃ 后莫来石相生成量增多。

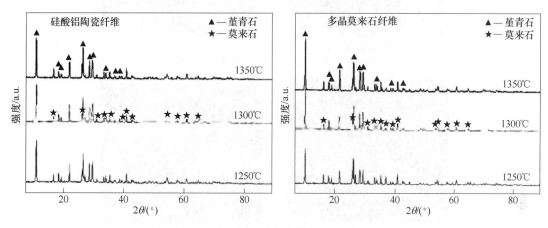

图 4-64　在不同温度煅烧样品的 XRD 图谱

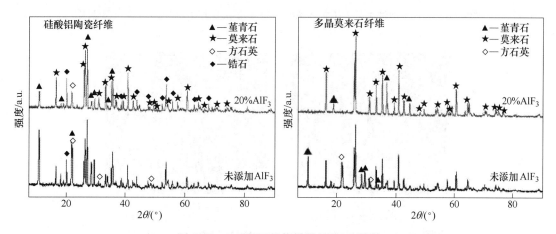

图 4-65　1300℃下煅烧样品的 XRD 图谱

如图 4-66 为样品中引入硅酸铝陶瓷纤维或多晶莫来石纤维，但未加入 AlF₃，在不同煅烧制度条件下烧后样品的显微结构。由图可知，样品中仅存在硅酸铝纤维或多晶莫来石纤维，而未发现莫来石晶须。这说明没有莫来石晶须生长的催化剂 AlF₃ 的存在，在莫来石成核温度下没有充分的成核时间，莫来石晶须是难以形成的。图 4-67 为引入两种不同的陶瓷纤维并加入 AlF₃ 烧后样品的微观形貌。发现引入玻璃态的硅酸铝陶瓷纤维后，莫来石晶须在陶瓷纤维表面生长，晶须发育较好（图 4-67（a））。

图 4-68 为引入铝硅纤维后，采用不同种类淀粉固化样品在不同温度下的体积密度和显气孔率。由图可知，引入硅酸铝纤维后采用 3 种不同淀粉固化样品，在加入 AlF₃ 后，体积密度增大、显气孔率减小，且随着温度的升高，体积密度基本呈现增大趋势，相应

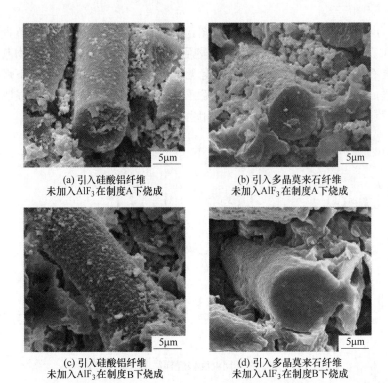

(a) 引入硅酸铝纤维
未加入AlF₃在制度A下烧成

(b) 引入多晶莫来石纤维
未加入AlF₃在制度A下烧成

(c) 引入硅酸铝纤维
未加入AlF₃在制度B下烧成

(d) 引入多晶莫来石纤维
未加入AlF₃在制度B下烧成

图 4-66　引入不同种类纤维未加入 AlF₃ 在不同烧成制度下烧后样品的 SEM 照片

(a) 引入硅酸铝纤维
未加入AlF₃在制度A下烧成

(b) 引入多晶莫来石纤维
未加入AlF₃在制度A下烧成

(c) 引入硅酸铝纤维
未加入AlF₃在制度B下烧成

(d) 引入多晶莫来石纤维
未加入AlF₃在制度B下烧成

图 4-67　引入不同种类纤维加入 AlF₃ 在不同烧成制度下烧后样品的 SEM 照片

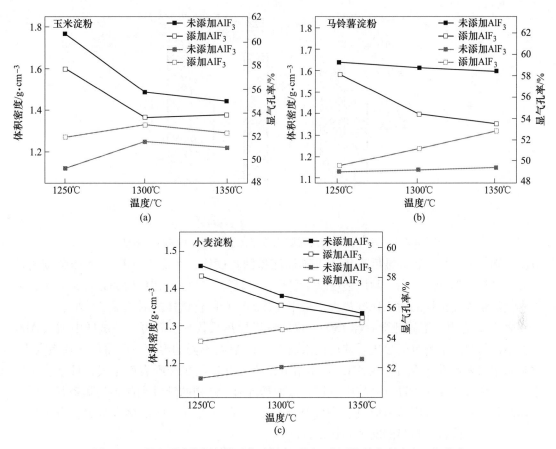

图 4-68 采用不同种类淀粉固化试样在不同温度下的体积密度和显气孔率

地，显气孔率逐渐减小，其中，在相同的处理条件下，采用马铃薯淀粉固化试样的显气孔率最大，采用玉米淀粉固化试样的显气孔率最小，这是由于马铃薯淀粉的粒径较大，而玉米淀粉和小麦淀粉的粒径较小。

图 4-69 为引入铝硅纤维后，采用不同种类淀粉固化试样在不同温度下的耐压强度。

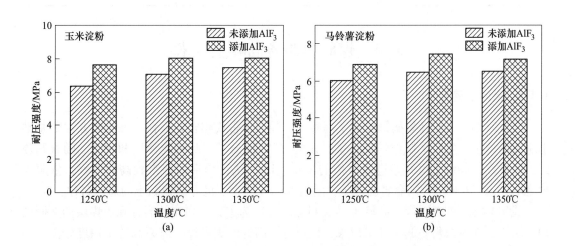

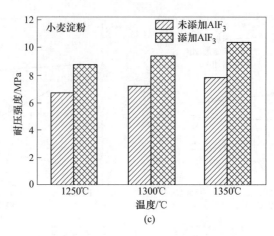

图 4-69　采用不同种类淀粉固化试样在不同温度下的耐压强度

由图可知，引入硅酸铝纤维后采用 3 种不同淀粉固化试样，在加入 AlF₃ 后耐压强度明显增大，且随着温度的升高，耐压强度基本呈现增大趋势，其中，在相同的处理条件下，采用小麦淀粉固化试样的耐压强度最大，采用马铃薯淀粉固化试样的耐压强度最小。

　　表 4-32 为引入铝硅纤维后经 1300℃烧后试样导热系数。由表可知，试样中加入 AlF₃ 后在不同的温度下测得的导热系数均比未加入 AlF₃ 后在不同的温度下测得的导热系数小，这是由于引入铝硅纤维后，在 AlF₃ 的作用下，莫来石晶须在纤维表面生成，且垂直于纤维生长，部分穿插在堇青石晶粒中生长。这种具有网络结构的纤维和晶须的陶瓷材料可以看作晶须和纤维无规则编织成具有陶瓷纤维/莫来石晶须互锁结构的多孔材料，由于晶须纤维直径小，降低了材料的宏观导热系数。

表 4-32　堇青石-莫来石轻质隔热材料的导热系数　　　　（W/（m·K））

试验温度	引入 AlF₃	未引入 AlF₃
300	0.277	0.304
500	0.320	0.369
800	0.330	0.371
1000	0.341	0.384

4.4　煤矸石制备高岭土技术

4.4.1　高岭土简介

　　元代时期，人们在景德镇发现了高岭土，随后，古代陶瓷艺人在"一元配方"的基础上引入高岭土，发明了制作陶瓷的"二元配方"，提高了产品的光泽度和硬度。随着制瓷配方的推广，高岭土也开始进入人们的视野。19 世纪，李希霍芬来到高岭考察，依照当地地名，以"Kaolin"来命名高岭土，随后 Kaolin 成为了世界制瓷黏土的通用名称。

　　我国高岭土资源以煤系高岭土（又叫煤矸石）为主，大多高岭岩存在于煤层的夹矸或顶底板中，随着煤炭一起被开采出来，以煤矸石山的形式堆存。煤系高岭土白度较高，并具有良好的分散性和耐火性等理化性质，广泛应用于造纸、陶瓷、涂料和耐火材料等领域。近些年，国家进一步加大了对环境治理的力度，出台了《煤矸石综合利用管理办法》《煤矸石综合利用技术政策要点》等政策法规，煤矸石煅烧高岭土的资源化利用成为研究热点。

4.4.1.1　高岭土的化学组成及物理特性

纯净的高岭土为白色，煤系高岭土以高岭石为主要成分，含有少量有色矿物杂质，在形成过程中，煤层的有机质会逐渐渗入，使得高岭土呈灰黑色。表 4-33 所示的国内几个地区的高岭土均含有一定程度的杂质。高岭土矿是高岭石亚族黏土矿物达到可利用含量的黏土或黏土岩。高岭土主要包括高岭石、迪开石、珍珠陶土、埃洛石、水云母和蒙脱石；高岭土矿主要是石英、长石、云母等碎屑矿物，少量的重矿物及一些自生和次生的矿物，如磁铁矿、金红石、褐（针）铁矿、明矾石、三水铝石、一水硬铝石和一水软铝石等。高岭土的岩石学特征与矿物学特征相同，具有松散土状和坚硬岩石状两种外貌，其矿物成分、化学成分和粒度变化都较大。

表 4-33　国内不同地区高岭土的化学成分　　　　　　　　　　（wt%）

编号	产地	化学成分及其含量								
		SiO_2	Al_2O_3	Fe_2O_3	TiO_2	K_2O	Na_2O	CaO	MgO	SO_3
1	朔州	52.00 ± 1	45.00 ± 1	≤ 0.50	≤ 0.80	≤ 0.10	≤ 0.20			
2	北海	47.88	36.38	1.17	0.08	1.65	0.03	0.03	0.09	0.04
3	茂名	54.65	42.91	0.87	0.16	0.21	0.46			
4	贵阳	42.86	40.01	0.36	1.08	1.22	0.32	0.07	0.16	
5	山西大同	44.7	37.37	0.16	0.28	0.45		0.12	0.07	

4.4.1.2　高岭土资源分布情况

世界高岭土资源极为丰富，主要分布在欧洲、美洲、亚洲和大洋洲的 60 余个国家。高岭土资源储量较大的国家和地区为美国、中国、巴西、英国、印度等国家。美国以 71.75 亿吨的储量居世界首位，其次是中国（34.96 亿吨）和印度（27 亿吨）。美国佐治亚州是世界高岭土主要出产地，该地区高岭土矿床为沉积型矿床，主要出产粒度细、纯度高、含铁低的片状高岭石，属于巨大、优质高岭土矿床。英国高岭土资源主要分布在康沃尔郡圣奥斯特尔花岗岩体（StAustell Granite）的西部和中部、德文郡达特姆尔花岗岩体（Dartmoor Granite）的西南边缘地区以及柏德明花岗岩体（Bodmin Moor Granite）的西部和南部地区。巴西拥有世界上最好的层状沉积高岭土矿床，高岭土白度高，结晶完美，粒度较细，非常适合用于造纸。巴西北部地区的帕腊州是巴西主要的高岭土产区，该地区主要的高岭土矿床包括亚马逊河北部的贾里河高岭土矿床和贝伦市南部的卡滨河高岭土矿床。印度高岭土在多个地区均有分布，如喀拉拉邦、西孟加拉邦、拉贾斯坦、奥里萨邦、卡纳塔克邦等。

中国是世界上高岭土资源丰富的国家之一，截至 2019 年底，累计查明资源储量为 34.96 亿吨，有 525 个矿区，矿石储量大于 100 万吨的大、中型矿区有 188 处。中国南方风化型高岭土资源广泛分布，资源量可观，除此之外，中国北方石炭纪-侏罗纪、第三纪煤系地层中沉积型高岭土资源量巨大，远景资源可达数百亿吨。在矿石质量上，中国高岭土多为普通陶瓷用土，优质造纸涂布用高岭土比较短缺，以苏州、茂名、龙岩、大同的高岭土为佳。中国高岭土资源分布广泛，遍布全国六大区21个省（区、市）。

4.4.2 煤系高岭土的煅烧

我国煤系高岭土由于形成于特殊的含煤沉积环境，因而普遍含有有机碳质、铁，呈现灰或黑色致密坚硬的块状，严重影响了产品的质量，利用价值比较低，从而限制了其应用领域。所以在高岭土用作纸张、塑料、橡胶的填料时，需要对它进行特殊处理，而高温煅烧是有效的处理方式之一，即煅烧是实现其深加工利用的有效手段。

所谓煅烧，是指在适宜的气氛和低于矿物原料熔点温度条件下进行的，使矿物原料的目的组分矿物发生物理化学变化的热加工过程。这个过程中常发生的变化是脱除碳（全部或部分）、脱除胶体水和矿物晶格中的结晶水及化合水，使矿物热解为一种或若干种组成更为简单的矿物，最终使产品白度、孔隙率、活性等性能提高和优化。

通常对加工后的煤系高岭土进行煅烧的目的有3个：（1）获取较高白度的产品；（2）获取重结晶的产品；（3）获取较高化学活性和孔隙率的产品，进一步加工生产系列化、多样化和高性能的高岭土产品。

煤系高岭土若不经过煅烧，其产品通常只能作为低档产品和普通填料使用，只有通过煅烧，进行深加工，产品才有高性能、高品质和高的使用价值，才能够创造显著的经济效益。所以，煅烧技术是煤系高岭土深加工中最为关键的技术之一。

4.4.2.1 高岭土煅烧原理及结构变化

高岭土在加热过程中会发生脱水分解析出新物相等物理化学变化，较为复杂，一般认为，高岭土在加热过程可分为两个阶段：脱水阶段和脱水后产物的转化阶段。

（1）脱水阶段。$100 \sim 110℃$，湿存水与自由水脱除；$110 \sim 140℃$，其他矿物杂质带入的水脱除；$400 \sim 450℃$，晶格水开始缓慢排除；$450 \sim 550℃$，晶格水快速排除；$500 \sim 800℃$，脱水缓慢进行；$800 \sim 1000℃$，残余水排除完毕，此过程反应方程式见表4-34。

（2）脱水后产物转化阶段。脱水后产物继续转化的起始温度是$925℃$，偏高岭石先转化为铝硅尖晶石相，随温度进一步升高，最终生成莫来石和无定形二氧化硅或方石英，此过程反应方程式见表4-34。

表4-34 高岭石煅烧机理

温度/℃	热 反 应	反应式	热效应
$100 \sim 110$	脱除物理水		吸热
$400 \sim 800$	脱除结构水，形成偏高岭石	$Al_2Si_2O_5(OH)_4 \rightarrow Al_2Si_2O_7 + 2H_2O \uparrow$	吸热
925	偏高岭石发生晶型转化，形成铝硅尖晶石相	$2(Al_2O_3 \cdot 2SiO_2) \rightarrow 2Al_2O_3 \cdot 3SiO_2 + SiO_2$	放热
1100	铝硅尖晶石转化为拟莫来石	$2Al_2O_3 \cdot 3SiO_2 \rightarrow 2(Al_2O_3 \cdot SiO_2) + SiO_2$	放热
1300	拟莫来石转化为莫来石	$3(Al_2O_3 \cdot SiO_2) \rightarrow 3Al_2O_3 \cdot 2SiO_2 + SiO_2$	放热

4.4.2.2 影响煅烧高岭土物化性能的因素

影响煅烧高岭土物化性能的因素主要有以下几个方面：

（1）原料品质。利用煤系高岭土生产优质煅烧高岭土，须选择质量较好的煤系高岭土。在夹矸型的煤系高岭土中，火山灰沉积蚀变成因的夹矸高岭石含量高，且成片状，不含埃洛石，铁钛含量低（$Fe_2O_3 + TiO_2 < 1\%$），SiO_2/Al_2O_3 摩尔比为 2 左右，赋存有规律、储量较大，是生产优质超细煅烧高岭土的优质原料之一。

（2）原料粒度。煅烧原料的粒度对煅烧工艺、煅烧产品的白度有较大的影响。粒度粗，脱碳难，特别是颗粒内部的碳质不易挥发，所需煅烧时间长，影响煅烧产品白度。原料粒度细，比表面积大，脱碳较容易，碳质易挥发，煅烧时间短，生产周期短，煅烧产品的白度较高。

原料的粒度对煅烧产品的使用特性也有影响。煤系高岭土经过成岩作用，矿物颗粒粗，比表面积小，在煅烧前一定要粉碎到一定的细度，煅烧产品才能获得最佳的松厚度、孔隙率等性能指标。

（3）煅烧温度。由于煅烧温度不同，煅烧高岭土产品的物相不同、特性不同，其应用方向和应用领域也不同。因此，煅烧温度是产生不同特性产品的关键因素之一。

低温煅烧产品（650～900℃）活性高，可用于合成分子筛、铝盐化工及塑料、橡胶等的功能材料。中温煅烧（900～1050℃）高岭土的白度好，不透明度高，可用于造纸、涂料工业。高温煅烧（大于 1050℃）高岭土为莫来石、方石英相，可用于来生产莫来石型砂、耐火材料和特种陶瓷。

（4）升温速度与煅烧时间。升温速度和煅烧时间对煅烧过程中煤系高岭岩的脱羟、脱碳以及高孔隙体积等的获得，有重要影响。

升温速度控制适当，脱碳、脱羟比较彻底，才能充分形成煅烧产品的膨松结构；而升温速度快，恒温时间不够长，脱羟、脱炭不彻底，煅烧产品孔隙率低、孔隙体积不高，用于造纸行业易使纸制品的松厚度和不透明度指标降低。升温速度和恒温时间控制得当，煤系高岭岩的脱羟、脱炭彻底，产品白度高、活性好、孔隙率高，对涂料、造纸更加有利。

（5）煅烧助剂选择和煅烧气氛的控制。煅烧过程可加入助剂，如酸、金属氧化物、非金属化合物、氯化物等。煅烧气氛的控制，对煅烧产品的白度和黄色度的影响很大。由于煤系高岭土碳质的脱除需要氧化气氛煅烧，使得其中的低价铁氧化为高价铁，这样势必会造成高岭土在碳质脱除、白度提高的同时，产品的黄色度也相应地提高。因此，在煅烧温度达到 950℃以后，采用还原气氛，高价铁被还原为低价铁，产品黄色度降低，白度提高，有利于产品在造纸涂料中的使用。

4.4.2.3 煤系高岭土的分离与加工工艺

用煅烧等方式去除杂质，生产高品质的高岭土在世界上已经有 60 年的历史。美国最先开始了相关实验研究，在 20 世纪 70 年代开始了工业化生产。我国在 20 世纪 90 年代初成功研制出煤系煅烧高岭土产品，并将其应用于橡胶尼龙材料的补强填料、吸附剂、耐火制品等方面。随后煤系煅烧高岭土产品由初级加工向精加工方向发展，并开发出一系列高岭土产品。

由于煤系高岭土是一种与煤共伴生资源，以煤层中的夹矸、顶底板或单独成矿的形式存在，在形成过程中有机质会逐渐渗透入高岭土中，并以固定碳的形式存在于高岭土结晶的间隙中，使高岭土呈现灰黑色。而且煤系高岭土在形成过程中还会混入一些其他有色矿物，如黄铁矿（浅黄色）、菱铁矿（灰白或黄白色）、褐铁矿（褐色）和含钛矿物等。所以我国大力发展煅烧、磁选、浮选、化学漂白等高岭土提纯技术来提升高岭土品质，获得更好的经济效益。

（1）煅烧。煅烧被广泛应用于高岭土提纯加工工艺中，可以有效提高高岭土的白度、孔隙率及反应活性。以煤矸石为原料生产涂料级煅烧高岭土，发现900℃煅烧可以完全去除高岭土中的有机质，对高岭土白度的提升效果明显，继续提高煅烧温度对产品白度提升不大。煅烧温度也能够直接影响其矿物学性质和结晶度，600~800℃煅烧后转变为偏高岭石，具有较高的火山灰活性；当加热温度超过1000℃时转变为莫来石，从而失去活性。高岭土经过900℃煅烧后会产生大量五配位铝，具有很高的反应活性，并且制成的聚合物强度也最高。

我国目前的主要研究趋势是粉碎极限粒度小、粉碎比和处理能力大、单位产品能耗低、磨耗小、效率高、适用范围宽或者可用于低熔点、韧性、高硬度、易燃易爆等特殊物料加工的超细粉碎方法和设备。过去，国内超细煅烧高岭土生产线所使用的高温设备多采用间接加热回转窑。近年来，国内发展的内热式回转窑成功地解决了间接加热回转窑存在的不足。内热式回转窑的优点有：1）产量大。单台年产量可达15万吨。2）产品质量稳定且高。同等物料的前提下，产品白度较间接加热回转窑提高1.0%~1.5%。

（2）磁选。单纯的煅烧很难达到高岭土行业中产品"双90"的目标，高岭土中的有色矿物杂质含量也会影响到高岭土产品品质。Bertolino等人发现含铁量较高的高岭土白度通常低于50%，而通过磁选分离可以将白度提高到80%以上。磁选技术就是为了去除高岭土中具有弱磁性的有色杂质，如黄铁矿、菱铁矿和金红石等矿物。由于磁选过程中不需要使用化学物质，对环境不会造成污染，因此被广泛应用于非金属矿的提纯过程中。磁选提纯工艺还可以有效去除高岭土中弱磁性的染色杂质，能耗低并且绿色环保，解决了含铁量较高的低品位高岭土商业开采价值较低的问题。

超导磁选工艺作为一种新兴的磁分离技术，因其不仅除杂率高、能耗低，而且还具有绿色环保、自动化程度高等优势，被应用于高岭土的提纯中，可直接处理含有大量铁杂质的土样。李亦然等人利用高梯度超导磁选设备对河南信阳高岭土进行除铁实验。研究发现，磁介质越细、场强越高，除铁效果越好，在最优条件下可使样品的平均氧化铁含量由2.5%下降至0.93%。

（3）浮选。浮选是通过向高岭土中有选择地加入药剂，使高岭土和杂质分离，最终达到去杂质矿物的一种技术手段。浮选可以有效去除高岭土中的含铁、含钛和含碳杂质，提高高岭土白度。张尊干等人为了去除煤系高岭土中的少量细粒石英，在不同的pH值条件下添加捕收剂和调整剂，对高岭土与石英单矿物进行了浮选实验。结果发现，浮选高岭土的捕收剂选用十二胺、抑制剂为淀粉、矿浆pH < 3.0的条件下，高岭土与石英浮选分离的效果最佳。针对高岭土原矿特点，可采用超细粒浮选、双液层浮选或选择性絮凝浮选等方法来去除杂质。此工艺分选效果好，可以使高岭土白度有明显的提升，但工艺复杂、处理成本较高，并且需要添加化学药剂，可能会对环境造成污染。

（4）煅烧增白。煅烧是提高高岭土白度最有效且应用最广泛的方法。煅烧一方面可以脱除有机质，大幅提高高岭土的白度；另一方面，可以提高高岭土的孔隙率，改善其反应活性。煅烧温度、恒温时间、升温速度和原料粒度均会影响高岭土产品的煅烧白度。适宜的煅烧条件既能有效脱除有机质，提高高岭土的白度，又能保证高岭土的结构不发生变化，并使得产品的性能有所改善。通过对唐山某煤矿的煤矸石进行煅烧试验研究，发现有机质在900℃已经脱除干净。高岭土的煅烧白度随着原料粒度的减小而逐渐增大，原料粒度越大，颗粒中的有机质燃烧所需的时间越长；而原料粒度越小，颗粒的比表面积越大，有机质的燃烧效率也会提高。在煅烧过程中添加增白剂，可在一定程度上减弱铁的致色效应，提升高岭土的白度。例如，在高岭土煅烧过程中分别加入NH_4Cl和$NaCl$两种添加剂，结果发现这两种添加剂会促进铝硅尖晶石与含铁矿物形成固溶体，使自由铁转变为结构铁，从而使高岭土的白度提高，且NH_4Cl的增白效果比$NaCl$好。

（5）化学漂白。三价的铁离子及其氧化物是降低高岭土白度的主要染色杂质，如果经过煅烧、磁选和浮选等工艺提纯高岭土后，白度仍不达标，就可以使用化学药剂漂白的方式，更加彻底地除铁增白。化学除铁是利用次氯酸钠、高锰酸钾、过氧化氢等强氧化剂，或连二亚硫酸钠、二氧化硫脲等强还原剂，将高岭土中杂质溶解，然后洗涤干净，从而达到去除杂质的效果。

在高岭土煅烧后，加入化学药剂漂白的工艺，对煤系高岭土的杂质去除效果较好，产品白度可以达到90.12%。化学漂白可以大幅提高高岭土的白度，但其生产成本较高，部分药剂的使用会产生大量废气废水，对环境造成较大影响，因此，化学漂白主要应用于对高岭土品质要求较高的产品除杂中。

4.4.2.4 煤矸石煅烧设备

煅烧设备是生产煅烧高岭土的关键，目前，大规模生产煅烧高岭土多采用大型动态立式窑和隔焰回转窑。隔焰式回转窑可以方便地控制煅烧温度，并且能够容易地调节煅烧气氛，已成为我国煤系高岭土煅烧的主要设备。回转窑、立窑、隧道窑和梭式窑中的物料是堆积态的，换热不均匀，北京矿冶研究院开发出了流化床煅烧工艺（图4-70），这种工艺虽可在流态化的状态下使得物料与高温气体充分换热，换热效率较堆积态窑炉有很大的提高。西安建筑科技大学自主研发的稀相悬浮态快速煅烧新技术，具有热传递面积大、传递

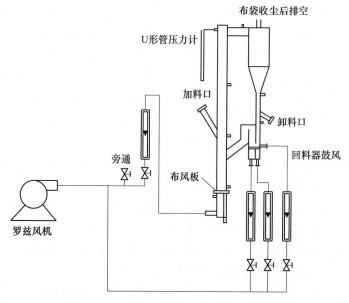

图4-70 循环流化床煅烧冷态试验装置图

动力大以及煅烧速度快的特点，在保证充分均匀换热的同时，提高了产能，产品的白度和活性也得到提高。

4.4.2.5 煅烧高岭土的应用

近些年高岭土的提纯工艺不断成熟，其产品因为具有良好的可塑性、耐火性、悬浮性、吸附性、化学稳定性和电绝缘性等特性，被广泛应用于陶瓷、造纸、环保和建材等领域。目前我国高岭土约 46.5%用于陶瓷领域，约 38.8%用于造纸，约 9.9%用于涂料，橡塑、耐火材料和其他应用占到高岭土的 4.8%，具体应用领域见图 4-71。

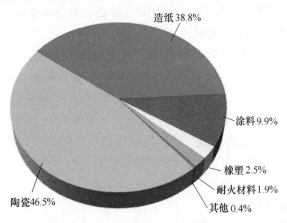

图 4-71 2020 年我国高岭土需求结构

（1）在陶瓷领域的应用。高岭土又叫"瓷土"，长久以来，高岭土因为可以用来制作瓷器而闻名于世，直到今日，陶瓷仍是高岭土使用量最多的领域之一。陶瓷以天然黏土和矿物为原料，通过破碎、成型、烧制而成。由于陶瓷具有耐刻刮、耐磨、易清洗、防潮、防火、防静电以及耐化学腐蚀等性能，因此被应用于餐具、洁具、耐酸容器、绝缘子以及金属陶瓷等领域。高岭土的添加可以提高陶瓷的白度、稳定性和强度等性能。

氮化硅基陶瓷具有优异的弯曲强度和断裂韧性，并且还拥有优异的耐高温和介电性能，使得这类陶瓷成为最有前景的超高速宽带天线罩材料之一。但氮化硅基陶瓷烧结能力差，在烧结过程中容易分解，所以在制作时，通常使用复杂且高成本的热压烧结（HPS）或气压烧结（GPS）技术，来实现其致密化和微结构调节。昂贵的制备成本极大地限制了氮化硅基陶瓷天线罩的大规模应用。Zhang B 等人以高岭土、α-Al_2O_3 和勃姆石溶胶为原料，聚苯乙烯微球为造孔剂，制备了低成本的高孔隙率莫来石陶瓷。这种陶瓷具有由大量互锁莫来石晶须形成的纤维状骨架结构，以及良好的力学性能和低至 0 的烧结收缩率，并且介电性能优异，能够满足天线罩应用的要求。

（2）在造纸领域的应用。高岭土具有在水中易分散，并且遮盖力较好、白度较高的特性，将其应用在造纸领域可以提升产品的光泽性、白度和光滑度等性能。与传统涂布白布板相比，选用优质的煤系煅烧高岭土为主要原料，可以提高产品的油墨吸收性、固含量、白度和遮盖效果，而且还可以大幅降低生产成本。

（3）在环保领域的应用。高岭土的层状结构以及巨大的比表面积，使其具有良好的离子交换性能和吸附性能，被应用于废气和废水净化等环保领域。用煅烧高岭土制作地质聚合物颗粒，对重金属离子吸附效果较好。

（4）在耐火材料方面的应用。高岭土由于具有良好的耐火性和化学稳定性，因此也被应用于耐火材料中。采用高岭土和硅橡胶制备耐火复合材料，不仅在一定程度上提高了复合材料的阻燃和耐火性能，而且还降低了材料的生产成本。Sami Ullah 研究了高岭土的添加对钢基材膨胀型防火涂料的作用，实验发现，在火灾发生时，高岭土可以在绝缘材料表面形成类似陶瓷的保护屏障，减少外界到钢基材热传递，为人员的撤离和火灾的控制提供宝贵的时间。

（5）在涂料领域的应用。高岭土质软、耐磨、价格较低，并具有良好的遮盖能力，被广泛用于涂料中来提高涂料的分散性、白度和抗腐蚀等性能，还可以在一定程度上替代白色颜料，减少二氧化钛的使用量，进而降低生产成本。

4.4.3　煤矸石制备高岭土技术案例

试验所用的煤矸石为山西省朔州市某劣质煤采场的煤矸石，其化学多元素分析结果见表 4-35。由表可知，矿石中以 SiO_2 和 Al_2O_3 为主，主要矿物组成为高岭石、石英，含部分伊利石、黄铁矿及少量的金红石。

表 4-35　煤矸石化学分析结果　　　　　　　　　　　　　　　　（%）

化合物	SiO_2	Al_2O_3	MnO	Fe_2O_3	SO_3	TiO_2
含量	51.69	21.59	0.04	5.94	6.12	0.76
化合物	MgO	K_2O	Na_2O	P_2O_5	LOI	固定碳
含量	0.06	1.26	0.08	0.06	11.40	4.52

为了掌握煤矸石煅烧过程中碳、硫、铁的变化规律，采用焙烧 750～1000℃ 的方式对煤矸石进行试验分析，结果如图 4-72 所示。随着煅烧温度的上升，煤矸石中的碳含量出现明显的下降，当温度达到 1000℃ 时，煤矸石中的碳含量下降到 0.07%，当温度超过 850℃ 时，Fe_2O_3 的含量出现明显的上升，说明煤矸石中的黄铁矿在 850℃ 时开始氧化，生成了赤铁矿。在 900～1000℃ 时，Fe_2O_3 含量出现波动，其原因可能为在 900～925℃ 碳含量

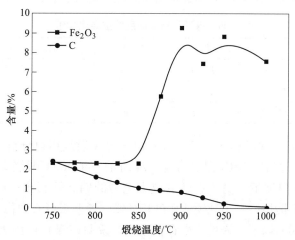

图 4-72　煤矸石在不同温度下煅烧 2h 后 C、Fe_2O_3 含量变化

显著降低，整体呈现还原气氛，Fe_2O_3 被还原为 Fe_3O_4；当温度继续升高，碳含量较少时，整体又呈现出氧化气氛，Fe_3O_4 被氧化为 Fe_2O_3。在 1000℃ 时 Fe_2O_3 含量出现降低，原因可能与煤矸石中黄铁矿含量有关。

　　进一步将煅烧时间延长到 4h 后，煤矸石煅烧后的碳、铁、硫元素的变化规律如图 4-73 所示。由图中可见，当煅烧时间延长，煤矸石中的碳含量降低明显，在 1000℃ 下，煅烧煤矸石中的碳含量从 0.07% 降低到 0.01%。Fe_2O_3 含量的变化较小，在 1000℃ 时达到最大，其原因应该为碳被完全氧化后，氧化气氛最强。对比不同温度及不同煅烧时间下，煤矸石中 C、Fe_2O_3 的变化，焙烧时间对煤矸石中碳、铁杂质影响较小，焙烧时间 2h 内，煤矸石中氧化反应已经足够，温度为 900℃ 时，可以除去大部分碳杂质，同时，煤矸石中黄铁矿基本被氧化成 Fe_2O_3。

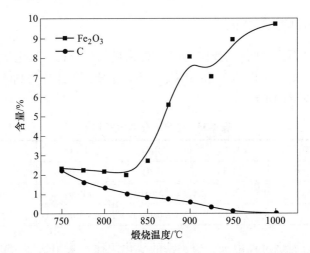

图 4-73　煤矸石在不同温度下煅烧 4h 后 C、Fe_2O_3 含量变化

　　对在 900℃ 和 1000℃ 焙烧 2h 的煤矸石样品进行化学分析，其煅烧前后的化学组成变化结果见表 4-36。煤矸石煅烧后，SiO_2、Al_2O_3 等出现小幅度上升，其原因是烧失部分有机物。硫含量变化最大，在 1000℃ 其含量明显降低。此外，铁的含量出现较大的变化。

表 4-36　煤矸石焙烧前后的主要化学组成　　　　　　　　　　（%）

化合物	SiO_2	Al_2O_3	Fe_2O_3	K_2O	SO_3	TiO_2
原始试验	51.69	21.59	5.94	1.26	6.12	0.76
900℃-2h	50.23	22.82	9.28	2.61	5.12	1.90
1000℃-2h	52.17	26.85	7.46	1.24	1.74	0.78

　　对在 900℃ 和 1000℃ 煅烧 2h 的煤矸石分别进行 X 射线衍射分析，研究其煅烧前后的物相变化，煤矸石焙烧后的 XRD 图谱如图 4-74 所示。在 900℃ 煅烧 2h 时，高岭石特征峰完全消失，表明在该温度下，高岭石转变成无定型的偏高岭石相；黄铁矿被氧化成赤铁矿。此外，在 1000℃ 煅烧后，出现锐钛矿的特征峰，说明煤矸石中稳定的金红石转变为活跃的锐钛矿。在 1000℃ 以下，未见莫来石相生成，说明该煤矸石在 900~1000℃ 能脱除绝大部分的碳质，高岭石完全转化成无定型的偏高岭土，同时，黄铁矿也被氧化成赤铁矿。

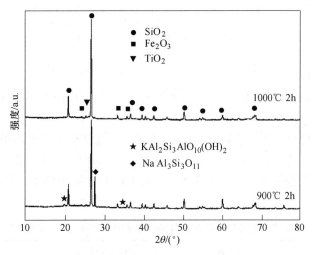

图 4-74　煤矸石煅烧后的 XRD 图谱

4.5　煤矸石合成铝硅基吸附材料

4.5.1　吸附材料概述

4.5.1.1　吸附材料概述

吸附材料可用来吸附废水中某种或几种污染物、有害废气等，以便回收或去除它们。利用吸附法进行物质分离已有漫长的历史，国内外的科研工作者在这方面作了大量的研究工作，目前吸附法已广泛应用于化工、环境保护、医药卫生和生物工程等领域。在化工和环境保护方面，吸附法主要用于净化废气、回收溶剂（特别适用于腐蚀性的氯化烃类化合物、反应性溶剂和低沸点溶剂）和脱除水中的微量污染物。后者的应用范围包括脱色、除臭味、脱除重金属、除去各种溶解性有机物和放射性元素等。在处理流程中，吸附法可作为离子交换、膜分离等方法的预处理，以去除有机物、胶体及余氯等，也可作为二级处理后的深度处理手段，以便保证回用水质量。利用吸附法进行水处理，具有适应范围广、处理效果好、可回收有用物料以及吸附剂可重复使用等优点，随着现有吸附材料性能的不断完善以及新型吸附材料的研制成功，吸附法在水处理中的应用前景将更加广阔。

吸附材料是决定高效能的吸附处理过程的关键因素，广义而言，一切固体都具有吸附能力，但是只有多孔物质或磨得极细的物质由于具有很大的表面积，才能作为吸附剂。工业上常用的吸附材料有活性氧化铝、硅胶、活性炭、分子筛等，另外，还有针对某种组分选择性吸附而研制的吸附材料。气体吸附分离成功与否，极大程度上依赖于吸附材料的性能，因此，选择吸附材料是确定吸附操作的首要问题。工业吸附材料必须满足下列要求：

（1）吸附能力强；

（2）吸附选择性好；

（3）吸附平衡浓度低；

（4）容易再生和再利用；

（5）机械强度好；

（6）化学性质稳定；

（7）来源广；

（8）价廉。

4.5.1.2　吸附材料分类

吸附材料按照化学成分可分为无机吸附材料、有机高分子吸附材料和复合型吸附材料。

（1）无机吸附材料。无机吸附材料是指具有一定孔结构、比表面积大且吸附能力较强的一些天然或人工合成的无机材料，具有种类繁多、来源广泛和价格低廉的优点，但是其选择性较差，易受其他因素干扰。表 4-37 中列出了几种常见的无机吸附材料的比表面积和孔径等参数。

表 4-37　常用无机吸附材料的比表面积、平均孔径和孔体积

吸附剂	比表面积/m² · g⁻¹	平均孔径/nm	孔体积/mL · g⁻¹
活性炭	500~1300	2~5	0.5~1.4
沸石	400~750	0.3~1.5	0.4~0.6
硅胶	300~830	1~14	0.3~1.2
活性氧化铝	100~350	2~20	0.6~0.8

无机吸附材料按照化学成分不同可分为碳质吸附材料、矿物材料、金属基材料和硅基材料。活性炭是碳质吸附材料中最常见的一种，有颗粒状和粉末状两种，为非极性类吸附材料。常用作吸附剂的矿物材料有沸石、膨润土、高岭土、蒙脱土、凹凸棒、海泡石等，这些材料具有较大的比表面积以及较高的孔隙率，使其具有极强的离子交换能力和吸附能力，因此，被广泛应用于水体和土壤中的重金属污染治理。矿物材料的品种繁多、在自然界储量丰富、价格便宜、环境友好等，使其具有很大的发展潜力。由于无机矿物在水溶液中会在其表面形成大量的表面活性羟基，因而可以通过接枝改性的方法引入不同结构的分子或活性基团，生成对于某种化合物具有特殊选择性的新型吸附材料，无机试剂改性和阴阳离子表面活性剂改性是最常见的改性方法。硅胶是硅基材料的最典型代表。

（2）有机高分子吸附材料。有机高分子吸附材料是指以聚合物为主体结构的吸附材料，有天然和人工之分。天然高分子材料来源于自然中存在的动植物和微生物体内的大分子有机化合物，具有储量大、易得、易生物降解、对环境无污染等优点，但是存在使用周期短、吸附量小、选择性差等缺点。常见的天然有机高分子材料有淀粉、纤维素、木质素、壳聚糖、甲壳素等。人工合成的高分子吸附剂有螯合树脂和离子交换树脂等，其吸附作用除了范德华力之外，还包括配位作用、阴阳离子间电荷相互作用和偶极-偶极相互作用等。与无机和天然有机吸附材料相比，具有吸附量大、结构和功能可控、使用周期长、可再生和重复利用率高等优良性能。另外，通过改变聚合的单体组成和采用不同的聚合方法，可以制得不同结构和性能的吸附材料，再进一步通过化学反应功能化，合成带有各种基团的吸附材料，经过结构设计的高分子吸附剂具有吸附选择性和特殊的分离特性。

（3）复合型吸附材料。复合型吸附材料按照材料的来源不同可分为有机-无机型、有机-有机型、无机-无机型三种。不同材料通过不同途径复合而形成的新型吸附材料，结构和性质各有不同，有机物和无机物都有各自的优越性能，通过有机-无机的复合，能够实

现性能的互补和优化。

1）有机-无机复合型吸附材料。天然高分子与合成高分子都可以与无机材料复合生成吸附材料，它是以其中一种材料为载体，另一种作为增强体而形成的。常用的无机材料通常具有较高的离子交换量，机械强度和化学稳定性高，能有效改善复合材料的性能。当采用的无机材料为纳米粒子时，高分子材料的复合可以降低表面能，阻止纳米粒子团聚，提高纳米粒子与高分子基体的相容性，增强复合材料的亲水性。将高分子材料和无机材料的性能整合起来，使复合材料呈现一种协同效应，改善和提高材料的吸附性能、亲水性能、热稳定和化学稳定性、机械强度和结构性能等。这些优异的性能是单一高分子材料或无机材料所不具备的，使其成为材料科学研究领域的热点之一。

2）有机-有机复合型吸附材料。为了增强高分子材料的吸附能力和吸附选择性，可以采用化学反应在其表面增加活性吸附点位，将含有不同配位能力的原子、不同官能团和侧链结构的物质，通过化学反应引入到高分子载体中，根据应用需要制备不同形状、尺寸和孔隙度的材料，以获得对于某种杂质离子具有选择性的吸附剂。由于有机高分子的机械强度不高，通常会在聚合时加入交联剂来提高有机高分子材料的化学和机械稳定性。

3）无机-无机复合型吸附材料。无机材料具有来源广泛、种类多、成本低的优势，将两种或两种以上无机材料通过某种方式复合起来，复合材料的各项特性均有所增强。无机材料大多为粉末状，难以回收再次利用，特别是纳米级别的粒子，容易聚集，很大程度上降低了其吸附容量和选择特性，可将纳米粒子印迹在大尺寸的孔状支撑物中形成复合型吸附剂，拓宽无机纳米粒子在污染物的吸附和分离方面的应用。

4.5.1.3 几种常见的无机吸附材料特性

（1）活性氧化铝。活性氧化铝是由铝的水合物加热脱水制成，它的性质取决于最初氢氧化物的结构状态，一般都不是纯粹 Al_2O_3，而是部分水合无定形的多孔结构物质，其中不仅有无定形的凝胶，还有氢氧化物的晶体。由于其毛细孔通道表面具有较高的活性，故又称活性氧化铝。对水有较强的亲和力，是一种对微量水深度干燥用的吸附材料。在一定操作条件下，活性氧化铝的干燥深度可达露点-70℃以下。市售的层析用氧化铝有碱性、中性和酸性三种类型，粒度规格大多为 100~150 目。

（2）硅胶。硅胶是硅酸部分脱水后的产物，其成分为 $SiO_2 \cdot xH_2O$，又叫缩水硅酸，是一种坚硬、无定形链状和网状结构的硅酸聚合物颗粒，属于亲水性的极性吸附材料。硅胶是用硫酸处理硅酸钠的水溶液，生成凝胶，并将其水洗除去硫酸钠后，经干燥，得到的玻璃状的硅胶，主要用于干燥、气体混合物及石油组分的分离等。

硅胶大多是由人工合成，可根据不同的需要来制备不同粒度、形状和结构的硅胶。硅胶具有丰富的孔隙结构和高比表面积、机械强度好和化学性质稳定的优点，在水溶液中可与水作用并在其表面形成硅羟基，提供大量活性点位与杂质离子进行离子交换。与硅胶相比，人工合成的有序介孔氧化硅材料，如 MCM-41、SBA-15 和 KIT-6 等具有排列长程有序的孔道、比表面积大、孔隙率高和分布窄，且在一定范围内孔径连续可调的特点，在工业催化、吸附、环境保护和生物医学等领域有着广泛的应用前景。

（3）活性炭。吸附材料中活性炭应用于水处理已有几十年的历史。20 世纪 60 年代后有很大发展，国内外的科研工作者已在活性炭的研制以及应用研究方面作了大量的工作。制备活性炭的原料种类多、来源丰富，包括动植物（如木材、锯木屑、木炭、谷壳、椰子壳、稻麦秆、坚果壳、脱脂牛骨、鱼骨等）、煤（泥煤、褐煤、沥青煤、无烟煤等）、煤基固体废弃物（粉煤灰、煤矸石等）、石油副产物（石油残渣、石油焦等）、纸浆废物、合成树脂以及其他有机物（如废轮胎）等。活性炭是将木炭、果壳、煤等含碳原料经炭化、活化后制成。活化方法可分为两大类，即药剂活化法和气体活化法。药剂活化法是在原料里加入氯化锌、硫化钾等化学药品，在非活性气氛中加热进行炭化和活化。气体活化法是把活性炭原料在非活性气氛中加热，通常在 700℃ 以下除去挥发组分以后，通入水蒸气、二氧化碳、烟道气、空气等，并在 700~1200℃ 温度范围内进行反应，使其活化。活性炭含有很多毛细孔构造，所以具有优异的吸附能力。

但是，活性炭因生产工艺、原料的不同，性能差异非常大，用途也不一样，目前工业上使用的活性炭有粒状和粉状两种，其中以粒状为主。与其他吸附剂相比，活性炭具有巨大的比表面积以及微孔特别发达等特点，因此是目前废水处理中普遍采用的吸附剂。此外，活性炭还可以用于炼油、含酚、印染、氯丁橡胶、腈纶、三硝基甲苯、重金属、含氟、含氯等废水的处理以及生活饮用水中有害物质的处理。

活性炭的再生是活性炭能否广泛使用的关键问题，因此，国内外在这方面进行了大量的研究。目前，活性炭的再生方法主要有加热再生法、药剂再生法、化学再生法、湿式氧化再生法和生物再生法等。用加热再生法处理活性炭时，炭的损失率高，而且再生成本也较高；药剂再生法处理活性炭的成本高，并易造成二次污染；因此，化学再生法（如臭氧再生法）、生物再生法和湿式氧化再生法是今后活性炭再生方法的发展方向。

（4）沸石分子筛。沸石分子筛具有多孔骨架结构，其化学通式为：

$$\left[M_2(\mathrm{I})M(\mathrm{II})\right]O \cdot Al_2O_3 \cdot nSiO_2 \cdot mH_2O \tag{4-86}$$

式中，$M(\mathrm{I})$、$M(\mathrm{II})$ 主要是 K^+、Na^+、Ca^{2+} 等金属阳离子；n 为沸石的硅铝比；硅主要来自于硅酸钠和硅胶；铝则来自于铝酸钠和 $Al(OH)_3$ 等。它们与氢氧化钠水溶液反应制得的胶体物，经干燥后便成沸石，一般 $n=2\sim10$，$m=0\sim9$。

分子筛在结构上有许多孔径均匀的孔道与排列整齐的洞穴，这些洞穴由孔道连接。洞穴不但提供了很大的比表面积，而且只允许直径比其孔径小的分子进入，从而可对大小及形状不同的分子进行筛分。根据孔径大小不同和 SiO_2 与 Al_2O_3 分子比不同，分子筛有不同的型号，如 3A（钾 A 型）、4A（钠 A 型）、5A（钙 A 型）、10X（钙 X 型）、13X（钠 X 型）、Y（钠 Y 型）、钠丝光滑石型等。

分子筛与其他吸附材料相比有以下优点：

1）吸附选择性强。这是由于分子筛的孔径大小整齐均一，又是一种离子型吸附剂。因此，它能根据分子的大小及极性的不同进行选择性吸附。如分子筛可有效地从饱和碳氢化合物中把乙烯、丙烯除去，还可有效地把乙炔从乙烯中除去，这一点是由其强极性决定的。

2）吸附能力强。即使气体的组成浓度很低，仍然具有较大的吸附能力。

3）在较高的温度下仍有较大的吸附能力，而其他吸附剂却受温度的影响很大，因而在相同温度条件下，分子筛的吸附容量大。

正是由于上述优点，分子筛成为一种十分优良的吸附剂，广泛应用于有机化工、石油化工的生产以及有害气体的治理，也常用于 SO_2、NO_x、CO、CO_2、NH_3、CCl_4、水蒸气和气态碳氢化合物废气的净化。

（5）陶粒。陶粒是近些年来随着社会经济发展而诞生的一种新型材料，一般以黏土、工业废渣、粉煤灰、煤矸石等为原料，添加少量助熔剂、黏结剂等，经圆盘造粒机加工成球状，或直接将页岩等块状原料破碎成碎石状，最后通过焙烧或养护等工艺制备而成的一种人造轻质材料。

通过调节陶粒的物料配比和制备工艺，可以制备出具有高比表面积、良好吸附性能的陶粒，即陶粒滤料。陶粒用在污水处理领域可过滤吸附水体中的污染物质，也可作为微生物生长的载体，用在曝气生物滤池中代替污泥。目前，陶粒滤料广泛地应用在印染废水、含油废水、城市生活废水等的深度处理中。

陶粒相对于其他吸附材料，制备工艺简单、更加绿色环保、成本也更低，使用的原料可以是一些工业固体废弃物，从而实现废物再利用。

4.5.1.4 吸附材料吸附机理

吸附材料的吸附机理一般包括物理吸附、化学吸附、离子交换吸附。吸附材料在发挥吸附作用时，可能只有一种吸附机理，也可能是两种，甚至三种吸附机理的共同作用。

（1）物理吸附。物理吸附的原理是溶质与溶剂之间由于范德华力而产生吸附，其本质上是非共价作用，包括以下方面：

1）定向力。极性分子的永久偶极静电力。

2）诱导力。极性分子与非极性分子之间的吸引力。

3）色散力。非极性分子之间的引力。

4）氢键力。介于库仑引力与范德华引力之间的特殊分子间定向作用力。

溶剂与溶质之间的范德华力由这些力共同作用。

（2）化学吸附。化学吸附是指溶质与溶剂发生化学反应，形成较为牢固的吸附化学键和表面络合物，被吸附的吸附质不能在吸附剂表面自由移动。化学吸附过程一般放热量较大，吸附的选择性很强，通常一种吸附剂只对某种或特定几种物质有吸附作用，且为单分子层吸附。化学吸附一般需要一定的活化能，在低温下吸附速度较小。这种吸附与吸附材料表面化学性质和吸附质的化学性质有密切的关系。表 4-38 所示为物理吸附和化学吸附理化指标的差异。

表 4-38 物理吸附和化学吸附对比

理化指标	物理吸附	化学吸附
吸附作用力	范德华力	化学键
吸附热	接近于液化热	接近于化学反应热
选择性	低	高
吸附层	单分子层或多分子层	单分子层
吸附速率	快，活化能小	慢，活化能大
可逆性	可逆	不可逆

（3）离子交换吸附。离子交换吸附是指溶质的离子由于静电引力作用，聚集在吸附剂表面的带电点上，并置换出原先固定在这些带电点上的其他离子，如图 4-75 所示。通常离子交换过程中影响交换吸附的主要因素是离子电荷数和水合半径的大小。

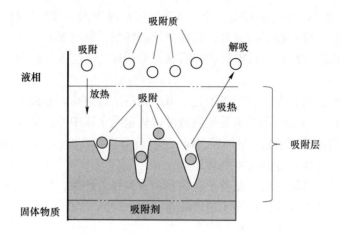

图 4-75　离子交换吸附原理

4.5.2　煤矸石基分子筛的合成及吸附性能

4.5.2.1　煤矸石制备分子筛的类型

煤矸石的主要成分为硅和铝，可以为分子筛的合成提供硅源和铝源。利用煤矸石合成的分子筛不仅可以实现固体废物的资源化，还可以减少煤矸石大量堆积造成的污染问题。目前已用煤矸石为原料制备的分子筛主要类型有 A 型、X 型、Y 型和 ZSM-5 型。煤矸石制备分子筛一般分为两步，一是在高温空气气氛中对煤矸石进行处理，脱去其中的碳质，同时在高温下将其中的高岭土矿转化为偏高岭土；二是偏高岭再水热形成具备活性的硅酸根离子和铝酸根离子，二者相互聚合，得到晶体结构的基本单元，再慢慢成长为沸石分子筛晶体。

（1）A 型分子筛。A 型分子筛是由初级结构单元（SiO_4）通过共享顶点和面获得的三维四连接的硅铝酸盐结构骨架，硅铝比为 2。从图 4-76（a）中可以看出，A 型分子筛的结构由 8 个 β 笼相互连接而成，相邻两个 β 笼间通过四元环用 4 个氧桥互相连接起来，构成 A 型分子筛中间的主晶穴，也称为 α 笼。相邻 α 笼通过八元环互相连通，众多的八元环形成 A 型分子筛的主晶孔。

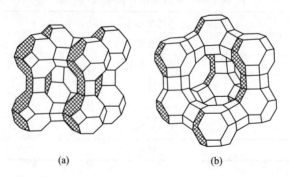

(a)　　　　　　　　　　　　(b)

图 4-76　A 型分子筛的晶体结构（a）和 X 型、Y 型分子筛的八面沸石笼结构（b）

A 型分子筛根据孔径不同，可分为有 3A 型、4A 型和 5A 型，这是由分子筛结构中可交换的阳离子不同所导致的。钠离子型分子筛（NaA）为4A型，孔径在4Å；3A型指的是有效孔径为3Å，可将钠离子与半径较大的钾离子交换得到；对于孔径较小的5A型分子筛，一般为NaA型分子筛中，70%以上的钠离子被钙离子交换得到的材料。A型分子筛具有均匀的孔道和孔穴结构，有效直径小于孔道直径的分子可以通过孔道进入孔穴，将杂质粒子吸附在分子筛中，大于孔道直径的分子则被排斥在外，所以A型分子筛不仅具有良好的吸附性能，还具有较强的选择性。

（2）X型、Y型分子筛。X型、Y型分子筛的晶体结构相同，都属于八面沸石型，主要区别在于硅铝比的不同。X型分子筛的硅铝比为2.1~3.0；而Y型分子筛的硅铝比为3.1~6.0，其晶体结构如图4-76（b）所示。β笼也是其基本结构单元，β笼与β笼之间通过4个六元环结构相连接构成八面沸石笼，八面沸石笼之间通过十二元环相通。典型的X型、Y型分子筛有NaX型和NaY型分子筛，二者内部都具有很多均匀的孔道和孔穴，比表面积较大，这些孔道直径的大小也决定着吸附分子的大小范围，只有当极性强，且吸附质分子直径小于孔道直径时，才可进入孔道进行吸附，因此二者均具备选择性吸附分子的特征。晶格结构可以为催化提供活跃的点位和通道，使得高硅铝比的NaX型和NaY型分子筛在催化和石油加工领域发挥了重要作用。

（3）ZSM-5型分子筛。ZSM-5的比表面积较大，孔结构均一，且表面带负电荷，具有一定的催化活性、选择性，以及良好的固体酸性和热稳定性，在催化裂化、石油化工和精细化工方面有着广泛应用，引起了工业界和学术界的极大关注。ZSM-5骨架以五元环为基本结构单元，与骨架中连接的四面体结构，通过共边连接和氧原子联结形成三维十元环框架结构，如图4-77所示。由于其基本结构单元的特殊性，使得ZSM-5在三维十元环框架中有着独特的交叉孔道结构（图4-78），即平行于a轴的Z字形孔道和平行于b轴的直行孔道组成，两种通道交叉处的尺寸为0.9nm，这可能与ZSM-5的高催化活性有关。

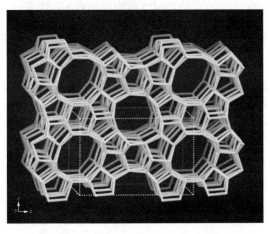

图4-77 ZSM-5（010）晶面的结构

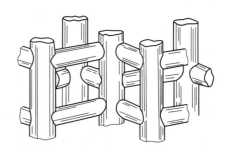

图4-78 ZSM-5的三维孔道结构

4.5.2.2 煤矸石制备分子筛的方法

目前沸石分子筛的合成方法有水热合成法、熔融法、碱熔融法、晶种合成法等，合成分子筛主要是利用矿物中的硅铝成分，常见的原料包括煤矸石、粉煤灰、高岭土、膨润土、铝矾土、硅藻土等高硅类矿物。煤矸石中的主要矿物组成成分为氧化铝和氧化硅，可以为合成沸石分子筛提供所需的硅源和铝源，其主要的制备方法有水热合成法、熔融法、晶种合成法和微波合成法等。

水热合成法是将原料按照一定的比例逐步加入到特定浓度的碱溶液中，搅拌均匀后，将混合物在100℃左右温度下进行晶化过程，最后经过滤、洗涤、干燥、焙烧，得到沸石分子筛。不同的碱液原料和碱液浓度，不同的晶化温度和晶化时间都会对分子筛的合成造成影响，一般用NaOH作为碱液时合成的分子筛纯度较高。另外，可以将原料与碱溶液在550~900℃下先反应1h后，得到熟料碱熔物，再使用水热合成法合成沸石，这种方法可以缩短合成时间，提高结晶度。

熔融法是在热活化过程中加入碳酸钠或氢氧化钠等碱性物质，在高温条件下与煤矸石形成共熔体，冷却后调节反应参数，置于高压反应釜中进行水热反应，得到沸石分子筛。与传统的水热合成法相比，熔融法可明显提高产物的纯度和结晶度。

晶种合成法是指利用目标产物作为合成过程中的导向剂来诱导形成目标晶型，导向剂作为目标产物的晶核，引导目标产物在导向剂的外围生长，晶种合成法可以大大加快产物的晶化速度，节约晶化时间，且形成的目标产物结晶度也较高。

微波合成法是新兴起的一种合成沸石分子筛的方法，其基本步骤与水热合成法类似，不同的是当原料与碱液混合后放入微波仪器中，采用微波辅助的方法使原料受热均匀，溶解速度加快，在一定程度上减少了晶化过程所消耗的时间（表4-39）。

分子筛不同合成方法的比较见表4-39。

表4-39　分子筛不同合成方法的比较

合成方法	优　点	缺　点
水热合成法	成本低，污染小，产物结晶度好，团聚少，易于工业化生产	合成周期长，合成的分子筛含杂相，水热产生蒸气压，对设备要求较高
熔融法	制备产品纯度和结晶度较高	仍含有少量杂晶且白度低
晶种合成法	有利于特定类型分子筛的合成	制备产物的纯度和结晶度较低
微波合成法	加热速率快，减弱了晶体生长的方向性，促进晶体生长均匀	合成过程中温度和压力不好控制，局部过热可能导致晶体微观结构破坏

A型分子筛是第一种商业化的合成分子筛，NaA型分子筛的使用量和价值都很高，该型分子筛的优点是热稳定性好、选择性高、无毒且机械强度好。A型分子筛的合成广泛采用水热法，合成原料、工艺、条件与NaX型和NaY型分子筛相似。

4.5.2.3　煤矸石合成分子筛及其吸附特性案例

A　煤矸石合成分子筛

以煤矸石为原料，采用碱熔法制备NaA型分子筛，其制备流程如图4-79所示。

首先将煤矸石粉与NaOH按质量比为1:1混合均匀放入马弗炉，在800℃下加热2h（空气气氛），从而使得高岭土脱去结构水，晶格发生扭曲造成内部结构疏松，生成无定型态的偏高岭石，石英和碱混合加热后将变为可溶的硅酸盐，NaOH可为后续的晶化提供碱性环境。选择陈化时间为6h，在100℃下晶化12h，最后将晶化产物过滤，并用去离

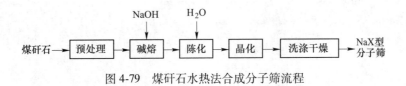

图 4-79　煤矸石水热法合成分子筛流程

子水洗涤干燥后，获得 NaX 型分子筛。

对煤矸石以及制得的分子筛 XRD 图像（图 4-80）进行分析，发现煤矸石的主要成分为石英、高岭石以及云母。但在碱熔物的 XRD 图像中已不含石英、高岭石以及云母的衍射峰。表明经过碱熔后，煤矸石中的石英、高岭石以及云母结构已被破坏，转化为可溶的硅铝酸盐，得到的产物虽然含有部分杂峰，但在 2θ = 6.14°，10.04°，15.48°，23.38°，26.74°，31.04°附近出现了明显的八面沸石的衍射峰。

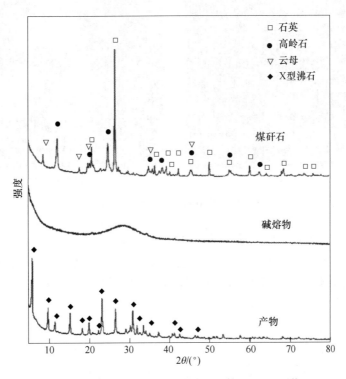

图 4-80　煤矸石与产物 NaX 型分子筛的 XRD 图像

通过图 4-81 的 SEM 图像可看出，煤矸石表面粗糙，且具有片层状结构。而高岭石为层状结构的硅酸盐，云母同样为具有层状结构的铝硅酸盐，SEM 结果与煤矸石的 XRD 结果一致。在合成产物的 SEM 图像中可以明显看到颗粒均匀、结构完整的八面体结构，其尺寸在 2μm 左右，为 NaX 型分子筛的结构形状。

产物的红外光谱如图 4-82 所示。由图中可见，在 463cm^{-1} 和 500cm^{-1} 附近出现 T—O（T=Si 或 Al）键的弯曲振动峰；在 567cm^{-1} 附近出现双六元环特征峰；在 673cm^{-1} 和 754cm^{-1} 附近出现 TO$_4$ 四面体的外部连接和内部连接对称伸缩振动峰；在 1024cm^{-1} 附近出

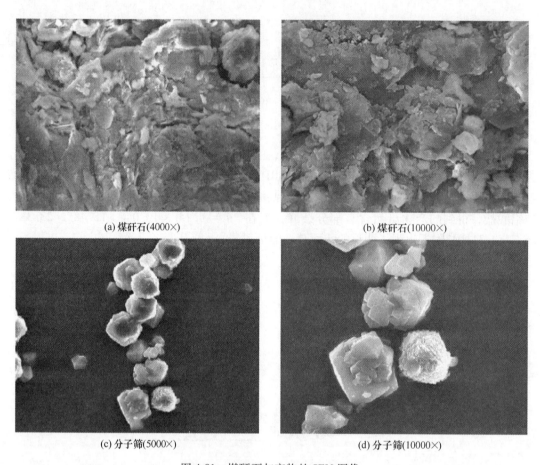

(a) 煤矸石(4000×)   (b) 煤矸石(10000×)

(c) 分子筛(5000×)   (d) 分子筛(10000×)

图 4-81　煤矸石与产物的 SEM 图像

现 TO$_4$ 四面体的内部连接和外部连接反对称伸缩振动峰；在 1644cm^{-1} 附近出现的峰为物理吸附水的价键振动吸收峰；在 3462cm^{-1} 附近出现的峰为物理吸附水的扭曲振动吸收峰。这些特征峰与典型 NaX 型分子筛的红外特征峰吻合，表明制备的材料具有典型的 NaX 型分子筛的骨架结构。

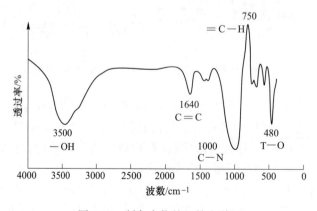

图 4-82　制备产物的红外光谱图

B　NaX 分子筛对 Cd^{2+} 的吸附

将 0.1g 制得的 NaX 型分子筛分别加入 Cd^{2+} 质量浓度约为 2mg/L、5mg/L、35mg/L、110mg/L、200mg/L 和 300mg/L 的模拟废水中，在 25℃ 的条件下振荡吸附 240min，吸附结束后取样，过 0.45μm 滤膜后测定 Cd^{2+} 浓度。由图 4-83 与表 4-40 可知，NaX 型分子筛对于重金属离子的吸附作用更接近于 Langmuir 模型。Langmuir 模型的相关系数（$R^2 =$ 0.999）大于 Freundlich 模型的相关系数（$R^2 = 0.854$）和 Temkin 模型的相关系数（$R^2 =$ 0.941）。

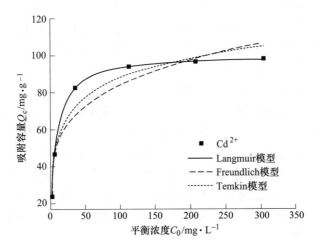

图 4-83　Cd^{2+} 的等温吸附拟合曲线

表 4-40　等温吸附拟合结果

样品	Langmuir 模型			Freundlich 模型			Temkin 模型		
	$Q_0/mg \cdot g^{-1}$	$K_L/L \cdot mg^{-1}$	R^2	$K_F/L \cdot mg^{-1}$	$1/n$	R^2	$b/J \cdot mol^{-1}$	$K_T/L \cdot mg^{-1}$	R^2
Cd^{2+}	100.11	0.135	0.999	32.06	0.210	0.854	161.7	3.113	0.941

注：Q_0 为平衡吸附量；K_L 为吸附强度；K_F 为吸附系数；$1/n$ 为吸附指数；b 为 Temkin 常数；K_T 为吸附强度。

根据表 4-40 的拟合结果计算分离系数 R_L，在不同初始浓度下，Cd^{2+} 的 R_L 均在 0~1 之间，表明 NaX 型分子筛对 Cd^{2+} 的吸附属于优惠吸附，有较强的亲和力。煤矸石基 NaX 型分子筛对 Cd^{2+} 的最大饱和吸附容量达到了 100.11mg/g，证明了合成产物 NaX 分子筛对 Cd^{2+} 良好的吸附能力。因此，以煤矸石为原料制备分子筛并利用其进行重金属废水吸附可以作为煤矸石综合利用的途径之一，具有较高的研究价值与潜力。

4.5.3　煤矸石基陶粒的合成及吸附性能

4.5.3.1　煤矸石基陶粒的合成

陶粒是陶制的一种圆形或者椭圆形球体颗粒，少数呈现不规则碎石状；是一种在回转窑中经发泡生产的轻骨料，其具有质轻、隔热、耐火、抗冻、抗辐射、抗腐蚀、工艺制作单一且耗时较短的特征，因此常用于建筑、园林以及水处理等行业。

按照不同的条件，陶粒可以分为不同的类型。例如，按原料不同可分为矾土陶粒砂（石油压裂支撑剂）、煤矸石陶粒、黏土陶粒、页岩陶粒、垃圾陶粒、生物污泥陶粒、河底泥陶粒、粉煤灰陶粒；按生产工艺不同可分为烧制陶粒和免烧陶粒。

陶粒是由美国人 S. J. hayde 在 19 世纪 20 年代后利用页岩在回转窑里烧制得到，并且申请专利，后被缺乏钢材的欧洲国家用于建筑行业。我国在 1956 年与苏联专家合作共同研制出了黏土陶粒，填补了我国陶粒的空缺。陶粒的原材料也从页岩黏土向污泥、煤矸石、粉煤灰等固体废弃物转变，很大程度上缓解了固废堆存而导致的环境污染问题和企业管理问题。

陶粒原料由成陶基体和外加剂两部分组成，成陶基体是陶粒原料的重要组成部分。目前，利用固体废弃物作为成陶基体制备陶粒用于工业生产的技术和装置都趋于成熟，以煤矸石制备陶粒可充分利用其中含有的二氧化硅和三氧化二铝成分，在高温条件下，料球内的不同组分之间发生化学反应，可挥发性组分挥发，部分组分熔融，结晶烧结成具有微孔的陶制产品。在这个过程中，料球体积收缩，生成玻璃相和莫来石相等，经冷却后可达到极高的硬度。陶粒的制备通常要经历 3 个步骤：原料破碎处理、陶粒成球和陶粒的烧制。前两步主要是陶粒物理形态的变化，不涉及化学反应，而陶粒的烧制过程中发生了化学变化，是生产陶粒最重要的步骤，整个的烧制过程可分为以下 4 个阶段：

（1）干燥阶段。为了避免刚成型的生料球在焙烧时炸裂，成型之后的生料球必须经过干燥阶段，使其中的水分快速蒸发。将生料球在空气中自然风干，或置于烘箱中经 105℃ 干燥 2~3h，随着水分的蒸发，生料球内部会生成许多孔隙，生料球的质量也有所减轻，外观形态不变，颜色变浅。

（2）预热阶段。在此阶段，料球内部中某些矿物发生氧化分解后产生大量一氧化碳和二氧化碳气体，伴随着部分水化物的结合水分解蒸发，料球内的孔隙被气体充斥变大。同时，料球内的黏性组分和挥发性组分促使矿物晶体析出并产生大量液相。

（3）焙烧阶段。焙烧阶段是在箱式炉的高温条件下完成的，是决定产品效果的关键。在此阶段，碳酸钙、硫化物等发生氧化分解反应，产生二氧化碳和二氧化硫等气体。料球中的物质会发生旧晶体的消亡和新晶相析出等一系列的物理化学变化，同时，还需一定时间的保温来保证反应完全，结构均一。若焙烧时间过短，料球烧结不充分，会导致产品的硬度和强度降低，已形成的莫来石也会二次生长，破坏晶体结构的均匀排列。

（4）冷却阶段。将焙烧后的陶粒冷却到室温后，陶粒呈现土色、灰色或黄色，表面粗糙，分布着大小不一的微孔。

4.5.3.2 煤矸石制备陶粒支撑剂

近年来，煤层气、页岩气等非常规油气资源开发迎来了新的发展热潮，同时，对于油气压裂支撑剂的要求也在不断发生变化。陶粒支撑剂是水力压裂技术的关键材料，作用在于停止泵注后，当井底压力下降到低于闭合压力时，可在制成裂缝的同时，抵御油层气井因岩石松动而弥合输油输气管道，使通向油气井眼的裂缝总保持张开，提高油层气的渗透能力，延长油气井的服务年限，压裂支撑剂性能的好坏直接决定着施工的成败和油层改造的效果。

陶粒支撑剂可以使用铝矾土和耐火黏土等原料通过造粒、烧结制备，具有较高的机械强度、耐腐蚀、耐高温、低破碎率等优势，根据密度不同，压裂支撑剂可分为超低密度支撑剂、低密度支撑剂、中密度支撑剂和高密度支撑剂，不同类型支撑剂的密度见表 4-41。

样品的体积密度表示单位体积内堆积的支撑剂的质量，压裂过程中支撑剂的使用量受体积密度大小的影响，进而影响压裂成本；样品的视密度反映了单个陶粒支撑剂体积的质量，压裂液中支撑剂的沉降速度受支撑剂视密度的大小影响。当视密度较大时，压裂液中陶粒支撑剂沉降速度较快，导致裂缝中支撑剂分布不均，进而影响井下裂缝的有效长度。其中，超低密度支撑剂的体积密度在 1.50g/cm³ 以下，视密度在 2.60g/cm³ 以下，不易沉淀，易于抽取，降低了对于压裂黏度的要求，可以被压裂液运输到裂缝更深处，有效地降低了施工难度和成本，更适于应用在煤气层井较低、较软的地层中的非常规油气藏开采。

表 4-41 支撑剂密度分类

支撑剂类型	体积密度/g·cm⁻³	视密度/g·cm⁻³
超低密度支撑剂	< 1.50	< 2.60
低密度支撑剂	1.50~1.65	2.60~3
中密度支撑剂	1.65~1.80	3~3.35
高密度支撑剂	> 1.80	> 3.35

随着铝矾土资源的减少和生产成本的增加，利用固废制备压裂支撑剂成为新的研究方向，且支撑剂规格朝着超低密度方向发展。以煤矸石和铝矾土为原料制备超低密度陶粒支撑剂，可以采用糖衣锅造粒法和强力混合造粒法两种方法。糖衣锅造粒法又称盘式造粒法，是将液体喷雾到有粉料的圆筒中，圆筒底部转盘盘面倾斜转动，依靠粉料的凝聚造粒；强力混合造粒法是在强力混合机中完成的，强力混合机由中心桨叶和外部混合盘两种动力装置互相辅助混合，造粒过程中，圆筒和反向转子高速旋转时产生的力使得粉末在短时间内形成球形颗粒。前者制成的料球球形度和表面光滑度好，成品率高；而后者的造粒时间较短，成球效率高，所制备的球粒不仅紧实度高，而且具有很高的强度。类似于与陶粒的制备过程，成球的陶粒支撑剂还需要进行干燥、预热、焙烧和冷却四个阶段。图 4-84 是煤矸石制备陶粒支撑剂的流程图。

图 4-84 煤矸石制备陶粒支撑剂的流程

当煤矸石含量较低时，烧结样品内部气孔较小，单独排列，随着煤矸石含量的增加，支撑剂内部气孔数量明显增加，体积密度和视密度降低。这是由于煤矸石在高温时产生的水蒸发、有机物分解及其中少量的碳燃烧，使得一部分气孔相互连通形成大气孔，当气孔排出速率小于气孔闭合速率时，液相包裹这些气体在支撑剂内部形成大量闭合气孔，导致单个陶粒的质量减小，同时，样品断面已经瓷化，结构比较致密。

当煤矸石的含量超过 20%，焙烧温度为 1220~1260℃ 时，制备出的陶粒支撑剂体积密度小于 1.4g/cm³，视密度小于 2.4g/cm³，破碎率在 9% 以下，满足超低密度陶粒支撑剂的要求。煤矸石的含量增加不仅不会改变陶粒支撑剂的主要的莫来石相、刚玉相和石英相，还可以促使陶粒支撑剂基体内部形成大量的闭气孔，降低支撑剂的视密度、体积密度和破碎率，有利于超低密度陶粒支撑剂的合成。

4.5.3.3　煤矸石基陶粒的吸附特性

煤矸石基陶粒在用作吸附材料时，一般是充当滤料来处理废水，也称为陶粒滤料。陶粒自身具有高比表面积、高气孔率的特性，因此也具备良好的吸附特性。陶粒的吸附过程分为物理吸附和化学吸附，物理吸附一般依托于陶粒自身的孔结构；化学吸附则依托于陶粒的化学组成，可以与待去除的物质发生反应，从而附着在陶粒表面去除。此外，陶粒在制备过程中，还可以通过调整物料配比、添加剂、制备工艺等来提高其气孔率和比表面积，从而进一步提升陶粒滤料的吸附能力。

以煤矸石为主要原料，采用成球法制备煤矸石基空心微珠陶粒滤料，制备过程包括配置预混料、成球、烘干、烧结四大步，图4-85所示为煤矸石基空心微珠陶粒的制备工艺流程。

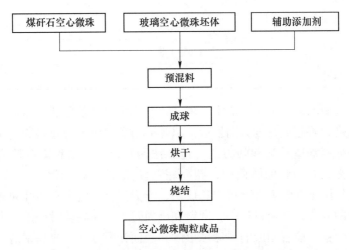

图4-85　煤矸石基空心微珠陶粒的制备工艺流程

图4-86为在不同因素水平下制备陶粒的微观形貌，图4-86中（1）～（3）为煤矸石空心微珠，玻璃空心微珠坯体定为4∶6，烧结温度分别为650℃、700℃、750℃、保温时间分别为30min、60min、90min；图4-86中（4）～（6）为煤矸石空心微珠，玻璃空心微珠坯体定为5∶5，烧结温度分别为650℃、700℃、750℃、保温时间分别为30min、60min、90min；图4-86中（7）～（9）为煤矸石空心微珠，玻璃空心微珠坯体定为6∶4，烧结温度分别为650℃、700℃、750℃，保温时间为30min、60min、90min。

(1)　　　　　　　　　　　　(2)　　　　　　　　　　　　(3)

图 4-86　不同因素水平下陶粒的微观形貌

　　综合吸水率、表观密度和颗粒抗压强度三个考察指标，确定最优方案为煤矸石空心微珠，即玻璃空心微珠坯体定为 4∶6、烧结温度为 700℃、保温时间为 60min。

　　由图 4-87、图 4-88 可知，空心微珠陶粒对碱性品红和亚甲基蓝的去除率和吸附量在 30min 内迅速增大。吸附时间为 5min 时，陶粒对碱性品红和亚甲基蓝溶液的去除率分别为 21.55% 和 5.5%，吸附量分别为 0.43mg/g 和 0.11mg/g；吸附时间为 15min 时，去除率分别为 67.25% 和 18.16%，吸附量分别增大到 1.12mg/g 和 0.36mg/g；吸附时间为 30min 时，去除率分别增大至 92.61% 和 45.03%；吸附时间达 30min 之后，随着时间的延长，陶粒对品红和亚甲基蓝的去除率和吸附量增长缓慢；吸附时间为 90min 时，陶粒对碱性品红和亚甲基蓝溶液的去除率分别增大到 97.23% 和 59.65%，吸附量分别增大到 1.94mg/g 和 1.2mg/g，吸附基本达到平衡。可以得出，空心微珠陶粒对碱性品红和亚甲基蓝溶液的吸附在 90min 时达到平衡，并且，空心微珠陶粒对碱性品红的吸附优于对亚甲基蓝的吸附。

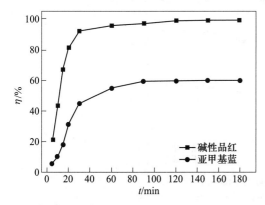

图 4-87　吸附时间对去除率的影响

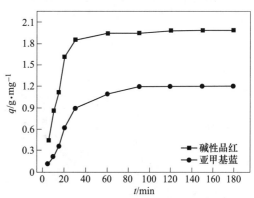

图 4-88　吸附时间对吸附量的影响

由图 4-89、图 4-90 可知，随着陶粒用量的增大，空心微珠陶粒对碱性品红和亚甲基蓝溶液的去除率逐渐增大，相反，陶粒的吸附量逐渐减小。陶粒用量在 5g 之前，去除率迅速增大；当陶粒用量为 0.5g 时，空心微珠陶粒对碱性品红和亚甲基蓝溶液的去除率分别为 24.5% 和 16.55%，吸附量分别为 4.90mg/g 和 3.31mg/g；当陶粒用量增大到 2g 时，去除率分别增大到 72.51% 和 49.06%，吸附量分别为 3.63mg/g 和 2.45mg/g；当陶粒用量为 5g 时，空心微珠陶粒对碱性品红和亚甲基蓝溶液的去除率分别增大到 97.23% 和 59.65%，吸附量为 1.94mg/g 和 1.20mg/g；当陶粒的用量大于 5g 之后，去除率趋于平稳，没有明显增长。因此，用静态吸附法处理染料废水，空心微珠采用适当用量即可，过多的用量并不能有效地提高去除率。

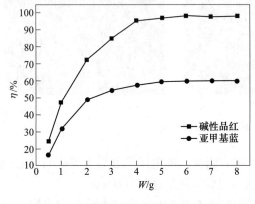 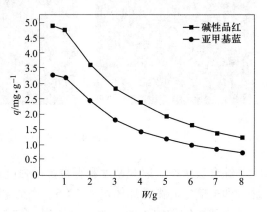

图 4-89　陶粒用量对去除率的影响   图 4-90　陶粒用量对吸附量的影响

由图 4-91 可见，随着碱性品红和亚甲基蓝溶液浓度的增大，空心微珠的吸附量不断增大后趋于平衡。当溶液浓度为 10mg/L 时，空心微珠陶粒对碱性品红和亚甲基蓝的吸附量分别为 0.18mg/g 和 0.15mg/g；当溶液浓度增大到 60mg/L 时，吸附量分别为 1.03mg/g 和 0.70mg/g；当溶液浓度为 120mg/L 时，吸附量分别为 1.75mg/g 和 1.08mg/g；当溶液浓度继续增大至 160mg/L 时，吸附量分别为 1.88mg/g 和 1.15mg/g；当溶液浓度为 200mg/L 时，吸附量分别为 1.89mg/g 和 1.18mg/g，增大不明显，趋于稳定。由此可见，碱性品红和亚甲基蓝溶液浓度增大到 120mg/L 之后，陶粒的吸附量不再大幅增大，趋于饱和。

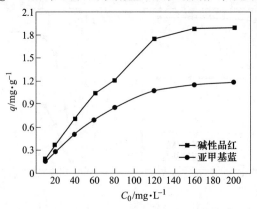

图 4-91　溶液初始浓度对吸附量的影响

　　煤矸石制备的陶粒滤料具有良好的吸附性能，作为吸附材料也有很好的前景。此外，煤矸石基陶粒滤料还可以通过改变制备工艺、添加不同的外加剂，从而具备对不同物质的吸附能力。

────── 本 章 小 结 ──────

　　本章主要针对煤矸石合成功能材料展开论述，重点介绍了煤矸石制备氮氧化物耐火材料、堇青石-莫来石窑具材料、堇青石-莫来石轻质隔热材料、高岭土、铝硅基吸附材料的发展、技术、性能与应用，不仅可以降低这些功能材料的合成生产成本，还可为煤矸石高附加值利用提供新的途径。

思 考 题

4-1 煤矸石碳热还原反应生成 β-SiAlON 的热力学条件是什么，为什么用煤矸石合成 β-SiAlON 耐火材料？

4-2 煤矸石合成的 β-SiAlON 耐火材料，其杂质成分转化规律是什么？

4-3 为什么用煤矸石、用后镁碳砖和用后滑板砖合成堇青石-莫来石窑具材料，堇青石和莫来石含量比例对窑具材料的性能影响规律是什么？

4-4 多孔堇青石合成时可以选择哪些造孔剂？

4-5 煤矸石煅烧高岭土时应该注意哪些影响因素？

4-6 煤矸石基分子筛的结构特点是什么，煤矸石合成不同种类分子筛工艺的区别是什么？

4-7 煤矸石基陶粒的结构特点是什么，其吸附特性是什么？

参 考 文 献

[1] Oyama Y, Kamaigaito O. Solid solubility of some oxides in Si_3N_4 [J]. Journal of Applied Physics, 1971, 10 (11): 1637-1642.

[2] Jack K H, Wilson W I. Ceramics based on the Si-Al-O-N and related systems [J]. Nature (Physics Science), 1972, 238 (80): 28-29.

[3] 李文超, 周国治, 王俭, 等. 三元系中拟抛物面规则及其实验验证 [J]. 钢铁, 1996, 31 (3): 31-34.

[4] 鲁兵, 方昌荣, 王周福, 等. 窑具材料的研究现状及发展趋势 [J]. 耐火材料, 2007, 41 (2): 132-136.

[5] 张伟奇, 丁颖颖, 陈宁, 等. 窑具材料的研究现状及展望 [J]. 中国陶瓷, 2018, 54 (5): 6-10.

[6] 郑建平, 杨辉, 程本军. 烧成制度和结合剂对刚玉-莫来石窑具性能的影响 [J]. 耐火材料, 2005, 39 (2): 112-115.

[7] 王海娟. 煤矸石合成 β-SiAlON 复相材料的研究 [D]. 北京: 北京科技大学, 2007.

[8] 彭犇. 煤矸石合成堇青石及其复相材料 [D]. 北京: 北京科技大学, 2009.

[9] 岳昌盛. SiAlON 的可控合成、性能与工业化生产研究 [D]. 北京: 北京科技大学, 2009.

[10] Joerg A. Ceramic diesel particulate filters [J]. International Journal of Applied Ceramic Technology, 2005, 2 (6): 429-439.

[11] Colombo P. Conventional and novel processing methods for cellular ceramics [J]. Philosophical Transactions of the Royal Society A, 2006, 364: 109-124.

[12] 何秀兰, 杨亦天, 杨悦, 等. 有机泡沫浸渍法制备 Al_2O_3 多孔陶瓷及其性能研究 [J]. 中国陶瓷,

2014, 50（7）：54-57.

［13］ Moon Y W, Shin K H, Koh Y H, et al. Three-dimensional ceramic/camphene-based coextrusion for unidirectionally macrochanneled alumina ceramics with controlled porous walls ［J］. Journal of the America Ceramic Society, 2014, 97（1）：32-34.

［14］ 宋谋胜, 张杰, 李勇, 等. 电解锰渣合成董青石陶瓷及其烧结性能研究 ［J］. 环境科学与技术, 2019, 42（8）：34-39.

［15］ 陈江峰, 邢琪端. 合成董青石研究现状及进展 ［J］. 河南理工大学学报（自然科学版）, 2014, 33（6）：831-835.

［16］ 李庆彬, 潘志华. 轻质隔热材料的研究现状及其发展趋势 ［J］. 硅酸盐通报, 2011, 30（5）：1089-1093.

［17］ 秦梦黎, 王玺堂, 王周福, 等. 陶瓷纤维/莫来石晶须原位增强董青石-莫来石轻质隔热材料 ［J］. 人工晶体学报, 2017, 46（6）：980-986.

［18］ 阴江宁, 丁建华, 陈炳翰, 等. 中国高岭土矿成矿地质特征与资源潜力评价 ［J］. 中国地质, 2022, 49（1）：121-134.

［19］ 刘玉林, 刘长淼, 刘岩, 等. 我国朔州地区煤矸石的矿物学特征及煅烧组分变化研究 ［J］. 矿产保护与利用, 2020（3）：100-105.

［20］ 梁效. 煤矸石中高岭土的分选及煅烧增白试验研究 ［D］. 西安：西安科技大学, 2018.

［21］ Li J Y, Wang J M. Comprehensive utilization and environmental risks of coal gangue：A review ［J］. Journal of Cleaner Production, 2019（9）：117946.

［22］ Li H, Zheng F, Wang J, et al. Facile preparation of zeolite-activated carbon composite from coal gangue with enhanced adsorption performance ［J］. Chemical Engineering Journal, 2020, 390：124513.

［23］ 梁止水, 高琦, 刘豪伟, 等. 煤矸石制备 NaX 型分子筛及其对 Cd^{2+} 的吸附性能 ［J］. 东南大学学报（自然科学版）, 2020, 50（4）：741-747.

［24］ 李志君. 空心微珠吸附材料的制备及应用研究 ［D］. 邯郸：河北工程大学, 2017.

5 煤矸石建材化利用技术

****

本章提要：

（1）掌握煤矸石有价元素资源化利用技术的发展现状。

（2）掌握煤矸石有价元素资源化利用技术的制备原理和方法。

****

5.1 引　言

从 20 世纪提出的建筑节能理念，到 21 世纪提出的绿色建筑理念，再到今天的碳中和建筑理念，都旨在降低建筑能耗，推动建筑行业可持续发展。推动商业建筑碳中和的五大举措中，源头减量是其中重要环节之一，在商业建筑建造过程中，以水泥为主要材料的混凝土消耗量巨大，2020 年，中国水泥产量 23.77 亿吨，约占全球 55%，排放 CO_2 约 12.30 亿吨，占全国碳排放总量的 12.1%。水泥碳排放主要来源于过程排放，即石灰石氧化所释放的二氧化碳，所以推动水泥减碳的主要措施就是原料替代。煤矸石作为煤炭行业排放的废弃物，在建材领域有一定的发展潜力。例如，在 20 世纪 60 年代，日本利用煤矸石烧结造轻质骨料用于建筑领域，应用结果表明，建筑物重量减轻了 20%，取得了良好的效果，由于煤矸石自身的特性，煤矸石在建材领域应用的前景非常好。我国煤矸石综合利用方面虽然已经取得了进步，但其规模化利用技术仍未成熟，煤矸石应用于建材领域是行之有效的重要途径，能够消纳大量煤矸石，应优先发展，在建材领域，煤矸石可以制备陶瓷材料、制砖、水泥、混凝土等，具有造价低廉、节能降耗的优点。随着国家相关政策的支持，煤矸石在建材领域的发展将具有广阔的发展空间。

5.2 煤矸石制砖

5.2.1 煤矸石制砖简介

我国以前普遍采用的是黏土造砖，对耕地的破坏比较严重，因此，国家对实心黏土砖下了严格的禁令，坚决取缔了实心黏土砖，而用煤矸石制砖，是取代实心黏土砖的成果之一。煤矸石的成分与黏土接近，因此，以煤矸石为原料制砖，煤矸石掺量可达坯料总量的 80% 以上，甚至有的可以全部采用煤矸石。经均化、粉碎等预处理后的煤矸石，通过成型、干燥、焙烧等工艺的流水线，即制成性能优异的煤矸石烧结砖，可制成实心砖、空心砖、多孔砖等多种类型，强度普遍高于过去的烧结黏土砖，而且抗冻性、耐火性和抗腐蚀性均较好，同时还有较强的隔热和隔音效果。此外，因为煤矸石含有一定比例的碳，在矸石砖焙烧过程中会燃烧放出较多的热量，利用其内燃来实现矸石砖的干燥和焙烧过程，所以比采用外部煤炭燃料焙烧制砖能节省大量燃煤。目前成熟的煤矸石制砖工艺可以百分之百地利用煤矸石，做到"造砖不用土，烧砖不用煤"，已成为我国有效利用煤矸石的一个重要途径。

煤矸石烧结砖是以煤矸石为全部原料，经多个生产工序及干燥、烧结而成的建筑材料。全煤矸石烧结砖生产工艺主要包括原料制备、原料陈化处理、挤出成型、切码运、干燥与焙烧、成品检验及堆放等环节。全煤矸石烧结砖生产工艺如图 5-1 所示。

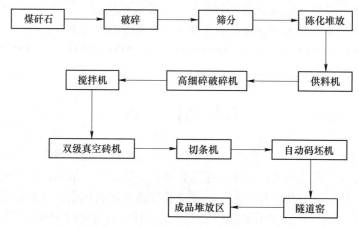

图 5-1　全煤矸石烧结砖生产工艺

对于煤矸石制砖，煤矸石的化学成分对煤矸石砖的性能和质量影响较大，使用不同来源的煤矸石，不同的配比，其制砖工艺也不相同。工厂生产流程应从实际出发，结合煤矸石的化学成分，制订不同制砖工艺方案，提高成品的性能。

煤矸石原料的化学成分对制砖的影响：

（1）SiO_2 含量大于 70% 时，原料的塑性降低，影响产品的抗压强度和抗折强度；含量低于 50% 时，会降低产品的抗冻性能。

（2）Al_2O_3 含量低于 10% 时，会造成产品性能降低；含量高于 20% 时，虽然产品强度增高，但烧结温度较高，能耗增加。

（3）Fe_2O_3 能降低烧结温度，且产品颜色变红，外观质量较好。

（4）CaO 含量过高，将缩小烧结范围，烧成操作困难，而且产品容易变形。若 CaO 破碎颗粒较大，则容易产生产品石灰爆裂，影响强度和外观质量。

（5）MgO 以含量少为佳，它会使得产品起白霜，影响外观质量，严重泛霜将造成产品不合格。

（6）SO_3 含量过高时，在焙烧过程中产生大量的 SO_2 气体，造成二次污染，同时会严重腐蚀焙烧设备。

煤矸石物理性能指标对制砖的影响：生产全煤矸石烧结砖时，其煤矸石原料的物理性能指标主要包括颗粒组成、可塑性、收缩率和干燥敏感性。从颗粒组成方面来讲，合理颗粒级配一般是骨架颗粒（1.2~2mm）不超过 30%，填充颗粒（0.05~1.2mm）20%~

65%，塑性颗粒（≤0.05mm）35%~50%。而塑性颗粒中小于0.02mm的颗粒对砖质量起着至关重要的作用。从塑性方面来讲，原料的塑性指数小于7时，就很难成型；大于15时则意味着坯体的收缩率、干燥敏感系数偏大，影响产品的质量和生产效率。一般认为塑性指数介于7~15之间是比较合适的。塑性指数的高低主要由原料中粒径小于0.02mm部分的颗粒比例决定。从收缩率方面来讲，烧成收缩率主要取决于原材料中二氧化硅的含量，含量超过70%时，会对砖制品产生不利影响，如导致其膨胀力过大，引起砖制品开裂，降低其力学性能，特别是抗折强度。当砖制品进入高温阶段焙烧时，会发生爆炸现象，严重影响制品质量。因此，原料中的二氧化硅含量不宜超过70%。另外，坯体在干燥过程中出现开裂的倾向称为原料的干燥敏感性，其高低与原料的矿物组成、颗粒组成等因素有关。一般情况下，可塑性越高、颗粒越细，则原料干燥敏感性越高。另外，原料经堆积陈化后干燥敏感性会降低。如未经陈化时某原料干燥敏感性为0.86，陈化1d后为0.78，陈化5d后为0.73。从以上分析可以看出，要保证良好的成型性能，颗粒级配、原料均化、陈化塑性改善是改善原料物理性能的主要措施。煤矸石能否用于生产烧结砖，除了上述物理化学性质，还有一个关键的因素，就是煤矸石的发热量。煤矸石用于生产烧结砖，其发热量控制在1672~2090kJ/kg为最佳，如果煤矸石的发热量控制在这个范围，那么在不用外投煤的情况下，靠煤矸石自身的发热量就能把砖烧好，也就是通常所说的全内燃煤矸石烧结砖，从而达到节约能源的目的，并且在建厂相同规模下消耗的煤矸石最多，原料处理工艺也最为简单。当发热量大于2090kJ/kg时，需要在煤矸石中掺配一些无热值或低热值的原料对煤矸石的热值进行调节，如低热值的煤矸石、页岩、粉煤灰、黏土等，这就需要增加原料的第二来源，增加项目建设及后期生产运行的成本，在相同规模下年消耗的煤矸石也会减少，生产线设计中还需要考虑配料工艺和超热焙烧窑炉余热系统，将多余热量回收用于厂区车间、办公楼及住宅楼的采暖。当发热量低于1672kJ/kg时，由于煤矸石自身发热量不足，需要外加部分燃煤才能完成正常焙烧，这就会增加生产中的燃煤成本，同时，在配料中也要考虑配料工艺。当上述煤矸石发热量大于2090kJ/kg或小于1672kJ/kg时，由于外掺调节热值的原料，在生产线设计时就需要考虑监测监控系统，及时调整配料，减少热值波动，保证生产稳定、连续地运行。最后，还需要注意煤矸石中的有害成分对生产的影响，如煤矸石中是否掺杂有石灰石、黄铁矿等成分，如果有，就需要对有害成分进行处理。另外，若煤矸石含硫、镁等成分，今后生产出的产品中就会有硫酸镁生成，导致烧成的煤矸石砖在使用过程中遇到水时产生溶解、变色等问题。

5.2.2 煤矸石烧结砖的生产工艺

煤矸石烧结砖生产工艺主要包括原料制备、原料陈化处理、挤出机成型、切码运、干燥与焙烧、成品检验及堆放等环节。用煤矸石生产烧结砖时，可根据原料性能的差别和建厂投资额的不同进行选择，投资额高时，选择机械化、自动化程度较高的生产工艺；投资额低时，选择机械化、自动化程度较低，但能满足制品质量要求的生产工艺。

（1）煤矸石烧结砖生产工艺流程：原料→粗锤式破碎机→皮带输送机→板式给料机→皮带输送机→锤式破碎机→皮带输送机→高频振网筛→皮带输送机→双轴搅拌机→皮带输送机→可逆配仓皮带机→陈化库→多斗挖土机→皮带输送机→箱式给料机→皮带输送机→双轴搅拌挤出机→皮带输送机→双级真空挤砖机→切条机→切坯机→自动码坯机→窑车运

转系统→隧道式干燥窑→摆渡车→隧道式烧成窑→自动卸坯→成品检验→出厂。

（2）煤矸石烧结砖生产工艺流程：原料→料仓→振动给料机→皮带输送机→粗锤式破碎机→皮带输送机→锤式破碎机→皮带输送机→高频振网筛→皮带输送机→双轴搅拌机→皮带输送机→陈化库→人工取料→皮带输送机→箱式给料机→皮带输送机→双轴搅拌挤出机→皮带输送机→双级真空挤砖机→切条机→切坯机→运坯机→人工码坯→隧道式干燥窑→摆渡车→隧道式烧成窑→人工卸坯→成品检验→出厂。

煤矸石烧结砖的工艺流程不局限于上述两个流程，也可以是上述两流程的有机结合。

5.2.2.1 原料制备

原料制备采用破碎、筛分、粉磨及加水搅拌的处理工艺。来自煤矸石堆棚的大块煤矸石，首先要进行颚式破碎机粗碎，而后要进入下道工序进行细碎（细碎设备通常采用锤式或反击式破碎机），细破碎后的煤矸石通过皮带输送机进入滚筒筛进行筛分，筛上料送至滚球磨系统进行粉磨，粉磨后的合格料（粒度不超过 0.02mm）和同筛下料一起通过皮带输送机运送到强制双轴搅拌机中进行加水搅拌。实践证明，在原料制备过程中，对滚筒筛筛上料进一步粉磨处理后，不仅优化了原料颗粒级配，还增加了原料的塑性，提高了产品的质量。

A 原料的破碎工艺

从制砖原料的破碎粒度来讲，产品品种不同，对原料粒度也有不同的要求。对砖瓦工业来说，大致可分为两大类：一类是普通实心砖和低孔洞率的多孔砖（孔洞率小于30%）；另一类是多孔砖和高孔洞率的非承重空心砖。前者的破碎粒度可控制在 2.5mm 以下，破碎可采用二级破碎，第一道采用颚式破碎机，第二道采用锤式破碎机或风选锤式破碎机。对于生产多孔砖和高孔洞率的非承重空心砖来说，要求原料破碎后的粒度小于1.5mm，要达到这样的破碎粒度要求，可采用二级破碎或三级破碎。二级破碎可采用如下工艺方案：先将矿山原料破碎到 40~50mm 左右，再用颚式或粗锤式破碎机，最后用锤式或风选锤式破碎机，将原料破碎到所需要的粒度。若对制品有更高的要求，可再加一道带磨削装置的细碎对辊机，可将原料的粒度控制在 1.5mm 以下。对于某些塑性不太好的原料，破碎后再加上陈化处理，就可以满足非承重空心砖的生产要求。从我国现有的设备破碎情况看，以上两种破碎工艺还是可行和且比较经济的，也是近几年较普遍采用的破碎工艺。

B 破碎设备的选择

（1）粗锤式破碎机。粗锤式破碎机具有将煤矸石、页岩和其他中硬性原料的粗碎和中碎合二为一的功能。大块物料（直径小于 500mm 且大于 100mm 的物料）进入粗碎腔后，首先被横梁挡住，然后承受高速旋转的板锤的冲击，被破碎成直径小于 100mm 的物料后进入中碎腔进行破碎，而原料中小于 100mm 的物料则直接进入中碎腔，进入中碎腔的物料受到板锤的打击、反击板的撞击以及物料之间的相互撞击而破碎。破碎机除了具有底筛板外，还具有前后两个排料通道，使合格的物料在离心力的作用下及时排除。

粗锤式破碎机适用于破碎平均直径不超过 500mm 的物料块，破碎比一般为 4~6，个别情况下也可用来破碎尺寸较大的物料块。砖厂可使用粗锤式破碎机对原料进行粗碎，从而为二级破碎做准备。

（2）锤式破碎机。这种破碎机主要靠铰接的快速回转的锤头的冲击力来进行破碎，按结构形式可分为立式、卧式、单转子、双转子等，出料处大部分设有固定的筛子，用户可以根据自己的需要，选用合适的筛子来控制原料粒度。

该种破碎机适宜破碎脆性物料，如煤矸石、页岩等，对于很坚硬的料或黏性料则不适用。单转子的破碎比一般在 10~15，双转子的可达 20~30，其对原料的含水率要求很严，一般不宜超过 8%，若含水率过高，则易堵筛孔而不出料。

（3）笼式破碎机。笼式破碎机是由两个向不同方向旋转的笼构成，每个笼有 2~3 圈钢条，钢条位于通心圆周上，并且和钢盘的回转面垂直，每个笼安装在它自己的轴上，彼此互补相关地转动着，两轴中心线在同一直线上，然而两笼套装互不干涉。使用时，物料由装料斗进到两个彼此相对的笼子的中心部分，料块首先遇到最内圈的钢条，与钢条猛烈撞击而被破碎，然后在离心力的作用下，被抛到下一圈钢条上，此时物料被撞击的方向与上一次相反，如此进行下去，直到物料通过所有全钢条为止。

笼式破碎机适宜破碎软脆性料，不适宜破碎坚硬料。工业炉渣、干黏土、页岩、中硬煤矸石等原料适宜使用笼式破碎机破碎。

5.2.2.2 原料陈化处理

原料的陈化处理工艺就是把磨细的加入适量水分的原料放置在封闭的陈化仓内，使原料颗粒湿润、疏解，增加其稳定性，改善原料的成型性能、干燥性能和焙烧性能，从而达到提高产品质量的目的。据测试证明，用陈化 4 天的原料制砖，产品的干燥废品率可以减少 12%，焙烧废品率可减少 6%，原料的塑性指数可提高 1.2。

陈化对原料物理性能的改善主要体现在以下方面：陈化有利于煤矸石中的黏土颗粒物充分水化和离子交换，使得一些硅酸盐物长期与水接触，发生水解，转变成黏结物质，并通过水的“劈裂”作用提高粒径小于 0.02mm 颗粒的比例，从而达到提高塑性、改善成品品质的目的。在陈化过程中，原料中的水在毛细管和蒸汽压的作用下，水分在原料中分布更加均匀，有利于坯体成型，可减轻或消除因原料水分不均匀产生的坯体翘曲裂纹，降低坯体的干燥敏感性。原料陈化后，增加了腐殖酸类物质的含量，使原料的润滑性、结合力及离子间的吸附力有所提高，从而改善了成型性能。原料在陈化过程中发生了一些氧化还原反应，并可能导致微生物的繁殖，使泥料松散而均匀。搅拌好的原料由皮带输送机送入陈化库进行陈化处理，经 3~4 天陈化后的原料由液压多斗取料机装运到胶带输送机上，运到成型车间的箱式给料机进行定量分配，向高真空搅拌挤出机给料。经陈化后的原料，其颗粒容易疏解，水分均匀，颗粒表面和内部性能更加均匀一致，塑性指数得到进一步提高（塑性指数的高低主要由原料中粒径小于 0.02mm 部分的颗粒比例决定），为成型挤出提供可靠的保障。

陈化均化库形式与投资、规模以及原料情况有关，实际生产中常用下面 4 种形式陈化库。

（1）隔仓堆放装载机取料陈化库（侧面取料）。这种陈化均化库采取在车间内地面以上进行间隔的方式，三面为隔墙，一面敞开，每个隔仓的大小一般按一天或半天的原料用量来设计，隔仓的数量按原料需陈化的时间长短来确定，其布料一般为圆锥形堆料，采用胶带输送机刮料，或者采用一条可逆配仓皮带机定点卸料，料堆点在料堆纵向中心线上，首先定点堆料成一圆锥形料堆，然后刮料设备前移或可逆配仓皮带机前移一段距离，停下堆第二层，第二层料的形状是覆盖于圆锥一侧的一个曲面，之后再前移、停下、堆料，直至堆料完成。这种布料方式多用于物料的成分波动不太大，对均化要求不太高的场合，取料时，一般采用装载机侧面取料，将原料送入下道工序的箱式给料机中。这种陈化均化库一般在年产量小于 3000 万块的中小型砖厂使用。

（2）隔仓堆放人工取料陈化均化库（基本为端面取料）。这种陈化均化库与上一种布料方式相同，其间隔采用四面均设隔墙的方法，厂房不考虑装载机的工作空间，建筑面积小，存料量比上一种多，陈化效果也因与空气接触少而比上一种好，由于采用地下胶带输送机出料，其基础工程投资高于上一种。胶带输送机上方的地面处留出料口，并盖上盖板，当出料时，将盖板拿掉，原料会自然溜下一部分，然后通过人工，将原料扒到出料口，这种卸到胶带输送机上。这种设计虽然工人劳动环境较差，但工人劳动强度低，生产动力消耗少，总体投资不大，对于年产 6000 万标砖的烧结砖厂，每班只需两人就可以达到生产要求，因而，这种陈化库在一般的中小型砖厂得到广泛的应用。

（3）纵向挖料陈化均化库（侧面取料）。这种陈化均化库设计厂房宽度一般是按照相邻的成型工段的厂房模数宽度为基准，根据国产多斗挖掘机的尺寸大小，尽量缩小无用空间，使库存原料最多，宽度一般以 18m 为宜；根据多斗挖掘机仰角为 30°、俯角为 20°的特点，将料库设计成半地下式，厂房高度在 10m 以下，可逆配仓皮带机平台高度在 8m 左右，这样多斗挖掘机的斗架长度可以在 10.6m 左右，能够使陈化均化库库存量最多。该设计平台采用外探悬挑的形式，并在背面设计皮带走廊，既保证了落料要求，又使陈化均化库比较稳定；有的设计采用在厂房屋架下弦悬吊平台的做法，存料量有所减少。

其布料基本都采用了圆锥形堆料方式，个别工厂采用了人字形堆料，它同圆锥形堆料不同的是，堆料机以一定的速度从一端移动到另一端，在这过程中就堆完一层，返回时堆另一层，如此往返移动，一层层往上堆料，直至完成堆料作业，这两种堆料方式所需的堆料设备都比较简单，但缺点是物料中粗细颗粒离析现象较严重。其取料采用多斗挖掘机，只需一人操作多斗挖掘机，减轻了工人的劳动强度，提高了工作效率，现在，国内比较现代化的烧结砖厂大多采用了此种陈化均化库。根据需要也可在料库纵向方向上将料库间隔为多个单料库。

（4）交叉挖料陈化均化库（端面取料）。这种陈化均化库的布料一般采用波浪形（或称锯齿形）堆料，堆料点位于料堆纵向的若干条平行线上，堆料设备先在料堆底部的整个宽度内堆成若干相互平行而又紧靠着的、横截面为等腰三角形的条带。继续堆料时，将等腰三角形间形成的波谷填满，并形成新的波谷，如此不断地填满波谷，直至完成堆料。这种堆料方式可以减少堆料时的粒度离析现象。

该陈化均化库一般采用在料库纵向上使用一条可逆配仓皮带机，在可逆配仓皮带机两端的横方向上分别采用一条可逆配仓皮带机的布料方式。其出料采用夯车式多斗挖掘机，挖斗在料库宽度方向上左右移动，均匀取料，将原料倒入与夯车式多斗挖掘机固定在一起，可以与夯车式多斗挖掘机在料库纵向上移动的胶带输送机上，再输送到料库一端沿纵向布置的胶带输送机上，并输送到下一个工段。

该陈化均化库布料设备需悬吊在厂房屋架的下弦，对厂房的要求比较高，增加了建筑造价。其料库根据工艺布置的需要，一般采用半地上式设计，地面以上部分在 4m 左右，原料除上部外，基本都处于封闭状态，原料的陈化效果较好，料库的四面均有隔墙，料库利用效率特别高。交叉挖料陈化均化库采用全自动匀速运行控制，将在以后的自动化程度比较高的大型工厂中逐步得到广泛的应用。

5.2.2.3 挤出机成型

成型是指将陈化好的原料经过双级真空挤出机加工成具有一定强度、有很好的外观形状、尺寸又准确的泥条，然后经过切条机、切坯机切割成所要求尺寸的砖坯（图5-2）。成型时要严格控制挤出压力和真空度，只有保证较高的挤出压力和真空度，才能够保证挤出的泥条具有较高的强度和较好的外观形状。切坯机的每一次切割动作必须准确，运行平稳，不使坯体受损。经陈化后的原料通过箱式给料机送入到搅拌挤出机，在强力双轴搅拌机内进行二次加水、搅拌、挤出，使原料水分控制在12%～14%，物料性能满足全硬塑挤出成型需要。挤出成型采用国内先进的，适合全煤矸石制砖的，高挤出压力、高真空度的JKY90y-4.0型双级真空全硬塑挤出机，许用挤出压力可以达到4.0MPa，真空度达到-0.092MPa。

图5-2 自动切坯装置

对于煤矸石烧结砖来说，要求双级真空挤出机的挤出压力最低达到1.5MPa，真空度达到80%以上。如果生产高质量的承重烧结砖或薄壁制品，则要求双级真空挤出机的挤出压力最低达到2.2MPa，真空度达到88%以上。而且，原料的塑性越差，要求的挤出压力和真空度越高；原料的塑性越高，要求的挤出压力和真空度可以稍微低一些。

煤矸石烧结砖成型常见的问题为坯体强度较低，切坯后坯体容易变形，成型密度不够，烧成后强度较低，切割尺寸不稳定，导致制品尺寸偏差较大。形成坯体强度较低的原因是原料含水率太高，挤出机的挤出压力较低，泥条本身强度不高，切后坯体强度自然不会高。解决的办法是降低成型原料的含水率，提高挤出机的挤出压力。

引起坯体成型密度不够的原因是原料的级配不是十分合理，成型时挤出机的真空度不够，解决的方法是调整原料中粗、中、细颗粒所占比例，使其达到合适的级配关系，增加挤出机的真空度，使挤出过程在较高的真空度下完成。导致切割尺寸不稳定的原因是切条机和切坯机切割钢丝固定不准，不能使每一次切割的泥条和坯体大小一致，解决的办法是校准钢丝位置，并做好固定，使推头每一次回位都准确无误。

5.2.2.4　切、码、运

挤出的泥条经自动切条机、自动切坯机（图 5-2）切割成需要规格的砖坯，再经翻坯机组翻转、编组，输送到自动码坯机处，通过机械手将砖坯码放到窑车上。整个切、翻、码坯系统全部采用程控机控制，机械化、自动化程度高，性能先进可靠，生产能力大，达到国际同行业的先进水平，领先国内同行业。该系统可切、码多种规格尺寸的坯体，可在窑车上做多种形式的码坯。生产过程中的废坯头由回坯皮带机送回搅拌挤出机再次使用。

5.2.2.5　干燥与焙烧

该生产工艺采用一次码烧工艺，挤压成型的砖坯在干燥室进行干燥，干燥需要的热量来源于隧道窑余热，通过调节送风温度及风量大小，确保砖坯干燥质量。干燥好的砖坯经窑车送到隧道窑中进行煅烧后即为成品。

A　工艺流程

码好砖坯的窑车由重车牵引机引至干燥室进口端，用干燥室液压顶车机顶入干燥室干燥，干燥好的砖坯用出口牵引机从干燥室的出口端引入摆渡车上。经摆渡车摆至焙烧窑进口端后，再用焙烧窑液压顶车机顶入焙烧窑焙烧，烧好后的成品砖从焙烧窑出口端由牵引机牵出，进入卸车端摆渡车。干燥窑热源来自焙烧窑余热，通过调节系统通风温度及风量大小，确保砖坯干燥质量。焙烧窑焙烧采用内燃烧砖工艺，热源来自砖坯煤矸石含有的内燃料。

B　干燥工艺

砖坯干燥主要是脱去坯体的自由水，即吸附于煤矸石坯体表面的水分。烧结砖生产工艺过程中，干燥环节处于成型工段与烧成工段之间，相对于其他生产工序，干燥工序往往不被人们所重视，认为它只不过是坯体进入焙烧窑前一个简单的工艺过程而已。然而，坯体的干燥质量好坏直接影响着成品砖的质量和产量。隧道干燥室的作用是将成型后含水率较高的坯体，在干燥室内热风的作用下，使其干燥至残余含水率小于 6%，以便进入焙烧窑进行焙烧。如果干燥后坯体的含水率达不到生产要求，则在焙烧工序遇到高温容易产生裂纹，甚至会造成砖坯爆裂而导致倒垛事故。

砖坯的干燥过程从干燥室头部入窑到尾部出窑，通常分为 4 个阶段，即预热、等速干燥、降速干燥和平衡干燥。各个阶段担负着不同的任务，但又是一个连续的动态过程。

（1）预热阶段。湿坯刚进入干燥室，首先是缓慢升温，使坯体表皮水分汽化，变成蒸汽，由干燥热风带走。而后砖坯内部的水分向表皮移动，汽化排出。此时，排出的水分是砖坯颗粒之间的自由水。由于自由水的排出，相邻颗粒迅速靠拢占据自由空间，坯体产生收缩。干燥通常由坯体外层向内层逐步进行，外层收缩得快，内层收缩得慢，由于内外收缩不一致，造成内应力，当这种内应力大于泥料的弹性系数时，就会产生干燥裂纹。因此，在预热阶段升温不能过快，此阶段的主要任务是升温，而不是脱水，升温是为下一步等速干燥做准备。等砖坯内外温度达到一定阶段时，砖坯恰好抵达等速干燥阶段的部位。

（2）速干燥阶段。砖坯在预热阶段主要是加热坯体，只有少部分的自由水分排出，大部分的自由水分是在等速干燥阶段排出的。高湿的热坯通过预热带继续吸收干燥热风的热量，砖坯表面的脱水速度与砖坯内部水分移向表面的速度趋向一致，使砖坯内外同步脱水，同步收缩，因此不会产生裂纹。砖坯在此阶段，只脱水，而不再升温。因此要合理调整送热和排潮闸阀，及时补充因蒸发水分而消耗的热量，以保证窑内气流的平稳和通畅，以及合理的湿度。

（3）降速干燥阶段。等速干燥阶段结束时，坯体自由水已经基本排完，干燥收缩也基本结束，这时包裹在颗粒表面的吸附水开始蒸发，由于吸附水的蒸发要挣脱颗粒表面对其很大的吸附力，才能到达坯体表面蒸发出去。因此吸附水的蒸发比自由水要困难得多，在同一条件下，干燥速度大为减慢，干燥收缩此时也基本停止。这个阶段可以适当提高热风温度，降低窑内相对湿度，加速坯体干燥。

（4）平衡干燥阶段。当砖坯继续干燥致使坯体中的残余水分和窑内干燥空气的水分达到平衡时，砖坯中的水分不再蒸发，干燥过程到此结束，此阶段也称为冷却阶段。

煤矸石烧结砖的干燥工艺的选择和调整：

（1）选择合理的干燥介质温度、湿度、流速。干燥介质的温度、湿度、流速不但会影响坯体的外扩散速度，还会影响水分在坯体内部的内扩散速度。而在整个干燥过程中排除自由水后，坯体收缩阶段干燥速度才由外扩散速度决定。因此，在保证干燥质量的前提下，要加快干燥速度，实现坯体在干燥室中的快速干燥，必须根据不同原料的干燥性能，采用与之相适应的温度、湿度和流速。高敏感性原料就比低敏感性原料要求有较低的温度和较高的湿度。

根据理论计算和生产实践证明，干燥室中干燥介质的热工参数应该在以下范围内选择：

进干燥室干燥介质的温度	$120 \sim 150 ℃$
排出废气温度	$35 \sim 45 ℃$
排出废气的相对湿度	$90\% \sim 95\%$
干燥室内干燥介质的流速	$1.5 \sim 4.5 m/s$

（2）干燥介质温度曲线、湿度曲线的调整。在坯体干燥过程中，对温度曲线、湿度曲线的要求是：随着坯体干燥时间的增加，温度逐渐升高，相对湿度逐渐降低，中间不要有突变。温度、湿度突变，必然要引起表面脱水的突变，从而导致坯体开裂。

温度、湿度曲线在产量一定的情况下，主要由干燥室送风结构来调整。一般情况下，可通过调节送风段长度来调节温度、湿度曲线。送风段长些，干燥室内温度升高就快些，但容易在干燥室内形成马鞍形温度曲线，影响干燥质量；送风段短些，温度变化较平缓，升温就慢些。但是如果送风段太短，一方面延长了干燥周期，降低了干燥质量，另一方面，出车端冒出的热气体增多，坯体温度升高，导致热损失增大，并且恶化劳动条件。

干燥室温度曲线、湿度曲线的调整可以从以下几方面进行：1）整支热风道内各部分送风量；2）采用分段送风方法；3）变热风道断面尺寸。

（3）控制干燥室零压点的位置。干燥室零压点的位置由送风量、排风量、干燥室内码垛位阻力和坯体的干燥性质决定。在正常情况下，应当维持零压点的位置固定不变。当零压点位置向进车端移动时，有两种情况：一是干燥室排风量减小，这时进车端相对湿度增大，脱水减慢，严重时使坯体面产生裂纹；二是送风量增大，这时进车端温度升高，相对湿度降低，使坯体进干燥室后急剧脱水，产生裂纹。当零压点位置向出车端方向移动时，也有两种情况：一是送风量减少；二是排风量增大，这样同样会使干燥室干燥坯体时，坯体出现裂纹。因此，在干燥室正常生产的情况下，零压点位置要保持相对的稳定。

（4）干燥周期的确定。坯体干燥周期的长短决定于下列因素：1）原料性质：原料的干燥敏感性大小，临界含水率高低。2）坯体性质：坯体形状、尺寸、成型水分、干燥残余水分高低。3）干燥室结构：能否使干燥室的任意横断面上的坯体得到均匀干燥。4）干燥介质：介质的温度、湿度、流速等影响干燥周期的因素较多，难以用计算的方法确定，一般通过实验确定。如果坯体形状、尺寸已定，干燥室结构不变，干燥介质的温度、湿度、流速变化不超出规定范围，坯体成型水分和残余水分波动不大，则坯体的干燥周期可视为仅与原料的干燥敏感性有关。根据众多砖瓦厂的实践经验可以得出，干燥敏感性与干燥周期的大致关系如下：

干燥敏感性系数：

$K<1$　　　　　　　　　　干燥周期 $12\sim20h$

$K=1\sim1.5$　　　　　　　干燥周期 $20\sim26h$

$K=1.5\sim2$　　　　　　　干燥周期 $26\sim32h$

$K>2$　　　　　　　　　　干燥周期 $32\sim48h$

C　焙烧工艺

砖坯的焙烧是在隧道窑中完成的，焙烧是整个制砖生产过程中关键的一个环节。隧道窑是烧结砖瓦工业最主要的一种连续式烧成设备，近几年来，采用高效节能的隧道窑成为砖瓦工业节能的主要措施之一。隧道窑，顾名思义，就是形状类似于隧道的窑，砖瓦坯体在窑车上依次通过隧道，同时在适宜的热工制度下加热、焙烧、冷却，最终获得性能稳定的砖瓦制品。根据原料性能，从工艺上一般把烧结砖瓦的隧道窑分为两类：一类是一次码烧隧道窑，另一类是二次码烧隧道窑。所谓一次码烧隧道窑，就是将湿砖坯一次码到隧道窑的窑车上，窑车依次经过隧道窑干燥室和焙烧窑，完成砖坯的干燥、烧成两个环节，中间不需要二次码运。一次码烧隧道窑的布置方式通常有两种：一种是隧道窑和干燥室结构完成分开，二者可以"一"字布置，也可以平行布置，窑车凭借运转系统连续进出干燥室和隧道窑；另一种是干燥室和烧成共用一条隧道，二者结构是一体的，窑上设计干燥和烧成两套工作系统，在适当的部位用气流或门将干燥和烧成分开。隧道窑像一条长的隧道，两侧和上面有固定的墙壁和窑顶，窑内铺设轨道。隧道窑的长度、宽度和高度多种多样，其数值大小要根据所烧成制品原料的性能确定。隧道窑的长度主要取决于砖坯的烧成制度、产量及产品规格形状等因素，而烧成制度主要取决于干坯体在烧成过程中的物料变化、化学变化、物理化学变化及矿化学变化等，如用高热值煤矸石做原料生产全煤矸石砖时，由于其中含有太多的热量，往往在短时间内不能达到完全燃烧，致使砖坯内部烧不透，因而通常会适当地延长烧成带，使矸石有足够的时间燃烧。所以，煤矸石砖的隧道窑一般比较长。隧道窑的宽度与窑的产量有很大的关系，产量随着窑宽度的增加而提高。按照宽度的不同，烧结砖的隧道一般分为小断面、中断面、大断面、超大断面四类。小断面隧道窑一般指内宽为 $3\sim3.6m$ 的烧砖隧道窑，中断面指内宽为 $3.6\sim4.6m$ 的烧砖隧道窑，大断面指内宽为 $4.6\sim6.9m$ 的隧道窑，超大断面指内宽 $6.9\sim10m$ 的烧砖隧道窑。确定隧道窑的宽度，应根据产量、燃料种类、生产方式等诸多因素考虑。根据《墙体材料行业结构调整指导目录》（2016 年本）的规定，鼓励建设窑断面宽度为 $4.6m$ 以上的隧道窑（单线年生产规模大于 6000 万块标砖生产线）。

隧道窑的内高主要取决于砖坯在烧成过程中的特性，近几年，高度为 1.2~1.4m，宽度为 4.6m、6.9m 的隧道窑在砖瓦工业得到广泛应用，取得了较好的效果。一般情况下，要求隧道窑的高宽比不能大于 0.5，而且高宽比越小越好。

a　烧成设备的形式

目前煤矸石空心砖的焙烧窑炉一般分为 3 种：轮窑、直通道三心拱轮窑、大断面平吊顶隧道窑。近年来，隧道窑焙烧技术得到较快发展，特别是大断面平吊顶隧道窑的设计和使用，正在不断走向成熟和完善。

（1）轮窑。轮窑是一种连续式焙烧窑炉，在我国当前中小型砖瓦厂普遍使用。轮窑的焙烧空间为环形隧道，隧道内设有横隔墙，隧道外侧等间距地开有窑门，通常通过门数来表征轮窑的规模。砖瓦码放在焙烧道中，成为固定不动的坯垛。煤从窑顶的投煤孔投入燃烧，"火焰"沿隧道连续不停地运转。"火焰"的前面连续装窑，后面烧成的产品不断出窑，所以轮窑是一种连续窑。来自冷却带，经过砖垛加热的高温气体供焙烧带燃料燃烧，焙烧带燃料燃烧的产物——烟气经过预热带，能充分地预热砖坯，使排出的烟气温度较低（100~150℃）。

（2）直通道三心拱轮窑。直通道三心拱轮窑是在传统型轮窑的基础上开发出来的。它的主要特点是：上拱平缓，烧成时窑断面温差小，热气流阻力低于传统轮窑，火行速度快，产量也高于传统轮窑；支烟道和主烟道基本在地平面以上，减少了地下工程，省去了弯窑部分，易施工，烧成操作方便，不受地形限制，可灵活布置；实现机械化装出，减轻了工人劳动强度，避免了装出窑高温作业；与大断面平吊顶隧道窑相比，造价低廉。

（3）大断面平吊顶隧道窑。大断面平吊顶隧道窑是煤矸石空心砖生产中较先进的窑型，和其他窑型相比，具有产量大、产品质量好、节约燃料、劳动生产条件好和改善劳动条件等一系列优点。在发达国家，大断面平吊顶隧道窑较为普遍，我国近年来随着新型墙材的发展，大断面平吊顶隧道窑数量不断增加，水平也在不断提高，相继建设了不少断面宽度分别为 4.6m、6.9m 和 9.2m 隧道窑。

b　合理温度制度的制订

温度制度以温度曲线表示，表明在烧成过程中温度随时间的变化关系。温度曲线一般分为 4 个阶段，即预热升温、最高焙烧温度、保温时间和冷却曲线。温度曲线应根据制品在焙烧过程中的物理化学反应特性、原料质量、泥料成分、窑炉结构和窑内温度分布的均匀性等各方面因素等综合确定。

（1）预热带缓慢升温砖坯慢速脱水。根据砖坯的干燥情况，确定隧道窑第一个车位的温度。由于隧道干燥窑的热风入口温度通常控制在 105~120℃，因此，第一个车位的温度应严格控制，不超过 100~105℃，而以后 5~6 个车位的温度就要缓慢升温。砖坯在 300℃ 以前的低温阶段的升温速度是关键，在此温度范围内主要是排除坯体内的残余水分。如果在此阶段升温过快，坯体内的水分急剧蒸发，产生过热蒸汽的压力，会造成坯体开裂，一般为表面裂纹，严重时还会造成坯体爆裂，甚至发生砖坯塌车事故。

按窑炉窑内温度的划分，低于 600℃ 属于预热带，当坯体水分排出后，在 500℃ 前可以较快升温，一般升温速度可以控制在 80℃/h 左右，但在 573℃ 时，由于 β-石英转化为 α-石英，同时产生 0.8% 的体积膨胀，所以此阶段要特别注意缓慢升温，以防止制品产生裂纹。

（2）焙烧温度和保温。煤矸石烧结砖的最高烧成温度一般定为1050℃。但是在较低温度下，较长时间的保温也可以完成对烧成的要求。最高焙烧温度适当低些，高温车位多些，保温时间长些，使燃烧的热量能够得到充分的利用，制品烧成比较均匀，这种焙烧方法叫作"低温长烧"，也叫"小火分散烧法"。焙烧温度较高时，容易发生砖坯软化，特别是砖垛下层的制品可能变形和熔结。砖坯中的细粉微粒在800℃以后开始产生液相，随着温度的升高，液相增多，出现可塑变形现象，在900℃以后，物化反应则剧烈进行。因此，在高温阶段升温速度也应缓慢，以利于物理化学反应进行得比较均匀完全。

为了使砖坯中理化反应能得到充分进行，以及保证制品内部和外部都获得一致的烧结，当焙烧到最高温度或略低于最高温度时，根据砖的烧结性、窑炉温度的均匀性和高温阶段的升温速度等，保温4~8h。

（3）冷却控温防止冷裂。烧结砖伴随着制品的冷却而产生正常的收缩现象。当温度在800℃左右时，坯体中约有50%的黏性很大的高温熔液冷却成玻璃态，因不均匀或过快冷却产生一定的应力会被制品的可塑变形作用抵消。就产生裂纹而言，这时的应力对制品并无危害。但制品进入冷却带后，温度低于800℃，可采取的冷却速度完全取决于制品的弹性性质和机械强度。因此，在中温阶段，因砖体与气流温度差逐步缩小，冷却速度很慢，故可以加快冷却。

制品在冷却阶段要特别注意两点：一是制品从焙烧带进入冷却带之后，冷却的速度很快，当制品在573℃时，又因α-石英转化为β-石英的同时，产生体积收缩，所以在此阶段必须缓慢冷却，以避免制品产生裂纹；而在400℃以下时，虽然可快速降温，但是在230℃时，又因方石英产生快速体积收缩，所以这时若冷却过快，制品也会产生裂纹。

5.2.2.6 成品检验与堆放

成品检验与堆放焙烧后的产品由窑车运转系统送至卸车位，用卸砖机将成品从窑车上卸下，经检验，按制品外观质量分等码放到成品堆场（煤矸石烧结砖的产品检验标准见表5-1）。空窑车经清扫、保养后通过回车线送至码坯位置，进入下一个循环。

表 5-1　煤矸石烧结砖的产品检验标准

产品名称	产品规格/mm	孔洞率/%	质量/kg	折标砖/块	占比例/%
非承重砖	240×240×200	≥40	8.5	7.85	10
	240×240×115	≥40	6.3	4.6	
承重砖	240×115×53		2.5	1.0	10
KP1承重砖	240×115×90	≥28	3.5	1.7	80

5.2.3 全煤矸石砖的优势

（1）资源节约利用。利用全煤矸石生产烧结砖，与传统的黏土砖相比，节约土地，全煤矸石内燃烧结砖不用煤，节约能源，同时减少煤矸石堆存占用的土地以及对环境的污染，有着良好的社会和经济效益。

（2）减轻墙体结构自重。用实心砖砌筑的建筑，墙体重量约占建筑物的一半以上，而用煤矸石烧结多孔砖，砖的自身重量减轻了很多，墙体基础载荷减小，建筑造价降低。

（3）节约砂浆用量。由于煤矸石烧结多孔砖体积大，水平灰缝少，按内墙承重，外墙用实心砖基底来说，可以减少相当大的泥浆用量。

（4）节约保温材料。煤矸石烧结砖有着良好的保温性能，可以节约保温费用。利用全煤矸石生产烧结砖是目前对煤矸石进行综合利用的主要途径之一，得到了国家固废利用政策的支持，可享受国家税收的优惠政策，特别是全煤矸石制烧结砖，产品得到越来越广泛的应用，是煤矸石综合利用的一个发展趋势。

5.3 煤矸石制水泥熟料

5.3.1 煤矸石制水泥熟料的意义

煤矸石在水泥生产中的应用主要体现在：（1）做水泥混合材料；（2）代替黏土原料配料煅烧水泥熟料；（3）生产无熟料水泥；（4）生产特种水泥。煅烧良好的煤矸石是一种活性较高的水泥混合材料，随着煤矸石加入量的增加，水泥的干缩率减少，抗酸侵蚀能力提高，水化热下降。煤矸石无熟料水泥是以经800℃煅烧后具有一定活性的煤矸石烧渣为主要原料，与激发剂石灰、石膏共同混合细磨而成。煤矸石无熟料水泥的抗压强度为30~40MPa，其水化热较低，只相当于普通水泥的1/4左右，适用于大体积混凝土工程或用以制作各种建造砌块、大型板材及预制构件。当煤矸石含铝较高时，还可以用来代替黏土和铝矾土，制成一系列不同凝结时间、具有快硬性的特种水泥和普通水泥的早强掺和料和膨胀剂。

将煤矸石作为原料，代替黏土直接配入生料，在新型干法回转窑中生产水泥，使低热值煤矸石得到完全资源化利用，几乎无污染物排放，具有以下几方面的重要意义：

（1）可提高煤炭开采率。由于对煤矸石的热值高低没有要求，可开采利用很低热值（不能用于燃烧发电）的煤炭，以缓解缺煤地区经济发展和能源、资源供应的矛盾。这对于提高我国煤炭及矿产资源的利用率，拓宽低热值资源的利用范围和延长化石燃料这种不可再生能源的使用年限具有十分重要的意义。

（2）使水泥生产原料得到战略转移。水泥生产需要大量黏土，每生产1t水泥约需0.15t黏土，全国水泥生产每年需黏土1.5亿吨。大量黏土开采，占用土地，破坏植被，威胁生态，严重影响人类生存条件。许多发达国家规定2005年后禁止使用黏土生产水泥。使用煤矸石代替黏土，不仅可以减少煤矸石堆存占地，减少污染，还可减少黏土开采节约土地。

（3）使煤矸石的热能得到高效利用。低热值煤矸石的特点是挥发分低，结构致密，燃烧速度极慢，燃尽所需时间长，燃烧效率低。将其配入生料后，进入生料磨共同磨制成生料粉，具有极大的燃烧表面积，经过预热器、分解器到回转窑高温煅烧，燃烧经历时间长，燃烧充分，燃烧效率几乎可达100%，能源利用率极高，而且低热值煤矸石的这种能源利用方法还不受热值的限制。这是目前煤矸石的任何一种燃烧方式都无可比拟的。它将有效节约优质煤，缓解经济发展迅速与能源供应紧张的矛盾。

（4）使低热值煤矸石利用的污染物排放降到最低限度。由于煤矸石一般含有一定的硫分，在燃烧利用中将生成二氧化硫，采用炉内石灰石脱硫通常不能满足国家排放标准要求，若用石灰石-石膏法烟气脱硫，投资巨大，运行成本高，这是煤矸石利用的一大难题。

将煤矸石用于水泥生料原料，在煅烧过程中，放出的二氧化硫被大量的石灰石分解成的活性氧化钙吸收生成硫酸钙，进入回转窑后进一步反应，形成水泥熟料矿物之一——硫铝酸钙或熟料矿物的固溶体，因此固硫效率较高，有效解决了煤矸石综合利用的二氧化硫排放难题，即煤中的大部分硫也作为资源被高效无污染利用了。同时，煤矸石煅烧后的大量灰渣直接变成水泥熟料，不必寻找其他利用途径，可将通常的燃烧利用中灰渣用作混合材或制砖瓦的利用方式的附加值提高 10 倍。也就是说，进入水泥生产线的是固体废弃物，而最后排出利用系统的是高价值的水泥熟料，从而使煤矸石得到了完全资源化利用。

（5）利用量大且具有普遍的适用和推广意义。尽管煤矸石的热值、灰分、含硫量等特性千差万别，但其灰成分与黏土基本相似，通过原料配方的调整和技术攻关，可以获得最佳的配量。而新型干法回转窑是水泥工业的发展方向，生产工艺先进成熟，规模大，产量高，质量稳定，不久的将来将全部淘汰立窑水泥生产工艺（浙江省已于 2005 年全面禁止立窑生产）。用煤矸石代替黏土用于干法回转窑生产，利用量大，一条 5000t/d 生产线，可年利用煤矸石约 20 万吨。此研究成果可普遍用于各种规模的干法回转窑生产工艺，按我国水泥年产量 12 亿吨的 1/3 采用煤矸石代黏土，则年利用煤矸石可达 3600 万吨以上。

（6）能源资源节约效果显著。按上述年利用煤矸石 3600 万吨计，可节约黏土资源开采毁地约 1 万亩，节约标准煤 480 万吨。

5.3.2 煤矸石制水泥熟料的生产工艺

硅酸盐水泥生产分为 3 个阶段：石灰质原料、黏土质原料与少量校正原料经破碎后，按一定比例配合、磨细，并调配为成分合适、质量均匀的生料，称为生料制备；生料在水泥窑内煅烧至部分熔融所得到的以硅酸钙为主要成分的硅酸盐水泥熟料，称为熟料煅烧；熟料加入适量石膏，有时还加入混合材料或外加剂，共同磨细为水泥，称为水泥粉磨。

水泥的生产方法，按照生料配置方法的不同，有干法和湿法两种：将原料同时烘干与粉磨，或先烘干后粉磨成生料粉，而后喂入干法窑煅烧成熟料的方法称为干法生产；将生料粉加入适量水分制成生料球，而后喂入立窑或立波尔窑内煅烧成熟料的方法也可归为干法生产（图 5-3），但通常将立波尔窑的生产方法称为半干法；将原料加水粉磨成生料浆后，喂入湿法回转窑煅烧成熟料，则称为湿法生产。此外，水泥在烧制过程中可采用不同的窑型：立窑和回转窑。回转窑又分为干法窑（图 5-3）、立波尔窑、湿法窑。随着技术的不断发展，如今回转窑的使用已经越来越广泛，而立窑已经慢慢地退出了水泥生产的舞台。

（1）煤矸石掺量生料的影响。生料的粉磨细度与其成分配比、均匀性、水分等指标有关，是优质、高产、低能耗生产水泥的前提条件。生料细度之所以重要，原因在于其将对煅烧过程，即易烧性构成影响。研究表明，熟料的烧成速率与生料粒度的大小成反比，含有大量粗颗粒的生料，难以达到要求的石灰结合量。在研究煤矸石代黏土配料煅烧水泥熟料的试验中，需要考虑到不同掺量煤矸石的水泥生料的粉磨差异。

（2）煅烧温度的影响。水泥主要组成部分是熟料，熟料煅烧方式决定水泥的质量，煅烧水泥熟料过程中，煅烧温度是主要影响因素之一。通常水泥熟料生产过程中，当煅烧温度升至约 900℃时，$CaCO_3$ 快速分解，分离出游离氧化钙（f-CaO）；在 1200℃左右，开始大量出现 $2CaO \cdot SiO_2$；煅烧温度为 1250~1450℃时，液相大量出现，f-CaO 不断被 $2CaO \cdot$

图 5-3 干法窑

SiO_2 吸收，使得 $3CaO \cdot SiO_2$ 等熟料矿物含量不断增加，而 $2CaO \cdot SiO_2$ 含量则下降。采用的原料不同，具体煅烧情况会有差异，对于添加煤矸石等原料的水泥生料，煅烧温度的变动也会对熟料产生不同的效果。

按照当前水泥生产企业的配料率值（石灰饱和系数 $KH = 0.98 \pm 0.02$，硅氧率 $SM = 3.0 \pm 0.1$，铝氧率 $IM = 1.4 \pm 0.1$）进行配方，并参考实际回转窑生产单位熟料热耗、煤耗、煤灰成分及其在回转窑中的沉降情况、矸石的发热量等因素，将配制的生料与煤灰按 $100 : 1.3$ 的比例制成粗生料；再从配制的粗生料中取 1kg 放入球磨机中，粉磨半小时，以达到水泥生料煅烧的细度 $80\mu m$，筛余量少于 10%。

煤矸石的掺加，由于其所含多数矿物晶格质点多以共价键或离子键相结合，当加热到一定温度时，晶格被破坏，转变为半晶质甚至非晶质，随着煅烧温度继续升高，某些又重新结晶，出现新晶体，促进煤矸石的黏土矿物分解为无定形的物质。研究表明，高岭石在 800℃ 的炉内能较快脱水，转变成半晶态的偏高岭石，煅烧温度升至 1000℃ 左右时转变为 $\gamma\text{-}Al_2O_3$ 以及无定形的 SiO_2；云母石在 980~1000℃ 时完全分解，也形成无定形的物体。这些无定形物质与石灰石中的 $CaCO_3$、$MgCO_3$ 和铁粉等分解产生的 CaO、Fe_2O_3 等发生固相反应，促进煅烧中熔体性能改变，降低液相出现的温度，使液相提前出现，降低液相黏度和液相表面张力，改善熔体中质子迁移速度。随着煅烧进行至 1200℃ 左右，$2CaO \cdot SiO_2$ 大量出现，还生成一定量的 $3CaO \cdot SiO_2$、$3CaO \cdot Al_2O_3$ 和 $4CaO \cdot Al_2O_3 \cdot Fe_2O_3$ 等。

当煅烧温度升至 1350~1400℃ 时，$3CaO \cdot Al_2O_3$ 和 $4CaO \cdot Al_2O_3 \cdot Fe_2O_3$ 等与 MgO 等碱质焙烧成液相，使游离 CaO 易与 $2CaO \cdot SiO_2$ 结合，加速熟料固相反应及 $3CaO \cdot SiO_2$ 的生成。随着煤矸石掺入量的增加，易烧性也逐步提高，使熟料烧成能在较低温度下基本完成。

（3）高温保温时间的影响。水泥回转窑生产熟料煅烧过程中，物料在烧成带停留时间一般在 10~15min，如果停留时间不够，将造成煅烧中的固相反应进行得不完全，从而影响熟料质量。虽然水泥熟料煅烧工艺方向是尽可能缩短煅烧时间，达到快速烧成，但其缩短的时间基本为配料预热以及升温时间，而在烧成带驻留时间不低于 10min。

当煅烧温度升至 1250℃以上时，物料发生熔融，液相出现，熔体大量增加。熔体在晶体外面形成毛细管桥，毛细管桥能使煅烧颗粒结合到一起，还可作为中间介质，使 CaO 和 2CaO·SiO$_2$ 在熔体内扩散生成 3CaO·SiO$_2$，熟料颗粒的强度由毛细管桥的强度决定，而毛细管桥的强度随连接颗粒熔体颗粒直径和表面张力的降低而增加，毛细管桥的数量与颗粒直径的平方根成反比。因此，要形成良好的煅烧颗粒，就要有足够多的熔体，并且形成较低的熔体黏度、较高的表面张力、合适的温度和保温时间。

在熟料煅烧期间，如果保温时间太短，会使熔体数量不足，煅烧反应不完全，f-CaO 被吸收少，易形成粉料，从而影响熟料的质量；如果保温时间过长，熔体量太多，物料容易黏合在一起，形成大块状的熟料，从而发生过烧情况，也对熟料质量不利。

5.4　煤矸石合成路基石材料

5.4.1　路基简介

在工程上，道路从结构上可分为路面和路基两部分。

路面是指用各种筑路材料铺筑在道路路基上，直接承受车辆荷载的层状构造物，是公路的重要组成部分。质量良好的路面应有足够的强度和良好的稳定性，其表面应达到平整、密实和抗滑的要求。路面结构由面层、基层与垫层组成。路面的好坏直接影响行车速度、运输成本、行车安全和舒适性。相同等级公路的沥青路面同砂石路面相比，行车速度一般可以提高 80%~200%，燃料消耗降低 15%~20%，轮胎行驶里程增加 20%，运输成本下降 18%~20%。同一类型的路面，因施工和养护质量的优劣，也会使运输效率与成本以及服务质量产生很大的差异。路面结构的费用在公路造价中所占比重很大，一般都要达到 30%左右。所以，修好路面对发挥整个公路的运输经济效益具有十分重要的意义。

路基是轨道或者路面的基础，是经过开挖或填筑而形成的土工构筑物，是直接支承轨道的结构。路基的主要作用是为轨道或者路面铺设及列车或行车运营提供必要条件，并承受轨道及机车车辆或者路面及交通荷载的静荷载和动荷载，同时将荷载向地基深处传递与扩散。在纵断面上，路基必须保证线路需要的高度；在平面上，路基与桥梁、隧道连接组成完整贯通的线路。在土木工程中，路基在施工数量、占地面积及投资方面都占有重要地位。路基包括路床和路堤（路堑），路基依其所处的地形条件不同，有两种基本形式：路堤和路堑，俗称填方和挖方。在土木工程中，路基在施工数量、占地面积及投资方面都占有重要地位[2]。

5.4.1.1　路基的定义及构成

路基是经过开挖或填筑而形成直接支承轨道的结构同轨道一起共同构成线路结构，是一种相对松散联结的结构形式，抵抗动荷载的能力弱。路基包括本体、排水、路床和路堤（路堑），如图 5-4 所示。

路基本体包括用天然土、石所填筑的路堤和在天然地层中挖出的路堑，路基本体直接支撑轨道，承受通过轨道的列车荷载，是路基的主体。路基本体根据地质条件和填筑材料的不同，又可分为路堤、路堑、半路堤、半路堑、半堤半堑、不填不挖路基六种基本形式。

图 5-4　路基结构简图

　　路基排水部分分为地面排水设备和地下排水设备。地面排水设备是用来将有可能停滞在路基范围以内的地面水迅速排除到路基以外，并防止路基以外的地面水流入路基范围，以免下渗浸湿路基土体或形成漫流冲刷路基边坡，如侧沟、排水沟、天沟等；地下排水设备一般根据水文和地质条件修筑于地面以下一定深度，用来截断、疏干、引出地下水或降低地下水位，以使路基及边坡保持干燥状态，提高土的稳固能力，如排水槽、渗水暗沟、渗井等。

　　路基防护有坡面防护设备、冲刷防护设备、支撑加固设备和防沙、防雪设施。坡面防护设备是用来防护易受自然作用破坏而出现坡面变形的土质边坡，如铺草皮、喷浆、抹面、护墙、护坡以及为防护崩塌落石而修建的拦截和遮挡建筑物，如明洞、棚洞；冲刷防护设备是用来防护水流或波浪对路基的冲刷和淘刷，如铺草皮、抛石、石笼、挡土墙、顺坝、挑水坝等；支撑加固设备是用来支撑加固路基本体，以保证其稳固性，如挡土墙、挡墙、支柱等；防沙、防雪设施是用来防止风沙、风雪流掩埋路基，如各种栅栏、护等。

　　路床是路面的基础，是指路面底面以下 80cm 范围内的路基部分，承受由路面传来荷载。在结构上分为上路床（0~30cm）及下路床（30~80cm），两路面直接铺设在路床上。路堤是高于原地面的填方路基，其作用是支承路床和路面。路床以下的路堤分上、下两层，上路堤是路面底面以下 80~150cm 范围内的填方部分；下路堤是上路堤以下的填方部分。路堑是指全部在原地面开挖而成的路基。路堑开挖后破坏了原地层的天然平衡状态，其稳定性主要取决于地质与水文条件，以及边坡深度和边坡坡度。路堤是指填方段的道路路基；相对应的，路堑是挖方段的道路路基。

　　随着公路事业的发展和交通量的猛增，提高公路等级和路面质量极其重要，而选择性能良好的填石料（即路基石）是其关键性环节。

5.4.1.2　路基填石料的分类

　　根据填石料饱和抗压强度指标，填石料可分为硬质岩石、中硬岩石、软质岩石。

　　单轴饱和抗压强度不小于 60MPa 为硬质岩石，30~60MPa 为中硬岩石，5~30MPa 为软质岩石。其中，硬质岩石和中硬岩石的代表性岩石为花岗岩、闪长岩、玄武岩等岩浆岩类，硅质、铁质胶结的砂岩、石灰岩、白云岩等沉积岩等，片麻岩、石英岩、大理岩、板岩、片岩等变质岩等。软质岩石的代表性岩石为凝灰岩等喷出岩类，泥质砂岩、泥质页岩泥岩等沉积岩类，云母片岩和千枚岩等变质岩类。其中，花岗岩和泥质页岩为典型的路基石填料，其化学组成见表 5-2。由表可知，其主要化学组成为二氧化硅、氧化铝以及氧化钙。其主要的矿物组成为长石、石英、高岭石、伊利石、蒙脱石等。

表 5-2 泥质页岩和花岗岩的化学组成 （wt%）

分类	SiO₂	Al₂O₃	Fe₂O₃	MgO	CaO	Na₂O
花岗岩	72.04	14.42	1.22	0.71	1.82	3.69
泥质页岩	58.10	15.4	4.02	2.44	3.11	1.3

分类	K₂O	CO₂	C	H₂O	FeO	
花岗岩	4.12	—	—	—	1.68	
泥质页岩	3.24	2.63	0.80	5.00	2.45	

5.4.1.3　不同路基石的工程性质

坚硬的石块，如花岗岩、石灰岩、石英岩等岩石块体，具有较高的抗压强度和抗剪强度。作为填料，浸水后强度不变，耐风化、抗冻、抗磨，为最佳的路堤填料。

粗砂、砾石土、碎石土等土体无黏聚力或黏聚力很小，其抗剪强度以内摩擦角为主，压缩性小，透水性大，强度不受含水量的影响，是很好的填料。

易风化软岩，这类填料在未风化之前强度相对较大，所以在施工时不易被压实，石块间孔隙较大。施工后，随着时间的推移，岩石不断被风化，特别是遇水后，产生崩解，强度显著降低，稳定性较差，因此，易风化软岩是稳定性较差的填料。

5.4.2　固废作路基材料研究现状

路基石来源主要为以下两种：一种是由自然界自身风化产生的，如砾石、大块破碎的岩石，以及细小的卵石；另一种是由人工爆破产生的。随着国家对环保要求越来越严格，大宗固体废弃物制备路基材料引起了研究者们的广泛关注。

5.4.2.1　煤矸石作为路基材料

基于煤矸石材料的特殊性，近十年来，国内外陆续对煤矸石的路用性能特性及作为填料应用于公路工程进行了大量的理论和应用试验研究，取得了较好的成果。

A　煤矸石的路用性能特性研究

姜振泉等对徐州、大屯、淮北、淮南及兖州等矿区煤矸石的颗粒级配进行了研究。研究表明，煤矸石的粒度分布范围较大，从几十厘米的块石至 0.1mm 以下的细小颗粒，并普遍含有胶体成分。煤矸石的粒度存在以下级配缺陷：粗大颗粒含量过高而细小颗粒含量过低，粒径大于 5mm 的颗粒含量普遍在 60% 以上，而粒径小于 0.1mm 的颗粒含量大都在 5% 以下，粒度分布极不均匀；不同程度地存在某些粒度分布不连续的问题，其中，0.5 ~ 2mm 范围的粒度分布不连续比较明显。马平等对泥岩和炭质页岩煤矸石的膨胀性进行了研究。通过对炭质页岩、泥岩煤矸石粉样、岩块的自由膨胀率、无荷膨胀率、膨胀力试验，得到质页岩、泥岩煤矸石属弱膨胀性的结论。将两种无裂隙煤矸石样，放入水中浸泡，计算其崩解量，当两种煤矸石在水中浸泡 30 天时，崩解量达到 30% 以上，有较强崩解性。涂强等用 NZTRON1346 试验机对不同粒径级配的煤矸石进行压缩，得出煤矸石具有压缩性，煤矸石颗粒级配情况对压缩性有影响，小粒径煤矸石含量越多，越容易被压实，压缩性越大。

B　煤矸石作为路基填料应用于道路工程的研究

Amir Modarres 等将煤矸石粉、活化煤矸石粉、水泥、高炉渣、沸石粉作为填料制备沥青混合料和试件，对其力学性能进行了一系列试验研究。试验结果表明，煤矸石粉和活化煤矸石粉沥青混合料试件的马歇尔稳定度与高炉渣相比分别提高17%和44%，间接拉伸强度（ITS）和回弹模量（Mr）高于高炉渣和沸石粉试件，低于水泥沥青混合料试件；煤矸石粉混合料试件在抗疲劳性能方面相比于高炉渣有所改善，活化煤矸石粉混合料试件的改善效果更为明显；活化煤矸石粉作为填料，相比于高炉渣，对沥青混合料的高温性能、水稳定性、韧性均有所提高。熊锐、杨晓凯等对活化煤矸石粉改性沥青胶浆的流变性能、最佳粉胶比（活化煤矸石粉与沥青胶浆的比值）的确定做了相关研究。结果表明，活化煤矸石粉改性沥青能显著提高胶浆的高温性能，低温性能基本相当，粉胶比是活化煤矸石改性沥青胶浆高温性能最主要的影响因素。程文静提出活化煤矸石等量替代高炉渣与SBS改性剂复合改性，以车辙、低温弯曲、冻融劈裂和三点疲劳试验对改性SMA沥青混合料的路用性能进行了研究，阐述了活化煤矸石粉SBS改性沥青混合料的改性机理。结果表明，活化煤矸石等量替代高炉渣后，混合料的高温稳定性大幅度提高，其中，活化煤矸石Ⅳ号对应混合料的高温稳定性提高达41%，混合料的温度敏感性、水稳定性和低温抗裂性都得到了改善，疲劳寿命提高达40%。中国矿业大学的王海洋研究了改性煤矸石在矿区重载道路中的应用，测得其回弹模量、7d和28d抗压强度均满足国标要求。

5.4.2.2 大宗固体废弃物固废做路基材料

孙兆云等通过在拜耳法生产的赤泥中添加总量为6%~8%的矿渣微粉、水泥、石灰粉、高分子稳定剂等对其改性，使赤泥的强度和水稳性提高，有害离子固化后，改性赤泥摊铺在路面上作为路基填料。赵纪飞等把建筑垃圾筛分为粗料和细料，分别在两种集料里加入适量石灰改性，将改性后的建筑垃圾用作路基填料，测得其28d抗压强度为2.66MPa。

还有学者利用脱硫灰或粉煤灰制备路基石材料。东南大学的陈春等按照钙矾石经典结构 $3CaO \cdot Al_2O_3 \cdot 3CaSO_3 \cdot 2H_2O$，控制脱硫灰中的硫酸钙和矿渣微粉中的氧化铝，适量配比脱硫灰和粉煤灰，拌和均匀。外加一定量的氢氧化钠和硬脂肪酸钙制备土壤固化剂。学者武猛用24%~30%的消石灰，60%~70%的粉煤灰，5%~15%的脱硫灰与20%~26%的水混合搅拌均匀，在自然条件下成型后测得其7d抗压强度为1.2MPa，28d抗压强度为1.8MPa。而学者高朋等利用粉煤灰中的 Al_2O_3 和 SiO_2 与电石渣中活性 CaO 和 MgO 在水催化下发生火山灰作用，配以一定量的集料，生成的胶凝类物质用作路基填料，测得其7d饱水抗压强度为0.62MPa。邹志祥等以粉煤灰、石灰、水泥为主要原料，掺入外加剂，经配料后成球、养护等工艺制得一种环保、节能的新型绿色建材产品，以该建材产品代替碎石作为路基骨料，测得路基7d无侧限抗压强度为1MPa，28d强度在3MPa左右。

5.4.3 煤矸石耦合中钛渣合成路基石材料及性能研究

煤矸石中含有30%~50% SiO_2，可以代替 SiO_2 生产路基石。因此，煤矸石耦合中钛渣合成路基石材料成为可能。

5.4.3.1 路基石合成工艺参数

煤矸石和中钛渣的化学成分见表5-3。由表可知，煤矸石主要由是 SiO_2、Al_2O_3、C 三种组分组成。中钛渣中 TiO_2 的质量分数为8.90%，据此推断，中钛渣通常为 CaO、SiO_2、

MgO、Al_2O_3、TiO_2 五元渣系统，与泥质岩相似。图 5-5 为煤矸石的 XRD 图谱，由图 5-5 可知，煤矸石的主要物相是莫来石（$Al_2(Si_2O_5)(OH)_4$）。由图 5-6 可知，中钛渣的主要物相是镁蔷薇辉石（$Ca_3MgSi_2O_8$）、镁黄长石（$Ca_2MgSi_2O_7$）、透辉石（$CaMgSi_2O_6$）以及 α 石英（SiO_2）。

表 5-3　煤矸石和中钛渣的化学组成　　　　　　　　　　　　　　（wt%）

组成	SiO_2	Al_2O_3	MgO	CaO	K_2O	Fe_2O_3	Na_2O	TiO_2	C
煤矸石	43.70	35.87	—	—	—	0.4	—	1.14	18
中钛渣	24.77	11.43	7.60	37.62	0.49	4.20	1.59	8.90	—
泥质岩	58.10	15.40	2.44	3.11	3.24	4.02	1.30	0	—

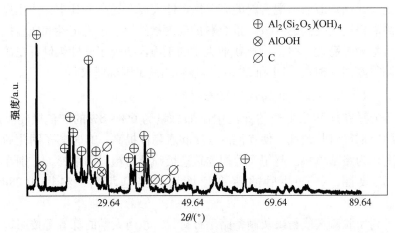

图 5-5　煤矸石的 XRD 图谱

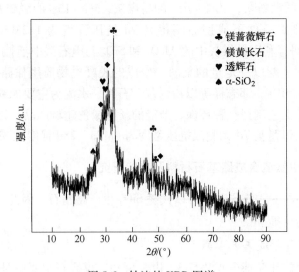

图 5-6　钛渣的 XRD 图谱

路基石合成实验的工艺参数见表5-4。用C50-1200-2表示煤矸石添加量为50wt%的混合粉末在1200℃煅烧2h后得到的路基石试样，其余类同。系统研究了煤矸石添加量、煅烧温度和保温时间对路基石试样的力学性能和物相组成的影响规律。

表5-4　工艺参数

项目	工艺参数						
煤矸石添加量/wt%	20	25	41.7	45.5	50	57.9	73.3
煅烧温度/℃	1100	1125	1150	1175	1200	1210	1230
保温时间/h	1		2			3	

5.4.3.2　路基石的物理化学性质表征

A　路基石试样的宏观照片

图5-7是煤矸石耦合中钛渣高温煅烧制备的部分路基石试样宏观图，表5-5对应图5-7的宏观状态。由图5-7和表5-5可以推断出，在相同温度下，随着煤矸石添加量的增加，路基石试样烧结温度升高。由于中钛渣低于煤矸石熔点，随着煤矸石添加量的增加，煤矸石的含量越多，中钛渣的含量越少，则制备的路基石试样越不容易烧结。

图5-7　路基石试样的宏观照片

路基石试样的上下直径的线膨胀系数能够间接反映路基石试样的变形程度。通过计算得出，在1230℃，保温时间为2h的条件下，当煤矸石添加量为73.3wt%时，路基石试样上直径线膨胀系数为$-6.73 \times 10^{-5}℃^{-1}$，下直径线膨胀系数为$-5.92 \times 10^{-5}℃^{-1}$，其差值为$8.13 \times 10^{-6}℃^{-1}$；而煤矸石添加量为57.9wt%时，路基石试样上直径线膨胀系数为$-2.43 \times$

表5-5　不同条件下路基石试样的宏观状态

项目	1200℃	1210℃	1230℃
20.0wt%	—	烧结	—
25.0wt%	—	烧结	—
41.7 wt%	未烧结	烧结	熔化
50.0 wt%	未烧结	烧结	熔化
57.9 wt%	未烧结	—	烧结
73.3 wt%	未烧结	—	烧结

$10^{-5}℃^{-1}$，下直径的线膨胀系数为$-1.64×10^{-5}℃^{-1}$，其差值为$7.93×10^{-6}℃^{-1}$。可以推断出，在一定程度上，随着煤矸石添加量的增加，路基石试样上下直径线膨胀系数变小，收缩量变大，其差值基本不变，抗变形能力没有明显变化。

　　B　路基石试样的物相组成

　　图5-8（a）、（b）、（c）、（d）和（f）是煤矸石添加量分别为41.7wt%、45.5wt%、50wt%、57.9wt%和73.3wt%的路基石试样，在不同温度下保温2h的XRD图谱。图5-8（e）是图5-8（d）中2θ从10°到40°的局部放大XRD图谱。由图可知，样品被烧结后主要生成钙长石（$CaAl_2Si_2O_8$）和铝透辉石（$Ca(Mg, Al)(Si, Al)_2O_6$）、镁黄长石（$Ca_2MgSi_2O_7$）以及少部分钛镁尖晶石（$Ca_{1.07}Mg_{0.625}Ti_{0.31}((Al_{0.55}Si_{0.45})_2O_6)(Al(Mg_{0.368}Ti_{0.585}Al_{0.03})_2O_4)$）。烧结温度不同、煤矸石的添加量不同，所有样品物相组成均

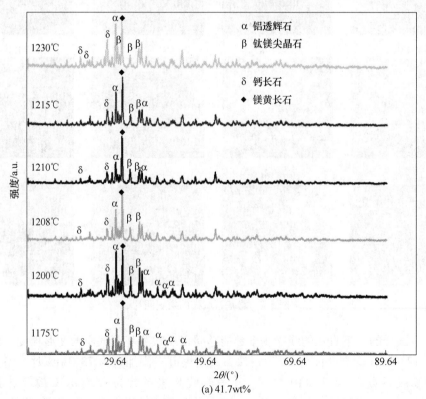

(a) 41.7wt%

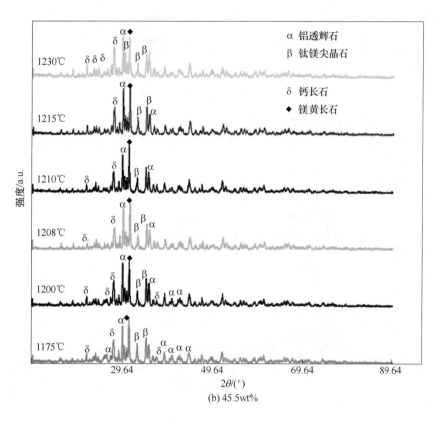

(b) 45.5wt%

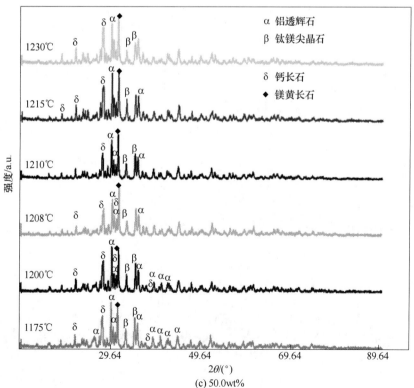

(c) 50.0wt%

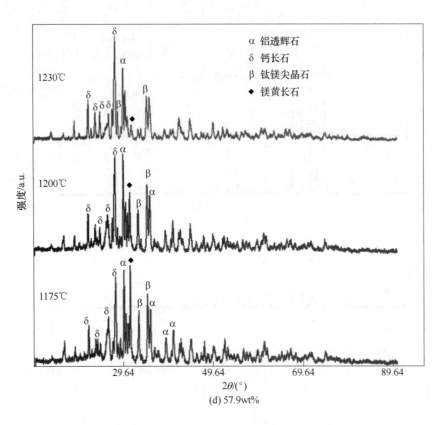

(d) 57.9wt%

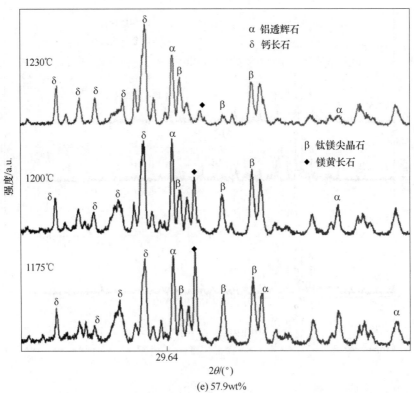

(e) 57.9wt%

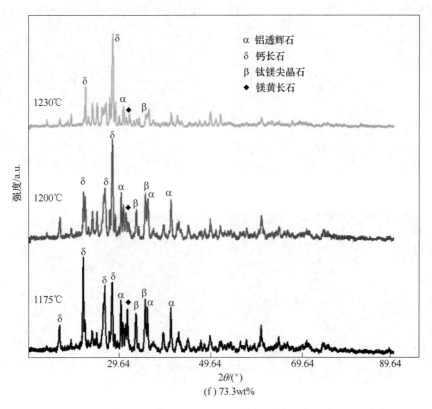

图 5-8　不同煤矸石添加量的路基石试样在不同温度下的 XRD 图谱

未发生变化（主要物相为铝透辉石和钙长石），只有含量发生变化。在 1230℃下，随着煤矸石添加量的增加，铝透辉石含量逐渐降低，而钙长石含量逐渐增加。由图 5-8（e）可知，在煤矸石添加量一定的条件下，随着温度的升高，钙长石含量逐渐增加，而镁黄长石含量逐渐降低。

　　C　微观形貌

　　图 5-9（a）～（d）分别为 C57.9-1200-2、C57.9-1200-2、C33.3-1200-2 和 C25-1200-2 在 5000 倍下的扫描电子显微镜的微观形貌图，图 5-9（b）的插图为 C57.9-1230-2 中 Ti 的 EDS 能谱图。由 5-9（e）可知，Ti 没有偏析，所以 Ti 没有局部富集，样品中各个区域的物相分布较为均匀。由图 5-9（a）～（d）可以看出，相较于 C25-1200-2，C33.3-1200-2 与 C57.9-1200-2，C57.9-1230-2 表面较为致密，因此可推测，C57.9-1230-2 力学性能较高。

　　5.4.3.3　合成工艺参数对路基石力学性能的影响

　　图 5-10 显示了煤矸石添加量分别为 41.7wt%、45.5wt%、50.0wt%、57.9wt% 和 73.3wt% 的样品，在不同煅烧温度 1100℃、1125℃、1150℃、1175℃、1200℃ 以及 1230℃ 下时路基石材料的抗压强度测试结果。从图中可以看出，当煤矸石的添加量一定，随着温度的升高，样品的抗压强度随之增加。在 1230℃ 时，煤矸石的添加量分别为 73.3wt% 和 57.9wt% 样品的抗压强度显著提高，这可能是由于烧结造成的。因此，煤矸石添加量一定的条件下，随着温度的升高，路基石试样的抗压强度随之增加。在一定温度下，随着煤矸

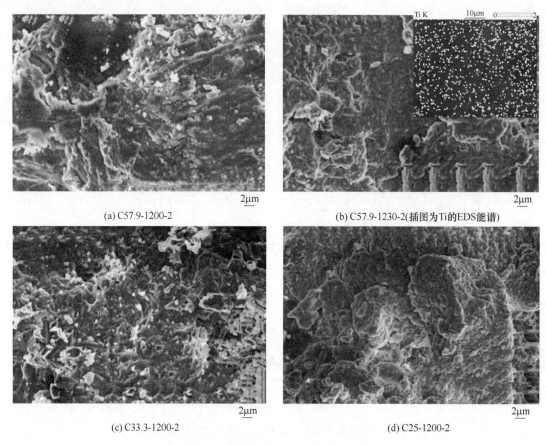

(a) C57.9-1200-2

(b) C57.9-1230-2(插图为Ti的EDS能谱)

(c) C33.3-1200-2

(d) C25-1200-2

图 5-9　路基石试样的 SEM 和 EDS 图

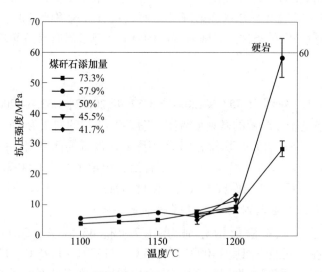

图 5-10　不同煤矸石添加量下温度与抗压强度的关系

石添加量的增加，路基石试样的抗压强度逐渐减小。综合而言，C57.9-1230-2 基本没有变形，并且抗压强度很大，可达到 58.21MPa，接近硬质岩石标准（60MPa）。

由图 5-10 可以推断出，钙长石、镁黄长石以及铝透辉石的含量可能会影响路基石的力学性能。因此，绘制 I_a/I_c 与抗压强度、I_m/I_c 与抗压强度随温度的变化图，如图 5-11 所示。其中：

$$I_a/I_c = \frac{铝透辉石在 30.02° 特征峰强度}{钙长石在 27.84° 特征峰强度} \qquad (5-1)$$

$$I_m/I_c = \frac{镁黄长石在 31.3° 特征峰强度}{钙长石在 27.84° 特征峰强度} \qquad (5-2)$$

式中，I_a 为铝透辉石在 30.02° 特征峰强度；I_c 为钙长石在 27.84° 特征峰强度；I_m 为镁黄长石在 31.3° 特征峰强度。

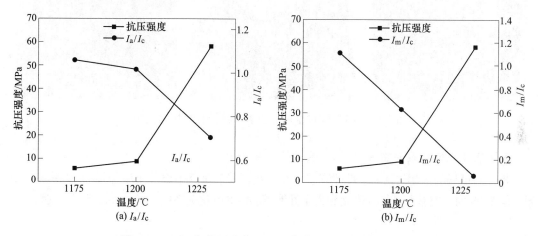

图 5-11 I_a/I_c 与抗压强度、I_m/I_c 与抗压强度随温度的关系

在煤矸石添加量为 57.9wt% 时，由图 5-11（a）可知，随着煅烧温度的升高，I_a/I_c 逐渐减小；由图 5-11（b）可知，I_m/I_c 也逐渐减小；而路基石的抗压强度逐渐增加，与 I_a/I_c、I_m/I_c 呈相反的趋势。由图 5-9 和图 5-11 可以推断出，在 1230℃ 前，即样品烧结前，随着温度的升高，钙长石含量急剧增加，而镁黄长石逐渐减小，抗压强度急剧增加。因此，钙长石会使路基石的力学性能增强。由图 5-8（d）、（f）和图 5-10 可知，C57.9-1230-2 中 I_a/I_c 为 0.70；C73.3-1230-2 中 I_a/I_c 为 0.23，并且 C57.9-1230-2 的抗压强度（58.21MPa）比 C73.3-1230-2（28.49MPa）大得多，其中，I_a/I_c 即为公式（5-1）。因此，在 1230℃ 时，样品已烧结，随着煤矸石添加量的增加，铝透辉石的含量减小，路基石的抗压强度变小。

一方面，在煤矸石添加量一定时，在 1230℃ 前，即路基石试样烧结前，随着温度的升高，部分镁黄长石逐渐被转化为钙长石，钙长石含量大幅增加，路基石试样的抗压强度呈上升趋势。另一方面，在 1230℃ 时，样品已烧结，随着煤矸石添加量的增加，铝透辉石含量减小，钙长石含量变化较小，路基石试样的抗压强度变小，路基石试样上下直径线膨胀系数变小，收缩量增加，但其上下直径线膨胀系数差值基本不变，抗变形能力变化不大。

图 5-10 显示，当煅烧温度达到 1230℃，保温时间 2h，煤矸石添加量为 57.9wt% 的路基石样品，其抗压强度最大。但是保温时间也是影响路基石试样力学性能的重要因素之一，所以接下来研究了煤矸石添加量为 57.9wt%，煅烧温度在 1230℃ 下，保温时间分别为

1h、2h、3h 时对路基石试样力学性能的影响规律，结果如图 5-12 所示。由图可以看出，当保温时间为 1h 时，路基石试样还没有烧结，其抗压强度较低。但是当保温时间为 3h 时，路基石试样变形严重。综合而言，保温 2h 时是最佳工艺条件。

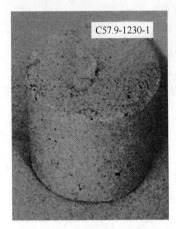

图 5-12　不同保温时间下，路基石试样的宏观样品图

5.4.3.4　路基石的密度与力学性能的关系研究

路基石试样的密度与其力学性能有着内在联系，本节研究了煤矸石添加量为 57.9wt%，保温时间为 2h 时，路基石试样的密度和力学性能随温度的变化关系图，结果如图 5-13 所示。

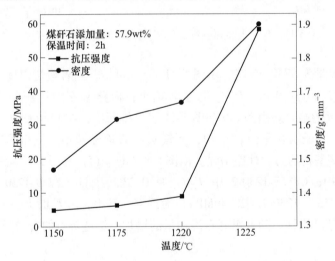

图 5-13　C57.9-2 抗压强度和密度随温度的变化关系

由图可以看出，路基石试样的密度与温度的变化趋势和抗压强度与温度的变化趋势相似，密度和抗压强度都是随着温度的上升而增加。因为随着温度的上升，样品的物相含量发生变化，即钙长石的含量逐渐增加，样品内部物相变得较为致密，孔隙率变小，则抗压强度升高。

通过煤矸石耦合中钛渣合成路基石的实验，得到了最佳的工艺条件，即煤矸石的添加量为 57.9wt%，煅烧温度 1230℃，保温时间为 2h。此时制备的路基石的抗压强度为 58.21MPa，接近硬质岩石标准（60MPa）。

5.4.4 煤矸石改性钢渣

进入 21 世纪，随着世界经济的复苏和结构调整的加快，特别是我国经济的快速发展，拉动了我国钢铁工业持续高速增长。2018 年我国粗钢产量达到 9.28 亿吨，而炼钢生产中，每生产 1t 钢要排出约 0.12t 钢渣。截至 2018 年，我国钢渣尾渣累计堆存量超 18 亿吨，利用率仅 30%。大量钢渣弃置堆积，既污染环境，又占用大量的土地，同时造成资源的浪费，给生态环境造成巨大的破坏，影响钢铁工业的可持续发展。所以对钢渣进行减量化、资源化和高价值综合利用研究，实现钢渣的高效回收利用，是我国钢铁工业及其相关产业面临的重要任务之一。

钢渣利用主要方向为水泥、混凝土、道路及海洋渔礁、水下工程、海绵城市、土壤改良等方面，如我国水泥年产量超 20 亿吨，应该是钢渣最大、最理想的用户；在混凝土方面，包括搅拌站和制备各种制品都应逐渐扩大掺入量；道路建设，包括路基、水稳层、沥青路面、路面修复等都可以使用。但是，钢渣水泥的实际应用情况并不是很好，其主要原因是钢渣的成分波动大、易磨性差，会增加水泥的生产成本。钢渣难磨，不但降低水泥的生产能力，增加能耗，且对设备磨损严重。另外，钢渣的成分波动大，使钢渣作混合材配制水泥等建筑材料时会造成安定性不良，这也是其应用于道路和建材的限制因素。利用煤矸石特性对钢渣进行改性，可大大提高钢渣利用量。

5.5 煤矸石制复合板材

5.5.1 复合板材简介

已有研究表明，煤及其固体废弃物主要成分与传统的矿物质填料相似，均匀分散于聚合物后，共混体系不仅在力学性能、耐热性、物理化学稳定性方面获得改善，还能扩展出良好的功能性，如导电性、抗静电性、防腐性，因此，用来填充有机高分子聚合物制备有机-无机复合材料具有可行性，这种复合材料主要是将煤矸石等工业固废充分利用，与聚乙烯的等聚合物充分混合，经高温高压熔融后塑化成型，是一种新兴的环保装饰材料，可以广泛应用于居民生活和工农业生产各个领域的新材料。本章节重点介绍煤矸石与聚氯乙烯（PVC）、聚丙烯（PP）、聚乙烯（PE）等常用有机聚合物树脂通过不同的成型工艺制备复合材料板材，并探讨其技术特点、工艺及设备、应用场景设计（图 5-14）。

5.5.2 煤矸石基复合板材工艺及设备

5.5.2.1 挤出成型

挤出成型也叫挤塑成型，由于其工艺简单、生产效率高等优点，被广泛用于复合材料生产领域；主要是指通过螺杆对物料的加热加压作用，不断地对物料搅拌、剪切，使其共混熔融，熔融的物料被连续地向前输送，最后经过口模成型的一种生产工艺。根据螺杆的数量可分为单螺杆挤出机和双螺杆挤出机，相对于单螺杆挤出机，双螺杆挤出对物料混合更加均匀，而且单螺杆更容易粘料，导致清理过程相对复杂。挤出成型又可以分为一步法挤出和两步法挤出。两步法即先混合造粒，再对复合后的颗粒进行塑化挤出，相对于一步

图 5-14   煤矸石制复合板材应用场景设计

法，两步法对物料混合更均匀，制品力学性能更优。

挤出成型工艺是聚合物加工领域中生产品种最多、变化最多、生产率高、适应性强、用途广泛、产量所占比重最大的成型加工方法。挤出成型是使高聚物的熔体（或黏性流体）在挤出机螺杆的挤压作用下通过一定形状的口模成型，制品为具有恒定断面形状的连续型材。

挤出成型工艺适合于所有的高分子材料。几乎能成型所有的热塑性塑料，也可用于热固性塑料，但仅限于酚醛等少数几种热固性塑料。塑料挤出的制品有管材、板材、棒材、片材、薄膜、单丝、线缆包覆层、各种异型材以及塑料与其他材料的复合物等。目前约 50% 的热塑性塑料制品是通过挤出成型的。此外，挤出工艺也常用于塑料的着色、混炼、塑化、造粒及塑料的共混改性等。以挤出成型为基础，配合吹胀、拉伸等技术，又发展为挤出-吹塑成型和挤出-拉幅成型，可制造中空吹塑和双轴拉伸薄膜等制品，可见挤出成型是聚合物成型中最重要的方法。挤出设备有螺杆挤出机和柱塞式挤出机两大类，前者为连续式挤出，后者为间歇式挤出，主要用于高黏度的物料成型，如聚四氟乙烯、超高分子量聚乙烯。螺杆挤出机可分为单螺杆挤出机和多螺杆挤出机。单螺杆挤出机是生产上最基本的挤出机。多螺杆挤出机中双螺杆挤出机近年来发展最快，其应用日渐广泛。目前，在 PVC 塑料门窗型材的加工中，双螺杆挤出机已成为主要生产设备，单螺杆挤出机将被逐步淘汰。但在其他聚合物的挤出加工中，单螺杆挤出机仍占主导地位，二者均有各自的特点（表 5-6）。

表 5-6   单螺杆和双螺杆挤出机的工艺特点

挤出机	特 点
单螺杆	（1）结构简单，价格低。 （2）适合聚合物的塑化挤出，适合颗粒料的挤出加工。对聚合物的剪切降解小，但物料在挤出机中停留时间长。 （3）操作容易，工艺控制简单
双螺杆	（1）结构复杂，价格高。 （2）具有很好的混炼塑化能力，物料在挤出机中停留时间短，适合粉料加工。 （3）产量大，挤出速度快，单位产量耗能低

在 PVC 塑料门窗型材生产中，采用双螺杆挤出机与单螺杆挤出机的生产工艺如图5-15所示。

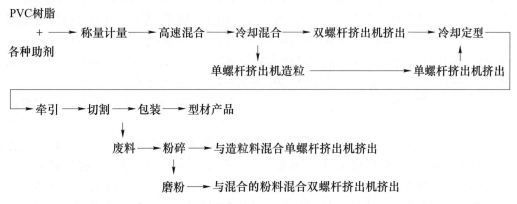

图 5-15　双螺杆挤出机与单螺杆挤出机的生产工艺

可以看出，单螺杆挤出机适合粒料加工，使用的原料是经造粒后的颗粒或经粉碎的颗粒料。双螺杆挤出机适合粉料加工，可以直接使用混合好的 PVC 料，减少了造粒的工序，但增加了废料的磨粉工序。近几年，国产双螺杆挤出机的质量已基本达到进口双螺杆挤出机的水平，价格仅为进口机的 $1/5 \sim 1/3$。由于双螺杆挤出机的产量大，挤出速度快，一般可达到 $2 \sim 4 m/min$，适合 PVC 塑料门窗型材的大规模生产。而单螺杆挤出机一般只用作小型辅助型材生产，挤出速度仅为 $1 \sim 2 m/min$，许多的 PVC 型材加工厂已淘汰了单螺杆挤出机，改用双螺杆挤出机，一模多腔生产小型辅助型材。

A　挤出机的基本工作原理

挤出机的基本工作原理是将聚合物熔化压实，以恒压、恒温、恒速推向模具，通过模具形成产品熔融状态的型坯。但单螺杆挤出机与双螺杆挤出机结构和工作原理不同，其控制的工艺条件也不相同。

a　单螺杆挤出机结构特点：

单螺杆挤出机是由传动系统、挤出系统、加热和冷却系统、控制系统等几部分组成（另外还有一些辅助设备）。其中，挤出系统是挤出成型的关键部位，对挤出的成型质量和产量起重要作用。挤出系统主要包括加料装置、料筒、螺杆、机头和口模等几个部分。下面仅就挤出系统讨论挤出机的基本结构及作用。

加料装置：挤出成型的供料一般采用粒状料。加料装置是保证向挤出机料筒连续供料的装置，形状如漏斗，有圆锥形和方锥形，又称料斗。其底部与料筒连接处是加料孔，该处有截断装置，可以调整和截断料流。在加料孔的周围有冷却夹套，用以防止料筒高温向料斗传热，避免料斗内塑料升温发黏，引起加料不均和料流受阻情况发生。料斗的侧面有玻璃视孔及标定计量装置。有些料斗还有防止塑料从空气中吸收水分的预热干燥真空减压装置，以及带有能克服粉状塑料产生"架桥"现象的搅拌器和能够定时定量自动加料的装置。

料筒：料筒又叫机筒，是一个受热受压的金属圆筒。物料的塑化和压缩都是在料筒中进行的。挤出成型时的工作温度一般在 $180 \sim 290℃$，料筒内压可达 60MPa。在料筒的外面设有加热和冷却装置。加热常用电阻或电感加热器，也可采用远红外线加热。冷却的目的是防止塑料的过热或停车时须对塑料快速冷却以免塑料的降解，一般采用风冷或水冷。料筒须承受高压，要求具有足够的强度和刚度，内壁光滑。料筒一般用耐磨、耐腐塑料摩擦使塑料过热，同时让螺杆表面温度略低于料筒，防止物料黏附其上，有利于物料的输送。

螺杆：螺杆用止推轴承悬支在料筒的中央，与料筒中心线吻合，不应有明显的偏差。螺杆与料筒的间隙很小，使塑料因受到强大的剪切作用而塑化，并推动向前。螺杆由电动机通过减速机构传动，转速一般为 10~120r/min，要求是无级变速。

螺杆的几何结构参数有直径、长径比、压缩比、螺槽深度、螺旋角、螺杆与料筒的间隙等。

（1）长径比（L/D_s）。长径比对螺杆的工作特性有重大的影响。一般挤出机长径比为 15~25，但近年来发展的挤出机可达到 40，甚至更大。L/D_s 大，可以改善塑料的温度分布，能够使混合更均匀，还可减少挤出时的逆流和漏流，提高挤出机的生产能力。L/D_s 过小，对塑料的混合和塑化都不利。因此，对于硬塑料、粉状塑料，要求塑化时间长，应选择较大的长径比。L/D_s 大的螺杆适应性强，可用于多种塑料的挤出。但 L/D_s 过大，热敏性塑料会因受热时间太长而出现分解，同时增加螺杆的自重，使制造和安装困难，也会增大挤出机的功率消耗。目前，L/D_s 以 25 居多。

（2）螺杆的压缩比 ε。螺杆的压缩比是指螺杆加料段第一个螺槽的容积与均化段最后一个螺槽的容积之比，表示塑料通过螺杆的全过程被压缩的程度。ε 越大，塑料受到挤压的作用也就越大，排除物料中空气的能力就大。但 ε 过大，螺杆本身的机械强度就会下降。一般压缩比为 2~5。压缩比的大小取决于挤出塑料的种类和形态，如粉状塑料的相对密度小，夹带空气多，其压缩比应大于粒状塑料。另外，挤出薄壁状制品时，其压缩比 ε 应比挤出厚壁制品时大。

（3）螺槽深度 H。螺槽深度会影响塑料的塑化及挤出效率，H 较小时，对塑料可产生较高的剪切速率，有利于传热和塑化，但挤出生产率降低。因此，适用于热敏性塑料。H 大的深槽螺杆适合用熔体黏度低和热稳定性较高的塑料。在实际生产中，根据工艺需要，螺槽深度往往是变化的，根据螺杆各段的功能不同以螺槽的深度不同，最通用的是渐变螺杆，如：加料段的螺槽深度 H_1 是个定值，一般 $H_1 > 0.1D_s$；压缩段的螺槽深 H_2 是渐变的，是一个变化值；均化段的螺槽深 H_3 是个定值，按经验 $H_3 = (0.02~0.06)D_s$。

（4）螺旋角 θ。螺旋角是螺纹与螺杆横截面之间的夹角。随着 θ 的增大，挤出机的生产能力提高，但螺杆对塑料的挤压剪切作用减少。出于机械加工的方便，取 $D_s = L_s$，θ 为 17.26 为最常用的螺杆。

（5）螺杆与料筒的间隙 δ。螺杆与料筒的间隙 δ 的大小会影响挤出机的生产能力和物料的塑化。δ 值大，热传导差，剪切速率低，不利于物料的熔融和混合，生产效率也不会高。但 δ 小时，热传导和剪切率都相应提高。但 δ 过于小，就易引起物料降解。

b　单螺杆挤出机挤出过程和螺杆各段的功能

由高分子物理学可知，高聚物存在三种物理状态，即玻璃态、高弹态和黏流态，在一定条件下，这三种物理状态会发生互变。固态塑料由料斗进入料筒后，随着螺杆的旋转向机头方向前进，在此过程中，塑料的物理状态在不断发生着变化。根据塑料在挤出机中的三种物理状态的变化过程及对螺杆各部位的工作要求，通常将挤出机的螺杆分成加料段（固体输送区）、压缩段（熔融区）和均化段（熔体输送区）三段。对于常规渐变螺纹的螺杆来说，塑料在挤出机中的挤出过程可以通过螺杆各段的基本职能及塑料在挤出机中的物理状态变化过程来描述。

加料段：塑料自料斗进入挤出机的料筒内，在螺杆的旋转作用下，由于料筒内壁和螺杆表面的摩擦作用向前运动。在该段，螺杆的职能主要是将塑料压实，提供向前输送的动力，物料仍以固体状态存在，虽然由于强烈的摩擦热作用，在接近末端时与料筒内壁相接触的塑料已接近或达到黏流温度，固体粒子表面开始发黏，但熔融仍未开始。这一区域称为迟滞区，是指固体输送区结束到最初开始出现熔融的黏流态。

均化段：从熔融段进入均化段的物料是已全部熔融的黏流体。向前输送的黏流体在机头口模阻力下，一部分回流被进一步混合塑化，一部分被定量定压地从机头口模挤出。从以上单螺杆挤出机的工作原理不难看出，塑料在挤出机中塑化，向前挤压流动，其主要动力来源于加料段的固体输送，塑化的均匀程度很大程度是由于均化段的结构和机头模具的阻力所造成的回流。在改善螺杆混炼结构上已经有了许多新型的结构，但其往往适合于热稳性很好的螯合物，却不适宜 PVC 树脂的生产。

随着聚合物加工业的发展，对高分子材料成型和混合工艺提出了越来越多和越来越高的要求，单螺杆挤出机在某些方面不能满足这些要求，例如，用单螺杆挤出机进行填充改性和加玻璃纤维增强改性等，混合分散效果就很不理想。另外，单螺杆挤出机尤其不适合粉状物料的加工。为了适应聚合物加工中混合工艺的要求，特别是硬聚氯乙烯粉料的加工，双螺杆挤出机自 20 世纪 30 年代后期在意大利开发出来以后，经过半个多世纪的不断改进和完善，得到了很大的发展。在国外，目前双螺杆挤出机已广泛应用于聚合物加工领域，已占全部挤出机总数的 40%。硬聚氯乙烯粒料、管材、异型材、板材几乎都是采用双螺杆挤出机加工成型的。作为连续混合机，双螺杆挤出机已广泛用来进行聚合物共混、填充和增强改性，也有用来进行反应挤出。近 20 年来，高分子材料共混和反应挤出技术的发展，进一步促进了双螺杆挤出机数量和类型的增加。

c 双螺杆挤出机的结构与分类

双螺杆挤出机由传动装置、加料装置、料筒和螺杆等几个部分组成，各部件的作用与单螺杆挤出机相似，与单螺杆挤出机区别之处在于，双螺杆挤出机中有两根平行的螺杆置于同一的料筒中，如图 5-16 所示。

双螺杆挤出机有许多种不同的形式，主要差别在于螺杆结构的不同。双螺杆挤出机的螺杆结构要比单螺杆挤出机复杂得多，这是因为双螺杆挤出机的螺杆还有诸如旋转方向、啮合程度等问题。

常用于 PVC 型材挤出的双螺杆挤出机通常是紧密啮合且异向旋转的螺杆，少数也有使用同向旋转式双螺杆挤出的，但一般只能在低速下操作，约在 10r/min 范围内。而高速啮合同向旋转式双螺杆挤出机用于混炼、排气造粒，或作为连续化学反应器使用，这类挤出机最大螺杆速度范围在 $300 \sim 600$ r/min。非啮合型挤出机与啮合型挤出机的输送机理大不相同，比较接近于单螺杆挤出机的输送机理，二者有本质上的差别。

d 双螺杆挤出机的工作原理

双螺杆挤出机的结构尽管与单螺杆挤出机很相似，但工作原理差异却很大。在双螺杆挤出机中，物料由加料装置（一般为定量加料）加入，经螺杆作用到机头、口模在挤出过

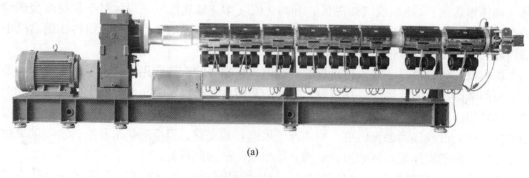

(a)

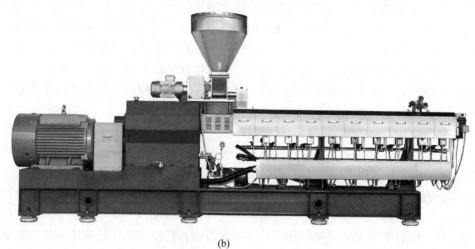

(b)

图 5-16　单螺杆挤出机（a）和双螺杆挤出机（b）

程物料的运动情况因螺杆的啮合方式、旋转方向不同而不同。

非啮合型双螺杆挤出系统：物料在非啮合双螺杆挤出系统中，除了向机头方向的运动形式外，还有多种流动方式。由于两螺杆不啮合，它们之间的径向间隙很大，存在较大的漏流。主要流动方式有：（1）由于两螺杆的螺棱的相对位置是错开的，即一根螺杆的推力面的物料压力大于另一螺杆拖带面的物料压力，从而产生了流动。（2）物料从压力较高的螺杆推力面向另一螺杆拖带面的流动，同时，随着螺杆的旋转，在两螺杆的间隙处，物料不断受到搅动并被不断带走、更新（不论两螺杆的转向如何），特别是在异向旋转过程中，物料如受到阻碍，就产生流动。（3）多种物料的流动形式（包括由于在两根螺杆的相互作用下产生的各种流动）都增加了对物料的混炼和剪切。但这种双螺杆没有自清洁作用，一般仅用于混料，不适合 PVC 型材的生产。

啮合型同向旋转双螺杆挤出系统：由于同向旋转双螺杆在啮合位置的速度方向相反，一根螺杆要把物料拉入啮合间隙，而另一根螺杆要把物料从间隙中推出，结果使物料从一根螺杆转到另一个螺杆。这种速度的改变以及啮合区较大的相对速度，非常有利于物料混合和均化，由于啮合区间隙很小，啮合处螺纹和螺槽的速度方向相反，剪切速度高，有很好自洁作用，即能刮去黏附在螺杆上的积料，从而使物料的停留时间很短。这种挤出机主要用于混炼物料和造粒。但由于物料在啮合区间所受剪切力很大，所以也不适应 PVC 型材的生产。

　　啮合型异向旋转双螺杆挤出系统：在啮合型异向旋转的双螺杆挤出中，两根螺杆是对称的，由于回转方向不同，一根螺杆上物料螺旋前进的道路被另一根螺杆的螺棱堵住。在固体输送部分，物料是以近似的密闭"C"形小室的形态向前输送。但为了使物料混合，设计中将一根螺杆的外径与另一根螺杆的根径之间留有一定的间隙量，以便使物料能够通过。物料通过两螺杆之间的径向间隙时，受到强烈的剪切、搅拌和压延作用，因此，物料的塑化比较好，多用于加工制品。由于两螺杆的径向间隙比较小，因此，有一定的自洁性能，但自洁性比同向旋转的双螺杆要差。

　　e　双螺杆挤出机的主要参数

　　（1）螺杆公称直径。螺杆公称直径是指螺杆外径，单位为 mm。对于变直径（或锥形）螺杆而言，螺杆直径是一个变值，一般用最小直径和最大直径表示，如 65/130。双螺杆的直径越大，表征机器的加工能力越大。

　　（2）螺杆的长径比。螺杆的长径比是指螺杆的有效长度与外径之比。一般整体式双螺杆挤出机的长径比在 7~18。对于组合式双螺杆挤出机，长径比是可变的。从发展看，长径比有逐步加大的趋势。

　　（3）螺杆的转向。螺杆的转向有同向和异向之分。一般同向旋转的双螺杆挤出机多用于混料，异向旋转的挤出机多用于挤出制品。

　　（4）螺杆的转速范围。螺杆的转速范围是指螺杆的最低转速到最高转速（允许值）间的范围。同向旋转的双螺杆挤出机可以高速旋转，异向旋转的挤出机一般转速仅在 0~40r/min。

　　（5）驱动功率。驱动功率是指驱动螺杆的电动机功率，单位为 kW。

　　（6）产量。产量指每小时物料的挤出量，单位为 kg/h。

　　f　双螺杆挤出机与单螺杆挤出机的差别物料的传送方式

　　在单螺杆挤出机中，物料传送是拖曳型的。固体输送段中为摩擦拖曳，熔体输送段中为黏性拖曳。固体物料的摩擦性能和熔融物料的黏性决定了输送行为。如有些物料摩擦性能不良，如果不解决喂料问题，则较难将物料喂入单螺杆挤出机。所以颗粒状的原料适合单螺杆挤出机进料。

　　而在双螺杆挤出机中，特别是啮合型双螺杆挤出机，物料的传送在某种程度上是正向位移传送，正向位移的程度取决于一根螺杆的螺棱与另一根螺杆的相对螺槽的接近程度。紧密啮合异向旋转挤出机的螺杆几何形状能得到高度的正向位移输送特性，形成强制进料，粉末状的物料有利于挤压进料。

　　g　物料的流动速度场

　　研究人员对物料在单螺杆挤出机中的流动速度分布已描述得相当明确，而在双螺杆挤出机中物料的流动速度分布情况则相当复杂且难以描述。许多研究人员不考虑啮合区的物料流动情况来分析物料的流动速度场，造成这些分析结果与实际情况相差很大，因为双螺杆挤出机的混合特性和总体行为主要取决于发生在啮合区的漏流，然而啮合区中的流动情况相当复杂。双螺杆挤出机中物料的复杂流谱，宏观上表现出单螺杆挤出机无法媲美的优点，例如混合充分、热传递良好、熔融能力大、排气能力强及对物料温度控制良好等。

B 生产工艺控制的差别

由于单螺杆挤出机与双螺杆挤出机在结构和工作原理上的差别，在PVC型材生产工艺控制上也有很大的差别，具体表现在：

（1）温度控制。单螺杆挤出机一般采用温度逐步升高的控制方法，物料在加料段应处于未熔化的固体状态，以利于达到固体输送的能力，如果物料过早熔化，会在加料段的螺杆上与螺杆同步转动，阻止物料向前移动，使挤出机挤不出料，长时间会造成PVC的分解。从加料口到机头的温度分布见表5-7。

表5-7 从加料口到机头的温度分布

工艺段	控制温度/℃
加料段	140~150
熔化段	160~170
均化段	170~180
机头体	180~185
口模	180~185

双螺杆挤出机与单螺杆挤出机输送物料的机理不同，它是采用强制进料的方法。PVC物料一进入挤出机中，便在通过两螺杆之间的径向间隙时，受到强烈的剪切、搅拌和压延作用，很快塑化后，进入排气段排气。如果PVC物料得不到很好的塑化，不仅会加大螺杆挤压的负荷，同时进入排气段时，粉状的PVC物料还会随空气一同排除，因此，应对双螺杆挤出机的温度进行控制，见表5-8。

表5-8 双螺杆挤出机温度控制

工艺段	控制温度/℃
1区（加料段）	170~180
2区	160~160
3区	165~175
4区	165~175
法兰盘	165~175
机头体	170~180
口模	175~185
螺杆内油温	70~90

（2）螺杆转速控制：

1）单螺杆挤出机。挤出速度和挤出机的螺杆转速有直接关系，螺杆转速提高，挤出速度加快。当然，温度、模具的阻力、螺杆的塑化能力对挤出速度都有影响。单螺杆挤出机挤出PVC型材的螺杆转速应在10~40r/min。由于物料是直接通过料斗加入到螺杆和料筒之间的，进料速度与螺杆的转速有直接关系，同时也与原料形状、密度、表面物理性质有关，粉状的物料、密度小的物料、不光滑的物料、流动阻力大的物料都会使进料速度变慢，有时还容易产生"架桥"阻止进料。单螺杆挤出机螺杆的转速直接影响挤出的压力、物料的塑化程度和转动螺杆电机的负荷。综上所述，单螺杆挤出机的螺杆转速的确定，是根据物料的进料能力、塑化能力、机头的阻力和电机的负荷来决定的。

2）双螺杆挤出机。双螺杆挤出机进料方式是依靠两根螺杆的间隙挤压的强制进料方式，尤其是常用于 PVC 型材挤出的锥形双螺杆挤出机，它与单螺杆挤出机的摩擦拖曳的固体输送有很大的区别。

在双螺杆挤出机中，往往采用限制或定量加料的方式。在进料口上方设有加料器，由加料器中的加料螺杆转速来控制物料进入挤出机的量，实际上也控制了挤出型材的速度。而螺杆的转速更多地体现在塑化能力的变化，速度加快，螺杆的塑化能力提高。二者具有密切的关系，加料速度应与挤出机螺杆的转速相匹配，从而达到最好的塑化质量和形成适当的机头压力。

用于 PVC 型材生产的锥形双螺杆挤出机螺杆的转速一般应控制在 $10 \sim 25 \mathrm{r/min}$，加料器的螺杆转速应控制在挤出机负荷在满负荷的 $40\% \sim 60\%$。加料速度过快，会造成电机负荷过大，对螺杆、电机造成损坏。加料速度过慢，使机头压力过低，不利于熔体的合模压实，产量也会相应降低。在双螺杆挤出机挤出 PVC 型材生产过程中，PVC 粉料因容易挤压、塑化快，而被经常使用，而 PVC 颗粒料因体积大、挤压困难、塑化慢，并容易造成设备损害，需要磨细后使用。

（3）配方要求。由于单螺杆挤出机与双螺杆挤出机物料流动状态不同，物料在螺杆中所受的剪切力不同，所经历的塑化时间、历程不同，因此，对 PVC 体系的配方组成要求也有所不同。物料在双螺杆挤出机中所受的剪切力远远大于在单螺杆挤出机所受的剪切力，对 PVC 体系的内润滑要求更高些。但在双螺杆挤出机中，物料的塑化时间短、塑化历程短，对 PVC 体系的热稳定性要求没有单螺杆挤出机挤出塑化时间长，对热稳定剂稳定时间要求长。此外，双螺杆挤出机塑化能力、物料塑化均匀度都远远大于单螺杆挤出机，双螺杆挤出机挤出制品的质量也比单螺杆挤出机要高，主要表现在材料的拉伸强度、抗冲击强度以及焊角强度上。具体表现在单螺杆挤出机挤出 PVC 型材配方中所使用的热稳定剂、加工助剂、改性剂均比双螺杆挤出机 PVC 型材配方中所使用的要多些。

5.5.2.2　注塑成型

A　注塑成型简介

注塑成型又叫注射成型，是复合材料重要的加工工艺之一，特点是可以制造形状复杂的部件。但是由于注塑机混合物料的效果较差，因此，通常先使用双螺杆挤出机进行造粒预塑化，再用高压射入模腔，冷却固化后开模得到制品。但是注塑成型对注塑机、模具设计、模具制造、成型工艺操作过程等方面有较高要求，注塑机、模具精密度要求高，模具成本，维护费用高。注塑成型机如图 5-17 所示。

注（射模）塑（或称注射成型）是指塑料先在注塑机的加热料筒中受热熔融，而后由柱塞或往复式螺杆将熔体推挤到闭合模具的模腔中成型的一种方法。它不仅可在高生产率下制得高精度、高质量的制品，而且可加工的塑料品种多、用途广，因此，注塑是塑料加工中重要成型方法之一。

图 5-17   注塑成型机

注塑机的基本功能：

（1）加热塑料，使其达到熔融状态；

（2）对熔体施加高压，使其射出而充满模腔。

热塑性塑料的注塑操作一般是由塑炼、充模、压实和冷却等所组成的，所用设备是由注塑机、注塑模具及辅助设备（如物料干燥等）组成的。

a   注射装置

注射装置在注塑机过程中主要实现塑炼、计量、注射和保压补缩等功能。螺杆式注射装置用得最多，它是将螺杆塑炼和注射用柱塞统一成为一根螺杆而成的。实质上，应称为同轴往复杆式注射装置。在工作时，料斗内的塑料靠自身的重量落入加热料筒内，通过螺杆的转动，塑料沿螺槽向前移动，这时物料受到加热料筒外部加热器加热，同时内部还有剪切产生的热，温度上升，再次成为熔融状态。

随着加热料筒前端材料的贮存，这些材料产生的反作用力（背压）将螺杆向后推，利用限位开关限制其后退量，当后退到一定位置时，使螺杆停止转动，由此决定（计量）一次的注射量。

模内的材料冷却后，制品一经取出，就再次合上模具，进入注射工序，这时注射装置的液压缸（注射油缸）向螺杆施力，在高压下螺杆成为射料杆，将其前端的熔体从喷嘴注入模具内。

螺杆式注射装置是由螺杆、料筒、喷嘴和驱动装置等部分构成的。注射用螺杆一般分加料、压缩和计量三段，压缩比为 2~3，长径比为 16~18。

当熔体从喷嘴射出去时，由于加压熔体上的注射力的反作用力，一部分熔体会通过螺杆的螺槽逆流到后部。为防止这种现象，可在螺杆的端部装上止逆阀。对于硬聚氯乙烯，则采用锥形螺杆头。

料筒是装纳螺杆的部分，一般由耐热、耐高压的钢材制成。在料筒的外围安装数组电热圈以加热筒内的物料，用热电偶控制温度，使塑料具有适宜的温度。

喷嘴是连接料筒和模具的过渡部分，其上装有独立的加热圈，因此它是直接影响塑料熔融状的重要部分。一般注塑多采用敞开喷嘴，低黏度聚酰胺，故采用针阀式喷嘴。

驱动螺杆的转动可用电动机或液压马达，螺杆的往复运动是借助液压力实现的。

通过注射装置表征注塑机的参数有：注射量是指注塑机每次注入模内的最大量，可用注射聚苯乙烯熔体的质量表示，或用注射熔体的容积表示；注射压力是指在注射时施加于料筒截面上的压力；注射速度则指注射时螺杆的移动速度。

b 合模装置

合模装置除了完成模具的开合动作之外，其主要任务是以足够的力抗冲注射到模具内的熔体的高压力，使模具锁紧，不让它张开。合模机构无论是机械式还是液压式或液压机械式，都应保证模具开合灵活、准时、迅速而安全。从工艺上要求，开合模具要有缓冲作用，模板的运行速度在合模时应先快后慢，而在开模时应先慢再慢，借以防止损坏模具及制件。在成型过程中，为了保持模具闭合而施加到模具上的力称为合模力，其值应大于模腔压力与制件投影面积（包括分流道）之积。模腔内的平均压力一般在 20~45MPa。由于合模力能够反映出注塑机成型制品面积的大小，所以常用注塑机的最大合模力来表示注塑机的规格，但合模力与注射量之间也存在一个大致的比例关系。然而，合模力表示法并不能直接反映注射制品体积的大小，使用起来还不方便。国际上许多厂家采用合模力/当量注射容积表示注塑机的规格。对于注射容积，为了对于不同机器都有一个共同的比较标准，特规定注射压力为 100MPa 时的理论注射容积，即当量注射容积=理论注射容积×额定注射压力/100MPa。

c 控制系统

注塑机液压控制系统主要分常规液压控制系统、伺服控制系统和比例控制系统。由于液压系统复杂，这里以比例阀油路系统为例进行说明。这一系统的特点是，在油路系统中有控制流量和压力的比例（电磁比例流量阀或电磁比例流量换向阀，电磁比例压力阀）。通过外边给定电的仿真信号和磁力的比例作用，来控制阀芯的开口量或阀芯的弹簧力，对系统流量或压力进行控制，从而达到注射速度、螺杆速度、启闭速度与注射压力、保压压力、螺杆转矩、注射座推力、顶出力、模具保护压力实行单级、多级控制或无级控制。

B 注塑成型工艺

注塑成型工艺是指将熔融的原料通过加压、注入、冷却、脱离等操作制作一定形状的半成品件的工艺过程。塑件的注塑成型工艺过程主要包括合模→填充→（气辅、水辅）保压→冷却→开模→脱模等 6 个阶段。

a 填充阶段

填充是整个注塑循环过程中的第一步，时间从模具闭合开始注塑算起，到模具型腔填充到大约 95% 为止。理论上，填充时间越短，成型效率越高；但是在实际生产中，成型时间（或注塑速度）要受到很多条件的制约。

高速填充：高速填充时，剪切率较高，塑料由于剪切变稀的作用而存在黏度下降的情形，使整体流动阻力降低；局部的黏滞加热影响也会使固化层厚度变薄。因此，在流动控制阶段，填充行为往往取决于待填充的体积大小。即在流动控制阶段，由于高速填充，熔体的剪切变稀效果往往很大，而薄壁的冷却作用并不明显，于是速率的效用占了上风。

低速填充：热传导控制低速填充时，剪切率较低，局部黏度较高，流动阻力较大。由于热塑料补充速率较慢，流动较为缓慢，使热传导效应较为明显，热量迅速被冷模壁带走。加上较少量的黏滞加热现象，固化层厚度较厚，进一步增加了壁部较薄处的流动阻力。

由于喷泉流动的原因，在流动波前面的塑料高分子链排向几乎平行流动波前。因此，两股塑料熔胶在交汇时，接触面的高分子链互相平行；加上两股熔胶性质各异（在模腔中滞留时间不同，温度、压力也不同），造成熔胶交汇区域在微观上结构强度较差。在光线下，将零件摆放适当的角度，用肉眼观察，可以发现有明显的接合线产生，这就是熔接痕的形成机理。熔接痕不仅影响塑件外观，而且其微观结构松散，易造成应力集中，从而使得该部分的强度降低而发生断裂。

一般而言，在高温区产生熔接的熔接痕强度较佳。因为高温情形下，高分子链活动性相对较好，可以互相穿透缠绕，此外，高温度区域两股熔体的温度较为接近，熔体的热性质几乎相同，增加了熔接区域的强度；反之，在低温区域，熔接强度较差。

b　保压阶段

保压阶段的作用是持续施加压力，压实熔体，增加塑料密度（增密），以补偿塑料的收缩行为。在保压过程中，由于模腔中已经填满塑料，背压较高。在保压压实过程中，注塑机螺杆仅能慢慢地向前作微小移动，塑料的流动速度也较为缓慢，这时的流动称作保压流动。由于在保压阶段，塑料受模壁冷却固化加快，熔体黏度增加也很快，因此模具型腔内的阻力很大。在保压的后期，材料密度持续增大，塑件也逐渐成型，保压阶段要一直持续到浇口固化封口为止，此时保压阶段的模腔压力达到最高值。

在保压阶段，由于压力相当高，塑料呈现部分可压缩特性。在压力较高区域，塑料较为密实，密度较高；在压力较低区域，塑料较为疏松，密度较低，因此，造成密度分布随位置及时间发生变化。保压过程中，塑料流速极低，流动不再起主导作用；压力为影响保压过程的主要因素。保压过程中，塑料已经充满模腔，此时逐渐固化的熔体作为传递压力的介质。模腔中的压力借助塑料传递至模壁表面，有撑开模具的趋势，因此需要适当的锁模力进行锁模。胀模力在正常情形下会微微将模具撑开，对于模具的排气具有帮助作用；但若胀模力过大，易造成成型品毛边、溢料，甚至撑开模具。因此，在选择注塑机时，应选择具有足够大锁模力的注塑机，以防止胀模现象，并能有效进行保压。在新的注塑环境条件下，我需考虑一些新的注塑工艺，如气辅成型、水辅成型、发泡注塑等。

c　冷却阶段

在注塑成型模具中，冷却系统的设计非常重要。这是因为成型塑料制品只有冷却固化到一定刚性，脱模后才能避免塑料制品因受到外力而产生变形。由于冷却时间占整个成型周期的70%~80%，因此，设计良好的冷却系统可以大幅缩短成型时间，提高注塑生产率，降低成本。设计不当的冷却系统会使成型时间拉长，增加成本；冷却不均匀更会进一步造成塑料制品的翘曲变形。

根据实验，由熔体进入模具的热量大体分两部分散发，5%热量经辐射、对流传递到大气中，其余95%从熔体传导到模具。塑料制品在模具中由于冷却水管的作用，热量由模腔中的塑料通过热传导经模架传至冷却水管，再通过热对流被冷却液带走。少数未被冷却水带走的热量则继续在模具中传导，直至接触外界后散溢于空气中。

注塑成型的成型周期由合模时间、充填时间、保压时间、冷却时间及脱模时间组成。其中以冷却时间所占比重最大，为70%~80%。因此，冷却时间将直接影响塑料制品成型周期长短及产量大小。脱模阶段塑料制品温度应冷却至低于塑料制品的热变形温度，以防止塑料制品因残余应力导致的松弛现象，或脱模外力所造成的翘曲及变形。

影响制品冷却速率的因素有：

（1）塑料制品设计方面。主要是塑料制品的壁厚，制品厚度越大，冷却时间越长。一般而言，冷却时间约与塑料制品厚度的平方成正比，或是与最大流道直径的 1.6 次方成正比。即塑料制品厚度加倍，冷却时间增加 4 倍。

（2）模具材料及其冷却方式。模具材料，包括模具型芯、型腔材料以及模架材料，对冷却速度的影响很大。模具材料热传导系数越高，单位时间内将热量从塑料传递而出的效果越佳，冷却时间也越短。

（3）冷却水管配置方式。冷却水管越靠近模腔，管径越大，数目越多，冷却效果越佳，冷却时间越短。

（4）冷却液流量。冷却水流量越大（一般以达到紊流为佳），冷却水以热对流方式带走热量的效果也越好。

（5）冷却液的性质。冷却液的黏度及热传导系数也会影响到模具的热传导效果。冷却液黏度越低，热传导系数越高，温度越低，冷却效果越佳。

（6）塑料选择。塑料的热传导系数是指塑料将热量从热的地方向冷的地方传导速度的量度。塑料热传导系数越高，代表热传导效果越佳，或是塑料比热低，温度容易发生变化，因此热量容易散逸，热传导效果较佳，所需冷却时间较短。

（7）加工参数设定。料温越高，模温越高，顶出温度越低，所需冷却时间越长。

（8）冷却系统的设计规则：所设计的冷却通道要保证冷却效果均匀而迅速。设计冷却系统的目的在于维持模具适当而有效率的冷却。冷却孔应使用标准尺寸，以方便加工与组装。设计冷却系统时，模具设计者必须根据塑件的壁厚与体积决定下列设计参数——冷却孔的位置与尺寸、孔的长度、孔的种类、孔的配置与连接以及冷却液的流动速率与传热性质。

d 脱模阶段

脱模是一个注塑成型循环中的最后一个环节。虽然制品已经冷固成型，但脱模还是对制品的质量有很重要的影响，脱模方式不当，可能会导致产品在脱模时受力不均，顶出时引起产品变形等缺陷。脱模的方式主要有两种：顶杆脱模和脱料板脱模。设计模具时要根据产品的结构特点选择合适的脱模方式，以保证产品质量。对于选用顶杆脱模的模具，顶杆的设置应尽量均匀，并且位置应选在脱模阻力最大以及塑件强度和刚度最大的地方，以免塑件变形损坏。而脱料板则一般用于深腔薄壁容器以及不允许有推杆痕迹的透明制品的脱模，这种机构的特点是脱模力大且均匀，运动平稳，无明显的遗留痕迹。

C 工艺参数

（1）注塑压力。注塑压力是由注塑系统的液压系统提供的。液压缸的压力通过注塑机螺杆传递到塑料熔体上，塑料熔体在压力的推动下，经注塑机的喷嘴进入模具的竖流道（对于部分模具来说也是主流道）、主流道、分流道，并经浇口进入模具型腔，这个过程即注塑过程，或者称为填充过程。压力的存在是为了克服熔体流动过程中的阻力，或者反过来说，流动过程中存在的阻力需要注塑机的压力来抵消，以保证填充过程顺利进行。

在注塑过程中，注塑机喷嘴处的压力最高，以克服熔体全程中的流动阻力。其后，压力沿着流动长度往熔体最前端波前处逐步降低，如果模腔内部排气良好，则熔体前端最后的压力就是大气压。

影响熔体填充压力的因素很多，概括起来有 3 类：1) 材料因素，如塑料的类型、黏度等；2) 结构性因素，如浇注系统的类型、数目和位置，模具的型腔形状以及制品的厚度等；3) 成型的工艺要素。

（2）注塑时间。这里所说的注塑时间是指塑料熔体充满型腔所需要的时间，不包括模具开、合等辅助时间。尽管注塑时间很短，对于成型周期的影响也很小，但是注塑时间的调整对于浇口、流道和型腔的压力控制有着很大作用。合理的注塑时间有助于熔体理想填充，而且对于提高制品的表面质量以及减小尺寸公差有着非常重要的意义。注塑时间要远远低于冷却时间，大约为冷却时间的 1/15～1/10，这个规律可以作为预测塑件全部成型时间的依据。在做模流分析时，只有当熔体完全是由螺杆旋转推动注满型腔的情况下，分析结果中的注塑时间才等于工艺条件中设定的注塑时间。如果在型腔充满前发生螺杆的保压切换，那么分析结果将大于工艺条件的设定。

（3）注塑温度。注塑温度是影响注塑压力的重要因素。注塑机料筒有 5 或 6 个加热段，每种原料都有其合适的加工温度（详细的加工温度可以参阅材料供应商提供的数据）。注塑温度必须控制在一定的范围内。温度太低，熔料塑化不良，影响成型件的质量，增加工艺难度；温度太高，原料容易分解。在实际的注塑成型过程中，注塑温度往往比料筒温度高，高出的数值与注塑速率和材料的性能有关，最高可达 30℃。这是由于熔料通过注料口时受到剪切而产生很高的热量造成的。在做模流分析时，可以通过两种方式来补偿这种差值，一种是设法测量熔料对空注塑时的温度，另一种是建模时将射嘴也包含进去。

（4）保压压力与时间。在注塑过程将近结束时，螺杆停止旋转，只是向前推进，此时，注塑进入保压阶段。保压过程中，注塑机的喷嘴不断向型腔补料，以填充由于制件收缩而空出的容积。如果型腔充满后不进行保压，制件大约会收缩 25%，特别是筋处由于收缩过大而形成收缩痕迹。保压压力一般为充填最大压力的 85%左右，需要根据实际情况确定。

（5）背压。背压是指螺杆反转后退储料时所需要克服的压力。采用高背压有利于色料的分散和塑料的融化，但却同时延长了螺杆回缩时间，降低了塑料纤维的长度，增加了注塑机的压力，因此背压应该低一些，一般不超过注塑压力的 20%。注塑泡沫塑料时，背压应该比气体形成的压力高，否则螺杆会被推出料筒。有些注塑机可以将背压编程，以补偿熔化期间螺杆长度的缩减，这样会降低输入热量，令温度下降。不过由于这种变化的结果难以估计，故不易对机器作出相应的调整。

5.5.2.3　热压成型

A　热压成型简介

热压成型是塑料加工业中简单、普遍的加工方法，主要是利用加热加工模具后，注入试料，以压力将模型固定于加热板，控制试料的熔融温度及时间，以达熔化后硬化、冷却，然后取出模型成品即可（图 5-18）。

热压成型有时也可划分为真空成型与压缩成型，其施压方式不尽相同。

热压成型材料较重要的特性如下：

（1）塑料记忆。塑料记忆可以使塑料加热后变成橡胶状而紧密地贴合于模具上，是材料的一种重要特性。由于此特性，成型不良的产品可以在模具外加热，使其恢复成原来的平板状。

图 5-18　热压成型装置

（2）热强度及热延伸。热强度及热延伸是与塑料记忆有关的两种特性。热强度是指塑料受热后所剩下的强度。有些塑料受热后会失去所有的强度，变成软质黏糊状，但有些塑料受热后仍具有强度反弹性。具有高热强度的塑料，可以在模具上进行延伸，但低热强度的塑料延伸时很快就会撕裂。因此，具有高热强度的材料即具有高热撕裂强度的材料。另外，材料的成型温度范围也是一重要的特性，优良的热压成型材料可以在较广范围下变成软质橡胶状，如亚克力塑料，可以在 125~175℃下成型。某些材料可在稍高于软化点范围下成型。塑性材料在热压过程中需特别注意，有些在成型时会产生内在的塑性记忆应力，而无法得到理想的产品。因此，成型温度及压力都有一定的范围及限制。而且在热压成型中，也会产生某种程度的延伸作用，因此，在选择材料时，必须要注意其成型温度。在做热压成型时，最好在较小范围的时间及温度范围内操作。

B　热压模具

a　模具材料

模具钢材必须具有足够的硬度和耐磨性，以及足够的强度和韧性，并具备良好的加工性能，以及良好的花纹可蚀性，故一般选用中碳合金钢。常用的有日本大同 YK-30、黄牌 55CC，一般为出厂状态使用，调质处理后使用效果更佳。

b　模具结构

模具由模板、活页、定位销等组成。模板分公模和母模，均为整体式结构。由 CNC 铣切加工及 EDM 火花加工成形。斜壁部分由 CNC 铣加工成形。模板厚度一般为 30~45mm。模具面积为机台面积的 75%~85%。尺寸一般有以下几种：350mm×350mm、350mm×400mm、400mm×450mm、450mm×450mm、500mm×500mm。活页为连接公母模开合之用。定位销用于合模时对模具定位，以保证公母模之间的相对位置准确不偏移。

c 模具的表面处理

（1）电火花纹。通过电火花机床进行电蚀而在型腔表面形成不同粗糙度的花纹，放电后模具表面呈雾状。

（2）喷砂。喷砂的种类如下：

喷玻璃砂：模具表面光亮，不易损伤模具。一般为120目。

喷金刚砂：模具表面呈雾状，有砂纹。容易损伤模具，特别是损伤斜壁尖角部分。一般为80目。

喷混合砂：模具表面呈雾状，无光泽。

喷砂的作用：产品表面纹路要求；模具生产一段时间后，表面会黏附一层低分子物，利用喷砂对其进行清洗。

喷砂的时间：一般来说，大量生产时，母模变脏后会随时喷砂清洗。而公模每隔一段时间喷一次砂，以保养模具。喷砂每次30min左右。

喷砂对模板的影响：喷砂会使斜壁厚度增加，增大压力，手感变差。可通过改变料的硬度来调整喷砂对模板的影响。

喷砂的优点和缺点：喷砂成本低，操作方便，且不会造成模具变形，但是喷砂清洗，使斜壁厚度增加，造成力度变化，影响质量。

（3）电镀。电镀的种类如下：

镀铬：镀铬层表面较硬，因放电关系，表面镀层厚度较不一致，且施工期较长。镀铬层厚度为0.015mm。

镀镍：镀镍层表面较软，易受损，但镀层厚度一致。镀镍层厚度为0.005mm。

电镀的作用：当批量很大时，在大量生产之前，可以对模具表面进行电镀处理。当表面被低分子物污染时，用刀片即可清理，不会因喷砂而使斜壁增加，影响质量。

电镀对模板的影响：电镀因为镀层很薄，对模板几乎没有影响，但当模板变形而修模时，需退镀，退镀对模具损害较大。

电镀的缺点：成本太高，一般为5000~6000元，一般模具电镀会外发电镀厂电镀，故很多公司不采用电镀方式，而采用喷砂。

d 模具的寿命

模具使用寿命由材料、生产件数而定，一般为10万次左右，或保证2年使用期。模具一般不能翻新。

e 模具的缩水率

模具的收缩率取决于原料厂商及硬度，一般在一次成型后收缩2.5%~3%。二次加硫后收缩3.2%~4%。采用热压成形均需二次硫化。

f 模具的腔数

模具面积一般为机台面积的75%~85%，而腔的面积为模具面积的80%。一般无绳电话腔数为15~18，腔数过多，成形温度及压力分布不均，品质难以控制；腔数过少，成本会增加。

g 模具内的溢料槽

为了使腔之间胶料有良好的流动性，一般在模具上腔之间开有溢料槽。溢料槽一般根据试模后胶料在模内的流动情况来设计作出。

———— 本 章 小 结 ————

本章介绍了煤矸石在建筑材料领域的二次资源化利用情况，详细论述了煤矸石制备烧结砖、水泥熟料、路基石材料和新型复合板材等材料方面的工艺、设备、产品以及研究现状等。

思 考 题

5-1 煤矸石理化特性对烧结砖的制备有哪些影响？

5-2 在研究煤矸石代黏土配料煅烧水泥熟料的试验中，需要考虑哪些影响因素？

5-3 煤矸石性质及掺量对合成路基石材料有哪些影响？

5-4 煤矸石与聚氯乙烯（PVC）、聚丙烯（PP）、聚乙烯（PE）等常用有机聚合物树脂通过不同的成型工艺制备复合材料板材，思考一下，何种工艺装备适合何种原材料配方？

5-5 谈谈煤矸石资源化利用的其他途径还有哪些。

参 考 文 献

［1］ 宋欢，汪竞争. 煤矸石在建材领域的应用进展［J］. 当代化工研究，2021（22）：3.

［2］ Gao S, Gao S, Zhang S, et al. Application of coal gangue as a coarse aggregate in green concrete production：A review［J］. Materials，2021，14（22）：6803.

［3］ Zhang Y, Ling T C. Reactivity activation of waste coal gangue and its impact on the properties of cement-based materials-A review［J］. Construction and Building Materials，2020，234：117424.

［4］ 赵双菊，张彩朗，杨小妹. 我国煤矸石综合利用现状综述［J］. 建材发展导向，2012（24）：5.

［5］ 尹来民. 利用煤矸石烧制水泥熟料［J］. 煤炭科学技术，1986（2）：2.

［6］ 陈仕香. 用煤矸石替代黏土配料生产优质水泥熟料［J］. 水泥，2003（4）：18-19.

［7］ 建筑材料科学研究院水泥研究所. 煤矸石水泥及建筑制品［M］. 北京：中国建筑工业出版社，1982.

［8］牛建立，刘旭斌. 一种煤矸石/PVC树脂人造石板材及其制备方法［P］.CN111217553A，2020.

［9］ 刘文涛，张小民. 一种煤矸石粉和花岗岩粉混合PVC地板砖及其生产装置［P］. CN111892731A，2020.

［10］ 邓寅生，邢学玲，徐奉章，等. 煤炭固体废物利用与处置［M］. 北京：中国环境科学出版社，2008.

6 煤矸石生态利用技术

本章提要：
　　（1）掌握煤矸石生态利用技术的背景、发展和概述。
　　（2）掌握煤矸石生态利用技术的技术要点和应用。

6.1　煤矿充填开采

6.1.1　充填开采技术研发背景

　　煤矿充填开采技术是绿色开采技术的重要组成部分，尤其是煤矿胶结充填开采，是有效回采煤炭资源、实现煤炭可持续发展的重要保障，煤矿胶结充填开采正逐步成为煤炭工业的关键技术，它不但可在回收高品质煤炭资源时使煤矿获得更好的经济效益，而且可提高资源利用效率、有效地减少对环境的破坏和保护自然环境。

　　目前我国煤矿的"三下"（村庄下、道路下、水体下）压煤约为137.9亿吨[1]，其中建筑下压煤87.6亿吨，约占整个压煤量的63.5%。东部矿区人口密集，"三下"压煤严重，大部分矿井"三下"压煤量占可采储量的40%，有些矿井全部的可采储量均为"三下"压煤。随着工农业生产的发展，建筑下压煤有增大趋势，很多矿区建筑下压煤占到矿区可采储量的60%，严重制约着矿区的生产和可持续发展。

　　"三下"压煤多集中分布于工业基础较好、开发条件优越、对煤炭需求较为迫切的经济发达地区。"三下"压煤按照充填材料和输送方式，主要分为干式充填、水力充填和胶结充填[2]。干式充填是国内外矿山应用最早的充填方法，其原理是将由露天采石场或废石场采集的块石、砂石、土壤、工业废渣等干式充填材料，按照规定的块度组成对所提供的物料进行破碎、筛分和混合，用人力、重力或机械设备，经地面运输和井下阶段水平运输，到达充填井或采空区，进行溜放或贮存充填，从而形成可压缩松散充填体。水力充填是指以水为输送介质，利用自然压头或泵压，从制备站沿管道或管道相连接的钻孔，将矸石、河砂、破碎砂、尾砂或水淬炉渣等水力充填材料输送和充填到采空区的充填技术。

　　胶结充填是指将采集和加工的矸石等惰性材料掺入适量的胶结料，加水混合搅拌制备成胶结充填料浆，沿钻孔、管、槽等向采空区输送和堆放浆体，然后使浆体在采空区中脱去多余的水（或不脱水），形成具有一定强度和整体性的充填体；或者将采集和加工好的矸石、块石等分别送入井下，按照配比掺入适量的胶结料和细粒料（或者不加细粒料）惰性材料，加水混合形成低强度混凝土；或者将地面制备成的水泥砂浆或净浆，与矸石、块石等分别送入井下，将矸石、块石等惰性材料先放入采空区，然后采用压注、自淋、喷洒等方式，将砂浆或净浆包裹在矸石、块石等的表面，胶结形成具有自立性和较高强度的充填体的充填技术。

我国煤矿有 1600 余座矸石山，矸石堆积量约为 55 亿吨，年排放矸石 5 亿吨，占地约 1.5 万公顷。污染空气、地下水、土地，易自燃、爆炸。同时，我国有大量的"三下"压煤，同样排放了大量的固体废弃物，提出处理思路，用这部分大量的固体废弃物来置换"三下"压煤，即将建筑物下、水体下、铁路下的煤炭资源开采出来，然后将此部分的固体废弃物充填到井下去，实现矿区的资源开采与环境协调发展。

6.1.2 充填开采技术的发展

20 世纪 40 年代初，煤矿开采充填技术主要的应用目的是对煤矿区的废弃物进行处理，煤矿开采充填技术的发展也处在一个初级的阶段，不能达到理想的填充效果，并且容易对生态环境造成破坏。这个阶段主要采取的充填方式是废石干式充填，不仅需要动用大量的劳动力，且充填的效率较低。在 20 世纪 50 年代左右，水砂充填工艺在煤矿开采中得到了广泛的应用，这种充填技术的主要优点是能够解决煤炭开采中地表沉降的问题，以及降低矿坑火灾发生的概率。在 20 世纪 70 年代左右，尾砂胶结充填技术出现，我国采用的混凝土充填就是尾砂胶结充填技术中的一种。20 世纪末，全球开始高度关注生态环境问题，原来的煤矿开采充填技术与生态环境理念格格不入，因此出现了很多新的煤矿开采充填技术，对我国煤矿开采充填技术的可持续性发展产生了重大的意义[3]。

目前，我国煤矿应用的充填开采方法与技术主要有固体工作面充填开采、固体巷道充填、膏体工作面充填开采、覆岩离层注浆充填开采和高水材料充填开采等[4]。

固体充填开采技术分为工作面充填和巷道充填。固体充填开采技术使用矸石、粉煤灰、黄土、风积沙、建筑垃圾、露天矿排土作为充填材料，其主要特点为：将井下采煤、掘进过程中产生的矸石及地面洗选过程中产生的矸石，通过机械破碎后，配以粉煤灰、黄土等辅料，利用连续输送系统将充填材料输送至工作面，进行采后直接充填，并用推压密实装置对充填物料推压密实，实现采空区密实充填。目前，综合机械化固体工作面充填技术已在河北邢台、开滦矿区，山东新汶矿区，山西阳泉、西山矿区等地推广应用。

固体巷道充填开采技术是将岩巷掘进产生的矸石在井下直接运输、破碎后，由给料机、带式输送机运至充填巷掘进工作面，经矸石胶带抛矸机进行充填的开采技术。与其他矸石处理方法相比，具有系统简单、投资小、充填效果好的特点。

工作面膏体充填开采技术是将煤矿生产过程中产生的煤矸石、电厂产生的粉煤灰、工业炉渣等固体废弃物，在地面加工制成浆状充填材料，通过专用充填泵加压，利用充填管道将充填物料输送至井下工作面的开采技术，已经在淄博、济宁、峰峰、焦作等矿区开展了应用。

覆岩离层注浆充填开采技术也是膏体充填的一种形式，原理是利用煤层开采后覆岩下沉开裂过程中形成的离层空间，借助高压注浆泵，从地面通过钻孔向离层空间注入充填材料，减少采出空间向上的传递，支撑离层上位岩层，减缓岩层进一步弯曲下沉，从而达到减缓地表下沉的目的。安徽淮北矿业集团临涣煤矿采用离层注浆充填开采技术，应用效果显著。

高水充填采煤技术是将制备好的高水充填材料（分为 A 料和 B 料）通过管路输送至工作面采空区充填袋（包），待凝固后形成固定形状的支撑体，起到支撑顶板的作用。由于其具有流动性好的特点，可以通过地面打孔至采空区进行灌注，也可以通过管路直接输送至采空区，其中水体积可以达到 97%，已经在邯郸、临沂等矿区进行了应用。

6.1.3　重点发展区域的充填开采

煤矿充填开采能够主动保护地表环境，以最小的生态扰动获取煤炭资源。当控制地表沉陷或保护生态环境对煤炭开采有特殊要求或约束时，应积极采用充填开采，扩大其应用范围；同时，认真研究地质赋存条件、充填物料、充填成本等对充填开采的影响，明确充填开采的适用条件，并提出突破条件限制的技术措施，才能有效地推广充填开采技术。

（1）地表和地下水系区域。目前，在全国 96 个国有重点矿区中，缺水矿区占 71%，严重缺水矿区占 40%。我国每年因煤炭开采形成的废污水占全国总废污水量的 25% 左右，特别是在富煤贫水的西部生态脆弱矿区，煤炭开采造成了地下水资源大量流失，加剧了水资源短缺的困境和地表生态的退化。山西省因煤炭过度开采导致的水资源破坏面积已占全省国土面积的 13%，2015 年因煤炭开采造成的直接经济损失以及由此产生的治理费用超过 100 元/t。因此，地表和地下水系的保护成为生态环境保护的重要组成部分，而充填开采可有效保护地面及地下水系，在这种区域应尽量采取充填开采。

（2）地表建筑区域。"三下"压煤中以村庄建筑物下压煤量最大，在村庄密集的平原矿区，每采出百万吨煤炭需迁移约 2000 人。迁村难、选址难、费用高、工作难度大、资源损失严重等是开采建筑物下压煤的突出难题。针对不同保护等级的地表建筑物，通过采用充填开采技术，能够精准控制地表的下沉、变形，辅以建筑物补强措施，可降低建筑物受采动的损坏程度，甚至可以做到零损伤，满足国家标准，避免地面建筑物破坏和村庄搬迁产生的额外费用。

（3）自然保护区域。2018 年 3 月，多部委联合印发《"绿盾 2018"自然保护区监督检查专项行动实施方案》（环生态函［2018］43 号），组织开展专项行动，重点排查采矿（石）、采砂、工矿企业和保护区核心区缓冲区内旅游开发、水电开发等对生态环境影响较大的活动，对煤炭资源开发提出了更高的要求，充填开采能大幅减小采矿活动对生态环境的影响，是自然保护区内压覆煤炭资源开发的必然技术选择。

（4）矸石固废污染区域。矸石是煤矿区最主要的固体废弃物污染源，长期以来，煤矸石大量堆积在煤矿工业广场，缺乏有效处理，目前我国煤矸石累计堆积量达 45 亿吨，占地约 130km²，《煤炭工业发展"十三五"规划》中指出，到 2020 年，我国每年将新增矸石 7.95 亿吨。同时，矸石的传统处理方式价格较高，据调研，山西、内蒙古等地区矸石处理费用达到 25~50 元/t。井下工作面充填开采年处理矸石能力可达 100 万吨，可快速有效地消灭地面矸石山，使矸石不与大气和降雨接触，减少自燃和淋溶水污染，是清洁、高效处理煤矸石的有效途径。

6.1.4　典型充填采煤技术

国内外矿山开采产生大量的固体废物，随着矿山充填开采技术的发展，尤其是我国煤矿综合机械化固体充填开采技术的大力发展，矿山固体废弃物在矿井采空区充填成为其规模化处理的较好途径。充填开采与传统开采的不同之处在于对工作面顶板的控制，传统开采通过让顶板全部垮落来控制顶板，由于原板全部垮落，致使上覆关键层产生大尺度的弯曲变形，甚至发生断裂，造成地表下沉塌陷。但充填开采是采用先让直接顶、伪顶垮落，之后充填采空区以加强对基本顶支撑，减少顶板岩层下沉量，避免关键层大面积断裂失稳，达到控制地表沉陷的目的。固体充填开采技术的实施，可有效地控制上覆岩层弯曲下沉量，使开采工作面上方地表物体受到的影响甚微。

在矿山生产过程中会产生大量的固体废物，一般情况下，这些矿山固体废弃物以堆放的方式进行储存利用。矿山固体废弃物是由煤矿、金属矿山和其他矿山直接，或二次利用产生的，总体上可以按如下方式分类[5]：

（1）根据矿山类型可分为煤矿山和非煤矿山固体废弃物。煤矿山的固体废物主要来源于巷道掘进产生的矸石，以及煤炭洗选加工过程中产生的矸石，也包括煤炭燃烧或煤矸石燃烧后产生的粉煤灰等；非煤矿山，尤其是金属矿山，在正常的生产中，产生大量的固体废物，其主要来源于掘进与洗选产生的尾矿。

（2）根据矿山开采方式可分为井工矿山和露天矿山固体废弃物。我国煤层赋存状况差异较大，既存在井工矿山，也存在露天矿山，随着开采向深部发展，以井工矿山开采方式居多。井工矿山在我国各地均有分布，而露天矿山多分布在我国西北部。井工矿山开采过程中产生的固体废物多为无直接用途的岩石，而露天矿山由于埋藏深度较浅，其产生的固体废物多为被剥离的砂土和被风化的岩体。

（3）根据矿山固体废弃物的出处可分为开拓和分选的矿山固体废弃物。无论是煤矿还是非煤矿山，产生的矿山固体废弃物都可以分为因开采准备而采掘的废石，以及从原煤或矿石中分选出来的矸石等。

（4）根据矿山固体废弃物的颗粒大小可分为块状、颗粒状和粉状的矿山固体废弃物。矿山固体废弃物有块状、颗粒状和粉末状，其来源各不相同，有直接生产的，也有在利用中产生的，如尾矿是典型的块状固体废物，粉煤灰是燃烧后产生的粉末状固体废物，还有一些在运输或加工中产生的颗粒状固体废物。

总体而言，可以将矿山固体废弃物分为以下几种：

（1）矿山尾矿和废矿石。矿山尾矿和废矿石大量出自非煤矿山的开采与选矿中，通常根据矿区地貌条件，将其堆放在尾矿库内。

（2）煤矿掘进矸石和洗选矸石。煤矿在掘进和洗选作业中产生大量的矸石，这些矸石以矸石山的形式堆积在煤矿工业广场内，形成煤矿特有的地貌。

（3）露天矿剥离的砂土及风化岩体。一些煤层或矿层由于埋深较浅，为了达到经济化开采，在这部分条件的煤层或矿层区域，一般采用露天采矿的方法进行矿产资源的开采，采用的工艺一般是将覆盖在煤层或矿层上方的表土、砂土等进行剥离，因此，在这些矿区会产生大量的固体废物，这些固体废物被排放到一定的场地进行堆放或储存。为了减少占地面积，排放的矿山固体废弃物被集中堆放在一起，如我国露天采矿排放砂土等固体废物形成的典型排土场。

（4）电厂粉煤灰。粉煤灰是煤炭或煤矸石在电厂燃烧后产生的固体废物，一般少部分被堆放在电厂内，用粉煤灰罐存放。为了减少占地，并合理堆放粉煤灰，通常将其通过管道运输的方式在远离电厂的地方进行集中堆放，如我国许多工业城市就将所有电厂产生的粉煤灰集中排放在规定的产地，从而形成排放灰场，并进行集中管理。

固体充填采煤技术包括：

（1）固体充填物料输送系统。固体充填采煤技术通过将固体充填材料直接充入采空区，置换出一般传统方法无法采出的煤炭资源，属于煤矿绿色开采技术。作为该项技术的重要组成部分，近年来固体充填材料向多元化发展，种类包括矸石、粉煤灰、高原黄土、露天矿渣和风积沙。

随着充填采煤技术的发展，尤其在综采工作面，工作面前部采煤过后，工作面后部的充填系统必须在采空区顶板下沉与垮落之前，将矸石等固体充填物料安全高效地运输至采空区，进行充填并夯实，因此，有3个技术难点需要解决：

1）保证采煤过后采空区顶板不垮落、不下沉，为采空区固体充填提供空间；

2）形成充填固体的连续输送通道，安全高效地将矸石等固体充填物料运输至采空区进行充填；

3）将矸石等固体充填物料卸至采空区进行夯实动作，保证充填体向采空区压实，实现采空区固体充填。

固体充填采煤是在综合机械化采煤的基础上发展起来的，与传统综采相比较，综合机械化固体充填采煤可实现在同一液压支架掩护下采煤与充填并行作业，其工艺包括采煤工艺与充填工艺。其中，采煤与运煤系统布置和传统综采完全相同，不同的是综合机械化充填采煤技术增加了一套将地面充填材料安全高效输送至井下，并运输至工作面采空区的充填材料运输系统，以及位于支架后部，用于采空区充填材料夯实的夯实系统。为实现高效连续充填，一般充填固体需从地面运至充填工作面，因此需布置一个从地面至充填作业面的固体充填物料运输系统。

（2）固体物料地面运输系统。固体充填物料在地面的堆积场地与投料井之间一般有一定的距离，因此，为保证固体充填物料连续化运输，地面应具备固体充填物料输送系统。通常情况下，固体充填物料都是堆放在投料站内的，且由于固体充填物料的来源和基本特性不同，在运输过程中可能存在以下问题：

1）固体充填物料在地面堆积时间较长，受空气湿度、降雨、风吹等自然因素影响严重，粒度微小的矸石颗粒经过长期侵蚀，可能会黏结在带式输送机上；同时，湿度较大也会改变充填物料的基本特性，进而影响充填效果。

2）固体充填物料粒度不均匀，尤其粒径较大的物料容易造成投料井堵塞。

3）地面运输系统管理不当，会造成地面投料量与井下使用量不均衡，影响井下生产。

因此，合理的固体充填物料地面运输系统应该具有保护固体充填物料原始状态的系统，如搭建固体充填物料堆放厂房和运输通道等，还应该包括破碎或筛分系统，以及保证物料有效供料的控制系统。

以煤矿矸石山矸石运输至投料井为例，介绍地面固体充填物料输送系统，其基本系统如图6-1所示。

由图6-1可知，地面固体充填物料输送系统一般分为3个环节：

1）把矸石山矸石装载至输送机上。此环节主要采用推土机、装载机及装料漏斗等设备，把矸石山矸石装载至带式输送机或者刮板输送机上。

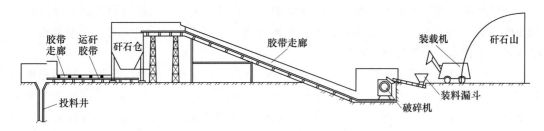

图 6-1　固体充填物料地面运输系统

2）对矸石进行破碎。输送机把矸石运输至破碎系统，通过破碎机进行破碎，达到投料所要求的粒径。

3）运输至投料井口。破碎后的矸石，经胶带输送机运输至投料井口，此时要有控制系统对矸石的运输速度进行控制，并在地面设置矸石仓。

（3）井下矸石运输系统。固体充填采煤采用的固体充填物料不仅来自地面，对于一些矿井，采用的充填材料还包括来自井下掘进工作面的矸石。掘进矸石一般通过副井提升至地面，堆积于矿井矸石山，采用充填采煤方法之后，如果仍然先把矸石提升至地面，然后再通过固体充填物料垂直输送系统将矸石运输至井底，就会造成往返运输，增加吨煤成本。因此，需在井底布置矸石不升井系统，把掘进矸石直接用于工作面的充填，以减少矸石的运输距离，减轻矿井的辅助运输任务。

矸石不升井系统使掘进矸石不需要提升至地面，而直接进入充填矸石运输系统，用于工作面充填。由于掘进矸石的产出量不稳定、产出地点不断变动，因此，需要在适当的位置设置矸石仓，用于掘进矸石的临时存储，矸石仓位置应根据矿井的实际条件选择，一般布置在充填采煤采区内。同时，由于掘进矸石粒径较大，不能直接用于充填，需要增加破碎系统对其进行破碎，经过处理后的掘进矸石从矸石仓放出即可直接进入固体充填物料运输系统，进而进行采空区充填。

影响固体充填物料投放的因素较多，主要影响或制约投放能力的因素包括投料井直径、储料仓直径及其高度。由于投料井深度一般较大，通常情况下，投料井直径是影响固体充填物料投放量的主导因素，而投料井的直径必须要满足井下工作面对固体充填物料的需求量，同时，固体充填物料的性质，尤其是固体充填物料的形状、尺寸与投料井直径有关[6]。

投料井直径关系着投料能力与成本投入，当投料井直径较小时：（1）限制投料流量，不能满足井下充填物料的需求；（2）物料与投料管内壁摩擦增大，降低投料井使用年限；（3）容易造成投料管堵塞。当投料井直径较大时：（1）造成钻孔直径增大，增加施工难度及经济成本；（2）影响井底储料仓施工。

在固体充填物料投放过程中，首先要保证固体充填物料不能在投料井中形成堵塞，其次要使得固体充填物料与投料井之间的摩擦尽量减少。随着固体充填物料直径不断增大，在同一投放截面上，固体充填物料形成自稳结构，即在投料井中堵塞是具备一定条件的。投料井是否堵塞与同一投放截面上固体充填物料的数量有关，通过分析，固体充填物料在投料井中的自稳结构存在两种情况。由于固体充填物料在投放前需要破碎，根据统计分析，可以将投放的固体充填物料近似看成是球体。

充填材料是我国煤矿充填开采推广和应用的重要制约因素。煤矿可利用的原煤矸石率约20%，煤矿的充填材料来源不足，导致煤矿充填开采规模不能满足需求，严重阻碍了煤矿充填开采技术的大规模推广应用。

为破解充填材料不足的难题，首先应研发高效率、高质量、廉价、环保的新型充填材料，这是未来破解煤矿充填开采规模化和高成本难题的重要环节；二是与矿区地表生态治理紧密结合，充分利用地域资源，山区、丘陵地区可利用荒山秃岭废石、河沙作为充填材料，按照生态治理的统一规划，应用充填的方法进行生态治理；三是研发城市建筑垃圾作为充填材料，既可解决城市高速发展过程中建筑垃圾带来的困扰，又可以换取煤炭资源；四是利用相邻金属矿山尾矿进行充填，进行生态共建，金属矿山的尾矿不仅量大，而且数量基本稳定，便于工业化利用。

6.1.5　典型充填开采设备及工艺

固体充填采煤中，固体充填物料通过运输系统输送至悬挂在充填采煤液压支架后顶梁的刮板式充填物料输送机上，再由刮板式充填物料输送机的卸料孔将矸石充填入采空区，最后经充填支架后部的夯实机进行夯实，其基本原理如图6-2所示。

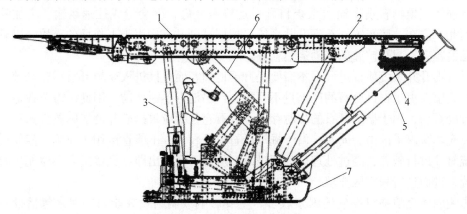

图6-2　充填采煤液压支架

1—前顶梁；2—后顶梁；3—立柱；4—刮板式充填物料输送机；5—夯实机构；6—正四边杆机构；7—底座

由上可知，实现固体充填采煤的三大要点是空间、通道与动力，固体充填采煤方法的技术特征如下：（1）充填采煤液压支架与传统综采支架比较，拆除了传统综采液压支架的掩护梁，代以水平后顶梁，可将固体材料直接充入水平后顶梁掩护的空间内，而不是采空区内；（2）由带式输送机将充填材料运至挂在掩护后顶梁下面的充填物料输送机，形成充填材料的连续输送通道；（3）充填材料由于自重，从充填物料输送机卸料孔中落入后顶梁的掩护空间内，使用夯实机（辅助动力）将充填体向采空区夯实，从而实现固体密实充填。

综合机械化固体充填采煤液压支架是实现同一工作面系统中充填与采煤两项作业并举的核心装备，夯实机构是安设在充填采煤液压支架上实现固体充填物料密实的重要设备。另外，充填物料输送机和充填物料转载机也是固体充填采煤工作面的关键设备，其余设备与综采工作面相同，设备布置如图6-3所示。

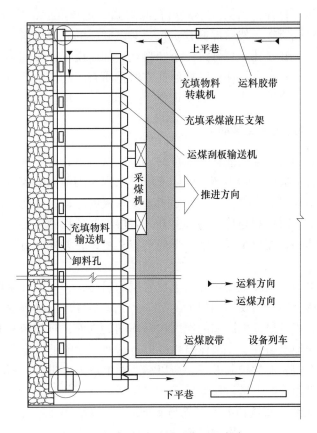

图 6-3　固体充填采煤工作面设备布置

充填开采工作面的采煤工艺与常规综采面的工艺相同,为了尽可能减少开采步距对顶板下沉的影响,采用"一采一充"采充并举作业方式。一般情况,进刀方式为工作面端部斜切进刀,循环进尺 0.6m。

充填工序紧跟采煤工艺进行,其工艺按照采煤机的运行方向相应分为两个流程:一是从充填物料输送机机尾到机头;二是从充填物料输送机机头到机尾。

(1) 当采煤机从充填物料输送机机尾向机头割煤时,充填工艺流程为:在工作面刮板运输机移直后,将充填物料输送机移至支架后顶梁后部,进行充填。充填顺序由充填物料输送机机尾向机头方向进行,当前一个卸料孔卸料到一定高度后,即开启下一个卸料孔,随即启动前一个卸料孔所在支架后部的夯实机对已卸下的充填物料进行夯实,如此反复几个循环,直到夯实为止,一般需要 2~3 个循环。当整个工作面全部充满,停止第一轮充填,将充填物料输送机拉移一个步距,移至支架后顶梁前部,用夯实机构把充填物料输送机下面的充填物料全部推到支架后上部,使其接顶并压实,最后关闭所有卸料孔,对充填物料输送机的机头进行充填。第一轮充填完成后,将充填物料输送机推移一个步距至支架后顶梁后部,开始第二轮充填。

(2) 当采煤机从充填物料输送机机头向机尾割煤时,充填工艺流程为:工作面充填顺序整体由机头向机尾、分段局部由机尾向机头的充填方向。首先在机头打开两个卸料孔,然后从机头到机尾方向把所有的卸料孔进行分组,每 4 个卸料孔为一组。首先把第一组机尾方向的第一个卸料孔打开，当第一个卸料孔卸料到一定高度后，即开启第二个卸料孔，随即启动第一个卸料孔所在支架后部的夯实机，对已卸下的充填材料进行夯实，直到夯实为止。此时关闭第一个卸料孔，打开第三个卸料孔，如此反复，直到第一组充填完成时即打开第二组的第一个卸料孔进行卸料。按照此方法把所有组的卸料孔打开充填完毕后，再把机头侧的两个卸料孔充填完毕，从而实现整个工作面的充填。

6.1.6 典型充填开采过程岩层移动

传统垮落法开采随着支架的前移，上覆的岩层逐渐垮落，最终导致地面的沉降，如果地表有建筑物，就会造成建筑物损坏。固体充填开采则采用前部采煤，后部充填，支架前移后，由于固体充填物料的支撑作用，控制了上覆顶板的运动，从而保证了地表建筑物的安全。固体充填开采岩层控制与传统垮落法开采岩层控制顶板的主要区别在于：通过将煤矸石、粉煤灰等固体物料充填至采空区，形成密室充填体，替代原有煤炭区域，防止采空区地面沉陷。

直接顶的下沉可以直观反映充填开采上覆岩层的运移，不同的开采厚度、不同的充填率及充填工艺等会造成地表出现不同程度的沉降。充填采煤造成影响地表沉陷大小的原因不是单一的，对于充填效果造成影响的原因包括不同的方面，例如密实充填率、充填体的受推力大小、工作面地质条件、充填体自由度等。这些因素能够决定充填效果的好坏，在一定程度上决定了上覆岩层的控制效果。所以需要对上述因素进行分析与控制，最大限度地保证充填效果，进而控制上覆岩层的沉降。

（1）直接顶下沉量。直接顶的下沉量与多种因素有关，例如有无充填装备以及充填材料的类型等因素，直接顶下沉量影响因素的示意图如图 6-4 所示，具体包括充填前、中下沉 h_1 与 h_2，此外，还包括岩石特征下沉 h_3。其中，对于 h_1 与 h_2 来说，虽无法完全消除，但是可以采用一些特殊的方式来进行控制，例如调整支架的结构与参数等。而 h_3 主要与直接顶岩性及上覆岩层压力有关，难以通过人为的方式来进行调整，此时的直接顶下沉量表达式可表示为：

$$h_b = h_1 + h_2 + h_3 \tag{6-1}$$

（2）密实充填率。h_2 表示的是充填过程中的顶板下沉量，充填过程难以保证将全部的空间进行充填，根据充填体积与形成支护顶板的体积能够得到密实充填率，可以使用 k_b 表示，此时即可得到：

$$h_2 = (h_c - h_1 - h_3)(1 - k_b) \tag{6-2}$$

式中，h_2 与 k_b 相关，为分析方便，用 k_b 表示 h_2。充填过程中，充前下沉量 h_1 和密实充填率 k_b 均为人为可控的因素，k_b 则是整个控制区域中的主要控制点。

充填率是充填空间和充填物的容积关系，密实度（通常实验室为表征充填材料压实效果将其称为压实度，现场应用为表征充填材料密实程度和充填效果将其称为密实度）是充填体受压到不可压缩体体积和初充体积的比例关系。最后衡量充填效果的是采空区达到充分采动后的充填率 k_h 与密实度 k_{ys} 的乘积，可定义为密实充填率，如果用 k_b 表示，则有：

$$k_b = k_h k_{ys} \tag{6-3}$$

不同的充填体充填到工作面，可用密实度 k_{ys} 来描述其被压实后的密实程度，用充填体被压实后的最终体积 V_{ys} 与充填材料初始体积 V_s 之比来表示，有：

$$k_{ys} = V_{ys/}V_s \tag{6-4}$$

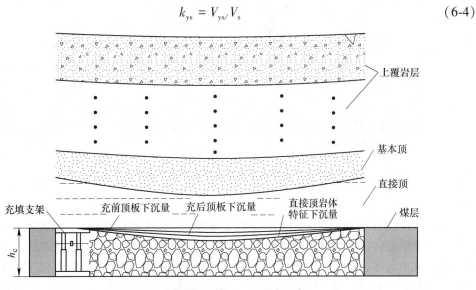

图 6-4　直接顶下沉量 h_b 的影响因素

（3）充填前顶板下沉量。充填采煤活动会使受采动影响的岩体的平衡状态出现变化，尤其是在受到岩体内在应力影响时出现的巷道，此时，工作面顶板下沉，这是一个比较常见的问题。

在支架移架完成之后，需要保证和顶板接顶，并对其支架高度 h 进行记录，如果此时的采高是 h_c，充填前顶板下沉量可以表示为如下形式：

$$h_1 = h_c - h \tag{6-5}$$

虽然充填前下沉是无法消除的，但是可以采取一定的方式来对其进行控制。首先需要确保液压支架具有较高的工作阻力；然后需要对支架的结构形式进行合理地设计，使得顶梁能够支撑顶板。另外，移架时需要确保支架具有较高的支撑力。通过上述方式，能够较好地控制充填前下沉。

6.1.7　基于连续曲形梁理论的充填开采上覆岩层控制机理

连续曲形梁理论由我国煤炭生态保护性开采领域专家刘建功教授根据多年的充填开采经验在传统采煤法的覆岩控制基础上提出，该理论对充填开采上覆岩层的变形和破断进行了科学的分析和解释，使得充填开采的覆岩控制有了更为可靠的理论依据。

（1）连续曲形梁的形成。随着生态保护及可持续发展要求的日益提高，对充填效果的要求也在提高，当充填效果达到要求时，煤矿工作面上覆岩层不再垮落，而是根据充填率的不同形成弯曲，仍然保持连续的特征，支撑和保护着关键层，这就形成了充填开采的连续曲形梁。煤炭开采造成的上覆岩层和地表变化情况如图 6-5 所示，可以明显看出传统的垮落法采煤会导致上覆岩层的沉降，传递到地表，造成地表的塌陷以及建筑物的破坏，同时，煤矿生产中产生的矸石堆积成山，同样造成了土地资源的污染和浪费，而充填开采则有效控制了上覆岩层的沉降，既保证了地表建筑物的正常使用，也消除了矸石的影响，解决了矸石升井占用土地资源且自燃污染大气的问题。

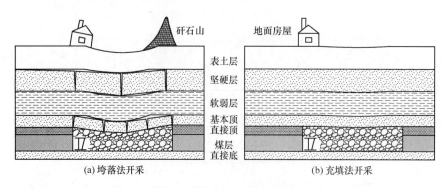

图 6-5　煤炭开采造成的上覆岩层和地表变化

（2）充填开采上覆岩层破断变形的物理相似模拟试验。为研究充填开采上覆岩层的运动规律，需要依据特定的地质条件来构建材料模型，这里选用的是已知的冀中能源某矿区的地质条件，其模型参数如下：采高大小 3.5m，采深 400m，边界 0.8m，充填率范围 60%～80%，此时，上覆岩层的移动情况如图 6-6 所示。通过图 6-6 可以看到，如果充填率是 60%，在上覆岩层将会出现断裂与离层，此时的下沉量比较大；而在充填率是 70% 时，上覆岩层仍然出现了断裂，但是其范围缩小，同时，没有出现离层，保持了有效连续的状态；当充填率是80% 时，上覆岩层没有出现贯穿性裂隙，下沉量较小，顶板保持较完整的状态。

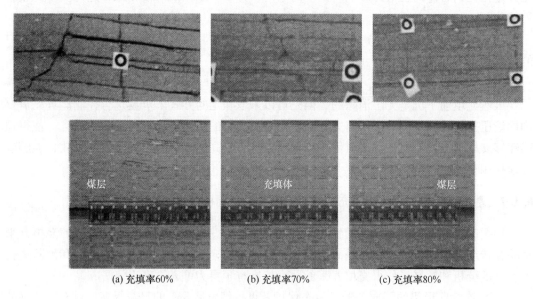

图 6-6　不同充填率条件下岩层移动情况

6.1.8　我国煤矿充填开采推广应用的制约因素

煤矿充填开采能够主动保护地表环境，以最小的生态扰动获取煤炭资源，当控制地表沉陷或保护生态环境对煤炭开采有特殊要求或约束时，应积极采用充填开采，扩大其应用范围。调研表明，我国充填矿井主要集中于华东地区及晋陕蒙甘宁，但该区域仍有更多矿井面临生态环境破坏、沉陷区治理、地面建筑物保护、矸石山污染等问题，这些问题都可以通过充填开采予以解决。总体来看，选择通过充填开采解决实际问题与坚持长期充填开采的煤矿的占比很小，通过调研与深度走访发现，制约充填开采技术的推广有技术本身的原因，有企业原因，也有政策支持力度原因，需认真分析、研究，并予以解决。

（1）充填开采投资大、建设周期长。煤矿建设设计之初并没有规划井下矸石处理系统，这导致充填开采需要在原建井的基础上增设充填系统，包括充填材料的制备、充填材料的下运、井下充填系统的形成和充填装备等，需要在地面建设矸石储运、投料系统，建设相应的井下矸石运输系统，且设备的购置和系统的建设需要一定的资金投入和建设周期，一般在1年左右，致使充填开采的快速性和时效性受到限制，严重限制了充填开采技术的推广。

（2）充填开采使原煤生产成本加大。充填开采要将煤矸石充填到采空区，就煤炭生产本身而言，必然要增加吨煤成本，充填开采方式吨煤增加成本一般在几十，甚至百元以上，在煤炭品质优良的矿井还能够承受，但有的矿井煤质差、产量受限，利润较低，充填增加的成本使其利润空间变小，大大降低了矿井充填开采的积极性，这是一个非常重要的制约因素。

（3）充填物料短缺不足以成为主采工作面。充填物料目前一般以矸石为主，矸石量约为煤炭产量的20%，从调研资料来看，我国矸石堆积量的分布和"三下"压煤量的分布呈相反情况，长途运输矸石用于充填开采，经济上是不可行的。所以，充填开采矸石量的不足，限制了充填开采的规模化和长期性，给煤矿组织生产带来不利因素。

（4）对主动生态环境保护的认识还有待提高。十八大以来，习近平总书记针对环境保护发表了一系列重要讲话，指出"要正确处理好经济发展同生态环境保护的关系，牢固树立保护生态环境就是保护生产力、改善生态环境就是发展生产力的理念，更加自觉地推动绿色发展、循环发展、低碳发展，决不以牺牲环境为代价去换取一时的经济增长。""既要金山银山，又要绿水青山"。煤炭开采是向大自然索取能源，不可避免地会对大自然带来影响，甚至破坏，煤炭企业主动谋求转型升级是保证可持续发展的必由之路，面对绿色发展、环境保护的形势，煤炭企业要提高对煤炭生产和环境保护的关系认识，对环保形势倒逼下的生产转型不能再持观望态度，要未雨绸缪，主动超前谋划，认清眼前利益和长远利益的关系，在煤炭开采的同时主动保护生态环境，使煤炭企业朝着绿色生态的方向发展。

（5）充填开采技术推广宣传不够深入。调研发现，我国煤矿充填开采，自2002年开始巷道充填，陆续进行了综合机械化开采和自动化充填，形成了技术体系。但由于技术推广和宣传的力度都存在不足，仍有相当一部分煤炭企业对充填开采的认识还停留在多年前的充填开采设备和工艺层面，对充填效果、吨煤成本、产量仍有质疑，认为充填开采不能作为一种采煤方式，限制了该项技术的推广应用。经过多年的研究与实践，我国充填采煤技术已经形成理论技术体系，充填开采技术和装备水平已大幅提高，充填开采能力已显著提升。固体充填采煤和充填"空间分开，时间平行"，采充平行作业，河北、山东部分生产矿井已经达到年采充百万吨能力。膏体材料和高水材料充填在材料和运送方式上也有了很大的改观，内蒙古及山东部分煤矿摆脱了泵送的限制，产量大幅度提升。只有对这些进展进行充分的宣传才有利于充填开采技术的推广应用。

（6）充填开采激励政策和约束机制力度不够。《关于实施煤炭资源税改革的通知》（财税〔2014〕72号）和《关于落实资源税改革优惠政策若干事项的公告》（国家税务总局公告 2017 年第 2 号），对依法在建筑物下、铁路下、水体下（以下简称"三下"）通过充填开采方式采出的矿产资源，资源税减征 50%。从调研来看，资源税减免政策的支持力度偏小，程序复杂且条件严格，未能成为煤炭企业采用充填开采的驱动力。如河北开滦集团唐山矿充填开采至今，已累计置换出煤炭 86.1 万吨，充填矸石 110.5 万吨，但累计享受资源税减免仅 180 万元左右，每吨煤减免仅 2.1 元[7]。《煤矿充填开采工作指导意见》（国能煤炭〔2013〕19 号）提出了一系列煤矿充填开采支持政策，包括充填开采可列为重大技术改造、产业升级、生态环保、资源综合利用项目，优先享受有关专项资金支持，充填开采置换出的原煤产量可相应减缴矿产资源补偿费，新建煤矿不允许设立永久性地面矸石山等。调研发现，由于目前矸石充填开采免收矿产资源补偿费实施细则尚未出台，各省减免标准不尽相同，政策执行困难；同时，由于该文件为行政指导行为，不具备强制执行力，不同地区对指导意见的执行力度也不统一。

6.1.9　我国充填开采技术的发展

我国首部绿色矿山建设行业标准——《非金属行业绿色矿山建设规范》由自然资源部正式公告发布，于 2018 年 10 月 1 日起实施，规范提出：在矿产资源开发全过程中，实施科学有序开采，对矿区及周边生态环境扰动控制在可控范围内，实行矿区环境生态化、开采方式科学化、资源利用高效化、管理信息数字化和矿区社区和谐化的矿山。绿色矿山建设已然成为我国煤炭工业发展的主题，充填开采作为绿色矿山建设的重要技术手段，在我国绿色矿山建设的远景规划中将扮演更加重要的角色，应进一步形成我国煤矿充填开采的区域战略、精准模式、产业政策体系，我国煤矿充填开采未来远景美好[8]。

生态矿山建设根据煤炭行业的发展现状和生态环境的要求，将能主动保护生态环境的充填开采嵌入到煤炭生产过程中，建井伊始，从地质勘探、矿井设计、煤炭开采、附近城市建设、地面保护、水资源保护、生态再造和恢复全过程统筹，充分利用充填开采，保护地面建筑物和生态环境，根据地面生态环境和地面水系径流方向，以及地面附着物的状况，确定保护范围和保护等级，研究保护方式，统一规划和再造煤炭开采过程中和开采后的地面生态环境，使煤矿开采和生态环境息息相关，把充填开采作为煤矿保护生态环境调节工具，完全按照规划设计要求控制地表沉陷区域和沉陷程度，向"精准地质，统一设计，精准充填，保护环境，保水开采，建设全过程全息智能生态矿山"方向迈进。首先要对煤田地质的全程全息进行采集、分析和解释，利用地质勘探资料和采矿过程揭露的地质信息，动态修正约束条件，动态分析和解释地质构造状况，建立煤矿全过程、全信息地质分析、解释体系，及时反演出准确的能够指导生产的充填工作面地质模型。研究充填开采的上覆岩层运移规律，及不同地质条件、不同充填材料、不同充填密实度、不同时间和区间的上覆岩层演变机理，利用微震技术进行动态监测，为充填开采液压支架设计、充填工艺制订、充填区域确定、精准充填提供理论支撑。根据地面生态环境和地面水系径流方向，以及附着物的状况，确定保护范围和保护等级，逐步实现井下采煤和地面生态环境统一规划、设计，统一协调井下开采和地面生态环境的关系，合理安排充填采煤区域，分配矸石资源，统一规划和再造煤炭开采过程中和开采后的地面生态环境，利用地面现有水系和矿井水，形成新的再生水系，打造新生态环境。煤炭开采不再是生态环境的杀手，而是与环境保护、生态再造互补共生，融为一体，使煤矿开采和生态环境息息相关。

研究充填开采的诸多影响因素，构建精准高效的密实充填技术工艺体系，根据地质模型，提出充填质量判据，结合不同充填工艺，实现密实充填率精准控制，对特定区域实施精准充填，最大限度提高充填工效及充填面推进速度，将有助于实现充填工作面高产高效的目标。对于固体充填，要深入研究散状固体边界限定条件下的物理特性，散状固体改变散状特性的机理、条件和工艺，以及改性后的物理特性，保证充填体的快速成型、承载。对于膏体充填，要研究提高膏体凝固速度和泵送能力的方法，从而提高产量，降低成本。研究充填开采条件下液压支架受力状况，建立充填开采液压支架工作阻力选择依据，设计适合智能控制的各种充填方式的液压支架。同时，响应国家煤监局煤矿机器人研发公告精神，研究充填开采与被保护对象损伤的边界条件，建立充填过程中充填材料的均布、密实、改性的控制模型和质量判据，完成充填开采的智能控制，最终实现充填机器人化的终极目标。如图 6-7 所示。

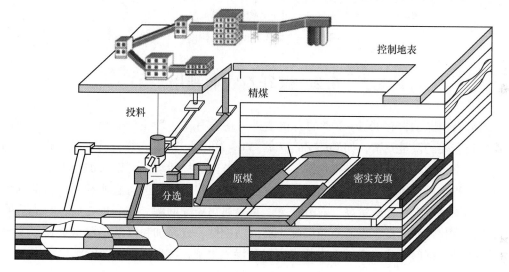

图 6-7　精准高效充填开采示意

煤矸石是采煤过程无法避免的伴生物，一部分开拓矸石从副井运到地面，另一部分则和原煤一起从主井运出，不仅占用有限的主副井提升能力，还占用了洗选能力。如果在井下完成矸石分选，就地充填，置换煤炭资源，减少矸石运输和洗选过程的能量损耗，再辅以沿充留巷，实现无煤柱开采，形成集"自动化开采、井下矸石分选、井下就近充填、沿空留巷"的"采选充留"一体化精准充填开采技术，将使得充填采煤工作面全程自动协同控制，大幅度提高生产效率和安全保障水平[9-11]。研究模块结构的井下煤矸分选技术，要求这种装备体积小，安装灵活，既可安装在井下主运输胶带，也可安装在区域胶带上，将大块矸石选出，统计结果表明，若将原煤中粒径 50mm 以上矸石选出，则可减少 10%以上的矸石升井，经济效果显著。

研究洗煤厂的小型化、智能化，把洗煤厂建到井下，原煤在井下直接入洗，将洗出的矸石和开拓产生的矸石一并充填开采，可真正实现煤矿矸石不升井，达到煤矿生产的绿色环保，如图 6-8 所示。

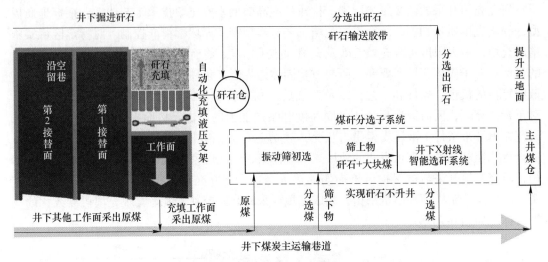

图 6-8　"采选充留"一体化技术

6.2　煤矸石农业利用

煤矸石中除了含有 15%~20% 的有机质外,还含有比一般土壤高出 2~10 倍的能供给植物生长需要的微量元素,如 Cu、Zn、Co、Mo、Mn 等。而且,煤矸石中氮、磷、钾的含量比普通土壤的高,可以促进植物根系发育,有益微生物活动;可以增加土壤中的腐殖酸含量,改善土壤土质,从而促进植物生长。因此,可将煤矸石进行农业利用。目前的煤矸石农业利用主要存在含硫量高、养分缺乏、重金属污染等问题,在利用之前,首先应明确煤矸石的理化性质,提高煤矸石与修复土壤的适配性,或添加粉煤灰、禽畜粪便等实现养分优势互补,同时,防止煤矸石中的有害组分渗入土壤,实现煤矸石的资源化利用。

6.2.1　煤矸石提取腐殖酸

腐殖酸(HA)是自然环境中广泛存在的一类高分子物质,由动植物残体通过复杂的生物、化学作用形成,占土壤和水圈生态体系总有机质的 50%~80%。其结构复杂,带有多种活性官能团,能与许多有机物、无机物发生相互作用,是影响农药在土壤环境中行为和归宿的重要因子之一。其中,人造腐殖酸通过化学变化生成胡敏酸,而根据生成的胡敏酸在酸碱中的溶解性,腐殖酸又可以分成三种,分别是黄腐酸、富里酸和黑腐酸,溶于稀碱但不溶于酸溶液为腐殖酸(HA);溶于酸又可溶于碱为富里酸(FA);不溶于酸和碱为黑腐酸。大量的研究表明,腐殖酸的主要元素有碳、氢、氧、氮、硫及磷。其中,碳含量随着腐殖化程度的加深而增大,一般泥炭、褐煤和风化煤的碳含量分别约为 50%、55% 和 60%,土壤胡敏酸碳含量为 50%~60%。富里酸碳含量一般为 40%~50%;氢等元素的含量则随腐殖化程度的加深而减少,土壤胡敏酸氧含量为 30%~35%,富里酸氧含量为 44.5%。氢、氮和硫在土壤胡敏酸和富里酸中的含量大致相似,分别为 4%~6%、2%~6% 和 0%~2%。煤矸石中含有 5%~20% 左右的有机碳,然而有机质的固化程度较高,分解转化率不够高,碳源的有效性还需要提高。

煤矸石中的有机质转化为腐殖质非常重要。腐殖质中含量最多的腐殖酸有着非常重要的作用：一是能负载营养元素，并缓释养分、保水保肥；二是作为有机胶体，可以改善土壤团粒结构；三是吸附重金属和有害物，抗病、抗低温、抗盐碱。腐殖酸作用示意图如图6-9所示。

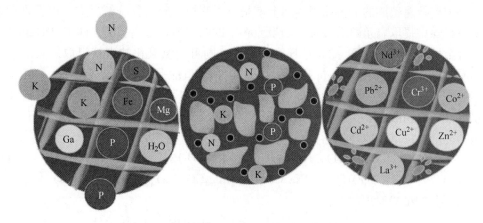

图 6-9　腐殖酸作用示意图（任晓玲等，2021）

腐殖酸之所以具有上述这些重要作用，主要是因为其大分子结构及羧基、羟基等官能团，可与土壤中的离子发生交换、吸附、络合、螯合等反应，Stevenson 的腐殖酸模型如图6-10所示。

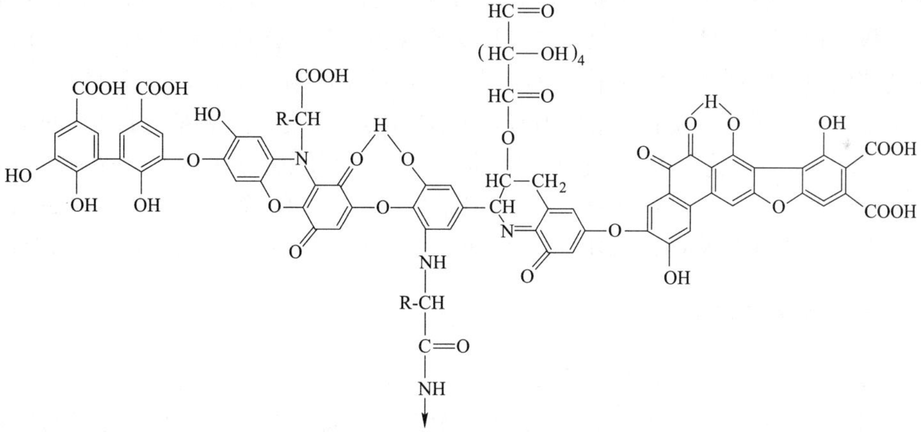

图 6-10　Stevenson 的腐殖酸模型（袁园，2013）

从煤中制取腐殖酸的工艺主要有酸抽提剂法、微生物溶解法、碱溶酸析法、化学氧解法、有机溶剂提取法等。酸抽提剂法就是将含有较多腐殖酸盐的煤样加入到一定量的酸溶液中，酸溶液中的 H^+ 会破坏腐殖酸盐中的羧基与金属阳离子化学键，从而形成腐殖酸，工艺流程简单，操作简便，生产周期较短，但是，该法生产的腐殖酸中存在的杂质含量较多，限制了腐殖酸的后续应用；微生物溶解法一般采用农作物秸秆、工业有机废料等废弃物与原料，通过微生物的降解作用来生产黄腐酸，该法制取腐殖酸反应较为温和，可以实现清洁转化，但是生产周期比较长，产量较低，对于大规模工业化生产还处于研究开发阶段；碱溶酸析法是用碱液先提取煤样中的腐殖酸物质，然后利用黄腐酸与腐殖酸在酸性条件下溶解度的不同，进行酸化，从而达到对腐殖酸分级提取的目的，常用的碱液有氢氧化钠、焦磷酸钠、碳酸钠等溶液，常用酸为盐酸；化学氧解法就是对原料进行氧化预处理，生成的腐殖酸作为再生腐殖酸；有机溶剂提取法就是利用相似相溶原理，用溶剂将腐殖酸萃取出来。

从煤中提取腐殖酸的工艺原理实际上就是离子交换反应或复分解反应，也就是用碱性溶液从原料煤中提取腐殖酸的过程。如果原料中的腐殖酸是游离态的，即-COOH 和 Ar-OH 未与多价金属离子结合（可表示为 HA-COOH），则可用氢氧化钠直接提取，其溶液中溶解的物质就是相应的腐殖酸一价盐。如果原料中腐殖酸是钙、镁结合态的［可表示为 HA-$(COO)_2$Me］，则可用碳酸盐作提取剂，通过复分解反应，形成水难溶的碳酸钙（镁），得到水溶性的腐殖酸盐。反应方程式如下：

碱抽提部分的试验原理如下：

$$R\text{-}(COOH)_4 + 4NaOH \longrightarrow R\text{-}(COONa)_4 + 4H_2O \qquad (6\text{-}6)$$

$$R\text{-}(COOH)_4 + 2Na_2CO_3 \longrightarrow R\text{-}(COONa)_4 + 2CO_2 + 2H_2O \qquad (6\text{-}7)$$

酸化部分的试验原理如下：

$$R\text{-}(COONa)_4 + 2H_2SO_4 \longrightarrow R\text{-}(COOH)_4 + 2Na_2SO_4 \qquad (6\text{-}8)$$

为了提高腐殖酸提取率，会对原料进行一定的预处理，或在碱液提取时添加合适的催化剂，通常采用的预处理方法有空气/O_2 氧化预处理、硝酸氧化预处理、过氧化氢氧化预处理、超声波预处理等。催化剂可以为二氧化钛、氧化铜、三氯化铁等。针对特殊的原料，在提取腐殖酸的过程中可采用一些较为特殊的方法。

库万卡·木扎热提实验发现采用稀盐酸与氢氧化钠两种抽提剂对腐殖酸的提取率效果最佳，提取率达 74%。使用硝酸氧化或使用亚硫酸钠、二氧化钛、氧化铜、三氯化铁等不同催化剂催化后，腐殖酸的提取率都有所提高，经过硝酸氧化后，提取率增加了 3%，使用二氧化钛作催化剂时，提取率增加 18%。崔文娟实验发现采用质量分数 8% 的硝酸，氧化预处理 30min，可以获得 44.1% 的腐殖酸提取率。丛兴顺通过实验，比较不同的碱液提取腐殖酸的结果，发现 1% Na_2CO_3<1% NaOH 与 1% Na_2CO_3 的混合液<1% NaOH 与 5% $Na_4P_4O_7$ 的混合液<1% NaOH，即用 1% NaOH 提取腐殖酸的产率最大，高达 6.82%。

6.2.2 煤矸石制备肥料

6.2.2.1 煤矸石与土壤成分对比

煤矸石与土壤在元素组成、化学组成和矿物组成方面较为接近，这为煤矸石肥料在土壤利用方面奠定了良好的基础。

煤矸石及土壤中大量元素、中量元素和微量元素的组成及其含量参考值对比见表6-1~表6-3。

表 6-1 煤矸石及土壤中大量元素的组成及含量参考值对比   （%）

类别	C	O	H	N	P	K
煤矸石	有机质占 15~20，检测个别样的 C 为 3.24	检测个别样的 O 为 9.5	检测个别样的 H 为 0.8	0.19~0.87（总氮）	0.23~0.43（总磷）	0.86~1.71（总钾）
土壤	2	49	地壳中参考值为 0.15	0.10	0.08	1.36

表6-2 煤矸石及土壤中中量元素的组成及含量参考值对比 （%）

类别	Ca	Mg	S
煤矸石	0.016~0.430	0.004~0.125	0.021~0.039
土壤	1.307	0.600	0.085

表6-3 煤矸石及土壤中微量元素的组成及含量参考值对比 （%）

类别	Fe	Mn	Mo	Zn	Cu	B	Cl
煤矸石	0.014~0.197	0.0616~0.2338	0.00017~0.00210	0.0020~0.0078	0.00612~0.00810	0.0001~0.0151	0.018
土壤	3.800	0.0850	0.00030	0.0050	0.10000	0.0010	未查到参考值

由表6-1~表6-3可以看出，煤矸石中含有作物必需的元素。各元素对作物的主要生理作用如下：（1）大量元素中，植物通过光合作用将C、H、O合成为蛋白质、葡萄糖、淀粉等物质；N元素构成蛋白质、核酸、叶绿素、酶等生物大分子；P元素构成磷脂、核酸、腺三磷等生物大分子，促进糖转运，参与碳水化合物、氮及脂肪代谢；K元素为酶的活化剂，有利于氮素和碳水化合物代谢、有利于光合作用，促进合成木质素和纤维素。（2）中量元素中，Ca元素是构成细胞壁、质膜的重要元素，酶的活化剂；Mg元素为叶绿素的组成部分，酶的活化剂；S元素为蛋白质和酶的构成成分，参与呼吸作用、脂肪代谢、氮代谢及淀粉合成。（3）微量元素中，Fe元素合成叶绿素，参与呼吸作用、核酸及蛋白质代谢，参与氧化还原反应及电子传递；Mn元素与光合作用、呼吸作用以及硝酸还原作用都有密切关系；Mo元素参与氮代谢、光合作用和呼吸作用，促进维C、有机含磷化合物合成；Zn元素为某些酶的组成元素，有利于光合作用，对于形成叶绿素和碳水化合物来说必不可少，有利于蛋白质代谢，合成生长素，有利于发育生殖器官；Cu元素为酶的活化剂，参与氮代谢，参与氧化还原反应；B元素可促进碳水化合物的正常代谢；Cl元素有助于钾、钙、镁离子的运输，控制水分损失，是水光解酶的活化剂、天然生长素的组分。此外，煤矸石中的Si和Al等元素也广泛赋存于土壤中。煤矸石中的Pb、Hg、Cd、Cr和As等有害微量组分的含量较低，基本上和土壤中同种组分的含量处于同一数量级。

煤矸石的化学组成主要包括SiO_2、Al_2O_3、Fe_2O_3、CaO、MgO、K_2O和Na_2O等，这和土壤的化学组成和相应的含量十分接近。含碳质黏土岩类煤矸石的特点为中硅、高铝，主要含黏土矿物，含碳较多；砂岩、粉砂岩类煤矸石的特点为高硅，主要含有石英、长石、云母等，粉砂岩的粒度一般为0.10~0.01mm；钙质岩石煤矸石的特点为中低硅、高钙，主要含方解石、白云石，此外常含菱铁矿；高铝质煤矸石的特点为高铝、中高硅、低钾、低钙、低镁、低铁、低钠，主要有富铝矿物及少量黏土矿物。煤矸石及土壤中的化学组成含量对比见表6-4。

通过XRD、EDS以及红外光谱分析了煤矸石的矿物组成后发现，煤矸石的矿物组成和土壤中的矿物组成较为相近，煤矸石及土壤中的矿物组成对比见表6-5。

表 6-4　煤矸石及土壤中的化学组成含量对比　　　　　　（%）

类　别	SiO_2	Al_2O_3	Fe_2O_3	CaO
含碳质黏土岩类煤矸石	24.00~56.00	14.00~34.00	1.00~7.00	0.5~9.0
砂岩、粉砂岩类煤矸石	53.00~88.00	0.40~20.00	0.40~4.00	0.3~1.0
钙质岩石煤矸	30.00~40.00	3.00~10.00	10.00~15.00	10.0~45.0
高铝质煤矸石	42.00~54.00	37.00~44.00	0.20~0.50	0.1~0.7
土壤中化合物参考值	37.10~77.70	6.86~32.38	2.18~11.33	0.50~5.19
含碳质黏土岩类煤矸石	0.30~3.00	0.20~2.00	0.20~2.00	0.40~1.00
砂岩、粉砂岩类煤矸石	0.20~1.20	0.10~5.00	0.10~1.00	0.10~0.60
钙质岩石煤矸	30.00~40.00	—	—	—
高铝质煤矸石	0.10~0.50	0.10~0.90	0.10~0.90	0.10~1.40
土壤中化合物参考值	0.41~4.90	1.34~5.69	0.48~4.90	0.23~1.83

表 6-5　煤矸石及土壤中的矿物组成对比

类别	常见的黏土矿物	常见的非黏土矿
煤矸石	高岭石、伊利石、蒙脱石、绿泥石等	石英、长石、云母、白云石、方解石、黄铁矿、铝土矿等
土壤	高岭石、伊利石、蒙脱石、绿泥石、埃洛石、蛭石等	石英、长石、云母、白云石、方解石、氧化铁、氧化铝、氧化锰、二氧化硅凝胶、蛋白石、辉石、角闪石、橄榄石、磷灰石、锆石、电气石、磁铁矿、钛铁矿、锐钛矿等

煤矸石与土壤成分组成具有相似性，特别是煤矸石中丰富的有机质及无机养分，赋予煤矸石制肥的优越性。此外，煤矸石肥料本身的吸附性、黏结性和离子交换性等性质，有利于改良土壤结构，提高土壤肥力，减少重金属危害。然而，煤矸石肥料的利用，更多的还是作为生物肥料载体和复混肥料配料，很少单独作为有机肥进行使用。这是因为煤矸石虽然含有营养组分，但个别养分含量仍然偏低，即便是作为载体或配料，也必须将其含有的营养物质转化为作物能够吸收的有效态。

6.2.2.2　化学法制肥

20 世纪 90 年代，即煤矸石肥料发展早期，学者们采用化学法制肥。将煤矸石破碎后与过磷酸钙按 10∶1 的比例混合搅拌，之后堆沤活化 7~10d 制成肥料。煤矸石化学法制肥工艺流程如图 6-11 所示。

化学活化法能使许多铵盐、磷酸盐在煤矸石中保持分子吸附状态，易于作物吸收，并且，煤矸石的晶格中可以储存多余养分，在养料缺乏时主动释放，具有缓释长效的功能。该方法存在的不足：一是有机质腐殖化程度不够高；二是仅仅由单一的煤矸石制肥，而不添加其他复合物时，肥料养分不够全面，含量也不够理想。

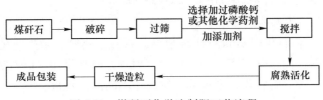

图 6-11 煤矸石化学法制肥工艺流程

A 煤矸石制硅肥

煤矸石中 Si 和 Al 含量高，其中 Si 适合用于制备硅肥，促进作物生长发育。但由于煤矸石中的硅不能被植物吸收利用，因此需要对煤矸石进行活化，将晶体二氧化硅转化为可被植物吸收利用的活性硅，从而实现其在农业方面利用。

通常采用的煤矸石活化方法有机械活化、化学活化和热化学活化。（1）机械活化，主要包括球磨、振动磨和研磨等。通过研磨煤矸石，提高其细度，改变矿物晶格能，使晶格错位、缺陷和重结晶，在表面形成易溶于水的非晶态结构，因此，机械活化显著增加了煤矸石的比表面积，促进有效元素的释放。日本、朝鲜通过机械活化生产硅肥，已经大规模应用。（2）化学活化，指通过改变促进矿物风化的因素，如温度、压力、酸碱环境等，促进有效元素溶出，通常利用酸、碱、盐溶液破坏矿物化学键。煤矸石中的化学键可以分为两类：硅氧键和铝氧键，通常以配位多面体的形式存在，如硅氧和铝氧四面体（SiO_4 和 AlO_4）。SiO_4 中的硅氧键在受到外界作用时会发生断裂，形成正负离子，使硅氧四面体 SiO_4 活化，促进硅溶出。研究表明，通过在 $450\sim600℃$ 温度下煅烧煤矸石，除去其内部结晶水，惰性高岭石将转变为活性较高的偏高岭石，偏高岭石更容易溶于弱酸中。尽管如此，硅溶出率还是较低。（3）热化学活化，是在高温过程中加入其他物质，使煤矸石发生固相转变，伴随有结构膨胀和成分挥发，使其稳定结构转化为多微孔、多断键、多可溶物和内能更高的形态结构，将硅活化成可溶性硅。添加剂可以显著提高煤矸石的活性，石灰石（$CaCO_3$）是最常见的添加剂。研究表明，煤矸石活性的提高是由于其中的 $[AlO_6]$ 网络结构发生变化，且二氧化硅的 Q^3 单元分解，形成非晶体结构。通过添加 CaO 煅烧活化煤矸石试验，发现硅氧多面体裂解为 Q^0、Q^1 和 Q^2 三种形式分开的硅氧多面体。研究人员将 Na_2CO_3 作为粉煤灰的活化剂，发现粉煤灰中的硅铝矿物转化为易于溶解在酸中的霞石（$NaAlSiO_4$）。研究表明，Na_2CO_3 可以与高岭石在 $650\sim850℃$ 下反应形成霞石。煤矸石煅烧制硅肥工艺流程如图 6-12 所示。

图 6-12 煤矸石煅烧制硅肥工艺流程

煤矸石、作物秸秆制备含硅有机复合肥。秸秆中含有 K、Ca 钙等无机营养元素及有机物，以煤矸石和秸秆为原料制成含硅有机复合肥，肥效优良。

B 煤矸石制富硒肥

研究人员用 Na_2CO_3 将富硒煤矸石活化后，硒的活化率达到 81.24%，再将煤矸石硒肥与粪肥按 2∶1 混合，可极大地提高作物对硒的吸收率。

6.2.2.3　微生物法制肥

21 世纪以来，学者们利用不同菌种研制煤矸石微生物肥。微生物的作用机理是菌体利用煤矸石中的养料代谢，分泌多糖等产物，多糖一方面黏附在煤矸石表面并逐渐形成生物膜，另一方面使矿物分解转化，形成的矿物离子不断向外释放，其中，作物需要的矿物离子成为肥料组分，菌种与煤矸石之间的相互作用机制如图 6-13 所示。

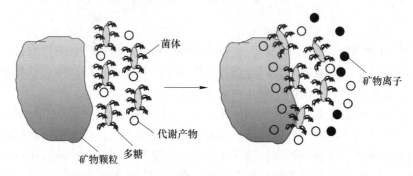

图 6-13　菌种与煤矸石之间的相互作用机制

煤矸石微生物肥料依靠所含的 6 种微生物的生命代谢活动来完成固氮、解磷、解钾，是一种含内芯、外层、衣膜的两层一膜式三维结构的颗粒状肥料，可通过仿生模拟方法，有效地创造一个类似豆科作物根瘤的微生物活动微环境，使其施入土壤后不会受到土壤中庞大微生物系的影响，这种肥料的核心是生物固氮，通过固定进入土壤间隙的分子态氮，变成植物可以吸收的可溶性铵态氮，来供给植物氮素营养，并辅以生物解磷、解钾，提供给植物磷素、钾素营养。科学、合理的结构设计建立起固氮、解磷、解钾和煤矸石分解等各种微生物的共生机制，因采用多种独特的方式提高微生物活性，保证了肥料中有效菌的生命代谢活动。

煤矸石微生物肥料自诞生以来，以无毒、无害、环保、高产、高效、肥力持久、价格低廉等特点，深受国内外用户的青睐。田间应用表明，施用煤矸石微生物肥料的作物增产效果明显，且能显著提高作物品质，改变作物的生长节律，促进作物早熟，植株抗病害作用明显。施用煤矸石微生物肥料还可促进土壤有益微生物的生长，提高土壤活性，使土质疏松，肥力逐年增加，给使用者带来良好的效益。

A　芽孢杆菌制肥

在高硫煤矸石中接种芽孢杆菌，所得肥料中有效 N、P、K、Si、S 和 Ca 的含量分别比原料提高了 26.84 倍、65.76 倍、10.55 倍、1.07 倍、2.70 倍和 1.27 倍；用芽孢杆菌处理低硫煤矸石，产品中有效 N、P、K 含量较原料分别提高 1.27 倍、33.96 倍和 6.83 倍；采用多黏类芽孢杆菌和胶质芽孢杆菌联合处理煤矸石，产品中有效 K 和 P 的含量是原料的 2.01 倍和 5.12 倍。研究发现，多种细菌共同作用的效果比单种细菌要好，多种细菌联合可优化处理效果，还可拓宽矿物种类，增加养分种类。

煤矸石粒径对肥料的影响：分别称取 10 份粒径为 20 目、40 目、60 目、80 目、100目、120 目、140 目、160 目、180 目和 200 目的低硫、高硫煤矸石各 10.00g，在相同的条件下，利用巨大芽孢杆菌处理，测试制得的煤矸石肥料。高硫煤矸石肥料中有效磷含量明显高于低硫煤矸石肥料，但低硫煤矸石肥料中速效钾含量明显高于高硫煤矸石肥料。随着煤矸石粒径的减小，有效磷含量也随之减小，煤矸石的粒径为 20 目时，煤矸石肥料中有效磷含量最高。可能的原因是：巨大芽孢杆菌分解难溶性磷的效果与煤矸石和细菌接触的比表面积及细菌活性有关，在探索粒径的实验中，细菌活性影响较大。煤矸石粒径越大时，细菌与煤矸石接触的比表面积越小，但是溶氧量越大，细菌生长代谢越佳，其解磷效果越好。煤矸石粒径越小时，溶氧量越小，由于巨大菌属好氧型细菌，氧量少会影响其生长代谢，进而影响分解磷的效果，同时增加了后续制备肥料的难度。

体系 pH 值对肥料的影响：当体系 pH 值设置为 5.0、6.0、7.0、7.5、8.0、9.0 和 10.0，其余条件相同时，利用巨大芽孢杆菌分别处理高硫、低硫煤矸石。高硫煤矸石肥料中有效磷含量高于低硫煤矸石肥料；低硫煤矸石肥料中速效钾含量高于高硫煤矸石肥料。当 pH 值在 8.0 时，两种煤矸石肥料中有效磷含量最高。原因可能是：当体系的 pH 值在 8.0 时，巨大芽孢杆菌的活性最好，解磷效果也最好，pH 值小于或大于 8.0 时，都会抑制细菌的活性。巨大菌分解煤矸石中难溶性钾时，体系偏弱酸性或中性，解钾效果较佳。低硫煤矸石中速效钾含量在 pH 值 6.0 时最高；高硫煤矸石肥料中速效钾含量在 pH 值 7.0 时最高。

接菌量对肥料的影响：相同条件下，将等量接菌量分别为 5.0mL、10.0mL、15.0mL、20.0mL、25.0mL、30mL、40mL 和 50mL（巨大芽孢杆菌的菌液浓度范围为 $1.36 \times 10^9 \sim 3.7 \times 10^9$ cfu/mL）的菌悬液分别加到 8 份等量的高硫、低硫煤矸石中，搅匀并调节最适 pH 值，再放入 30℃ 的恒温培养箱中培养 3d，取出并置于 70℃ 烘箱中烘干后，测试肥料样品中有效磷和速效钾的含量。低硫煤矸石肥料中有效磷、速效钾含量均高于高硫煤矸石肥料；当接菌量小于 40mL（即 $5.44 \times 10^{10} \sim 1.48 \times 10^{11}$ cfu/mL）时，有效磷、速效钾含量均随着接菌量的增加而增大，当接菌量大于 40mL 时，有效磷、速效钾含量降低或继续增加，说明接菌量对实验结果的影响较为显著。考虑到成本问题，选择接菌量 40mL 作为分解低硫煤矸石难溶性磷和高硫煤矸石难溶性钾的最佳接菌量；接菌量 50mL（即 $6.8 \times 10^{10} \sim 1.85 \times 10^{11}$ cfu/mL）作为分解高硫煤矸石难溶磷和低硫煤矸石难溶钾的最佳接菌量。

培养时间对肥料的影响：在最佳粒径、pH 值、接菌量条件下，巨大芽孢杆菌处理煤矸石的天数设置为 $t = 1d$，2d，3d，4d，5d，6d，7d，8d，9d 和 10d，其余条件相同，静置于 30℃ 恒温箱静置培养，制备高硫、低硫煤矸石肥料，烘干后，低硫煤矸石肥料中有效磷、速效钾含量均高于高硫煤矸石肥料；随着培养天数的增加，两种煤矸石肥料中有效磷、速效钾含量的变化比较复杂，有先增后降趋势，也有先降后增趋势。就有效磷含量而言，低硫、高硫煤矸石的最佳培养时间分别为 $t = 5d$ 和 $t = 1d$；低硫、高硫煤矸石肥料中速效钾含量最高点则分别出现在 $t = 2d$ 和 $t = 3d$。原因与细菌的营养来源及其复杂的生长代谢过程有关，细菌分解难溶性磷和难溶性钾的代谢物不同，高硫、低硫煤矸石中营养元素含量的差异等，都可能是导致此复杂结果的原因。

振荡条件对肥料的影响：置于 30℃ 恒温振荡仪中振荡培养。振荡培养条件下，两种煤矸石肥料中有效磷含量的最大值均比静置培养条件下的高，最佳培养天数相差不大；振荡培养条件下，两种煤矸石肥料中速效钾含量的最大值反而比静置培养条件下的低，最佳培养天数也相差不大。其原因可能是振荡条件下，溶氧量和接触比表面积都增大，细菌活性较高，分解效果较好，因此有效含量增加，培养天数提前。

培养温度对肥料的影响：在培养温度分别为 20℃、25℃、30℃、35℃ 和 40℃，其余为上述条件最佳时，当培养温度在 30℃ 时，两种煤矸石肥料中有效磷、速效钾含量均出现最大值。30℃ 是巨大芽孢杆菌生长的最适温度，在该温度下，细菌的活性最好，分解效果也较好。

干湿条件对肥料的影响：考虑到体系含水量对细菌分解作用的影响，设计了干燥、湿润、淹水三种条件。称取 10.00g 煤矸石于无菌培养皿中，分别加入 0.00mL、6.00mL、16.00mL 无菌水，再各加入 5mL 菌悬液，用无菌玻璃棒搅拌均匀后，置于 30℃ 恒温箱中培养 3 天，取出并烘干，三种含水量对细菌分解煤矸石的影响作用很小。

B　硅酸盐细菌制肥

硅酸盐细菌将煤矸石中无效磷、无效钾转化成能被植物吸收的有效磷、速效钾，然后施在土地上，利用的是本来含有的和处理后转化成的有效磷和速效钾。用细菌降解煤矸石来制备肥料，既可以使煤矸石废料再利用，又可以解决我国肥料紧缺的问题。利用硅酸盐细菌处理煤矸石，制得肥料中的有效 P 含量和 K 含量分别比原料提高了 395% 和 275%，同时发现，细菌分解能力随原料粒度的减小而增加。

煤矸石粒径对肥料的影响：采用的煤矸石目数对硅酸盐细菌分解效果影响很大，分别取 20 目、40 目、60 目、100 目、120 目、140 目、160 目、200 目的煤矸石进行试验，测定各样品中速效钾、有效磷的含量。硅酸盐细菌解钾、解磷作用随煤矸石粒径的减小而增加，说明硅酸盐细菌解钾、解磷主要通过对矿粒表面起作用而解离出速效钾、有效磷。当煤矸石的粒径为 160~200 目时，硅酸盐细菌解钾、解磷的效果最好，此时煤矸石肥料中含有的营养元素最多。考虑到实际情况，粒径为 160 目的煤矸石更容易得到，因此采用 160 目的煤矸石。

体系 pH 值对肥料的影响：制备煤矸石肥料时，体系的 pH 值对硅酸盐细菌的生长及其解磷、解钾影响很大，进而决定肥料中营养元素的含量。将体系的 pH 值用 1mol/L 稀 NaOH 溶液和 1mol/L 的稀 HCl 溶液分别调节至 5.5、6.0、6.5、7.0、7.5、8.0、8.5、9.0 进行培养，然后测定样品中速效钾、有效磷的含量。制备煤矸石肥料时，pH 值在 7.0~8.0 范围内，肥效中速效钾、有效磷的含量都很高，说明制备肥料时，体系的 pH 值调节的范围很大，没有很严格的要求，减少了制备肥料的难度。

培养时间对肥料的影响：将样品放入 30℃ 的恒温箱中培养 10d、20d、30d、40d，然后测定样品中速效钾、有效磷的含量。硅酸盐细菌的代谢过程，在 0~10d 内，细胞数量均逐渐增加，培养 10~20d，细胞数量维持稳定，20d 后细胞数量开始下降，随着培养时间延长，硅酸盐细菌通过本身的代谢活动来分解煤矸石，释放出其中的钾、磷元素。当培养时间为 40d 时，煤矸石肥料中有效磷、速效钾的含量最高。

培养温度对肥料的影响：将煤矸石样品放入 20℃、25℃、28℃、30℃、32℃、35℃、37℃、40℃ 的恒温箱中培养，然后测定样品速效钾、有效磷的含量。培养温度对硅酸盐细菌分解煤矸石的影响很大，培养温度在 28~32℃ 时，硅酸盐细菌对煤矸石的分解效果最好，煤矸石肥料中速效钾、有效磷的含量最高。

干湿条件对肥料的影响：调节煤矸石体系处于干燥、湿润和淹水状态后进行培养，在静止培养期间，水分会慢慢地挥发，在培养期间内不时地加入无菌水以维持每个处理原来所模拟的 3 种自然界的客观条件。在干燥条件下，由于硅酸盐细菌不能正常生长，几乎不能分解煤矸石释放出其中的磷、钾元素；而湿润和淹水的环境条件有利于供试菌株对煤矸石的分解作用，且湿润和淹水条件对供试菌株的解钾、解磷作用无显著差异。

C 解磷细菌制肥

从 90 多株解磷细菌中筛选出解磷效果好的类香味细菌，此细菌比巨大芽孢杆菌的解磷效果要好，并且还能解离低品位磷矿；从风化的煤矸石中分离出一种高效解磷菌藤黄微球菌，其处理煤矸石得到的碱解氮和有效磷含量比巨大芽孢杆菌更高，但是巨大芽孢杆菌分解得到的速效钾含量相对较高。

煤矸石粒径对肥料的影响：煤矸石粒径的大小，会直接影响细菌活性，从而影响混合物体系的溶氧量，和细菌与煤矸石接触的比表面积，因此，研究煤矸石粒径的大小对细菌处理煤矸石制备肥料有着重要作用。具体方法为：分别称取粒径为 20 目、40 目、60 目、80 目、100 目、120 目、140 目、160 目、180 目、200 目的高硫煤矸石 10.00g 于无菌培养皿中，各加入 30.0mL 细菌菌液，于 30℃ 的恒温箱中培养 3d，取出后于 70℃ 的干燥烘箱内烘干肥料样品，并测试肥料样品中有效磷和速效钾的含量。有效磷含量随煤矸石粒径的减小而降低。

体系 pH 值对肥料的影响：细菌的生长除受所需的必要营养物质影响外，还会受到生长环境的 pH 值的影响，因此，研究体系 pH 值的变化是研究细菌处理高硫煤矸石制备肥料的必不可少的步骤。具体方法如下：准确称 7 份 10.00g 的最佳粒径下的高硫煤矸石于无菌培养皿中，加入 30.0mL 细菌菌液，用 1mol/L 的 NaOH 溶液和 1mol/L 的稀 HCl 溶液调节至体系 pH 值分别为 5.0、6.0、7.0、7.5、8.0、9.0、10.0，置于 30℃ 的恒温培养箱中培养 3d，取出后于 70℃ 的干燥烘箱内烘干肥料样品，并测试肥料样品中有效磷和速效钾的含量。

干湿条件对肥料的影响：模拟自然界的三种条件，设计干燥、湿润和淹水等三个因素来探索其对细菌处理煤矸石制备肥料的影响程度。在最佳粒径和体系 pH 值条件下，干燥、湿润和淹水三种含水量不同的体系下，同株细菌的处理结果中有效磷含量和速效钾含量差别很小。不同菌株之间有效磷含量的差别稍大，但速效钾含量的差别并不明显。

接菌量对肥料的影响：细菌在处理煤矸石制备肥料的过程中，肥料中有效磷和速效钾的含量直接受到细菌代谢活动的影响。处理的煤矸石不同，其供细菌生长的营养元素就不同，从而接菌量的多少直接影响细菌的代谢活动。

培养温度对肥料的影响：细菌生长时培养温度对细菌的生长和代谢有很重要的影响，因此，培养温度的变化直接关系到细菌活性。当混合物的培养温度在 30℃ 时，细菌的解磷解钾效果均达到最大值。30℃ 的培养温度恰巧是细菌生长的最适温度，此温度下细菌活性最高，故其分解效果最好。当培养温度小于或大于 30℃ 时，都会抑制细菌活性，使其解磷解钾能力降低。

以上介绍了煤矸石分解转化的两种常用方法，由于单一使用煤矸石制肥时，产品的养分组成不理想，为了实现各类原料优势互补，应研制煤矸石复合肥。复合肥是将两种或两种以上的制肥原料复合，且各原料应是含有机质或无机养分，或两者兼具的物料。

6.2.2.4 煤矸石与化肥复合

20 世纪 90 年代，研究人员将煤矸石粉碎、改性、陈化后，适量掺入 N、P、K 等主要营养元素和植物所需的微量元素，制成煤矸石全养分复合肥。田间试验发现，苹果及西瓜等经济作物一般能增产 15%~20%。这种方法尽管可以灵活加入所需的营养元素，并且兼具缓释长效作用，但仍存在煤矸石中有机质转化程度不高的问题。

6.2.2.5　煤矸石与无机矿物复合

为了补充煤矸石中钾、磷等营养组分，可以将钾矿石或磷矿石与煤矸石复合制肥。煤矸石与钾矿石复合，利用巨大芽孢杆菌处理钾矿石及煤矸石混合物，所得产品中有效的 N、P、K 比原料分别增加了 10.55 倍、21.90 倍和 1.94 倍；利用硅酸盐细菌处理二者混合物，产品中的 N、P、K 比原料分别增加了 2.30 倍、37.66 倍和 1.29 倍；利用以上两种细菌联合处理的混合物，产品中的 N、P、K 比原料分别增加了 5.60 倍、73.07 倍和 2.10 倍。煤矸石与磷矿石复合，研究人员利用巨大芽孢杆菌处理煤矸石与磷矿的混合物，肥料产品中有效硅占全硅比例由 0.039% 提高到 61.5%，有效磷占全磷比例由 5.65% 提高到 70.9%。

6.2.2.6　煤矸石与粪便复合

将煤矸石和鸡粪混合发酵，经粉碎后加入速效肥等添加剂，造粒并烘干，根据作物需要，额外添加菌剂和微量元素等，添加的菌种主要包括固氮菌、解磷菌和抗生菌等，进行二次造粒生产的成品，通过检查性筛分，将不合规的筛下物返回到造粒设备进行修整，最终合格产品包装出售。煤矸石与鸡粪复合肥生产工艺流程如图 6-14 所示。

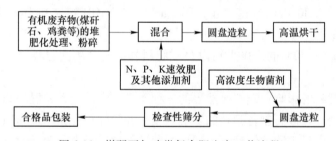

图 6-14　煤矸石与鸡粪复合肥生产工艺流程

粪便类肥含有丰富的腐殖酸，但也有不足之处，例如含盐分较高，易使土壤盐化，含病菌、虫卵等有害物。因此，使用粪便类肥时一定要提前腐熟，从而使有害虫卵、杂草种子大部分死亡，营养成分更利于植物吸收，还能避免烧苗烧根现象。

与其他肥料相比，煤矸石有机复合肥有如下特点：(1) 生产加工过程简单，原料易选易得，建厂投资省，回收周期短，能做到当年设计，当年施工，当年投产，当年见效。产品可多样化，成本低廉。(2) 含有丰富的有机质和微量元素，并有较大的吸收容量，有明显的增产效果，而且能使农作物的品质有所改善。(3) 煤矸石有机复合肥属于长效肥，随着颗粒的风化，其中养分陆续析出，在一年内均有肥效。(4) 煤矸石有机复合肥施用后，可增强土壤的生物活性和腐植酸的含量，同时，由于氮菌的大量繁殖，还使土壤的固氮能力大大增强。

6.2.2.7　煤矸石与污泥复合

研究人员发现，污泥和化肥配合使用能增加煤矸石风化物中微生物的总量及营养元素的含量，但污泥量并不是越多越好，在重金属含量不超标的条件下，污泥添加量应在 6%

左右。使用污泥必须经过腐熟才能消除有害微生物，必须控制用量以免有害物质积聚。

煤矸石复合肥的养分较全面、平衡，生产工艺更灵活，与单一煤矸石制肥相比效果更要好。当然，煤矸石除了可生产复合肥外，还可根据某种营养元素含量较高而生产该元素的单质营养肥，如硅肥、富硒肥。

6.2.2.8 煤矸石微生物肥料

自然界中微生物与植物共同存在。由于氮、磷、钾可供给植物营养并赖以其生长，因而可以作为微生物肥料，又称菌肥。近年来，在发展生态农业及绿色食品的倡导下，微生物的研制及应用有了新的意义。2020 年我国微生物肥料的年产量在 3000 万吨左右，主要以固氮菌肥、磷肥、钾细菌肥为主。煤矸石中含有多种农作物生长所必需的微生物肥料成分，是携带固氮、解磷、解钾类微生物的理想基质和载体，可作为载体制备微生物菌肥。以煤矸石和磷矿物作为载体，加入添加剂可制成煤矸石微生物类固氮菌肥、磷细菌肥、钾细菌肥。作为载体制备微生物肥的煤矸石，其灰分小于 85%、水分小于或等于 2%、汞（Hg）小于或等于 3mg/kg、砷（As）小于或等于 30mg/kg、铅（Pb）小于或等于 100mg/kg、铬（Cr）小于或等于 150mg/kg、镉（Cd）小于或等于 3mg/kg。目前，已筛选出适合煤矸石微生物肥料的菌种，开发出了青椒和谷类专用的煤矸石基微生物肥料及配方，在培育青椒、玉米、谷子时，可比分别施用普通化肥增产 9.3%、0.4% 和 10.3%，并大大降低粗纤维和硝酸盐的含量。实验结果表明，煤矸石复合微生物肥有利于解决传统化肥存在的环境污染、肥效低、作物品质差的问题。

与其他肥料相比，煤矸石微生物肥料有以下特点：制作工艺简单，耗能低，投资只有同等规模化肥厂的左右，耗能也只相当于同等规模化肥厂的 5%~10%。整个生产过程不排渣，进厂的是煤矸石等废品，出厂的是成品肥料。

一些学者按照解磷菌分解磷源的不同，将解磷菌分为无机磷解磷菌和有机磷矿化菌，但部分细菌同时具有溶解无机磷和矿化有机磷的能力。解磷菌具有明显的根际效应，在植物根际土壤中存在大量的解磷菌。有学者曾对花生、鸭脚稗、高粱和玉米的根际土壤中解磷菌群落的分布进行研究，结果发现，解磷菌数量最多的是花生的根际土壤，其次是鸭脚稗的根际土壤，高粱的根际土壤中解磷菌数量最少。土壤中解磷菌的分布数量还和种群结构、土壤类型、土壤中有机质数量、是否为植株根际以及植株种类等有关。早在 1988 年就有学者发现，在我国几种不同类型的土壤中，解磷菌的数量明显不同，黑钙土中解磷菌数量最多，但其解磷菌种类较少，其土壤中的主要菌属为芽孢杆菌属和假单胞菌属，而解磷微生物数量最少的土壤类型是瓦碱土。解磷菌的具体作用如下：（1）解磷菌在生命代谢活动过程中分泌出低分子量苹果酸、乳酸、羟基乙酸、延胡索酸等有机酸，这些有机酸能够降低土壤的 pH 值，溶解土壤中的难溶性无机磷。（2）解磷菌能够通过呼吸作用释放 CO_2，降低土壤 pH 值，在酸性条件下，多数难溶性磷酸盐都能被溶解。（3）解磷菌能够通过 NH_4^+ 的同化作用，释放 H^+ 质子，降低土壤 pH 值。（4）部分解磷菌能够释放 H_2S，H_2S 通过与磷酸铁作用，促进土壤释放磷。有机磷解磷菌的解磷机理主要是酶解，主要产生磷酸酶、植酸酶、核酸酶以及脱氢酶等。磷酸酶通过断开磷酸酯键释放磷酸根离子，植酸酶则是将磷从植酸中释放出来。

在 GZU-MicO$_2$ 菌株和巨大芽孢杆菌解离煤矸石的过程中，细菌的活性在很大程度上限定了解磷的效果。这两株菌均为好氧细菌，当煤矸石粒径较大时，体系中的溶氧量适宜，细菌活性比 GZU-MicO$_2$ 菌株的系统发育进化更好；当煤矸石粒径较小时，体系中的溶氧量降低，细菌活性降低。由于体系中除煤矸石外未添加其他碳源，因此，当接菌量过大时，可供细菌生存所需的碳源相对不足，细菌活性也随之下降。此外，每种细菌都有其适宜生存的 pH 值和生长周期，过酸或过碱的环境均会影响其活性，且培养时间过长，细菌进入衰亡期后，细菌活性和体系活菌数均降低，解磷效果也随之降低。因此，应选择适宜的煤矸石的粒径、体系 pH 值、接菌量和培养时间来制备煤矸石肥料。经分析，GZU-MicO$_2$ 菌株解离煤矸石的最佳条件为：煤矸石粒径 20 目，体系 pH 值 5.5，接菌量 100mL，培养时间 6d。巨大芽孢杆菌解离煤矸石的最佳条件为：煤矸石粒径 20 目，体系 pH 值 8.5，接菌量 80mL，培养时间 4d。根据正交试验得到的最佳条件，分别用 GZU-MicO$_2$ 菌株和巨大芽孢杆菌制备煤矸石肥料，其碱解氮、有效磷、速效钾和交换性钙的含量，用 GZU-MicO$_2$ 菌株和巨大芽孢杆菌制的煤矸石肥料与煤矸石相比，具有更高的碱解氮、有效磷和速效钾含量，用 GZU-MicO$_2$ 菌株制备的煤矸石肥料比用巨大芽孢杆菌制备的煤矸石肥料有更高的碱解氮和有效磷含量，而用巨大芽孢杆菌制备的煤矸石肥料中的速效钾相含量比用 GZU-MicO$_2$ 菌株制备的煤矸石肥料更高。制备的煤矸石肥料中的交换性钙含量均比煤矸石低，这是因为菌株在解磷的过程中会吸收钙离子。制备的煤矸石肥料对烟草生长均有促进作用，其中，用 GZU-MicO$_2$ 菌株制备的煤矸石肥料的促进作用要优于用巨大芽孢杆菌制备的煤矸石肥料。以未培育烟草且不施肥的土壤作为空白处理作用，且以用 GZU-MicO$_2$ 菌株制备的煤矸石肥料的促生作用更佳。另外，制备的煤矸石肥料均会显著提高烟苗根际土壤中的碱解氮、有效磷、速效钾含量。

利用煤矸石分离解磷细菌制备磷肥：煤矸石是一种潜在的可利用资源，开发新型的能有效解离煤矸石的微生物细菌，是煤矸石资源化、绿色化应用的重要基础。通过广泛的煤炭产区生态环境调研，从风化煤矸石中筛选、培育出具有高效解磷效果的微生物——类香味菌，对类香味细菌菌株进行了生理生化，并与巨大芽孢杆菌进行了煤矸石解离的对比研究，类香味菌株对煤矸石的解离效果优于传统的菌株巨大芽孢杆菌。类香味细菌的发现，进一步扩大了解磷微生物的范围，目前类香味细菌在解磷方面的研究，还未见报道。将类香味细菌、巨大芽孢杆菌在最佳解离煤矸石条件下，进行同一来源煤矸石解离对比试验，比较两种菌株的解离效果结果，发现解离后有效磷含量均高于原样磷含量。但两株细菌最佳解离条件存在差异，巨大芽孢杆菌解离煤矸石的颗粒比类香味细菌大，最佳培养时间与类香味菌相差不大，实际的工业生产中，巨大芽孢杆菌在解离效率上有优势。从解离煤矸石结果来看，类香味细菌处理后的有效磷提升 5 倍左右，而巨大芽孢杆菌处理后有效磷提升 4 倍左右，类香味细菌的解磷效果优于巨大芽孢杆菌。通过微生物解离煤矸石制备微生物复合肥料，是一种几乎无污染、成本低、工艺简单、利用率高的、新型的煤矸石应用方式。

煤矸石肥料的作用具体包括：

（1）促进养分吸收，提高土壤肥力。煤矸石中有机物、氮、磷、钾含量较高，可为植物生长提供所必需的营养元素。煤矸石还含有硼、钼、硫等营养元素，可以增加土壤中微量元素和营养元素的含量。而且，煤矸石中具有较高的可增强土壤生物活性的腐殖酸，可降低土壤容重，增加土壤孔隙度，提高土壤保持水分和养分的能力，同时丰富土壤微生物群的多样性，提高土壤微生物总量。研究人员使用煤矸石实现土地复垦，按比例混合沙壤土和煤矸石的同时，混入同样量的鹿粪，并采用黄豆和谷子这两种植物进行栽种，一段时间后，研究其生长情况，探索不同配比的改良剂对土壤复垦的效果以及是否适用植物生长，配比和实验结果表明，当煤矸石：沙壤土：鹿粪的比例为4：2：1时，黄豆生长状态达到最佳；当煤矸石：沙壤土：鹿粪的比例为1：5：1时，谷子生长状态最佳，说明煤矸石在提高土壤肥力方面非常有效。

（2）调节微生物群落结构，提高土壤微生物多样性。微生物作为土壤中的必需物质，积极参与调节土壤结构，直接影响到土壤的生物化学活性及土壤养分的组成与转化，土壤养分，尤其是氮素的内循环，在很大程度上受微生物活动所调节，是土壤肥力的重要指标之一。据有关研究，未风化的煤矸石表面的活性微生物数量较少，总数只有1600个/g，但随着堆置年代的增加，在风化作用影响下，微生物数量及生物活性随之增加，未复垦区的矸石风化物（自然堆放4年后）为1.58×10^5个/g。在种植豆科牧草的情况下，固氮菌与氨化细菌的数量会大大增加，复垦矸石地呼吸强度可为未复垦地的6~8倍。此外，对矸石山进行林业复垦6年后，土壤中微生物数量明显增多，由复垦前0.16万~15.80万个/g增至620.3万~14123.4万个/g；微生物活性也明显提高，其呼吸强度（以单位土样24h的CO_2质量分数计）由复垦前67.7~293.1mg/kg增至405.7~855.9mg/kg。根据以上数据可知，煤矸石可以通过影响土壤中微生物的数量及活性提高土壤肥力，促进养分转化，建成自我维持系统，完成土壤再利用。

（3）进行离子交换，降低土壤中重金属含量。煤矸石中的腐殖酸含有各种官能团、桥键，因此具有较好的交换、络合性能，对土壤、大气中的各种元素具有吸附性，煤矸石中的硅酸铝盐通常以黏土矿物质的长石、云母为主，对各种盐也具有吸附性。煤矸石中的高岭石经过高温焙烧，形成活性较高的偏高岭石，内部晶格结构被破坏，孔隙率提高，研究表明，对Cr(Ⅵ)具有一定的吸附能力。

通过上述分析，利用煤矸石作农肥的有利因素如下：（1）煤矸石经筛分处理后，其粒径符合土壤要求，可用于施田。（2）煤矸石中元素不高，但微量营养元素等含量丰富，可用于配制农用复合微量元素肥料。（3）煤矸石中含碳量一般高出土壤余倍，在这些碳元素逐渐氧化后，可以增加土壤的有机成分。但煤矸石中的营养元素由于变质程度深、固化度高、水溶性差，作物能吸收的有效值不高。这就需要对煤矸石进行活化处理，逐步提高煤矸石中各种营养元素被作物吸收的有效性。这也指导了今后的研究方向：

（1）深入研究煤矸石等原料的性质，寻求离子交换性强、保水保肥，并能改善土壤理化性质的配料，探索新的生产工艺，在活化煤矸石激发养分的同时，实现原料改性，达到供肥、降低有害元素及改良土壤的多重效果。

（2）重视煤矸石复合肥的综合效果，开发煤矸石全养分肥，达到速效、长效、增效复合效果，实现长效缓释时能较精准控释，以及供肥、促生、抗病复合功能。

（3）不仅要关注肥料对作物产量和质量的影响，还要重视其对土壤结构和肥力等性质影响的研究。煤矸石制备肥料前，要充分分析原料性质，灵活选择生产方式。如果煤矸石原料中N、P、K含量不高，可掺入N、P、K含量高的无机物混合制肥，也可掺入农肥，在提高N、P、K的同时，提高有机物的含量并引入微生物；煤矸石中有机质含量不够高时，可掺入农肥、污泥等，但同时要注意消除有害生物的影响；通过掺入酸性或碱性物料调整煤矸石原料的酸碱度，进而改善肥料及土壤的pH值；对于某一营养元素含量较高的煤矸石，可选择制备单质营养肥等。当然，不同性质的煤矸石所需配料、辅助物的选择与研发还需要进一步研究。

（4）研制煤矸肥过程中，将煤矸石中固化的营养元素分解转化为作物能直接吸收的有效营养很重要，有效态的有机质和无机质养分的含量对产品肥效的好坏造成直接影响。此外，目前采用的分解转化方法在养分分解释放方面起到主要作用，但对于原料改性进而改良土壤方面的作用还不够理想。

（5）煤矸石含有重金属元素，即便其含量符合标准要求，长期使用也造成重金属积累，进而威胁作物生长。因此，有必要降低重金属危害。目前采取的方法有固化重金属，减少活跃的有效态重金属；采用离子交换性强的材料吸附重金属；生成重金属沉淀等化学性质稳定的新产物等。

（6）制得煤矸肥产品后，应对其肥效进行全面评价，包括对作物产量和质量的影响评价，以及对土壤改良的影响评价。煤矸石含有的化学元素使其具有改良土壤土质、促进植物生长的潜力。但相关研究中所涉及的植物种类较少，煤矸石制成肥料后大多施于田间，促进作物生长。对于其他植物，如城市景观植物等的影响研究较少。若可以扩宽植物种类的相关研究，煤矸石基肥料的应用范围将会更广泛。

6.3　煤矸石制备生态修复材料

6.3.1　煤矸石制备土壤改良剂

鉴于当前土地资源不断削减、土地质量下降、污染日益严重等问题，利用土壤改良剂对土地进行改良成为研究的热点。目前使用的土壤改良剂原料多为天然或人工合成物质，成本较高，煤矸石等无机固废的开发较少，导致大量廉价原材料废置，且极易对环境造成污染。为充分利用盐碱地、荒漠化土地资源，利用煤矸石作为原材料制备土壤改良剂，可以治理土壤板结、沙化、盐碱化现象，提高土壤渗透性，增加土壤的保水保肥能力，减少土壤水分蒸发，增加土壤的阳离子交换能力，促进微量元素更好地被植物根系吸收，以期改善土壤理化性质，提高土壤微生物的种类和数量，加强土壤的保水、保肥性能，有利于植物生长发育，在增加可使用土地资源的同时，实现固体废物的再利用。

6.3.1.1　煤矸石的改良作用

（1）改善土壤理化性质。煤矸石和土壤掺和在一起，能够起到疏松土壤的作用。土地因长期使用化学肥料，有机质变得贫瘠，土壤中的腐殖质逐渐枯竭，土壤孔隙度降低，变得坚硬，植物生长所需的空气、水分、微生物受到极大的影响。而煤矸石中含有较高量的有机成分和其他矿物成分，因此能够改良土壤结构，使土壤的孔隙度增加，连通性好，提高了土壤的含水性能。矿石肥料能够充分地溶解于水中，有利于植物根部的吸收，空气中的氧可以较充分地进入土壤和水中，促进好氧细菌和兼氧细菌的新陈代谢，分解有机物，丰富土壤腐殖质，从而使土地得到"肥化"，增进植物的生长。

土壤在自然条件下经过多次干湿循环，会影响自身的黏聚力，导致土粒松散、胶合度低、不易储存养分。煤矸石改良剂的加入可降低土壤的膨胀率和土壤孔隙率，进而提高土壤黏聚力，增大土壤的持水能力。研究人员通过研究不同含量的煤矸石掺入土壤24h后煤矸石粉掺量与膨胀率的关系，表明 24h 后膨胀率趋于稳定，且煤矸石膨胀土样膨胀率低于不掺煤矸石的膨胀土。当煤矸石粉掺量为 6% 时，对膨胀率的抑制作用最佳，且荷载的增加会显著抑制膨胀变形，对土壤的收缩性能控制良好。通过研究掺入煤矸石粉土样的干湿循环后孔隙率变化表明，在每次干湿循环作用后，孔隙率远小于不掺煤矸石的膨胀土样，因此，在干湿循环过程中具有更强的抗冻融性能。

（2）提高土壤肥力。煤矸石中有机物、氮、磷、钾含量较高，可为植物生长提供所必需的营养元素。煤矸石还含有硼、钼、硫等营养元素，可以增加土壤中微量元素和营养元素的含量。煤矸石中的 Cu、Zn、Ni、Co 在一定范围内都是对植物生长有益的元素，在控制用量的前提下，利用煤矸石中对环境有益的微量元素，具有一定的经济效益。

我国煤矸石中硒含量较高，平均值为 2.87mg/kg，属于富硒材料。硒是动物和人体中一些抗氧化酶和硒-P 蛋白的重要组成部分，在体内起着平衡氧化还原氛围的作用，可提高免疫力。硒可以通过清除植物体内过量自由基，增强植物的抗逆能力，缓解低温、干旱、病害等对植物的胁迫损伤。硒也是对植物生长有益的元素，适量的硒会促进植物的生长发育，增强线粒体呼吸速率和叶绿体电子传递速率，清除逆境条件产生的过量自由基，提高植物体内 SOD、POD 和 CAT 的活性，进而提高作物产量和品质。将煤矸石制成硒肥，施入农田土壤，可促进可溶性糖和游离氨基酸的转移，从而缓解干旱对植物胁迫的作用，有助于提高作物的抗逆能力，以保障盐碱地以及干旱地区的作物产量。适量的硒可以减少植物根部超氧阴离子的产生和提高谷胱甘肽氧化物酶的活性来降低铅的毒害作用。在煤矸石基质进行栽培时，利用煤矸石中的硒元素对重金属产生拮抗作用，从而降低植物中重金属的富集作用。而且，煤矸石土壤改良剂中具有较高的可增强土壤生物活性的腐殖酸，可降低土壤容重，增加土壤孔隙度，提高土壤保持水分和养分的能力，同时，丰富土壤微生物群的多样性，提高土壤微生物总量。

（3）增加土壤微生物多样性。如上节中关于煤矸石肥料的作用所述，未风化的煤矸石表面的活性微生物数量较少，总数只有 1600 个/g，但随着堆置年代的增加，在风化作用影响下，微生物数量及生物活性随之增加，未复垦区的矸石风化物（自然堆放 4 年后）为 1.58×10^5 个/g。在种植豆科牧草的情况下，固氮菌与氨化细菌的数量会大大增加，复垦矸石地呼吸强度可为未复垦地的 3~7 倍。煤矸石改良剂可以通过影响土壤中微生物的数量及活性提高土壤肥力，促进养分转化，建成自我维持系统，完成土壤再利用。

（4）降低土壤重金属含量。煤矸石中的腐殖酸含有各种官能团、桥键，因此具有较好的交换、络合性能，对土壤、大气中的各种元素具有吸附性，煤矸石中的硅酸铝盐通常以黏土矿物质的长石、云母为主，对各种盐也具有吸附性。

煤矸石中的高岭石经过高温焙烧，形成活性较高的偏高岭石，内部晶格结构被破坏，孔隙率提高，研究表明，对 Cr 具有一定的吸附能力。在缺氧条件下，煅烧温度 698℃，煅烧时间 28min，煤矸石/ZnCl$_2$ 质量比为 20:13 时，制得的改性煤矸石对 Cr(Ⅵ) 的去除率最大。研磨后的煤矸石颗粒比表面积增大，部分晶格畸变，但其内部具有完整晶形的聚合态矿物仍然稳定。煤矸石矿物成分含有大量的石英，破碎后，表面的 SiO$^-$ 易水化形成 SiOH。而 SiO$^-$ 可以与金属离子发生配位反应，生成 SiOM$^+$、SiOMOH 及 (SO)$_2$M 等。另一方面，煤矸石中的高岭石在高温焙烧下发生吸热反应和脱水作用，晶格结构被破坏，生成活性较高的偏高岭石，表面和内在的孔隙率大大提高。

此外，煤矸石中含有一定量碳，易被氧化生成 CO_2 挥发，使改性煤矸石中碳含量减少，吸附性能同时减小；煤矸石中的碳缺氧煅烧焦化，会形成大量小孔，使其吸附性能得到提高。$ZnCl_2$ 高温煅烧可催化 H 和 O 以 H_2O 的形式分离，保留更多的碳在煤矸石中，并使活化温度降低。与此同时，$ZnCl_2$ 高温分解为 ZnO、HCl 和 H_2O。其中，ZnO 与不饱和碳反应生成气态物，进一步碳化，以 ZnO 为核心生成活性炭；ZnO 与 HCl 反应过程中溶解，留下空穴，提高了煤矸石的比表面积；原煤矸石孔隙在煅烧过程中，与 H_2O、CO_2、SO_x、NO_x 发生相互作用，可以形成连通的孔道，提高吸附性能。

通过负载其他材料改进煤矸石的吸附性能。沸石-活性炭复合材料对 Cu^{2+} 的去除效率达到 92.8%；合成藻朊酸盐-煅烧煤矸石复合材料，对 Zn^{2+}、Mn^{2+} 的最大吸附量达到 77.68mg/g 和 64.29mg/g；用废煤渣和壳聚糖制成复合吸附材料，当煤渣与壳聚糖质量比为 9∶1 时，邻苯二甲酸二乙酯的吸附率可以达到 91.1%。此外，壳聚糖对重金属废水具有很好的处理效果，因为其中的-NH_2 和-COOH 可以螯合金属离子。对煤矸石进行破碎、酸化、活化，通过偶联剂的桥联作用将巯基嫁接到煤矸石上，巯基改性煤矸石对 Pb(Ⅱ)、Cd(Ⅱ) 和 Cu(Ⅱ) 三种重金属离子均有较好的吸附效果，且化学吸附占主导地位，对受污染土壤有较好的修复效果。

6.3.1.2　煤矸石改良盐碱土

土壤的盐碱化和次生盐碱化是制约世界灌溉农业可持续发展的主要原因。我国盐渍土总面积约为 $3.6 \times 10^7 hm^2$，分布广，种类多，主要分布在东北、华北、西北内陆地区以及长江以北沿海地带。早在 20 世纪 40 年代，中国科学院南京土壤研究所就开始了改良盐碱地的工作。20 世纪 50 年代，我国对盐碱地改良进行了大规模的考察与实践，为我国现代盐碱地的改良奠定了理论基础。

煤矸石中含有大量有机物，而有机质中含有 N、P、S 等营养元素，具有亲水性，可作为保水剂，具有降低土壤黏结性、胀缩性，提高可耕性的作用。在土壤中施加适量的煤矸石，可以改善土壤容重、孔隙度等土壤物理性状。对煤矸石中的矿物组分、化学组分、营养元素和有害元素含量与土壤中的本底值进行比较，发现虽然煤矸石中也同样含有会造成环境污染的 Pb、Cd、As、Se、Hg 和 Be 等有害元素，但含量基本低于相关国家标准，不会对土壤造成威胁。煤矸石中含有较高的有机成分和其他矿物成分，因此能够改良土壤结构，使土壤的孔隙度增加，提高土壤的含水性能，将高硫煤矸石施入土壤并混匀后，可起到疏松土壤的作用。

盐碱土中施加粉煤灰和煤矸石作为改良剂，柽柳生长高度、枝条总生长量等生理指标均优于不施改良剂的土壤所生长的植物。利用破碎后的高硫煤矸石对中度苏打盐化土进行改良试验，高硫煤矸石中的酸性官能团可释放 H^+，降低土壤 pH 值，其中丰富的 Ca、Mg、Fe、P 等化学元素可与土壤进行阳离子交换，有效改善苏打盐化土由于 Na^+ 过量所导致的湿时膨胀、分散，干时板结、透水透气性差等特点。高硫煤矸石中的黄铁矿及有机硫在微生物参与下进行氧化，有效地降低土壤 pH 值，E_h 值增加，达到增加土壤有机硫含量和降低 pH 值的效果。

A　使用量对改良效果的影响

从煤矸石的施加量角度考虑，随着煤矸石用量的增加，施用煤矸石的盐碱土壤容重、团聚体平均重量直径呈现先减后增的趋势；土壤饱和含水量、田间持水量呈现先稳定后降低的趋势；土壤电导率、pH 值、碱解氮含量呈现持续降低的趋势；土壤总碳、总氮、总磷、有效磷含量呈现持续上升的趋势；土壤速效钾基本保持不变。

随着煤矸石用量增加，土壤容重先减后增。原因在于煤矸石相对于盐碱土壤，颗粒较粗，在较低的用量下，能在盐碱土壤中形成较多的孔隙，因而土壤容重降低；当煤矸石用量进一步提高时，由于煤矸石自身质量高于土壤，由质量提高导致土壤密度增加的程度已经超过由于孔隙导致密度降低的程度，因而土壤密度逐渐提高。由于煤矸石中含盐量低，与盐碱土壤混合后降低了盐碱土壤的含盐量，进而导致了盐碱土壤的电导率降低，盐碱土壤含盐量降低意味着对植物的盐胁迫降低，有利于植物的生长。煤矸石自身有一定的储水功能，当煤矸石用量过大时，土壤孔隙变多，煤矸石的储水量不足以抵消通过孔隙流失的水量，导致含水量的显著降低。

微团聚体作为土壤结构的颗粒单位，是有机-无机复合胶体通过多次聚合而成，可以有效反映土壤团聚程度，是土壤良好结构体的基础。对于盐碱土壤团聚体而言，低用量煤矸石处理下，盐碱土壤以微团聚体为主，原因在于盐碱土壤自身以微团聚体为主，低用量煤矸石处理下，煤矸石尚不足以改变盐碱土壤团聚体组成结构。微团聚体聚合形成大团聚体，大团聚体破碎形成微团聚体，二者既互为基础，又互为消长，大团聚体是土壤团粒结构体，团粒结构是土壤中最好的结构体，其数量与土壤肥力状况呈正相关。在中等用量和高用量煤矸石处理下，土壤以大团聚体为主，原因在于煤矸石自身颗粒较为粗大，在与盐碱土壤混合的过程中，参与形成了土壤的团聚体组成。随着煤矸石用量的增加，盐碱土壤的电导率值持续降低，原因在于煤矸石中含盐量低，电导率仅为 0.72，而盐碱土中 E_C 值高达 1.67。因而，将煤矸石施入盐碱土后，煤矸石起到不断稀释盐碱土壤中可溶性盐的作用，用量越大，稀释作用越强，电导率值越低。

土壤的养分含量总体随着煤矸石用量的增加而持续增加。这主要是由于煤矸石首先通过植物根系的机械风化作用，破碎分解为更小粒径，然后通过土壤微生物的酶促反应活动和根系分泌物的酸解反应，不断将矸石中的养分释放进入土壤中，因而导致了盐碱土壤中的养分含量不断提高。

土壤脲酶、过氧化氢酶和脱氢酶活性随着煤矸石用量的增加先增大后减小。土壤脲酶是土壤中的聚积酶，动植物残体分解释放和土壤微生物的分泌是其主要来源。脲酶能促进尿素的分解，可以表征土壤氮素供应状况。土壤过氧化氢酶能够将过氧化氢水解为水和氧气，解除过氧化氢对植物的毒害作用，用来表征土壤的总生化活性，在土壤物质和能量转化中占重要地位。土壤脱氢酶能促进有机物脱氢，起着氢的中间传递体的作用，可以表征土壤微生物的活性。随着煤矸石用量的增加，土壤的微生物量呈现先增加后减少的趋势，而土壤微生物是土壤脲酶的主要来源，因此，土壤脲酶呈现了与土壤微生物量一致的规律。土壤过氧化氢酶和脱氢酶活性能够表示土壤的生物活性，表明随着煤矸石用量的增加，盐碱土壤的生物活性先增加后减少，与土壤的微生物量呈现了一致性。

B　粒径对改良效果的影响

从煤矸石粒径角度考虑，对土壤 E_C 值、pH 值降幅以及团聚体含量、总养分、速效养分含量，小粒径>混合粒径≈中粒径>大粒径。煤矸石粒径越小，其处理下的盐碱土壤小于

0.1mm 的持水孔隙就越多，容重就越大，因而小粒径煤矸石处理下的土壤贮存水分较多。同时，煤矸石粒径越小，其比表面积越大，在物理和生物因素的影响下，也更容易分解为不同粒径的颗粒，参与团聚体的组成，因而小粒径煤矸石处理下的团聚体含量也最高。盐碱土壤 E_c 值降幅也呈现出了小粒径>中粒径≈混合粒径>大粒径。原因在于粒径越小，比表面积越大，就能将更多的无机盐吸附到煤矸石表面，从而降低了土壤中的盐含量，E_c 值降低。对于土壤的 pH 降幅和养分含量，均表现出了小粒径>混合粒径≈中粒径>大粒径的规律。这主要是由于粒径越小，比表面积越大，土壤颗粒与煤矸石的接触面就越大，酸碱中和反应就越多，同时，从煤矸石中释放进入到土壤中的养分含量也越多。

土壤微生物是土壤营养物质循环的重要参与者，土壤微生物量碳氮是植物有效养分的储备库。煤矸石粒径越大，土壤微生物量碳氮达到峰值时需要的煤矸石用量越多。原因在于煤矸石粒径越大，比表面积越小，可供微生物栖息和利用的养分就越少，因而达到峰值时需要的煤矸石量就越多。随着煤矸石用量的继续增加，土壤微生物量碳氮达到峰值后开始持续降低。原因在于煤矸石用量过多，土壤中积累的重金属等有害物质就越多，从而抑制了土壤微生物的增殖，导致了土壤微生物量在煤矸石达到一定用量后开始降低。同时，混合粒径的煤矸石达到峰值时的煤矸石用量和小粒径处理相同，但峰值大于小粒径煤矸石处理。原因在于土壤微生物量还受土壤水分和通气性的影响，煤矸石粒径过小，施入土壤后空隙小，水含量过多，通气性差，而混合粒径煤矸石既保证了土壤微生物充足的养分，又具有合适的水分含量和通气性，因而混合粒径煤矸石处理的土壤微生物量碳氮含量高于小粒径处理。

6.3.1.3　煤矸石修复污染土壤

A　改良铜尾矿

将煤矸石添入铜尾矿不仅能起到改善铜尾矿贫瘠环境的作用，还能起到稳定铜尾矿中重金属的效果。煤矸石协同植物（黑麦草或香根草）比煤矸石单独添加对铜尾矿中重金属稳定化修复能产生更好的效果。铜尾矿为高钙硅酸盐型，营养贫瘠，且 Cu 和 Cd 含量较高，综合潜在生态风险指数达中度污染水平。但煤矸石属黏土矿物型，其 pH 值和养分水平显著高于铜尾矿，且 Cd、Cu、Pb 和 Zn 的含量及有效态含量均显著低于铜尾矿，具有改善铜尾矿贫瘠环境和重金属污染水平的潜力。添加煤矸石后，铜尾矿 OM（有机质）含量增加是重金属行为改变、生物有效性降低的关键因素。

B　塌陷区复垦

在矿区使用煤矸石作为基质进行塌陷区土地复垦也是利用煤矸石较好的方法。粉煤灰具有较细小的颗粒结构和较多的孔隙，容重较小，使得粉煤灰具有较强的吸水性能和持水性能，使用粉煤灰充填复垦会使表层土壤水分含量过高。煤矸石因其孔隙较大，容重大，持水性较差，从而使得煤矸石充填复垦的表层土壤含水量较低，而混合充填物具有与土壤较为一致的水力特性，煤矸石-粉煤灰混合充填的剖面与土壤充填的剖面含水量较为一致。在煤矸石中掺入粉煤灰可以有效改善土壤结构和通气透水性能，使充填物的水力学性质和导气性质接近表层土壤，从而改善土壤水分运动和农作物对土壤水分的利用。

矿区覆盖煤矸石有利于改善土壤的理化性质。覆盖厚度越大且粒径越小，土壤有机碳、水溶性碳、全氮、水溶性氮和速效钾含量越高，而有效磷含量则越低。煤矸石中含有碳、氮、磷和钾等元素，在水分的浸润下，这些养分物质不断被淋出，使得土壤中养分含量发生变化。覆盖煤矸石厚度增加，意味着煤矸石用量的增大，淋出液的养分含量增多，所以土壤的养分含量就越多。有效磷含量降低则可能是因为煤矸石淋出液中含有盐分离子，尤其是 Ca^{2+}，容易与磷酸根离子形成难溶性磷酸钙盐，从而降低了磷的有效性。煤矸石粒径越小，比表面积越大，固液接触面积越大，煤矸石中的养分元素就越容易被淋出。

C　复配其他固废材料

利用单一的固废进行土壤改良有一定局限性。如结构特殊的煤矸石仅仅能够作为改良原料，只有煤矸石的表土很难作为农用地加以利用。粉煤灰的颗粒性质类似于轻壤土，还含有丰富的微量营养元素，但是其常量元素不足，而且碱度过高，影响土壤微生物活性。秸秆单独利用到土壤改良中，土壤持水性将变差。将粉煤灰、煤矸石、秸秆三种固体废弃物进行一定比例的混合，使矿区土壤改良的配比基质具有良好的营养水平，各种养分保持均衡，获得理想的植物营养效果。同时调节矸石山土壤酸碱性，使其更适宜用作农用地种植蔬菜等农作物，不仅可以减少其对环境的污染，还可以产生客观经济效益。

煤矸石+建筑垃圾+生活炉渣+高脂膜等组成的改良剂用于修复土壤具有改良作用。粉煤灰+煤矸石+淤泥比粉煤灰对盐碱地改良效果更好，能提高柽柳发芽率、萌发枝条成活率。风化煤+煤矸石+粉煤灰制成的煤基复合物对复垦土壤的改良作用，能提高苜蓿生物量和粗蛋白含量。热烈解煤矸石及其与生物炭复合物能对铜矿尾矿中重金属淋滤特性、生物有效性和生物累积性产生影响，发热裂解煤矸石和生物炭对铜尾矿具一定改良效果。这些都表明煤矸石能使土壤的 pH 值、氧化还原电位值、土壤湿度、颗粒大小、有机质含量、养分水平、硫酸盐含量，甚至不同形态重金属含量发生改变，说明煤矸石具有作为重金属吸附剂和土壤改良剂的潜力。

6.3.1.4　煤矸石制备改良剂的问题及建议

（1）不同产地的煤矸石由于岩石类型不同，导致其化学成分上下限差距较大，各种理化性质，如矿物结构、颗粒级配等也差异显著，还可能存在污染风险，且煤矸石土壤改良剂的作用机制尚未明确，缺乏对增产、增效、改土基质的研究。

（2）煤矸石中可能含有锌、铬、铅、铜重金属，在降水或其他物理迁移条件下，重金属离子会渗入土壤，对土壤的自净能力造成破坏，导致土壤重金属化，形成二次污染。重金属含量高的煤矸石如果作为土壤改良剂施入土壤中，煤矸石中的重金属将会迁移至土壤中，并被土壤吸附，造成耕地的污染；另外，基质中含有过量的重金属也会直接影响作物的生长发育情况，有研究表明，煤矸石比例过高，则植株的出苗率大幅降低。

（3）煤矸石浸出物也会影响浅层地下水中的金属含量，造成农业灌溉用水或饮用水的水体污染，利用煤矸石制备土壤改良剂，必须采取措施控制重金属的浸出。研究发现，施加石灰可增加土壤溶液中 OH^- 的含量，对重金属有沉淀和吸附作用，可有效降低土壤重金属活性。粉煤灰中的碱性组分也相同的效果，但添加此类碱性化学试剂也可能改变土壤理化性质，影响土壤肥力。此外，还可以采用分级分质、吸附剂、催化剂等方法削减或消除煤矸石中的重金属元素，避免造成土壤改良剂污染土壤，同时保持土壤的结构。

（4）应先明确煤矸石的成分和理化性质，再进行利用。部分地区的煤矸石缺乏氮、磷、钾等植物生长必需元素，或有机物含量不高，可加入农肥、污泥等物质提高改良剂的最终效果，或引入外源微生物提高煤矸石的养分释放。多地煤矸石含有较高硫分，可选择分级分质将硫分去除，或者与粉煤灰混合以中和 pH 值，防止土壤改良剂造成土壤酸化。也可以使用高硫煤矸石制备改良剂，对盐碱土进行改良。

6.3.2　煤矸石制备生态基质

　　基质是指可以替代土壤为植物提供稳定协调的水、气、肥结构的生长介质。基质主要应用于无土栽培技术，根据其存在形态可以分为固体基质和液体基质。固体基质相对于液体基质具有使用设施简单、投资成本低的优点，且固体基质在植物生长周期内具有一定的缓冲性，可为作物提供更稳定的生长环境。因固体基质具有在为植株根际提供的环境中pH 值、养分、温度和水分等指标变化较慢、栽培管理及技术简单、容易掌握，与土壤栽培方式差别不大等优点，随着无土栽培技术的兴起，被不断地研制、合成和使用。

　　煤矸石本身的有机质含量在 15%～25%，还含有大量的微量元素，田间施用煤矸石有机复合肥后，土壤透气性得到改善，增加了腐植酸的含量，提高了生物活性。煤矸石的酸碱性及其中含有的多种微量元素和养分，可以用于改良土壤，调节土壤的结构，增加土壤的肥效，使土壤更加有利于植物生长。鉴于煤矸石的施肥潜力，可将其作为生态基质原料进行基质制备。生态基质有着很好的发展机遇和广阔的市场前景，其本质是人造土壤，其所有性质和成土过程均由制备技术决定。基质栽培领域中，泥炭基质占据主要市场，但泥炭为不可再生资源，许多国家限制开采。而煤矸石含有相对较高的有机质成分和植物生长所需大量无机元素，或可以取代泥炭制作基质。煤矸石颗粒尺寸较大且毛细孔隙率极低，其结构和保水性差，直接使用不利于植物生长，因此，应适当粉碎并添加合适的外源材料来改善煤矸石制备生态基质的理化性质。已有研究表明，园林废弃物、污泥以及有机粪肥等有机残留物中含有各类营养元素和大分子有机物，能够改善土壤结构和性能，增加土壤养分，从而促进植物的生长发育，对植物生物量的积累起到有利作用。因此，使用有机残留物对煤矸石制备的生态基质进行改良，是一种廉价，且可有效地提高其肥力的方法。

　　基质肥力是评价生态基质好坏最重要的指标之一。基质肥力指标中，全效成分可以大致反映出基质肥力的特征，但是速效成分可能对植物生长的短期影响更大。此前有研究在进行煤矸石基质优化配方选择时，发现速效成分指标与全效指标反映的趋势大致是一致的。煤矸石生态基质的速效成分是否与全效成分反映的肥力特征一致，还有待进一步试验验证。

6.3.2.1　煤矸石基质化的技术要点

　　（1）前处理措施。煤矸石栽培基质化获得的基质样品，需要对煤矸石进行前处理措施，由于煤矸石基质的理化性质以及生物学性质的测定需要，煤矸石的前处理措施较为复杂。

　　煤矸石的粉碎与消解是主要的前处理措施，煤矸石的粉碎程度对于煤矸石的容重、水分特性以及通气状况都有影响，不同的粉碎程度将直接影响到煤矸石的基质品质。煤矸石的消解则是测定煤矸石中重金属元素含量的前处理措施，目前常用的消解方法有电热板消解、全自动石墨消解法和微波消解三种方法，不同的消解方法，操作难易不同，获得的结果也有差异。微波消解法可消解前两种方法无法消解的样品，且准确度较好，煤矸石硬度相对其他样品高，所以采用微波消解较为合理。除了上述前处理措施外，有学者还指出应该对煤矸石基质进行脱硫处理，可提高作物的成活率。

（2）复合基质的比例控制。无土栽培生产中，为克服单一基质可能造成容重过小或过大，通气不良或通气过盛等弊端，常将几种单一基质混合制成复合基质来使用。由于煤矸石颗粒尺寸大，毛细孔隙率极低，单独使用煤矸石作为种植基质会导致基质结构差，保水性能差，不利于植物生长。因此，为提高煤矸石种植基质的理化性能，必须添加秸秆等外源材料。研究发现，秸秆施用量越多，渗透系数越低，但秸秆量过多，则会导致基质结构疏松，降低植物成活率，煤矸石量过多同样会导致成活率降低，所以研究不同粒径的煤矸石与土壤的比例关系是决定煤矸石栽培作物生长状况的关键。

（3）基质性能。煤矸石基质材料的配比需要考虑诸多因素，并按照不同的理化指标进行相应的调控。如容重、孔隙度、电导率、pH 值等参数，在改变其中一个参数以适应不同的作物种类时，往往会影响其他的参数。所以在评价基质的性能时，以作物的品质优劣为最终参考标准。

（4）基质安全性。首先，煤矸石基质中含有大量的重金属元素，这些重金属元素大多对人体有害，重金属元素超出国家标准的煤矸石不能用于食物的栽培基质，但可用于其他观赏性植物的栽培中。其次，NO_3^- 具有极强的致癌作用。研究表明，良好的煤矸石基质栽培得到的作物相对土壤种植得到的作物，NO_3^- 可显著降低。

6.3.2.2 煤矸石基质的改良

煤矸石山的基质改良主要改良基质物理结构及养分状况，使基质满足植物生长所需的基本条件。目前主要方法为化学物质改良、有机质改良和生物改良。

（1）化学物质改良。煤矸石中重金属离子过量会影响植物生长，可以向煤矸石中投入改良剂以解决这个问题。施用不同的化学改良剂可以控制不同的重金属离子，此外，还可以通过施加化学肥料增加土壤中的养分，补充植物所需的 N、P、K 肥，促进植物生长，用以植被定植。有研究表明，在煤矸石中加入不同水平的肥料，可以促进煤矸石的风化和其上植物根深、地径及树高的生长。

（2）有机质改良。淤泥覆盖煤矸石可以提高煤矸石的持水保肥性能，阳泉矿区利用污泥覆盖技术改善了矸石山的绿化状况。煤矸石中添加有机材料（生活垃圾、泥炭、秸秆等）也是目前常用的基质改良方法，该方法在改良土壤的孔隙度及养分状况的同时，还能够提高废物利用率，实现以废治废。

（3）生物改良。植物与微生物是生物措施改良煤矸石的两种主要方法。在植物方面，固氮植物是目前利用最为广泛且改良效果明显的方法之一。豆科植物自身有着一定的固氮能力，因此，可以在土壤肥力较差的煤矸石基质上种植豆科植物，以增加氮素含量，有利于其他植物的生长。在微生物方面，马彦卿研究发现，通过微生物的分解、蠕动等生物过程，可以提高煤矸石基质中营养元素的含量，起到改善土壤结构的作用。

6.3.2.3 煤矸石基质的作用

煤矸石具有颗粒级配较差、孔隙度低、含盐量高、养分元素匮乏、重金属含量超标等特征，且新鲜矸石偏碱，自燃矸石过酸，这都是煤矸石作为植生基质的限制因素。煤矸石混合外源物质进行基质改良后，促进植物生长与重金属元素富集迁移。以煤矸石混合一定比例的土壤为主要材料，选取聚丙烯酰胺、粉煤灰、玉米秸秆三种具备土壤改良性和重金属钝化性的材料组成基质，能够使植物生长效应达到最优，同时抑制煤矸石基质中的重金属向植物体内富集迁移，解决煤矸石作为植生基质利用中的重金属污染问题，实现煤矸石的资源化利用。

（1）促进植物生长。将壤土、砂土分别和磨碎过筛后的煤矸石按一定比例混匀后进行盆栽实验，掺有煤矸石的土壤对小白菜生长有促进作用。由于煤矸石可增加土壤孔隙度，提高其连通性、含水性，空气中的氧进入土壤和水中，促进好氧细菌和兼氧细菌的繁殖，分解有机物，丰富土壤腐殖质，促进植物生长。将煤矸石磨碎过筛后按一定比例与粉煤灰混合后施于土壤中，在粉煤灰与煤矸石质量比为 2∶3 时，苜蓿地上部、根系干质量达最大值，植株吸收 N、P 等营养元素的效果较好，且此时土壤基质的 pH 值接近中性，电导率较小，盐化程度较低，植物修复效果好。苜蓿对煤矸石中的 Cu、Cd 等重金属吸收较多，有利于后续植物生长。

（2）消纳煤矸石储量的重要途径。以煤矸石为原料，搭配不同有机原料，经过混合堆制后得到不同理化性质的生态基质。煤矸石颗粒尺寸较大且毛细孔隙率极低，其结构和保水性差，直接使用不利于植物生长。因此，应适当粉碎并添加合适的外源材料来改善煤矸石制备生态基质的理化性质。园林废弃物、污泥以及有机粪肥等有机残留物中含有各类营养元素和大分子有机物，能够改善土壤结构和性能，增加土壤养分，从而促进植物的生长发育，对植物生物量的积累起到有利作用。通常，煤矸石中磷以无机物的形式存在，含量只有 0.05%～0.3%，氮则更少。氮、磷元素在煤矸石粒径变小、含量增高时，淋溶流失风险增大；而碳含量则高达 30%，其中，有机质为 15% 左右，煤矸石含量越高，粒径越小，越有利于基质中有机质的积累。有机质的增加会抑制磷和氮的固定，因此，增加煤矸石含量会提高氮、磷的淋溶风险。而污泥具有很高的施肥潜力，含有丰富的有机营养物质，如氮、磷等，使用污泥和煤矸石堆肥的方案总氮、总磷、有机质含量都是最高的。因此，使用有机残留物对煤矸石制备的生态基质进行改良，是一种廉价而有效地提高其肥力的方法。

──────── **本 章 小 结** ────────

本章介绍了煤矸石在提取腐殖酸、制备肥料、制备土壤改良剂、制备生态基质方面的利用途径，详细论述了其技术要点、改良作用、具体应用和建议，为煤矸石在农业和生态修复方面的利用提供思路。

思 考 题

6-1　煤矸石的哪些性质决定可将其应用在农业领域中？

6-2　简述煤矸石提取腐殖酸的主要工艺流程。

6-3　举例说明煤矸石制备肥料的主要工艺流程。

6-4　论述煤矸石对土壤的改良作用。

6-5　煤矸石制备生态基质的主要技术要点有哪些？

参 考 文 献

[1] 李俊，寇云鹏，杨震，等．"三下"压煤充填开采研究现状综述［J］．黑龙江科技信息，2012（12）：43-44.

[2] 侯朝祥．"三下"固体充填开采技术的应用研究［J］．能源与环保，2019，41（11）：175-178.

[3] 姜言刚．现代煤矿开采充填技术的发展探析［J］．城市建设理论研究（电子版），2016（29）：57-58.

[4] 刘建功，李新旺，何团．我国煤矿充填开采应用现状与发展［J］．煤炭学报，2020，45（1）：141-150.

[5] 巨峰．固体充填采煤物料垂直输送技术开发与工程应用［D］．徐州：中国矿业大学，2012.

[6] 陈勇．散状固体改性充填技术及岩层控制研究与应用［D］．北京：中国矿业大学（北京），2019.

[7] 苏明，梁季．推广煤炭充填开采技术提高煤炭资源回采率的财政政策研究［J］．财政研究，2012（12）：4-9.

[8] 郭庆瑞．浅析煤矿充填开采技术与发展趋势［J］．内蒙古煤炭经济，2020（20）：177-178.

[9] 刘建功．煤矿充填开采岩层控制理论与技术新进展［J］．煤炭与化工，2015，38（3）：1-4.

[10] 刘建功．依靠科技创新 建设绿色生态矿山［J］．煤炭经济研究，2011，31（10）：10-13.

[11] 刘建功．冀中能源低碳生态矿山建设的研究与实践［J］．煤炭学报，2011，36（2）：317-321.

[12] 任晓玲，周蕙昕，高明，等．煤矸石肥料的研究进展［J］．中国煤炭，2021，47（1）：103-109.

[13] 袁园．环境因子对腐殖酸荧光性能影响的研究［D］．杭州：浙江工业大学，2013.

[14] 王辰，梁惠祺，别泉泉，等．煤矸石土壤改良剂的研究与进展［J］．中国煤炭，2021，47（12）：49-56.

[15] 武海霞，郭爱科，陶涛，等．煤矸石栽培基质在农业中资源化利用研究现状［J］．北方园艺，2021（23）：134-141.

[16] 张宇航，宋子岭，孔涛，等．煤矸石对盐碱土壤理化性质的改良效果［J］．生态环境学报，2021，30（1）：195-204.

[17] 柯凯恩，董晓芸，周金星，等．煤矸石生态基质的制备配方及其肥力特征研究［J］．中国土壤与肥料，2021（4）：308-317.

[18] 邱俊杰．煤矸石-粉煤灰混合充填复垦土壤水气运移特征研究［D］．合肥：安徽大学，2021.

[19] 焦赫．采煤塌陷区煤矸石充填复垦对土壤特性影响的综合评价［D］．泰安：山东农业大学，2021.

[20] 韩秀娜，董颖，耿玉清，等．覆盖煤矸石对矿区土壤养分及盐分特征的影响［J］．生态环境学报，2021，30（11）：2251-2256.

[21] 张继．煤矸石的综合治理及其开发利用现状［J］．现代工业经济和信息化，2021，11（9）：149-150.

[22] 田怡然，张晓然，刘俊峰，等．煤矸石作为环境材料资源化再利用研究进展［J］．科技导报，2020，38（22）：104-113.

[23] 孔涛，郑爽，张莹，等．煤矸石对盐碱土壤绿化和土壤微生物的影响［J］．水土保持学报，2018，32（6）：321-326.

[24] 王琼，张强，王斌，等．高硫煤矸石对苏打盐化土的改良效果研究［J］．中国农学通报，2017，33（36）：119-123.

[25] 徐良骥，黄璨，李青青，等．煤矸石粒径结构对充填复垦重构土壤理化性质及农作物生理生态性质的影响［J］．生态环境学报，2016，25（1）：141-148.

[26] 郭彦霞，张圆圆，程芳琴．煤矸石综合利用的产业化及其展望［J］．化工学报，2014，65（7）：2443-2453.

［27］王丽华，关禹，王道涵，等．煤矸石与不同基质比例对小白菜生长的影响［J］．地球环境学报，2014，5（4）：266-270.

［28］Du T，Wang D M，Bai Y J，et al. Optimizing the formulation of coal gangue planting substrate using wastes：The sustainability of coal mine ecological restoration［J］. Ecological Engineering，2020，143（C）：105669.

［29］Chu Z X，Wang X M，Wang Y M，et al. Influence of coal gangue aided phytostabilization on metal availability and mobility in copper mine tailings［J］. Environmental Earth Sciences，2020，79（3）：68.

［30］Zhou X，Zhang T，Wan S，et al. Immobilizatiaon of heavy metals in municipal solid waste incineration fly ash with red mud-coal gangue［J］. Journal of Material Cycles and Waste Management，2020，22（6）：1953-1964.

［31］孙洪宾．利用煤矸石/粉煤灰和作物秸秆研制含硅有机复合肥［D］．青岛：山东科技大学，2008.

［32］王应兰，姜雄，吉俐，等．基于高效解磷菌的煤矸石肥料制备及其应用潜力分析［J］．浙江农业学报，2020，32（11）：2035-2041.

［33］李夏夏，钟艳，谢承卫．类香味细菌与巨大芽孢杆菌解离煤矸石应用研究［J］．中北大学学报（自然科学版），2019，40（4）：358-363.

［34］毛羽，张无敌．无土栽培基质的研究进展［J］．农业与技术，2004（3）：83-88.

［35］Jabłońska B，Kityk A V，Busch M，et al. The structural and surface properties of natural and modified coal gangue［J］. Journal of Environmental Management，2017，190：80-90.

［36］Hemmat A，Aghilinategh N，Rezainejad Y，et al. Long-term impacts of municipal solid waste compost，sewage sludge and farmyard manure application on organic carbon，bulk density and consistency limits of a calcareous soil in central Iran［J］. Soil & Tillage Research，2010，108（1-2）：43-50.

［37］程功林，陈永春．煤矸石山的危害及植被生态重建途径探讨［J］．煤田地质与勘探，2009，37（4）：54-56.

［38］徐明德，李泾妮，李艳春，等．煤矿矿区生态环境恢复方案［J］．北方环境，2011，23（5）：160-161.

7 煤矸石资源化利用生态工业园区实践

本章提要：
（1）掌握生态工业园区基本概念和内涵。
（2）了解煤矸石资源化利用典型的生态工业园区实践。

7.1 生态工业园区理论基础

7.1.1 生态工业园区概念内涵

7.1.1.1 生态工业园区的定义

生态工业园概念最先由美国 Lowe 教授提出，他把生态工业园定义为：一个由制造业和服务业组成的企业生物群落，通过包括能源、水、原材料等基本要素在内的环境与资源方面的合作与管理，实现生态环境和经济的双重优化和协调发展，最终使该企业集群寻求一种比优化每个企业行为而实现的个体效益之和还要大的群体效益。随着工业生态学和循环经济理念的不断深化，也有学者提出了新的定义，以下为具有代表性的生态工业园区定义：

（1）Côte 和 Hall 提出，生态工业园区是指为了保持自然与经济资源的可持续利用，减少生产、材料、能源、保险与治理费用和负债，提高操作效率、质量、工人健康和公众形象，提供来自废料及其规模收益机会的工业系统。

（2）Lowe、Moran 和 Holmes 提出，通过环境管理和资源节约，寻求环境效益和经济效益的不断提高；通过协作，工业园区寻找一种集体的利益，这种利益大于所有单个企业的利益的总和，这样的加工与服务商务社会即生态工业园区。

（3）美国总统可持续发展委员会（PSCD）的定义：生态工业园是企业群体，其中的商业企业互相合作，而且与当地的社区合作，以实现有效的资源共享，产生经济和环境质量效益，为商业企业和当地社区带来可平衡的人类资源。

（4）美国总统可持续发展委员会还提出了另外一个定义：生态工业园是一种工业系统，它有计划地进行材料和能源交换，寻求能源和原材料使用最小化、废弃物排放最小化，建立可持续的经济、生态和社会关系。

（5）耶鲁大学的 Marian Chertow 则把工业共生系统称为生态工业园。她认为，在生态学中，共生（symbiosis）是一种常见现象，即两个物种紧密地联系在一起，其中一方获益或两者都获益。共生的概念也可以用于工业系统，工业生态学的共生，既可能在一定的机会下自然发生，也可能通过规划形成，经过规划的工业共生显然为开发对环境更加有利的产业生态系统提供了可能，这种工业共生系统就是生态工业园区。

我国原国家环保总局对生态工业园区的定义为：生态工业园区是指按照清洁生产的要求，依据循环经济理念和工业生态学理论设计建立的一种新型工业园区，它通过物质流、能量流等传递方式把不同工厂和企业连接起来，形成共享资源和互换副产品的产业共生组合，使一家工厂的废弃物或副产品成为另一家工厂的原料或能源，模拟自然生态系统，在产业系统中建立"生产者—消费者—分解者"的循环途径，寻求物质闭环循环、能量多级利用和废物产生最小化。

综合上述观点，可以概括为，生态工业园区是工业生态学理论和循环经济理论结合的现实产物，是这两个理论运用于人类生产活动的实践形式，是以追求更高物质和能量转换效率以及更少的废物排出为目的科学社会进步的产物，是继传统工业园区未来发展的新方向。

7.1.1.2　生态工业园区的分类

耶鲁大学 Chertow 教授按照物质交换的不同情况，将生态工业园区分成广泛的废物交换型、工业生态网络型、区域结合型、标准准入型五类。美国可持续发展总统委员会按照美国生态工业园区建设现状，按园区运行方式和目标将生态工业园区分为零排放的工业园区、虚拟型工业园区和生态发展型工业园区。

国内对生态工业园区分类的研究众多。我国原环境保护总局颁布的《生态工业园区建设规划编制指南》中明确了生态工业园区分类的标准定义：按照我国生态工业园区的运行机制，生态工业园区被分为行业类、综合类、静脉类三大类。行业类通常指以某一类工业行业的一个或几个企业为核心，通过集中物质和能量，在同类企业或相关行业企业间建立共生关系而形成的生态工业园区，其代表多是以煤炭、钢铁、有色金属等以能源为主导建立的企业园区；综合类园区主要指通过改造传统的经济技术工业园区，新建高新技术产业园区而形成的生态工业园区，其代表主要有各类电子、高科技产业结合的园区；静脉产业类园区是指以进行静脉产业生产的企业为集群建设的工业园区。静脉产业，依字面意思解释，就是产业发展遵循静脉血的工作原理，做到血液自净一样的循环再利用。静脉产业是在保证环境安全的基础上，运用先进的技术，将生产和消费过程中产生的废物转化为可重复利用资源和产品，实现各类废物的再利用和资源化的产业，包括废物转化为再生资源以及将再生资源加工为产品两个过程。

生态工业园区还可以从以下方面进行分类：

（1）从建设基础，可以划分为现有改造型与原始规划型生态工业园区。改造型生态工业园区是指对园区内现在已经存在的大量的工业企业，通过适当的技术改造和管理集成，在园区内建立企业间的物质和能量交换。原始规划型生态工业园区是指在良好的规划和设计的基础上从无到有地进行建设，主要是吸引那些具有"绿色制造技术"的企业入园，并创建一些基础设施，使得这些企业间可以进行物质和能量的交换。

（2）从区域位置，可以划分为实体型和虚拟型生态工业园区。实体型生态工业园区的企业在地理位置上聚集于同一地区，可以通过管道设施进行企业间的物质和能量交换。虚拟型生态工业园区则不以地理位置上毗邻的地区为限，由园区和园区外的企业共同构成一个更大范围的工业共生系统。利用现代信息技术建立园区信息系统，区域内企业既可以彼此交换，也可以与区域外的企业交换。虚拟园区可以省去一般建园区所需要的昂贵的购地成本，避免进行困难的工厂迁徙工作，并且具有很大灵活性，但其缺点是可能要承担较高的运输费用。

（3）从产业结构，可以划分为联合企业型和综合型生态工业园区。联合企业型生态工业园区通常以某一大型的联合企业为主体，围绕联合企业所从事的核心行业构造产业生态链和工业生态系统，对于冶金、石油、化工、酿酒、食品、汽车、机械等不同行业的大企业集团，非常适合建立这样的联合企业型的生态工业园区。综合型生态工业园区内存在各种不同的行业，企业间的共生关系更加多样化，与联合企业型园区相比，综合型园区需要更多地考虑不同利益主体间的协调和配合。目前，大量传统的工业园区适合朝综合型生态工业园区的方向发展。

7.1.1.3 生态工业园区与传统工业园区的区别

生态工业园区与传统工业园区相比，具有以下特点：

（1）有机整体性。相比于传统工业园区，生态工业园区内各企业并不是通过简单机械地拼凑累加而成，而是依据工业生态学和循环经济理论建立的产业集群，其所含企业数量、规模、类型都要通过科学匹配，有机组合成一个具备生态系统属性的企业集合体。

（2）规模经济性。生态工业园区因其自身的有效集群和特有的外部规模经济，在实现经济规模时，有效地避免了企业规模扩张所带来管理和生产成本增加、技术创新能力低、资源配置效率差的弊端，并可通过降低污染治理成本和促进循环技术创新等优势增强园区内部各企业的竞争力，由此推动区域经济的发展。

（3）技术创新性。生态工业园区大多是通过新建或改造现有传统园区，要实现园区转型，必须用到一定的环保创新技术，包括信息科学技术、能源综合利用技术、水处理技术、回收和再循环使用技术、空气净化技术等。

（4）生态网络性。传统工业园区是以生产配套协作为核心的在地理上的集中。而生态工业园区在结构设置上以物质循环和能量梯级利用为核心，园区不仅包括地理上的所在地，还包括了附近所在区域内能够实现生态联系的企业，这些企业可以在毗邻的地区或者一个距离更远的地方，它们相互联系，构成了工业生态网络。相对于传统园区，生态工业园区集群有着完整循环，其生态环境的协调适应性更强，可持续发展能力更好。

7.1.2 生态工业园区理论基础

7.1.2.1 可持续发展理论

可持续发展理论（Sustainable Development Theory）于 20 世纪 80 年代提出，1980 年 3 月，以联合国环境规划署（UNEP）为首的三组织共同发布了《世界自然保护大纲》，首次正式使用"可持续发展"一词，并将其定义为："改进人类的生活质量，同时不要超过支持发展的生态系统的能力"。可持续发展概念最广泛的定义和核心思想是"既满足当代人的需要，又不对后代人满足其需要的能力构成危害的发展"。人类"应享有以与自然相和谐的方式过健康而富有生产成果的生活的权利"，并"公平地满足今世后代在发展和环境方面的需要，求取发展的权利必须实现"（《里约宣言》）。可持续发展的根本问题是资源的分配，既包括不同代之间时间上的分配，又包括当代不同国家、地区、人群之间的资源分配。它包含了需要、限制、平等三个概念。

从可持续发展的思想实质看，强调人类与自然界的共同进化思想、世代伦理思想和效率与公平目标兼容的思想。其战略目标是恢复经济增长，并改善经济增长的质量，确保稳定的人口水平，满足人类的基本需求技术创新，保护和加强资源利用效率在决策中协调经济与生态之间的关系。一个可持续发展的社会有赖于资源持续供给的能力，生产、生活和生态功能的协调，自然资源系统的自我调节能力和社会经济的自组织、自调节能力，社会的宏观调控能力，部门之间的协调行为，以及民众的监督和参与意识。

7.1.2.2 工业生态学

工业生态学也叫产业生态学，其思想最早可追溯到 20 世纪 60 年代末。1989 年 9 月，美国通用汽车公司的 Robert Frosch 和 Nicholas E. Gallopoulous 在《科学美国人》杂志上发表题为《可持续工业发展战略》的文章中正式提出了工业生态学（Industrial Ecology）的概念。文中指出，应对不同的工业过程进行综合研究，使废物在工业过程中流通，达到循环利用的目的，从而减少工业对环境的影响。工业生态学是一门新兴、蓬勃发展的综合、交叉学科，是一门研究人类工业系统和自然环境之间的相互作用、相互关系的学科，工业生态学为研究人类工业社会与自然环境的协调发展提供了一种全新的理论框架，为协调各学科与社会各部门共同解决工业系统与自然系统之间的问题提供了具体、可操作的方法，为生态工业园区建设奠定了坚实的基础。

工业生态学目前没有统一的定义，综合起来可以认为：工业系统既是人类社会系统的一个子系统，也是自然生态系统的一个子系统，是人类社会与自然系统相互作用最为强烈的一个子系统，其与自然生态系统的关系处理的好坏是人类社会可持续发展的核心问题。工业生态抓住这一核心问题，从不同的视角，以工业系统中的产品与服务为重点，采用定量的方法，分析、研究工业系统的全部运行过程对自然环境造成的影响，从而找出减少这些影响的办法。工业生态学的核心思想是在资源利用最大化、废料产生最小化的原理下，实现工业系统的可持续发展，同时做到实现废物的末端处理向清洁生产及生态工业的转化。

7.1.2.3 循环经济

循环经济是一种运用生态学规律把经济活动组织成一个"资源产品再生资源"的反馈式流程，实现"低开采、高利用、低排放"，以最大限度利用进入系统的物质和能量，提高资源利用率，提升经济运行质量和效益，以"促进人与自然的协调与和谐"的经济发展模式。循环经济以通过实施减量化、再利用、再循环为原则（简称为"3R"原则），组织企业内部各生产工艺之间的物质循环，以实现污染物少排放，甚至零排放的环保目标。"减量化、再利用、再循环"发展模式在循环经济中的重要性并不是并列的。循环经济不是简单地通过循环利用实现废弃物资源化，而是强调在优先减少资源消耗和减少废物产生基础上的综合。

循环经济要求把经济活动组织成为"资源—产品—废弃物—再生循环"的反馈式循环流程，在这个流程中，能量是唯一的系统投入，所有其他资源都保留在系统中循环使用，一个经济单位产生的"废物"或副产品，是另一个经济单位的"营养物"和投入要素，从而形成多层次相互依存、竞争与合作并存的产业生态网络。因此，生态工业园是完全符合循环经济物质流程要求的、实现循环经济的主要载体。

正如学者 Ehrenfeld 和 Gertler 所比喻的"这家企业一部设备的废弃物变成了另外一家

企业某部设备的原料"一样,生态工业园区最核心的优势就体现为其内部的产业共生系统运作机制。产业共生系统是一个社区或一个企业网络,在系统内部企业互相交换副产品、层层递进使用能源,通过市场交易、产业共生系统来减少原材料投入与能源消耗,减少废物处理费用,增加企业经济效益。通过建立企业之间横向、纵向的生产合作联系,使企业间、生态工业园区内部形成一个以技术与副产品交换为主的质能循环市场。通过质能循环市场,企业可以引进先进环保设备,以对其他企业的废弃物与二次能源进行再加工、循环利用,最终使工业园区整体达到各企业经济绩效得到提升、生产污染排放减少,并充分有效地使用资源的目的。

　　目前,世界上最著名的生态工业园是丹麦卡伦堡工业园。这个生态工业园的主体企业是发电厂、炼油厂、制药厂和石膏板生产厂,以这四类企业为核心,通过贸易方式,互相利用对方生产过程中产生的废弃物和副产品。还有一种虚拟的生态工业组织,例如德国的DSD公司,这是一个由产品生产厂、包装物生产厂、商业企业以及垃圾回收部门组成的社会组织,与全国500多家废品管理公司合作,将由有委托回收包装废弃物意愿的企业组织成网络,在需要回收的包装物上打上绿色标记,然后委托回收企业进行处理,从而在全国范围内形成了上下游关系的企业耦合的做法,变废料为原料。

7.1.2.4　利益相关者理论

　　利益相关者理论(Stakeholder Theory)的思想萌芽产生于20世纪30年代,由哈佛法学院的学者Dodd(1932)提出,并于20世纪60年代逐步在西方各国发展起来。利益相关者理论指出:任何企业的生存和发展都离不开诸如股东、债权人、供应商、顾客、员工、社会大众、政府部门等利益相关者的参与。他们有的承担着企业的管理风险,有的参与企业的日常经营,有的监督和制约企业,有的享受着企业发展的成果。企业理应追求各个相关者的整体利益。生态工业园区的组织形式兼有企业属性和共同体属性,其生存和发展取决于能否有效处理各利益相关者的关系。企业集群在促进区域发展时,除了负有基本的经济责任外,还应承担各种社会责任,如环境管理、道德和慈善等责任。生态工业园区要提高园区的竞争力和实现可持续发展,就必须重视各种责任,并努力协调好各利益相关者间的关系。

　　生态工业园区作为一个承载工业发展的系统,其利益相关者主要有园区管理者(政府派出机构性质的管理委员会或者市场化的运营公司)、上级管理部门、竞争者、协作者、中介机构和公众等。无论是政府还是企业,工业园区管理机构作为一个运行主体,其决策和运行必然受到约束、激励、支持和压力四种不同性质的外部力量作用。图7-1为石磊等学者提出的我国生态工业园区建设的影响因素及其作用机制。

7.1.2.5　景观生态理论

　　工业生态系统意味着比照生态原则,对传统工业系统进行再规划和再设计。然而,仅仅模仿生态系统对工业系统进行设计和改造是远远不够的。在生态工业园区的实施过程中,需要从空间和地理的角度对工业生态系统进行思考,比如生态工业园区同周边自然环境的关系、生态原则背后的物理结构、工业生态系统的空间构造等。因此,"景观生态理论"也是生态工业园区运作的基础理论。从地理空间的视角,以景观为尺度,对生态流、生态过程和生态变化进行衡量,减少城市和工业发展对生态造成的"负面"影响。

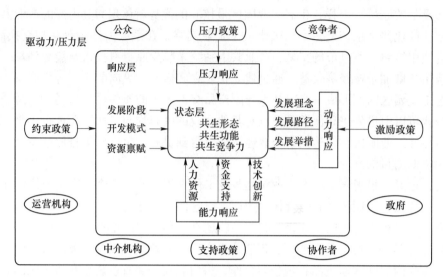

图 7-1　我国生态工业园区建设的影响因素及其作用机制

7.1.2.6　产业集群

生态工业园是一个由制造业企业和服务业企业组成的群落，通过系统化管理，包括能源、水和材料等基本要素在内的环境与资源，实现生态环境与经济的双重优化和协调发展，最终使该企业群落寻求到一种比各公司优化个体实现的个体效益的总和还要大得多的群体效益。

生态工业园区在很多方面都体现出与产业集群类似的特征。Brian H. Robert 认为，从本质上来看，生态工业园区与产业集群存在一定的关联。集群为实现产业生态化提供了一条唯一的可行途径，产业生态化为增加集群内部企业的价值提供了独特的途径。集群内企业产生的污染废弃物都比较类似，因此，在废弃物处理方面，可以通过集中处理降低成本，通过地理集聚可以鼓励企业进行废弃物的再处理、再利用，例如将废弃物销售给专门的污染处理公司，实现资源再生，从而降低集群内部各企业的资源、材料运输成本以及各项配套能源的耗费成本。图 7-2 为虞剑锋和蒋海霞等学者提出的产业集群技术创新对资源集约利用的影响机理示意图。

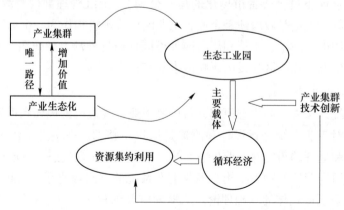

图 7-2　产业集群技术创新对资源集约利用的影响机理

7.2 我国生态工业园区实践

7.2.1 我国生态工业园区政策

我国生态工业园区实践始于 2000 年的生态工业园区试点。通过一系列政策的实施，我国逐渐形成了生态工业示范园区、园区循环化改造、低碳园区、绿色园区的建设理念，极大推动了我国的生态工业园区的建设和发展。本节从生态工业园区、园区循环化改造区、低碳园区和绿色园区四方面梳理我国主要的生态工业园区政策，见表 7-1。

表 7-1　生态工业园区政策汇总

年份	政策文件
生态工业园区	
2003 年	《国家生态工业示范园区申报、命名和管理规定（试行）》
2003 年	《生态工业园区规划指南（试行）》
2006 年	《行业类生态工业园区标准（试行）》《综合类生态工业园区标准（试行）》《静脉产业类生态工业园区标准（试行）》
2007 年	《关于开展国家生态工业示范园区建设工作的通知》
2007 年	《生态工业园区建设规划编制指南》
2007 年	《国家生态工业示范园区管理办法（试行）》
2009 年	《关于在国家生态工业示范园区中加强发展低碳经济的通知》
2009 年	《综合类生态工业园区标准》
2009 年	《关于在国家生态工业示范园区中加强发展低碳经济的通知》
2011 年	《关于加强国家生态工业示范园区建设的指导意见》
2012 年	《关于加快完善环保科技标准体系的意见》
2015 年	《国家生态工业示范园区管理办法》
2015 年	《国家生态工业示范园区标准》
2016 年	《关于开展国家生态工业示范园区复查评估的通知》
2017 年	《关于发布国家生态工业示范园区名单的通知》
2017 年	《关于发布国家生态工业示范园区复查评估结果的通知》
2018 年	《关于提交 2017 年国家生态工业示范园区建设评价报告的通知》
2019 年	《关于开展 2019 年度国家生态工业示范园区验收的通知》
2019 年	《"无废城市"建设试点实施方案编制指南》和《"无废城市"建设指标体系（试行）》
园区循环化改造	
2005 年	《国务院关于加快发展循环经济的若干意见》
2005 年	《关于组织开展循环经济试点（第一批）工作的通知》
2007 年	《循环经济评价指标体系》
2007 年	《关于组织开展循环经济示范试点（第二批）工作的通知》
2008 年	《循环经济促进法》

年份	政策文件
园区循环化改造	
2010 年	《关于支持循环经济发展的投融资政策措施意见的通知》
2011 年	《关于率先在甘肃、青海开展园区循环化改造示范试点有关事项的通知》
2012 年	《关于推进园区循环化改造的意见》
2012 年	《循环经济发展专项资金管理暂行办法》
2013 年	《国务院关于印发循环经济发展战略及近期行动计划的通知》
2015 年	《国家"城市矿产"示范基地中期评估及终期验收管理办法》和《园区循环化改造示范试点中期评估及终期验收管理办法》
2016 年	《关于印发国家循环经济试点示范典型经验的通知》
2017 年	《循环发展引领通知》
2017 年	《循环经济发展评价指标体系（2017 年版）》
2017 年	《关于请组织推荐 2017 年国家园区循环化改造重点支持备选园区的通知》
2017 年	《关于开展 2017 年下半年循环经济各类示范试点中后期监管工作的通知》
2018 年	《国家发展改革委、财政部关于 2018 年园区循环化改造示范试点和"城市矿产"示范基地验收结果的公示》
2019 年	《国家发展改革委办公厅 生态环境部办公厅关于深入推进园区环境污染第三方治理的通知》
2019 年	《国家发展改革委、财政部关于 2019 年园区循环化改造示范试点和"城市矿产"示范基地验收结果的公示》
2020 年	《国家发展改革委、财政部关于 2020 年园区循环化改造示范试点和"城市矿产"示范基地验收结果的公示》
2020 年	《关于营造更好发展环境 支持民营节能环保企业健康发展的实施意见》
2021 年	《国务院关于加快建立健全绿色低碳循环发展经济体系的指导意见》
低碳园区和绿色园区	
2013 年	《关于组织开展国家低碳工业园区试点工作的通知》
2013 年	《国家低碳工业园区试点工作方案》
2014 年	《国家低碳工业园区试点名单（第一批）公示》
2015 年	《工业和信息化部 发展改革委关于同意国家低碳工业园区试点（第二批）实施方案的批复》
2016 年	《工业绿色发展规划（2016-2020 年）》
2016 年	《关于开展绿色制造体系的通知》
2016 年	《绿色制造标准体系建设指南》
2017 年	《关于加强长江经济带工业绿色发展的指导意见》
2017 年	《关于发布 2017 年第一批绿色制造示范名单的通知》
2018 年	《关于公布第二批绿色制造名单的通知》
2018 年	《工业和信息化部关于印发坚决打好工业和通信业污染防治攻坚战三年行动计划的通知》
2018 年	《关于公布第三批绿色制造名单的通知》
2019 年	《关于加快推进工业节能与绿色发展的通知》
2019 年	《关于公布第四批绿色制造名单的通知》
2020 年	《工业和信息化部办公厅关于公布第五批绿色制造名单的通知》

　　根据表 7-1 可以看出，生态工业园区的建设大约经历了以下 4 个阶段：（1）试点探索阶段（2000~2006 年），我国生态工业示范园区建设初步形成"申请建设—规划—论证—建设—命名"的流程，"年度总结—定期考核"检查的监督管理机制，包含经济发展、生态工业特征、生态环境保护、绿色管理四个方面指标的评价体系。（2）管理规定的细化阶段（2007~2010 年），经济技术开发区和高新技术开发区成为生态工业园区发展的主阵地，生态工业园区建设的流程进一步细化为"申请—编制规划和技术报告—预审核—正式审核—批准建设—考核验收—公示—命名—调研和抽查"。生态工业园区建设将提高能源效率，改善能源结构作为重要目标，并将低碳经济工作纳入重点评估内容。（3）标准、法规的完善阶段（2011~2015 年），提出生态工业园区建设要坚持减量化、再利用、资源化及无害化原则，形成推进生态工业园区建设和发展的长效机制，生态工业示范园区申报验收各个环节的责任方、要求、时限得以明确，监督管理过程中数据的真实性得以强调，针对性扶持政策的重要性也得以凸显，同时，此阶段还要求园区设立专门部门承担生态工业示范园区建设的工作以形成长效机制。（4）稳步推进阶段（2016 年至今），国务院印发文件强调构建园区循环经济产业链，推进园区资源高效循环利用和园区基础设施绿色化。在一系列政策的指导下，循环经济园区的指标体系完善、园区循环化改造、城市矿产示范基地建设、循环经济园建设的资金支持等工作稳步推进。

7.2.2　生态工业园区实践

　　生态工业园区是指效仿自然生态系统，以生态工业理论作为指导，不同企业之间形成共享资源和互换副产品的产业共生组合，使上游企业产生的废物变为下游企业的原料，由此达到企业间资源最优化的配置，最大限度地提高资源利用率，在整个产业生态体系中，从源头便将污染物排放量减至最低，逐步实现零排放、零污染的绿色发展目标。

　　20 世纪 70 年代初，丹麦卡伦堡工业园区受到了国际社会的广泛关注，这是世界上第一个生态工业园区，其循环经济链条如图 7-3 所示。该园区的企业通过"废物"联系在一起，形成了一个高效、和谐的生态工业园区。它们之间的合作，以能源、水和物质的流动为纽带，联系在一起。（1）能源和水的流动。火力发电厂用新型供热系统为卡伦堡市供应蒸汽，之后又供应给制药公司和炼油厂，同时也向市里的某些地区供热，这一举措取代了约 3500 个燃油渣炉子，大大减少了空气污染源。炼油厂排出的水冷却发电厂的发电机组，发电厂还使用附近海湾内的盐水满足其冷却需要，这样减少了对湖淡水的需求，实现了水资源的循环和综合利用。（2）物质流动。炼油厂生产的多余燃气，作为燃料供给发电厂和石膏材料公司，制药厂的工艺废料和渔场水处理装置中的淤泥用作附近农场的化肥，电厂将其烟道气中的二氧化硫与碳酸钙反应制得的硫酸钙（石膏）送往石膏材料公司，作为石膏材料厂的原料，电厂还将粉煤灰供给一个水泥厂或用于筑路，精炼厂的脱硫装置生产的液态硫送往硫酸厂生产硫酸，农场使用民用下水道淤泥生物修复营养剂来分解受污土壤的污染物。卡伦堡生态工业园区各种企业按照自然生态系统中动植物的协调共生原理，建立了一种和谐复杂的互惠互利合作关系，通过将废弃物或副产品作原料使用，产生了明显的经济效益和环境效益。

　　随着生态工业园区概念的提出以及清洁生产、生态工业等思想的推广，世界上出现了许多包含物质交换与废物循环的产业共生政策和项目，称为生态工业园区。越来越多的国

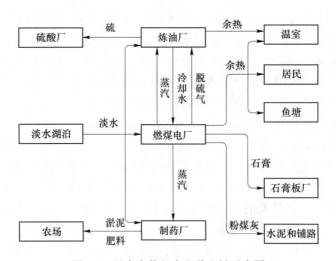

图 7-3　丹麦卡伦堡产业共生链示意图

家认识到环境污染和生态破坏的严重性以及发展生态工业的必要性，不断加强对工业园区建设的宏观调控，实现真正意义上的经济、社会、环境协调发展，国际上，尤其是发达国家正在形成完整的生态工业体系，促进了经济与环境的可持续发展。

　　我国生态工业园区实践在国际上处于领先地位，通过不断探索形成了关于生态工业示范园区、循环经济园、低碳园区、绿色园区等的建设方案，并通过试点示范带动全国的工业园区实现生态化。我国最典型的生态工业园区是广西贵港国家生态工业示范园区，其生态产业链如图 7-4 所示。贵糖集团利用甘蔗榨糖，在此基础上成功地建设了一个生态工业园的雏形，其中，"甘蔗—制糖—蔗渣造纸"生态链、"制糖—糖蜜制酒精—酒精废液制复合肥"生态链以及"制糖（有机糖）—低聚果糖"生态链这三条园区内的主要生态链，相互间构成了横向耦合的关系，并在一定程度上形成了网状结构，实现了能源的循环利用。

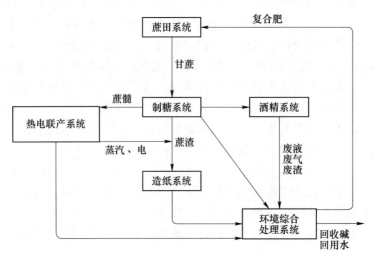

图 7-4　广西贵港生态工业园区产业链图

阳谷祥光生态工业园区在"铜精矿—阳极铜—高纯阴极铜"主体产业链的基础上，加强对铜冶炼废物和副产品的综合利用，构建了阳极泥提取贵金属、烟气回收制硫酸、余热发电、铜冶炼渣提铜、中水回用、再生铜利用等六条静脉产业链，形成了从"铜矿开采—资源再生/铜精矿—阳极铜—阴极铜—铜深加工/贵金属深加工"的全产业链铜产业生态发展模式，铜资源回收率达到 98.18%，铜资源产出率提高了 9.9 倍，水的循环利用率达到97%以上，吨铜综合能耗比国家标准降低 53%，二氧化硫的排放量比国家标准低 36%。

7.3　典型煤矸石综合利用生态工业园区案例

煤矸石是我国存放量最大的固体废弃物之一，煤矸石的大量堆放会造成占用土地资源、污染水土、破坏生态系统等问题，实现煤矸石的资源化利用对保护生态环境，实现社会可持续发展具有重大意义。国外尤其发达国家将煤矸石、高炉渣、粉煤灰等都利用起来，我国也对煤矸石的资源化与规模化利用开展了大量的研究与实践。在工业园区层面，基于循环经济、产业共生等原则，形成了大量典型的煤矸石综合利用生态工业园区案例。

7.3.1　焦煤古交循环经济发展模式

山西焦煤的西山煤电生产矿区坐落在国家大型煤炭规划基地的晋中基地，是我国最重要的炼焦煤生产企业，目前，公司已形成"煤、电、焦、化、材"协调发展的格局。西山煤电主要开采西山、河东、霍西三大煤田，资源总量 92.1 亿吨，煤种有焦煤、肥煤、1/3焦煤、瘦煤、贫瘠煤等，其中，焦煤、肥煤为世界稀缺资源，被誉为"世界瑰宝"。西山集团已经由一个传统的国营煤炭生产企业发展成为多业并举、综合发展，拥有全国最大的燃用中煤坑口电厂的大型国有能源集团，是全国最大的炼焦煤生产基地和国家首批循环经济试点单位。

按照生态工业园区开发模式，构建煤-电-建材循环经济产业链，提高资源综合利用水平。中煤、煤泥和煤矸石用作发电燃料，无法作燃料的煤矸石生产建材或用于土地复垦。矿井水全部回收利用，供应煤矿、电厂和洗煤厂。生活污水经深度处理后供应电厂，电厂水源大部分取自矿区工业和生活污水净化处理的工业，电厂排出的粉煤灰和炉渣用于生产新型建材产品或井下充填，抽放矿井瓦斯用于发电和民用。由此形成资源开采、基础产品、高端产品和功能性产品多层次发展，煤-电-建经济产业链横向扩展，资源深加工纵向延伸，以及副产品和废弃物资源化利用的立体式循环经济框架，其循环经济框架如图 7-5所示。

7.3.2　山西河坡煤矸石发电循环经济体系

7.3.2.1　山西河坡发电基本概况

山西河坡发电厂位于山西省阳泉市，是阳泉市重要的电源和热源企业。近年来，为打造本省电力行业高质量转型"山西河坡发电"样本，河坡发电厂注重低碳节能发展，响应国家"上大压小"的节能减排政策，为阳泉市城区、开发区、郊区等采暖区提供清洁、稳定的热能。自 2016 年起，山西河坡发电厂在白泉工业园区建设 2 台 350MW 超临界循环流化床热电联产机组，成为山西首批一投产就实现环保超低排放的机组之一。发电机组的供

314

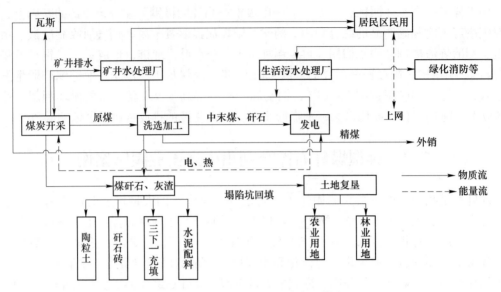

图 7-5　焦煤古交循环经济发展模式

热能力提高 50%，同时，整个发电厂的热效率也大幅提高。在切缸供热的工况下，发一度电可少用 40g 标煤，真正做到了节能减排。河坡电厂在 2019 年 1 月成为山西省首家完成污泥耦合燃煤掺烧发电技术改造的企业，日处理城市污泥 200t，目前已累计处置阳泉市城市污泥近 10 万吨。另外，山西河坡发电厂成为全国 350MW 超临界循环流化床机组连续运行时间纪录最长，连续 3 年全国同类型机组生产厂用电率最低，山西省调峰、调频能力最强的企业。

7.3.2.2　河坡煤矸石发电循环经济体系

通过几年的发展，河坡煤矸石发电循环经济体系以发电厂为中心，陆续发展了污水处理、污泥干化耦合发电、煤泥掺烧发电、电储能调频、电锅炉调峰、灰渣综合利用等项目，形成了一条上中下游完备、绿色能源生态的产业链条，一个具有绿色发展优势的能源特色生态产业集群体系已初见雏形，如图 7-6 所示。

河坡煤矸石发电循环经济体系具体包括以下循环经济产业链：

（1）污泥干化焚烧发电项目。污泥是污水处理过程中产生的一种容易腐败发臭的生物固体物质，富集了污水中的污染物，含有大量氮、磷等营养物质及有机物、病毒微生物、寄生虫卵、重金属等有毒有害物质，若不经有效处理处置，将对环境产生严重的危害。河坡电厂巧妙利用污水处理厂产生的污泥，经过卸料间、料仓间、干化处理间等一系列先进工艺，将其干化而成含水 30% 的固体污泥。

（2）煤泥掺烧项目。煤泥是大型矿区在原煤洗选加工过程中产生的主要副产品，因其含水高、黏性大、热值低及难以运输、遇水流失、污染土壤地下水、风干飞扬、粉尘污染等因素，其工业利用价值较低，通常被当作工业垃圾处理，对矿区自然环境造成了破坏，给地方环保治理工作带来了极大压力。河坡电厂的煤泥掺烧项目是在城市生活污泥处理处置项目的基础上，建设了百万吨煤泥无害化处理中心，能够解决目前煤泥晾晒污染大气和土壤的问题，采用国内先进煤泥掺烧工艺系统及设备，利用循环流化床锅炉独有的燃烧煤

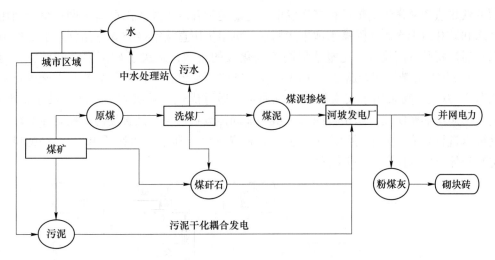

图 7-6 河坡发电循环流程图

泥性能, 年处理煤泥可达 80 万吨。

（3）粉煤灰渣综合利用项目。引进"中科宏远"的粉煤灰渣综合利用项目, 采用国内外的先进技术, 对电厂燃煤燃烧后产生的灰渣加以利用, 使电厂的灰渣不再是工业废弃物, 而是转变成了一种生产原料, 可制作成水稳材料、砌块砖等绿色建筑建材。粉煤灰渣综合利用项目不仅解决了电厂灰渣填埋占地问题, 还为电厂节省每年 2000 万元的灰渣处置费用。

（4）中水再次深度处理项目。河坡发电厂为节约水资源, 践行绿色发电的理念, 联合阳泉昇阳污水净化有限公司, 建立了中水处理中心站, 将阳泉昇阳污水净化有限公司输送来的中水进行深度处理, 实现废水的循环利用。

7.3.3 平朔煤矸石发电循环经济体系

7.3.3.1 基本概况

平朔煤矸石发电有限责任公司成立于 2002 年, 公司以煤矸石发电为核心业务, 前期设计两期发电工程, 该项目是经国家发改委批复立项的山西省煤矸石发电示范项目, 一期工程为 2×50MW 直接空冷凝汽式燃煤矸石发电机组（已于 2018 年按照国家要求关停拆除）, 二期为 2×300MW 循环流化床直接空冷发电机组。规划初期, 项目即按照国家倡导的循环经济"减量化、再利用、资源化"原则与节能环保的"高效率、低耗能、低排放"要求进行规划设计。随着对循环经济认识的不断加深, 以及节能环保创新技术的快速发展, 该产业生态系统逐步演化、复杂化, 与环境更加友好。经过近 20 年发展, 逐步建立起以低热值煤清洁高效灵活发电为核心的, 集先进节能与减排技术、资源规模化与高值化利用、热电联产为一体的复杂产业生态系统。其中, 煤矸石发电产业链延伸综合利用项目获得 2014 年中国工业大奖提名奖, 煤矸石清洁燃烧综合利用示范项目获得 2018 年中国工业大奖表彰奖。

7.3.3.2 平朔煤矸石发电循环体系链条

平朔煤矸石电厂将平朔矿区露天开采产生并经过破碎的煤矸石和洗选后产生的煤泥混

合后的低热值燃料送到锅炉进行燃烧发电，电能通过升压后并入山西省电网；综合利用城市污水和矿井疏干水制备除盐水和生产用水，机组采用直接空冷方式，达到了良好的节水效果；通过特殊管网设计，克服地形高差变化大的难题，解决了矿区供暖问题。公司于2011年建设60万吨水泥粉磨站。2013年投运气流磨装置，生产超细硅铝粉，全年可利用粉煤灰35万吨，其余用于安太堡矿矿坑回填，通过优化颗粒级配，实现其最紧密堆积，提高回填矿坑的密实度。严格按照《一般工业固体废物贮存、处置场污染控制标准》Ⅱ类场地要求进行填充，并进行洒水碾压复垦，粉煤灰综合利用率达到了100%。平朔煤矸石发电循环体系示意图如图7-7所示。

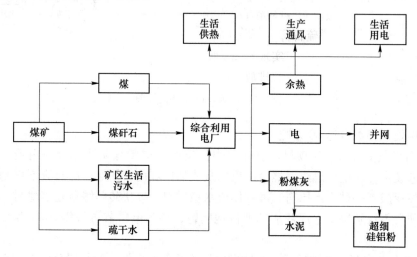

图 7-7　平朔煤矸石发电循环体系示意图

7.3.4　塔山循环经济产业园区

7.3.4.1　塔山循环经济园区概况

同煤集团塔山循环经济园区位于山西省北部，2003年开始动工，于2009年7月正式建成，是国家批准的首个煤炭产业遵循循环经济原则而建立的综合性项目。同时，塔山循环经济园区是煤炭行业实践绿色发展的第一个"试验区"，园区通过多条循环经济产业链，覆盖了煤矿、电力、煤化工、选煤、运输及资源综合利用等多个产业。通过循环经济产业链条设计，园区工业固废煤矸石、粉煤灰、炉渣等综合利用量达175万吨以上，无害化处置率达到100%。园区不仅实现资源有效利用、生产高效清洁、生态环保修复，还形成集清洁、高效、低碳、绿色为一体的能源体系，取得了显著的社会效益、经济效益和环境效益。

7.3.4.2　塔山循环经济园区链条

塔山循环经济园区以降低碳排放强度为目标，以产业低碳化、能源低碳化、基础设施低碳化和管理低碳化为发展路径，以低碳技术创新支撑园区的可持续发展模式，通过规划布局逐步增环补链，构建了能量、物料逐层减量利用，闭路循环的产业链条，从根本上扭转了煤炭行业多年来大量消耗、大量废弃、大量污染的传统经济增长模式，为资源型企业绿色低碳发展走出了一条新路。

园区经过多年的建设，已经实现"以煤为主，集煤、电、建材、化工为一体"多业并举和对煤炭资源的高效、安全、环保、高附加值开发利用。塔山循环经济园区以塔山煤矿为主，塔山特大矿井是整个产业链的龙头，以此为核心，园区结合两种传统模式，建立了"煤—电""煤—化工"两条基础产业链。整合并优化了包括煤矿、选煤厂、电厂、矸石砖、高岭土、甲醇、水泥和污水处理等多个产业项目，按照循环经济减量化、再利用、资源化的原则，塔山循环经济园区积极实施煤炭的分级分质和资源的梯级利用，形成了完整的产业链体系。不仅达到了生态环境最小影响、煤炭资源综合开发利用的目的，而且资产合计、就业人数、占地面积和主要产品产量等园区整体运营规划指标，和工业总产值、营业收入、税后利润和上缴税金等经济效益指标，都出现了大幅度的提高。园区每年将消化电厂粉煤灰 60 多万吨、脱硫石膏 10 多万吨，消化钢厂废渣 120 多万吨，年节煤 2 万多吨，相当于年减排二氧化碳 6 万吨，实现了节能减排、低碳环保的目标。单位电力生产二氧化硫排放量逐年下降，每年二氧化硫排放量减少 3.5 万吨，减少烟尘排放量 280t。循环经济产业链接图见图 7-8。

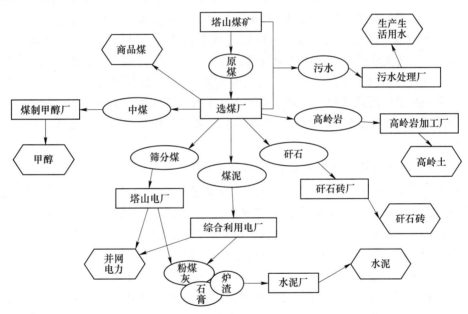

图 7-8 塔山循环经济产业链接图（徐丹，魏臻，2018）

煤矸石利用产业链。煤矸石砖厂可消化洗选过程中产生的煤矸石约为 100 万吨/年，矸石利用率达到 90%以上，煤矸石烧结砖具有体积大、砌筑便利、隔热、隔音、保温等优点，且能够较好地解决煤矸石堆放和填埋所引起的环境问题。

粉煤灰利用产业链。粉煤灰砖厂利用电厂产生的粉煤灰、锅炉灰渣和脱硫石膏为原料，通过配料、压制和蒸压工艺，加工成粉煤灰蒸压承重砖，替代现有的黏土标准砖，形成"粉煤灰—粉煤灰砖"产业链。新型干法水泥熟料生产项目利用电厂、甲醇厂产生的电炉渣、粉煤灰和脱硫石膏生产水泥熟料。同时，水泥厂配套建设了纯低温余热电站，以利用生产过程中产生的余热，实现对资源的高效利用。

矿井废水综合利用产业链。园区实现了污水"零排放"的闭路循环，形成"废水—

净化—工业用水"产业链，提高了水资源的综合利用率。首先，令矿井水进入矿井水处理站，经过化学混凝处理，用于选煤厂生产补水和井下洒水。工业污水和生活污水进入污水处理厂，处理后的水质达到国家 A 级排放标准，全部回收复用，可用于电厂冷却水、矿区生活、消防及绿化浇灌。其次，针对厂房的各种废水，进入高效浓缩机进行沉淀，处理后的水返回主厂房循环使用，可用于绿化和消防。

7.3.5　山西孝义梧桐工业园煤电产业园

7.3.5.1　梧桐工业园煤电产业园概况

2009 年孝义市被国家认定为资源枯竭型城市，通过多年探索，孝义市已逐步走出一条绿色、低碳、多元、高效、智能的资源枯竭型城市转型之路，梧桐工业煤电产业园就是其代表。园区是经济开发区"一区五园"的重要组成部分，也是山西省规划的六个千万吨级煤焦化园区之一，具有焦化产能规模最大、炼焦煤资源优势最强、地理位置最优越等独特优势。园区规划面积 27.18 平方千米，以新发展理念为引领，以建设高端化、差异化、智能化、环境友好型园区为方向，大力发展循环经济，着力实现"五个一体化"。

园区以煤为基，多元发展，通过引进先进技术延伸产业链条，使得产业体系更加多元，民营经济活力逐步提高，城市功能逐渐完善，生态环境日益改善。依托铝系和煤焦化两大优势产业，打造出科技含量高、市场竞争力强的现代化循环经济产业园。除此之外，园区在大面积的采煤沉陷区种植核桃、柿子和红枣等经济作物，为王老吉大健康产业园区等多家农产品深加工企业数亿元的项目提供原料，持续探索生态恢复与经济增长共同发展的健康模式。

7.3.5.2　梧桐工业园煤电产业园循环经济体系

梧桐工业园煤电产业园本着"以消化全部低热值燃料为目的，自发自用、多余上网"的建设思路，重点实施了东义集团、金辉煤焦公司、金岩电力煤化工有限公司煤矸石发电，以及辉鑫、晋茂粉煤灰、煤矸石综合利用发电项目；形成了以发电为龙头，热电气联供，污水处理、余热养殖、建材生产并举的综合利用产业链。此外，园区还利用粉煤灰井下覆岩离层注浆，缓解地表塌陷。并与地方政府紧密配合，采用煤矸石充填复垦工艺，对塌陷地经过治理后，复垦还田用于农林种植。依托丰富的煤铝资源，园区建设氧化铝项目，逐步形成"煤—电—氧化铝—电解铝—铝镁合金"产业链条，将过去单一卖原料开发转向以高铝尖晶石、莫来石、塞隆结合刚玉为主的高档铝矾土定型与不定型耐材产品（图7-9）。总的来说，园区充分发挥煤炭生产和化工生产中产生的煤矸石、废渣、余热，从有利于环境保护、综合利用开发角度大力发展热电联产的综合利用电厂，发展电解铝产业，推进煤、化、电多联产技术，实现煤炭资源最充分、最洁净的综合利用，创造出较好的经济与环境效益。

7.3.6　蒙西煤炭循环经济工业园区

7.3.6.1　蒙西煤炭循环经济工业园概况

蒙西高新技术集团有限公司位于内蒙古鄂尔多斯市蒙西高新技术工业园区，该园区为第一批国家级循环经济试点产业园区。园区产业涉及水泥、高岭土、PVC 异型材、涂料、

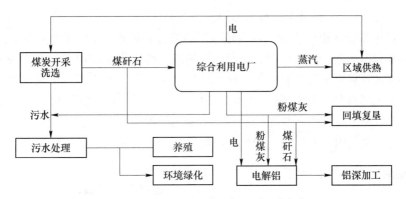

图 7-9 山西孝义梧桐工业园煤电产业园（李娟娟，2006）

纳米材料、房地产、电力等领域。蒙西集团在高新技术工业园区建设之初，便积极参与园区布局的规划，充分考虑本企业与园区内产业群的互补性，避免雷同产业的重复建设，建立起高度关联的产业链，构成了高效的循环经济发展模式。

7.3.6.2 蒙西煤炭循环经济工业园主要产业链

多年来，蒙西工业园区周边地区形成堆存总量近 3000 万吨的废弃煤矸石资源，而且每年以 100 万吨的速度递增。在大力发展循环经济，实现煤炭资源综合利用方面，蒙西集团打造了多条循环经济产业链条，包括煤矸石综合利用产业链、粉煤灰综合利用产业链、煤化工产业链。蒙西集团通过纵向和横向的产业链链接，实现了煤炭资源综合利用（图 7-10）。

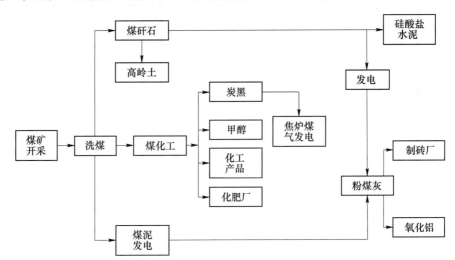

图 7-10 蒙西煤炭综合产业链网（马福杰，2008）

具体循环经济产业链如下：

（1）煤矸石综合利用产业链。以煤矸石为主要原料，设计了 3 条产业链：1）利用煤矸石生产高性能复合硅酸盐水泥，通过对水泥粉磨流程的优化设计与改造，利用煤矸石作为主要混合材料，生产出了具有需水量小、流动性好、密实度高、碱含量低的高性能复合硅酸盐水泥。2）利用废弃煤矸石制备超细高白煅烧高岭土，该项目采用拥有自主知识产权的"干湿结合"的新型生产工艺，做到了产品粒度在 1250~6250 目范围内灵活可调。

3）利用煤矸石发电，年利用煤矸石 12 万吨。

（2）粉煤灰综合利用产业链。以当地电厂的废弃物粉煤灰为原料生产氧化铝，年可节约铝土矿资源 120 万吨，生产过程的副产品硅钙渣全部用作水泥原料。利用现有的湿法水泥生产线，经回转窑快速煅烧后，生产出优质的水泥熟料，形成了一个完整的产业链。

（3）煤化工产业链。以煤炭为起点，形成"煤炭—甲醇—精细化工"产业链。洗煤过程中产出的中煤、煤泥用于水泥的生产，精煤用于生产捣固焦、合成甲醇，并将炼焦过程中产生的焦炉煤气用于电厂发电和生产高岭土，年综合利用焦炉煤气达 8160 万立方米。

7.3.7　准格尔矿业生态工业园

7.3.7.1　基本概况

准格尔矿区是我国西北地区重要的煤炭产业基地，地处鄂尔多斯高原。准格尔矿业生态工业园主要包括以下企业：2 个露天矿（哈尔乌素露天煤矿、黑岱沟露天煤矿）；煤炭洗选厂（神华准格尔能源有限责任公司选煤厂、哈尔乌素露天煤矿选煤厂）；煤矸石发电厂（神华准格尔能源有限责任公司矸石发电公司）；氧化铝厂（位于准格尔旗大路煤电铝园区）；炸药厂（神华准格尔能源有限责任公司炸药厂）等。

7.3.7.2　准格尔矿区生态工业园循环经济产业链条

目前，准格尔能源集团各产业协作程度及产业共生体系趋向成熟，为实现煤炭的综合利用，准能集团打造了多条经济产业链条，其循环经济产业示意图如图 7-11 所示。

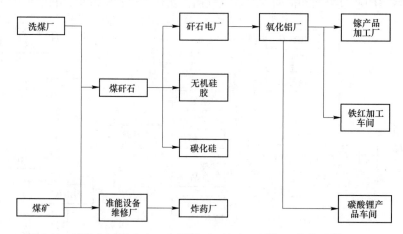

图 7-11　准格尔矿区生态工业园循环经济产业链条（吴尔希等，2022）

具体循环经济产业链如下：

（1）煤矸石综合利用产业链。准格尔矿区生态工业园煤矸石的产生主要来自煤矿开采过程与煤炭洗选过程，两种来源基本各占总量的一半。以煤矸石为主要原料，形成了以下 3 条产业链：

1）利用煤矸石发电。一般来说，发热量较高的煤矸石（>6270kJ/kg）可直接通过配煤用于发电。准格尔矿区生态工业园依托生产能力为 3400 万吨/年的黑岱沟露天煤矿及配套选煤厂、生产能力为 3500 万吨/年的哈尔乌素露天煤矿及配套选煤厂所产煤矸石，从 2005 年开始，陆续建成总装机容量为 960MW 的煤矸石发电厂，所发电力送入蒙西电网。

2）煤矸石制取无机硅胶。以"一步酸溶法"生产氧化铝剩余白泥为原料，通过添加助剂活化，可以制备硅胶，代替水酸联合分步法制备硅胶。此工艺流过程简单，活化温度低，能耗小，可以提取煤矸石中90%以上的二氧化硅。

3）煤矸石合成碳化硅。采用碳热还原法，利用煤矸石中自然均匀分布的碳、硅成分合成高性能碳化硅材料。

（2）粉煤灰综合利用产业链。准格尔煤田煤炭氧化铝含量为10%~13%，燃烧后产生的粉煤灰中氧化铝含量则高达40%~51%。准能集团首创了具有自主知识产权的"一步酸溶法"提取氧化铝工艺。这种能耗低、生产成本低的方法使得氧化铝溶出率达到85%~90%，生产后的残渣量较粉煤灰量减少40%，在生产过程中，可将伴生其中的镓、铁、锂等元素生产成多种产品，实现资源高效综合利用，将粉煤灰"吃干榨净"。

设备维修产生的废油用于炸药厂，炸药厂主要服务于黑岱沟露天煤矿和哈尔乌素露天煤矿。

7.4 煤矸石资源化利用生态工业园区推进措施

7.4.1 加强技术研发与转移转化

煤矿企业要加大对煤矸石资源化利用的研发力度。一方面，可以根据自身情况，探索一条适于自身的煤矸石利用途径；另一方面，可以与有关研究单位合作，找到一种合适的煤矸石利用方法。目前，煤矸石利用的最大障碍是成本和收益的问题，成本普遍较高，而且获得的收益不是很显著。研发的最大目标就是降低煤矸石利用的成本，通过对各地煤矸石组分、结构、特性等基础研究，降低煤矸石利用成本，帮助企业寻求出一条经济和生态效益共赢的路径。此外，工业园区应加大生态创新科技研发财政投入力度，建立必要的基础设施及政策便利等适合于技术引进的软硬环境，引导企业和社会资本投入。加快推进产学研的深度融合，联合专业院校、科研机构和装备制造企业，加速科技基础研究和推广平台的建设，增强技术中长期战略储备，注重创新技术的知识产品保护。因地制宜地引进生态创新技术，并且加强重点企业生态创新技术的应用推广，促进科技成果尽快转化为生产力。

7.4.2 加强政策支持与引导

生态工业园区与循环经济可以为煤矸石资源化带来效益，实现煤矸石的最大利用化，国家不断鼓励循环经济，鼓励高效率的生态工业园区实现绿色经济，特别是在税收方面给予了强有力的支持，虽然地方也出台了一些鼓励政策，但是仍需加强。地方政府有关部门应尽快制定有效的煤矸石产业园区政策和相应的产业技术政策及园区扶持政策，并且应当根据企业的实际情况进行因地制宜的政策支持，例如，可以在金融、技术、税收、手续办理等方面予以煤矸石资源化利用企业大力支持。通过正确的引导，使企业间的副产品和废弃物处理形成合作关系，为副产品和废弃物寻找新用途，鼓励企业加大环境友好技术和材料的应用，并给予技术支持和改善奖励机制，增强企业环境保护的动力。另外，提倡企业开发环境友好产品、采用绿色工艺、实施绿色管理等方式改善生产环境。政府要营造生态环境保护的氛围，通过媒体等方式向公众宣传环境保护、生态工业、绿色消费的思想，在全社会范围内树立环保意识。

7.4.3　提升政府部门与企业的协调能力

煤矸石资源综合利用生态工业园区属于较新的实践领域，将煤矸石的处理与资源化利用融入煤炭生态工业园区，需要政府的环保、煤炭、税务、财政、能源、交通、科技、教育等部门协同配合，如何协调这些相关的职能部门是一件很棘手的事情，这需要政府机构设计出一套行之有效的制度，将各部门和机构的职责串联起来，实现办事效率的最大化。同时，生态工业园区中企业是齿轮、是主体单位，有了企业生态工业园区才能转动，而政府就是使生态工业园区更好地进行转动的角色，政府和企业就是生态工业园区向前走的"两条腿"，如何使二者更加有效地"行走"，协调能力是关键。政府应当设立专门与企业对接的部门，企业也应当有与政府主管部门对接的机构，只有二者沟通渠道畅通，协调的能力才会增强，解决问题的能力也会随之而强。在生态工业园区的规划、建设以及运转过程中，企业和政府部门要密切配合，形成合力，推进生态工业园区的发展。

7.4.4　加大金融扶持配套力度

金融是支持经济和产业生态绿色发展的重要资金来源和保障，在工业园区绿色发展过程中，许多地方以政府、开发区的融资平台作为基础设施建设的主体，过度依赖于财政拨款，投融资效益欠佳。金融体制通过体制机制的改革创新，引导资金进入低污染、高效率、节能环保产业，为园区的发展提供充足的资金支持。首先，坚持推行"绿色信贷"，把资源和环境的承载力作为重要原则和约束边界，严控环境和社会风险。除了明确工业园绿色信贷的支持方向和重点领域外，在借款评审中，还应将企业环境和安全事故风险作为信贷准入评审的重要内容；在项目政策性风险评审中，对项目建设的环境风险进行分析，依照项目所在区域的环保政策，判断项目是否符合国家与地方相关法律法规的要求。其次，完善银行对生态园区内企业信贷的授信调查、审批、放款管理制度，对未通过环保审批的环境影响评价报告和环境管理方案的企业，一律拒绝给予授信支持。再次，优化投融资模式，提升开发性金融服务能力。优化投融资模式的具体方式包括大力推广股权债权信贷等融资方式；根据合同能源管理、排污权交易、碳排放交易等运行机制提供创新性融资服务，深化金融参与环保产业发展力度；针对园区内中小企业发展的融资难问题，对其产权、信用、担保、办理手续等进行综合评估后，可通过建立集中化或统一融资平台等方式创新已有融资模式，给予有效资金支持。

7.4.5　企业环保意识提升

企业环保意识的提升重点在于高管环境认知水平的提高，因为高管是企业重要的决策者，高管的环境认知水平有限会阻碍企业在参与生态工业园区建设过程中的积极性。企业高管环境认知被认为是管理者通过对自然环境问题的了解、关注、识别和解释，继而形成的资源环境保护价值判断和行为模式，是企业绿色行为决策的基础和前提。另外，高管环境认知还被认为是企业对绿色创新信息和竞争机会的把握与解读。因此，拥有较强绿色动态能力的企业能否充分发挥自身资源和能力优势，并应对急剧动态的环境问题，与高管的环境认知水平有着密切关系。园区可以定期举行培训，把管理者集中在一起，这样方便管理者之间的交流，同时，也可以鼓励管理者发表自己的意见，就目前形势进行讨论分析，从而对环境认知有更加深刻的理解。除此之外，园区可以增设相应的知识考核机制，检测高管环境认知水平。这样学与测相结合的方式可在更大程度上激发管理者对环境认知的理解和认知，从而为园区企业的绿色发展奠定坚实的基础，进而提升企业绿色竞争力。

7.4.6 建立园区管委会协调机制

有效解决生态工业园区中存在的各类问题的关键是如何建立一个事权集中、权责明确、运行高效的园区运行模式，其核心是由管委会对园区范围内的经济和社会事务进行统一管理。这就要求管委会根据园区总体规划，编制园区详细规划和经济、社会发展计划，建立相应的协调机制，为园区创造良好的投资环境。然而在园区管委会协调机制建立时，应当遵循3个原则：第一，权责分明原则。如果管委会与各部门的关系没有理顺，那么职责上会存在一定程度的缺位、错位，甚至出现推诿扯皮等现象，不利于园区长期发展。第二，低成本高效率原则。生态工业园区尚处于发展阶段，并未形成稳定的生产模式，这就要求管委会降低成本、提高办事效率，为园区更好的发展贡献力量。第三，公平公正原则。在遇到问题时难免会出现分歧，无法形成统一意见，容易引起园区企业之间的矛盾，为妥善解决问题，必须坚持公平公正的原则。建立园区管委会不是园区的首要目的，而是要使园区企业在环保意识提升的同时，形成稳定发展的协调机制。因此，生态工业园区要按照现代化园区的标准，完善园区管理体制，理顺园区管委会的机构设置、人员编制和职能职责，建立健全事权集中、机构精干、办事高效的园区服务管理机构。形成管委会与各部门、政府机关采取牵头、协调、协作、配合的工作方式，建设高效、节约、环保的生态工业园区。

—— 本 章 小 结 ——

本章介绍了煤矸石资源化利用生态工业园区的理论基础、实践、经典案例和推进举措，重点阐述了典型煤矸石综合利用生态工业园区的案例和相关举措，通过结合生态工业园区与循环经济来实现煤矸石的最大化利用。

思 考 题

7-1 生态工业园区的基础理论有哪些？

7-2 推动产学研对煤矸石资源化利用有什么意义？

7-3 如何对煤矸石资源化利用方式的环境效应进行评价？

参 考 文 献

[1] 石磊，王震. 中国生态工业园区的发展（2000—2010年）[J]. 中国地质大学学报（社会科学版），2010，10（4）：60-66.

[2] 虞剑锋，蒋海霞. 技术创新、产业集群、生态工业园与循环经济共生关系研究综述 [J]. 浙江海洋

学院学报（人文科学版），2011，28（4）：33-37.

［3］熊艳．生态工业园发展研究综述［J］.中国地质大学学报（社会科学版），2009，9（1）：63-67.

［4］高爱丽，冯元宗，强小飞．从生态工业园区建设的理论和实践谈节约型社会的构建［J］.环境保护与循环经济，2018，38（8）：4-6.

［5］廖敏，于良杰．国外生态工业园区的发展现状和启示［J］.宿州教育学院学报，2015，18（6）：11-12.

［6］徐丹，魏臻．山西煤基循环经济园区建设及实践［J］.中国煤炭，2018，44（2）：29-33.

［7］李娟娟．煤炭生态工业园区产业链构建［D］.天津：天津大学，2006.

［8］马福杰．基于工业共生的煤炭产业链网设计及稳定性研究［J］.天津：天津大学，2008.

［9］张伟辉．煤矸石综合利用存在的问题及对策分析［J］.能源与节能，2021（2）：101-102.

［10］封泽鹏．采煤塌陷对土壤质量的影响研究［J］.能源与节能，2021（2）：93-94，102.

［11］王文海．我国煤炭工业循环经济发展的模式研究［D］.杭州：浙江大学，2009.

［12］张露露．山西省煤矸石生态处置模式研究［D］.西安：陕西师范大学，2011.

［13］刘梦婷．基于电锅炉消纳弃风技术的电热调度模型研究［D］.沈阳：沈阳工程学院，2020.

［14］郭滨．大容量CFB锅炉大比例掺烧矿区洗煤泥技术研发［J］.电力技术，2010，19（Z1）：1-4.

［15］李洁．塔山循环经济园区产业链构建及启示［J］.中国煤炭，2021，47（2）：83-88.

［16］吴尔希，王巧稚，柯丽华，等．基于Ucinet软件的准格尔矿业生态工业园产业共生网络特征分析［J］.中国矿业，2022，31（1）：68-72.

［17］陈东，曹坤．准格尔矿区煤矸石综合利用新途径［J］.中国煤炭，2017，43（10）：132-136.

［18］吴滨，杨敏英．我国粉煤灰、煤矸石综合利用技术经济政策分析［J］.中国能源，2012，34（11）：8-11，45.

［19］李鹏，夏元鹏，张立魁，等．煤矸石综合利用产业政策和发展方向［J］.陕西地质，2021，39（2）：96-101.

［20］陈波，石磊，邓文靖．工业园区绿色低碳发展国际经验及其对中国的启示［J］.中国环境管理，2021，13（6）：40-49.

［21］陈吕军."双碳"目标指引中国工业园区绿色发展［J］.中国环境管理，2021，13（6）：5-6.

［22］杜真，陈吕军，田金平．我国工业园区生态化轨迹及政策变迁［J］.中国环境管理，2019，11（6）：107-112.

［23］郭彦霞，张圆圆，程芳琴．煤矸石综合利用的产业化及其展望［J］.化工学报，2014，65（7）：2443-2453.

［24］贾小平，石磊，杨友麒．工业园区生态化发展的挑战与过程系统工程的机遇［J］.化工学报，2021，72（5）：2373-2391.

［25］石磊，刘果果，郭思平．中国产业共生发展模式的国际比较及对策［J］.生态学报，2012，32（12）：3950-3957.

［26］赵秋叶，施晓清，石磊．国内外产业共生网络研究比较述评［J］.生态学报，2016，36（22）：7288-7301.

［27］胡琳娜．复合型煤炭循环经济园区的模式设计及培育机理研究［J］.科技管理研究，2011，31（12）：195-198.

［28］于斌．煤炭工业循环经济及园区发展模式分析［J］.煤炭科学技术，2010，38（12）：105-108.

［29］袁学良．煤炭行业循环经济发展理论及应用研究［D］.济南：山东大学，2008.